江苏水利丛书

江苏湖泊

JIANGSU HUPO

江苏省水利厅　编著

中国水利水电出版社
www.waterpub.com.cn
·北京·

内 容 提 要

  《江苏湖泊》是江苏省湖泊科研工作者在长期区域性湖泊综合调查、专题性研究的基础上，编写而成的一部综合性的湖泊学专著。本书根据流域及区域特征，依次以太湖流域太湖湖区，太湖流域阳澄淀泖区，太湖流域浦南区，太湖流域湖西及武澄锡虞区，秦淮河流域及青弋江、水阳江流域，里下河腹部地区，淮河干流区（含天岗湖及瘦西湖），沂沭泗流域为研究对象，论述了 8 个区域的基本情况、水文特征、水质特征、水生态特征、资源与开发利用、典型湖泊等。

  本书可供从事湖泊、水利、生态等专业的科研人员、工程技术人员、高等院校师生参考。

图书在版编目（CIP）数据

  江苏湖泊 / 江苏省水利厅编著. -- 北京 ： 中国水利水电出版社，2023.1
  （江苏水利丛书）
  ISBN 978-7-5226-1370-3

  Ⅰ. ①江… Ⅱ. ①江… Ⅲ. ①湖泊－介绍－江苏 Ⅳ. ①K928.43

  中国国家版本馆CIP数据核字(2023)第022643号

书　　名	江苏水利丛书 **江苏湖泊** JIANGSU HUPO	
作　　者	江苏省水利厅　编著	
出版发行	中国水利水电出版社 （北京市海淀区玉渊潭南路 1 号 D 座　100038） 网址：www.waterpub.com.cn E-mail：sales@mwr.gov.cn 电话：(010) 68545888（营销中心）	
经　　售	北京科水图书销售有限公司 电话：(010) 68545874、63202643 全国各地新华书店和相关出版物销售网点	
排　　版	中国水利水电出版社微机排版中心	
印　　刷	北京印匠彩色印刷有限公司	
规　　格	184mm×260mm　16 开本　18.5 印张　450 千字	
版　　次	2023 年 1 月第 1 版　2023 年 1 月第 1 次印刷	
印　　数	0001—1800 册	
定　　价	**180.00 元**	

《江苏湖泊》编纂委员会

主　编：刘劲松　　胡晓东

撰稿人：苏律文　　王春美　　吴苏舒　　支鸣强　　郭刘超

　　　　黄　睿　　张闻裕　　徐季雄　　张　涵　　尹子龙

　　　　杨源浩　　丰　叶　　吴沛沛　　李志清　　徐丹丹

　　　　滕　翔　　杨　航　　肖　鹏　　张煜成　　郑丽虹

　　　　许晟綦

统　稿：苏律文

前　言

　　湖泊是由湖盆、湖水和水中所含的矿物质、溶解质、有机质和水生生物等组成的统一体。它是大陆封闭洼地的一种水体，并参与自然界的水分循环。湖泊是一种资源，如同矿产、森林、土地、河川一样，是国家重要的自然财富。湖泊水利资源丰富，对调节河川径流、提供工农业生产和人们饮用的水源、发展航运及繁衍水生经济动植物等方面都发挥着重要的作用。江苏省是我国淡水湖泊分布集中的省（区）之一，湖泊面积达 0.68 万 km^2，湖泊率为 6%，居全国之首。

　　本书广泛汲取以往区域性湖泊综合调查研究、各项专题性湖泊调查研究的结果，深入分析和全面综合大量数据资料，从湖泊、水利、生态等专业科研人员、工程技术人员、高等院校师生等读者的需求出发，结合当前湖泊学发展的新形势撰写而成。

　　本书由 10 章组成，依次分为概况，太湖湖区，太湖流域阳澄淀泖区，太湖流域浦南区，太湖流域湖西及武澄锡虞区，秦淮河流域及青弋江、水阳江流域，里下河腹部地区，淮河干流区（含天岗湖及瘦西湖），沂沭泗流域，湖泊管理与保护。第 1 章整体介绍了江苏湖泊的成因与分类、水文特征、湖泊资源等情况；第 2~9 章是将江苏的湖泊分区域进行记述，从区域湖泊的基本情况、水文特征、水质特征、水生态特征及资源与开发利用等方面展开介绍，并详细记述了区域内的一些典型湖泊；第 10 章介绍了湖泊管理与保护工作的开展情况、面临的问题及对策、新时期管理发展趋势。

　　本书由刘劲松、胡晓东主编。第 1 章由刘劲松编写；第 2 章由胡晓东编写；第 3 章由尹子龙、杨源浩编写；第 4 章由吴苏舒、丰叶编写；第 5 章由胡晓东、吴沛沛编写；第 6 章由郭刘超、胡晓东编写；第 7 章由王春美、黄睿编写；第 8 章由徐季雄、陈文猛编写；第 9 章由苏律文、黄睿编写；第 10 章由刘劲松编写。此外，胡晓东、苏律文对本书的全文进行了校对与修改，在本书编写过程中苏律文负责联系与协调工作。

　　在野外调研时曾得到全省水利相关部门、管理机构和湖区广大群众的大力支持与帮助；在本书的编写过程中，很多专家、学者提出了宝贵意见，编者还参考了国内外有关专著、论文和教材，在此谨向他们一并表示衷心感谢！

由于时间仓促，编者水平所限，书中不足之处，恳请广大读者批评指正。

编者

2022 年 10 月于南京

目　　录

1 概况

1.1 基本情况

1.1.1 湖泊的概念

根据我国湖泊水文学奠基者施成熙教授的观点，湖泊是由湖盆、湖水和水中所含的矿物质、溶解质、有机质和水生生物等组成的统一体[1]。它是大陆封闭洼地的一种水体，并参与自然界的水分循环。通常按湖水含盐量的高低，湖泊可分为淡水湖、咸水湖和盐湖三类。

我国天然湖泊分布广泛，因各地方言和习惯不同，给予湖泊不同的名称，常见的有湖（如鄱阳湖、太湖）、池（如滇池、天池）、荡（如元荡、钱资荡）、漾（如麻漾、长漾）、泡（如连环泡、月亮泡）、海（如洱海、邛海）、错（如纳木错、班公错），其次有淀（如白洋淀、东淀）、洼（如文安洼、团泊洼）、潭（如日月潭、镀底潭）、汃（如西汃、东汃、团汃）、泊（如罗布泊、达里泊）、塘（如官塘、大苇塘）、诺尔（如查干诺尔、嘎顺诺尔）、淖（如察汗淖、红碱淖）、库勒（如吉力库勒、库木库里库勒）、茶卡（如依布茶卡）等。至于水库则属于人工湖的范畴。

湖泊是一种资源，如同矿产、森林、土地、河川一样，是国家重要的自然财富。湖泊水利资源丰富，对调节河川径流、提供工农业生产和人们饮用的水源、发展航运、繁衍水生经济动植物等方面都发挥着重要的作用[2]。

在中国广阔富饶的土地上，分布着众多的湖泊，它像镶嵌在锦绣河山之中的明珠，晶莹夺目。它们遍布于全国各地，其中以中国东部平原和青藏高原最为密集，形成了中国东西相对的两大稠密湖群。

1.1.2 中国湖泊的形态与分布

湖泊的外部形态特征是千差万别的。大型湖泊可达数万到数十万平方千米，小型湖泊只有几公顷；有深达千余米的深湖，也有水深仅几厘米的近于干涸的湖泊。湖泊几何形态上的变化，在很大程度上取决于湖盆的起源，不同成因的湖泊其轮廓是不同的。一般地讲，河成湖、堰塞湖保留了原有河床的某些形态特征；发育在构造凹陷盆地基础上的或是火山口积水而成的湖泊，其外形略呈圆形或椭圆形；而发育在地堑谷地中的湖泊，则多呈狭长形等。现在的湖泊，除沿袭古湖泊的某些形态特征外，还在外界条件的影响下，使湖

1

泊形态发生了改变。例如，入湖河流所携带的泥沙，起着改造湖泊沿岸的地形与填平湖底起伏的作用；风浪能使沿岸带的泥沙重新移动和沉积，使迎风岸侵蚀加剧，背风岸沉积增多。也有因气候变化而引起的湖面收缩或扩大。沿岸带水生植物和底栖生物的滋生，不仅可引起湖泊形态的改变，还会加速湖泊的消亡。此外，新构造运动也会改变湖泊的形态。沉降型的湖泊，除湖水加深外，还使沿岸的港汊得到发育，湖岸的岬湾曲折交错；掀升型的湖泊，湖水逐渐变浅，湖岸发育顺直。所以，一个湖泊的形态发育是错综复杂的，它可以是单因素，也可以是多因素作用的产物。特别是人类的经济活动，直接、间接地参与了湖泊形态的改造，如建闸蓄水、固岸工程、滩地围垦等，都可促进湖泊形态的变化。因此，我国目前湖泊的形态是自然与人共同作用的结果，而不是湖泊形成初期的自然形态。

中国湖泊的分布，大致以大兴安岭—阴山—贺兰山—祁连山—昆仑山—唐古拉山—冈底斯山一线为界。此线东南为外流湖区，以淡水湖为主，湖泊大多直接或间接与海洋相通，成为河流水系的组成部分，属吞吐性湖泊。此线西北为内流湖区，湖泊处于封闭或半封闭的内陆盆地之中，与海洋隔绝，自成一小流域，为盆地水系的尾闾，以咸水湖或盐湖为主。

在中国的天然湖泊中，由于各种原因，还发育了一些特殊的湖泊。例如地处世界屋脊青藏高原上的纳木错，湖面海拔为 4718m，面积为 1940km^2，是地球上海拔最高的大型湖泊；位于吐鲁番盆地中的艾丁湖，湖面在海平面以下 154m，是世界上海拔最低的湖泊之一。中国湖泊高程悬殊之大，为世界所罕见。此外，在西藏羊八井附近，发现了一个面积达 7300m^2、最大水深超过 16m 的热水湖，水温为 46～57℃，每当晴空无云之际，巨大的气柱从湖面冉冉升起，景色十分壮观。云南丘北六郎洞内还有一个巨大的地下湖，湖水从溶洞溢出的流量达 26m^3/s，现已成功地用以发电，是中国第一座地下湖发电站。

中国的湖泊由于分布在不同的自然地带，所以它们的特性差异较大。全国湖泊比较集中地分布在五大湖区[3-4]。

1. 东部平原湖区

东部平原地区湖泊，主要指分布于长江及淮河中下游、黄河及海河下游和大运河沿岸的大小湖泊。面积 1.0km^2 以上的湖泊 696 个，合计面积 21171.6km^2，约占全国湖泊总面积的 23.3%；面积在 10.0km^2 的湖泊 138 个，合计面积 19587.5km^2，我国著名的五大淡水湖——鄱阳湖、洞庭湖、太湖、洪泽湖和巢湖即位于东部平原地区，是我国湖泊分布密度最大的地区之一。其中，尤其是长江中下游平原及三角洲地区，水网交织，湖泊星罗棋布，呈现一派"水乡泽国"的自然景观。该区湖泊在成因上多与河流水系的演变有关，例如通过孢粉、硅藻、环境磁学、地球化学及粒度等环境指标分析，地处长江中游的江汉湖群及洞庭湖，系由长江及其支流汉江、湘、资、沅、澧等河流共同作用而形成；地处长江中下游间的龙感湖、黄大湖、泊湖等系长江干流河床的南迁摆动而形成；位于淮河中下游地区的城东湖、瓦埠湖、南四湖、洪泽湖等系黄河南泛夺淮的结果。

湖泊由于长期泥沙淤积面积日趋缩小，湖床渐被淤高，洲滩广为发育，普遍呈现浅水型湖泊的特点，多数湖泊平均水深只有 2.0m 左右。如太湖平均水深 2.12m，洪泽湖平均水深 1.77m，巢湖平均水深 2.69m；水位稍有升降，湖泊的面积即会相应发生显著变化。

该区入湖河流带来大量泥沙不断在湖内沉积，使湖盆日渐淤高，湖面日益缩小，日久使历史上的一些古湖泊淤为平陆。洞庭湖曾号称为"八百里洞庭"，是中国面积最大的一个淡水湖，然而在数十年内，却变为一个支离破碎的湖泊，面积已大大缩小。该区内还有不少湖泊已被泥沙淤积或为人类垦殖而消失；特别是近 10 余年来的盲目围垦，已使一些湖泊日益丧失其调节江河水量的作用，湖泊自然资源及其生态环境，受到不同程度的影响和破坏。

2. 青藏高原湖区

青藏高原上的湖泊，面积在 $1.0km^2$ 以上的湖泊 1091 个，总面积达 $44993.3km^2$，约占全国湖泊总面积的 49.5%，它是地球上海拔最高、数量最多和面积最大的高原湖群，也是中国湖泊分布密集的地区之一。

湖泊成因类型复杂多样，但大多是发育在一些和山脉平行的山间盆地或巨型谷地之中，其中大中型的湖泊如纳木错、色林错、玛旁雍错等都是由构造作用所形成，湖盆陡峭，湖水较深，且湖泊的分布与纬向、经向构造带相吻合，只有一些中小型湖泊分布在丛山峻岭的峡谷区，属冰川湖或堰塞湖类型。湖泊深居高原腹地，以内陆湖为主，湖泊多是内陆河流的尾闾和汇水中心，但在黄河，雅鲁藏布江、长江水系的河源区，由于晚近地质时期河流溯源侵蚀与切割，仍有少数外流淡水湖存在，如黄河上游的扎陵湖、鄂陵湖，即是该区两大著名淡水湖。

由于青藏高原气候寒冷而干燥，湖泊受高山冰雪融水的补给，水量一般较少，湖泊沿岸带残留的多道古湖岸线遗迹，说明了近期湖泊的变迁是处在普遍退缩之中，由一些古代巨湖衍生出来的小湖，多以时令湖或盐湖的形式出现。由于入湖径流带来的盐分不断累积，使水质日趋盐化，湖水含盐量一般较高。

3. 云贵高原湖区

云贵高原上面积在 $1.0km^2$ 以上的湖泊 60 个，总面积为 $1199.4km^2$，约占全国湖泊总面积的 1.3%。这些湖泊主要分布在滇中和滇西地区，以中小型淡水湖泊为主。云贵高原的湖泊湖水含盐量不高，湖深水清，冬季不结冰，并以风景佳丽而闻名。区内湖泊分属金沙江、南盘江和澜沧江水系。湖泊除蕴藏着丰富的水力资源外，还兼有灌溉、供水、航运和发展水产之利。

自中新世晚期以来，新构造运动强烈，地貌结构由广泛的夷平面、高山深谷和盆地等交错分布面构成，故湖泊的空间分布格局深受构造与水系的控制。区内一些大的湖泊都分布在断裂带或各大水系的分水岭地带，如滇池位于金沙江支流普渡河的上游和南盘江的源头，抚仙湖和洱海分别位于南盘江的源头及红河与漾濞江的分水岭地带。湖泊水深岸陡，我国的第二深水湖——抚仙湖，即位于该区，平均水深 87.0m，其他如泸沽湖、洱海、程海等的平均水深也都在 10.0m 以上。滩地发育远不如东部平原湖区的湖泊。入湖支流水系较多，而湖泊的出流水系普遍较少，有的湖泊仅有一条出流河道，湖泊尾闾落差大，水力资源较丰富。湖泊换水周期长，生态系统较脆弱。此外，岩溶地貌分布较广，经溶蚀作用而形成的岩溶湖也甚为典型，草海即是我国最大的岩溶湖。这类湖泊的入流和出流往往与地下暗河直接相关，湖泊水位年变幅较小。腾冲地区的火山湖规模较小，其中的青海湖是我国唯一的酸性湖。

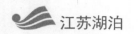

4. 蒙新高原湖区

蒙新高原面积在 1.0km² 以上的湖泊 772 个，总面积为 19700.3km²，约占全国湖泊总面积的 21.5%。地貌以波状起伏的高原或山地与盆地相间分布的地形结构为特征，河流和浅水向洼地中心汇聚，一些大中型湖泊往往成为内陆盆地水系的尾闾和最后归宿地，发育成众多的内陆湖，只有个别湖泊如额尔齐斯河上游的喀纳斯湖、黄河河套地区的乌梁素海等为外流湖。

地处内陆，气候干旱，降水稀少，地表径流补给不丰，蒸发强度较大，超过湖水的补给量，湖水因不断被浓缩而发育成闭流类的咸水湖或盐湖。其中，鄂尔多斯高原、准噶尔盆地和塔里木盆地，咸水湖和盐湖分布相对集中。但该区也有一些微咸水湖，如岱海、呼伦湖等，由于湖水位波动幅度较大，湖形多变。盐湖盛产盐、碱、芒硝、石膏等矿产，且开发历史悠久，一些微咸水湖和淡水湖具有增殖水产和灌溉之利。

5. 东北平原与山地湖区

东北地区面积在 1.0km² 以上的湖泊 140 个，总面积为 3955.3km²，约占全国湖泊总面积的 4.4%。湖区地处中国温带湿润、半湿润季风气候带，夏季短而凉爽，6—9 月的降水量约占全年降水量的 70%～80%。冬季长而寒冷，湖水结冰期较长。由于湖底沉积物含有机质和腐殖质，湖水营养元素含量极为丰富。湖泊具有灌溉、航运、发电和发展水产等多种效益。

东北地区，两面环山，中间为松嫩平原和三江平原，在平原地区有大片湖沼湿地分布，发育有大小不一的湖泊，当地习称为泡子或咸泡子。这类湖泊的成因多与近期地壳沉陷、地势低洼、排水不畅和河流的摆动等因素有关，湖泊具有面积小、湖盆坡降平缓、现代沉积物深厚、湖水浅、矿化度较高等特点。分布于山区的湖泊，其成因多与火山活动关系密切，是该区湖泊的又一重要特色。如镜泊湖和五大连池均是典型的熔岩堰塞湖；前者是牡丹江上游河谷经熔岩堰塞而形成，为我国面积最大的堰塞湖；后者是在 1920—1921 年间，由老黑山和火烧山喷出的玄武岩流，堵塞了原讷谟尔河的支流——白河，并由石龙河所贯穿的 5 个小湖。白头山天池（中朝界湖）是经过数次熔岩喷发而形成的典型火山口湖，也是我国第一深湖，最大水深 373.0m。

11.1.3 中国湖泊的成因与变迁

11.1.3.1 成因类型

1. 构造湖

我国不少大中型湖泊的成因都程度不同地受到新、老地质构造的影响和控制，由于湖泊所处发育阶段的不同以及构造运动性质的差异，反映在湖泊形态方面的特征也就不同，有些构造湖在形态上反映不出构造湖特征。像洞庭湖、鄱阳湖等湖泊，无论从其深度，还是湖岸形态结构上看，已远非原构造湖的特征。但是，如果这类湖泊没有新构造运动持续下沉的背景，那么，这类湖泊也就早已不复存在。所以，构造湖不完全具有水深、湖岸陡峭的特点。

中国的构造湖主要分布在下列地区：

（1）云南高原是断裂构造湖泊最发育、形态也最典型地区，其中除异龙湖和杞麓湖位于滇东"山"字形构造的弧顶，受东西向断裂控制而作东西向延伸外，其余的湖泊大多受南北向断裂的影响，均呈南北向条带状分布，如滇池、抚仙湖、阳宗海、杞麓湖和杨林湖等，都是在断陷盆地基础上发育成的构造湖。这些断陷湖盆发育时间长、沉积厚度较大，都保留有明显的断层陡崖，附近常有涌泉或温泉出露，表面沿断层两侧的垂直差异运动至今未曾停息。在纵贯全区的大断裂系统上，曾发生过多次比较强烈的破坏性地震，新构造运动对湖盆的发育仍起着一定的影响。

（2）柴达木盆地的众多湖泊也都分布在构造盆地的最洼处，这些湖泊均是第三纪柴达木古巨泊的残留湖。盆地北部沿阿尔金山与祁连山麓以及南部沿昆仑山麓都有高角度的深大断裂。盆地绝大部分为第三系和第四系覆盖，渐新统在盆地边缘为灰绿色岩系，向盆地中心过渡为黑色炭质泥岩、沥青质灰岩。中新统沉积范围广大，盆地边缘是一套棕红色的砂质黏土岩，盆地中心为湖相沉积，表明湖泊环境占据优势。上新统下部，在盆地边缘以棕红色黏土岩为主，到盆地中心则出现较厚的盐类沉积，反映当时气候已趋干旱，中央有盐湖。上新统上部至下更新统下部，地层的下段除盆地东北部有淡水湖相沉积外，大多属盐湖沉积，包括棕灰色泥岩、灰绿色泥岩夹石膏和盐层。青海湖成为断陷的封闭湖泊，却是晚近地质时期的事件。当倒淌河的第三级阶地还是该河的冲积平原时，布哈河及盆地诸水系仍是与湟水和黄河相通的外流水系，大致在晚更新世初期时，由于东部的日月山等急剧上升，湖盆则发生相对断陷，于是才出现完全封闭的内陆湖泊。

2. 火山口湖

火山口湖系岩浆喷发形成的火山锥体，待其喷火山口休眠以后经积水而成。

长白山主峰上的白头山，在凹陷的火山锥顶部周围，环绕着16座高达2500m以上的山峰，其中形如盆状的火山口，已积水成湖，称为白头山天池。白头山天池就是一个极典型的经过多次火山喷发而被扩大了的火山口湖。它是中国目前已知的第一深湖，是松花江支流二道白河的源头。湖水主要来自天然降水和湖周岩层的裂隙水，年水位常年无大变化，水温较低，湖水偏碱性。据历史记载，有史以来白头山火山口曾有过3次喷发（1597年、1668年和1702年）。

位于大兴安岭东麓鄂温克族自治旗境内哈尔新火山群的奥内诺尔火山顶上也有一个火山口湖。德都县五大连池火山群的南格拉球火山口，湖水较浅，已长满苔藓植物。广东湛江附近的湖光岩和台湾宜兰平原外龟山岛上的龟头和龟尾也各有一座火山和火山口湖。云南腾冲打鹰山和山西大同昊天寺火山，山上原来都有火山口湖，后已被破坏而消失。

3. 堰塞湖

堰塞湖是由火山熔岩流活动堵截河谷，或由地震活动等原因引起山崩滑坡体堵塞河床而形成的湖泊。前者多分布在东北地区，后者多分布在西南三江地区的河流峡谷地带。

黑龙江省宁安县境内的镜泊湖，就是由第四纪玄武岩流在吊水楼附近形成宽40.0m、高12.0m的天然堰塞堤，拦截牡丹江出口提高蓄水位而形成面积约$903km^2$的一个典型熔岩堰塞湖。德都县五大连池周围有14座火山环湖分布，是我国目前保存最完整的天然火山湖群。据史料记载，是1719—1721年间喷发形成，距今只有300多年的历史。火山喷发，堵塞了原讷谟尔河的支流——白河，并迫其河床东移，河流受阻而形成由石龙河贯穿成念珠状的5个湖泊。

由山崩滑坡所形成的堰塞湖多见于藏东南峡谷地区，如1819年西姆拉西北约330km

处，因山崩形成长 24.0～80.0km、深 122.0m 的湖泊，当堰塞堤崩溃时曾造成很大的水灾。藏东南波密县的易贡错，是大约在 1900 年由于地震影响暴发特大泥石流堵截河道而形成的。波密县的古乡错，是 1953 年由冰川泥石流堵塞而形成的。八宿县的然乌错，是 200 多年前因右岸发生巨大的山崩堵塞河流出口而形成的。

人类经济活动的影响也能形成堰塞湖，如湖北省远安县殷盐矿务局由于历年强行采矿，管理不善，采空失重破坏了平衡，导致原有构造裂隙沿着采空区界张开，于 1980 年 6 月人为地导致了一起严重灾难性山崩河断事故。崩塌岩块达 135 万 m^3，崩塌的物体高出原河面 360.0m，盐河被堵，断流后形成一个容积为 10 万 m^3 的堰塞湖。

4. 冰川湖

冰川湖是由冰川挖蚀形成的洼坑和冰碛物堵塞冰川槽谷积水而成。迄今我国未曾有大陆冰盖的证据，冰川多以山谷冰川的形式出现，所以我国冰川湖主要分布在高海拔的山区，一般规模比较小，其成因不应与北欧、北美的湖泊等同起来。藏东南现代雪线起伏于海拔 4500～5200m，冰川上游一般都有宽广的粒雪盆地、冰斗、角峰、刃脊等冰蚀地形，冰川活动强盛。晚更新世冰期最盛时，保存的古冰川槽谷中有多级冰坎和冰川湖。据西藏综考队的调查，冰川湖主要分布在高山冰川作用过的地区，其中以念青唐古拉山、喜马拉雅山区和高原东南较为普遍。它们分布的海拔一般较高，湖体较小，多数是有出口的小湖，与高原上的构造湖形成明显对照。

新疆境内的阿尔泰山、天山和昆仑山亦有冰川湖分布，它们大多是冰期前的构造谷地，在冰期时受冰川强烈挖蚀，形成宽坦槽谷。冰退时，槽谷受冰碛垄阻塞形成长条形湖泊，如博格达山北坡的新疆天池及阿尔泰山的喀纳斯湖，就属于这一类湖泊。

5. 风成湖

风成湖是因沙漠中的丘间洼地低于潜水面，由四周沙丘渗流汇集形成。这类湖泊都是些不流动的死水湖，而且面积小，水浅而无出口，湖形多变，常是冬春积水，夏季干涸成为草地。由于沙丘随定向风的不断移动，湖泊常被沙丘掩埋。巴丹吉林沙漠，在高大沙山之间的低地，分布着众多的风成洼地湖，计有百余个，多集中在沙漠的东南部，面积一般不超过 $0.5km^2$，最大的伊和扎格德海子，面积也只有 $1.5km^2$。这类湖泊有数量较多的泉眼补给，但由于湖面蒸发强烈，盐分易于积累，故有的湖水矿化度很高，且大部分湖底有结晶盐析出。

腾格里沙漠也分布着众多的湖盆，但与巴丹吉林沙漠丘间洼地湖不同，大多是未积水或积水面积很小的草湖。浑善达克沙地、科尔沁沙地与呼伦贝尔沙地的湖泊多是残留湖，盆地中央微有积水，周围是沼泽湿地，水质良好，矿化度为 1.0～3.0g/L。毛乌素沙地也分布有众多的风成湖，但大部分是苏打湖和氯化物湖。

6. 河成湖

这类湖泊的形成往往与河流的发育变迁有密切的关系。一种是由于河流挟沙在泛滥平原上堆积不匀，造成天然堤间洼地积水而形成的湖泊，如江汉湖群与河北淀淀多属此类成因；另一种是支流水系因泥沙淤塞，不能排入下流壅水形成的湖泊，如安徽省境内淮河流域的湖泊，就是由于黄河南徙入淮顶托，使泥沙壅塞入淮支流的产物。还有一种是洪水泛滥时，主流侵入两岸高地间的低洼地，形成河湾，在湾口处沉积大量泥沙，洪水退后形成堰堤湖，如江夏区的鲁湖。也有由于河堤决口时，水流猛烈侵蚀形成的河堤决口湖，如湖北省洪湖县的螺山潭。

在黄河干流以南至徐州间的运河线上，有一条呈近南北向的狭长湖群，沿鲁南山区两侧断层线分布，此系 1194 年黄河南徙后，泗水下游被壅塞，流水宣泄不及，潴水形成的一系列湖泊，出北而南为南阳湖、独山湖、昭阳湖和微山湖，总称南四湖。黄河夺泗入淮不仅打乱了淮北水系，与此同时，也使得泗、淮二河宣泄不畅，再加上一系列人为因素的强烈影响，如借黄济运、人工筑堤等，遂又在淮河中下游形成洪泽和高邮、宝应、邵伯诸湖。

此外，还有一类是因河道横向摆动，在废弃的古河道上形成的湖泊，如长江自黄石至大通间一些沿江分布的湖泊，以及嫩江、海拉尔河、乌尔逊河沿岸星罗棋布的咸泡子，大多属这类成因。也有河流自然截弯取直，在原来弯曲河道上形成牛轭湖，如湖北的尺八口和原有的白露湖及排湖，内蒙古的乌梁素海。

7. 海成湖

通常，这类湖泊系海岸带变迁过程中，由于泥沙的沉积使得部分海湾与海洋分离而成，通常称潟湖，如宁波的东钱湖、杭州的西湖。在数千年以前，西湖还是一片浅海海湾，后由于海潮与钱塘江携带的泥沙不断在湾口附近沉积，使湾内海水与海洋完全分离，海水经逐渐淡化才形成今日的西湖。

1.1.3.2 影响湖泊演变的主要因素

湖泊演化的不同阶段与过程的特征、变化的速率是区域地质构造、气候、生物活动、人类活动的具体表征。

1. 地质构造因素

地质构造是湖盆形成的基础，控制了湖泊空间分布和区域宏观特征。大型的可供积水的湖盆，或多或少均与地质构造活动和地质构造背景有关。湖盆形态和湖水深浅总是和地质构造活动的性质与强度分不开的。即使是平原区的河成湖和堆积洼地中发育的浅水湖，它们的前身或者是地质构造下沉区或者是沿薄弱带形成的古河道。因此，区域大构造的差异，使得湖泊或湖群的特点截然相异。总的来讲，我国陆地地形在大地构造背景的控制下，形成了自西向东三大地形阶梯。第一阶梯为青藏高原，以整体的强烈隆升为特色，形成边缘高山环绕，峡谷深切，内部山脉宽谷与盆地相间的地形特点。高原上星罗棋布的湖泊大多沿大断裂发育，呈条带状分布，加上高寒的气候条件，多为咸水湖和盐湖。淡水湖一般分布在冰雪融水补给的山间盆地或者近期河流溯源侵蚀切开的盆地。该区湖泊成湖历史长，至今大多数仍维持较大水深而且具有较复杂演变历史。一、二级阶梯转换带的横断山区，强烈的地质构造运动造成巨大的地形高差，形成特有的高山深谷地貌，湖泊规模较小，多发育在陡而深的断陷盆地内，并因滑坡、泥石流频发而形成堰塞湖。第二阶梯地质构造特点是总体抬升背景上的断块升降差异，形成一些巨大的高原和盆地，为断陷湖泊的形成打下了地质基础，但因构造运动的强度和幅度均不及第一阶梯，新构造运动也相对稳定，很多断陷湖盆经长期演化已逐渐进入充填晚期，如云贵高原的滇池、洱海、杞麓湖，内蒙古高原的岱海、黄旗海等。第三阶梯总的地质构造背景是下沉的，形成我国东部自北向南的广阔平原带。其上很多湖泊的形成与古河道变迁有关，特别是长江中下游一带形成

7

密如蛛网的河湖交织带，这些湖泊的共同特征是水浅，形成时代较晚，一般仅数千年历史，成湖后变化较大，受人类经济活动的影响十分明显。

地质构造还控制着湖泊形态和湖水补给条件。对断陷湖泊来讲，发育在双断式地堑内的湖泊多为狭长形，两侧为高大山体所挟持，边坡陡峭，岸带狭窄，湖水较深，水下地形坡度也较大，湖盆横剖而成倒梯形。另外，湖水的补给条件也与构造密切相关，在地质构造差异运动强烈地区，往往盆地高差大，但汇水面积并不大，径流补给方式常常表现为多条短小湍急的入湖溪流及沿盆地长轴方向发育的较大的河流补给。而在地质构造相对稳定或平原地区，河流发育成熟，流域面积宽阔，常有数条较大规模的河流入湖，形成大规模的河流三角洲体系，如洞庭湖、鄱阳湖等。内陆地区地质构造分隔性强的断陷盆地，往往是区域地形最低点，为水文封闭型内流湖的发育创造了条件。

从湖泊发育演化的角度，地质构造运动的作用表现在对湖泊演化阶段与过程，即地貌-沉积旋回的控制。一般来讲，地质构造发育初始阶段地形高差还较小，往往呈浅水湖沼沉积；进入深陷期地质构造下沉强烈，发育为深水湖；随着区域地质构造运动渐趋稳定，沉积作用大于沉降作用，湖盆超补偿充填，水域收缩变浅，湖水富营养化，水生植物繁盛，直至湖泊消亡。

2. 气候因素

地质构造运动在湖泊演化中的作用是长尺度的，它控制了湖泊演化大的格局。而气候条件对湖泊的塑造更为直接，在气候的诸要素中，降水量与温度对湖泊的影响最为显著，因为降水量和蒸发量的改变直接控制了湖泊进出水量的平衡状况，表现为湖泊水体的收缩和扩张，进而可影响湖泊的性质。末次冰期以来，我国不同区域的湖泊经历了数次变化，明显地受控于气候的冷暖干湿的波动。全新世时期的一些重要的气候事件，在湖泊演化的记录上相应地都有所响应。在末次盛冰期时，由于冬季风加强，夏季风退缩，海面急剧下降，季风降水减少，我国境内湖泊都处于收缩甚至干涸的状态。青藏高原许多大湖解体，湖水恶化，沉积蒸发盐层。内蒙古的一些内陆湖普遍出现盐类沉积，东部湖泊被河流切穿而疏干，转变为河流沉积。随着盛冰期结束，气温回升，季风降水增加，我国大部分地区湖泊扩张，尤以干旱半干旱区湖泊迅速扩张较明显。全新世早中期气候条件适宜，是我国湖泊发育的鼎盛时期。晚全新世以来，气候又向冷干的方向发展，季风极峰位置南迁，我国南涝北旱格局开始形成，相应地，西部、西北部的许多湖泊逐渐收缩、咸化，发生盐类沉积，而东部长江中下游为一明显的成湖期，现存的大湖多数形成于这个时期。

3. 河流对湖泊演化的影响

平原地区河流摆动造成的河道废弃与改道，河流堆积作用形成的低洼地，河流溯源侵蚀与袭夺，往往对湖泊的形成和消亡有着重要的影响，在我国东部平原上的一些大江大河附近表现得尤为明显。晚全新世以来，长江主泓的南摆阻碍了赣江排水形成都阳湖；同样湘、资、沅、澧四水受阻成洞庭湖；而长江北岸原有的大湖古云梦泽、古彭蠡泽则因长江南移而萎缩，分裂成若干小湖。黄河夺淮入海，泥沙淤积了淮河下游成洪泽湖、女山湖。黄河改道夺泗水形成南四湖。华北平原上黄河、海河摆动迁徙，在堤间洼地或废弃的河道中潴水成东平湖、白洋淀等。

在地壳强烈活动的山地高原地区，河流强烈下切，溯源侵蚀迅速，致使高原面上的一些湖泊被切穿贯通，湖水被疏干，湖泊消失，仅保留了古湖盆形态和古湖相沉积物。或者使封闭的咸水湖变为出流的淡水湖。这种现象在藏东南和云南高原较多见，上述地区至今仍分布有众多干涸的古湖盆分布，如若尔盖盆地，扎陵-鄂陵湖盆地，云南的保山坝、蒙自坝、曲靖沾益坝等。

4. 人类活动对湖泊发育演化的影响

近几千年来人类活动不断加强，人类对湖泊演化的影响也越来越大，主要表现在围湖造田、水土流失和拦河建闸等。

（1）围湖造田。随着人口的增加，人类对土地的需求也随之增加，人们常利用湖滩地优越的水热条件围湖造田，使湖泊的自然发展受人为影响而中止。它不但影响湖泊正常演变，而且也常成为加重洪涝灾害的隐患。历史时期湖泊围垦的过程反映了人与自然之间相互制约的关系。气候干冷时，农业生产受到严重的影响，人们必须设法扩大耕地面积以补充产量上的减少。同时由于气候的干旱使湖泊水面缩小，湖滩露出水面，成为新增土地的主要对象。而大规模的围垦又加速了湖泊的萎缩乃至消亡。反之，在气候温湿时期，丰沛的降雨又迫使人们为了减少洪涝灾害，增加蓄水行洪面积，不得不退田还湖，扩大湖泊面积。人类的这种生产活动，从很大程度上改变了湖泊自然演化的过程。

（2）拦河建坝，截流用水。在湖泊的补给河流上拦河建闸截流用水是人类影响湖泊变化又一个重要方面。这在西北干旱区主要靠河流径流补给的湖泊尤为明显。随着经济发展，对灌溉、工业、生活用水的需求猛增，致使湖泊水位下降，水质咸化。如新疆博斯腾湖、艾比湖、布伦托海等，甚至导致干涸消失，如罗布泊、居延海等。也有些湖泊因灌溉尾水大量排入，湖面扩大。在我国东部外流湖区，由于兴修防洪或航运工程，经人筑堤建闸而使湖面扩大的例子也很多。如骆马湖，原为沂河和运河的季节性滞洪洼地，汛期蓄水，冬季种麦。1958年修建了一系列闸、堤，使之形成一个湖泊。

（3）泥沙淤积。随着经济的发展，人类不断扩大垦殖面积，使流域植被破坏，引起严重的水土流失，大量泥沙带入湖泊，使湖泊淤积萎缩。这种情况主要发生在我国黄淮海平原和长江中下游地区，其中，尤以长江中游为甚。泥沙的淤积同样也可导致湖泊水位的上升。

（4）湖水污染和富营养化过程加速。湖泊由贫营养→中营养→富营养的自然演变过程极其缓慢，而人类社会文明造成的湖泊富营养化则进展迅速，往往几十年甚至几年便可完成。加上工、农业与生活废水的有毒有害污染，导致湖泊环境恶化。

1.1.4 湖泊水文、水动力与湖水物理性质

1.1.4.1 湖泊水文情势

1. 湖泊对河川径流的调节

湖水以地表径流形式注入海洋的湖泊称为外流湖，湖水不以地表径流形式注入海洋的湖泊称为内陆湖。外流湖主要分布在我国东部、东北和云贵湖区，河湖沟通，湖水最终汇入海洋；内陆湖主要分布在我国的青藏、蒙新湖区，湖泊多位于河川尾闾，湖水均不外泄通海。我国大部分湖泊直接接受河川径流补给，仅有少数例外。直接接受河川径流补给的湖泊，无论是外流湖或内陆湖都是河川水系的组成部分，其中吞吐性湖泊具有调节河川径流的作用，河湖相互作用为统一整体。但因湖区自然条件、河湖水系密切程度、水量交换

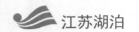

关系等的差异，不同湖泊对河川的调节作用是不同的。

我国外流湖泊湖区气候比较温和湿润，河川补给多以降雨径流形式，加之河流源远流长，水量充沛，对湖泊的补给量大，多以吞吐湖和常年湖形式存在。这类湖泊水量的补给部分主要是入湖地表径流量，损耗部分主要为出湖地表径流。如鄱阳湖和洪泽湖出、入湖净流量分别占入湖地表径流的 90% 以上，而湖面降水量、蒸发量和渗漏水量所占比例相应较小。水量平衡的特点是出、入湖径流量接近，湖面降水量、蒸发量相当。

我国内陆湖湖区通常降水稀少，蒸发旺盛，多以时令湖、尾闾或闭流湖形式出现；少数不破虽有河川排泄，但吞吐水量不大，因此调节河川径流的作用较小。这类湖泊的水量平衡特点是，补给部分主要是湖面降水、冰雪融水径流、泉水或地下径流；损耗部分主要是湖面蒸发量。如博斯腾湖是内陆湖中吞吐水量较大的一个湖泊，来水量尚不及鄱阳湖和洞庭湖水量的 2%，入湖洪峰流量经调蓄后，削减洪峰流量高达 44%～86%，因此大量湖水在湖内滞留期间为蒸发所消耗，每年因蒸发而消耗的水量高达 19.7 亿 m³。在内流湖区，由于蒸发在水量支出中占有重要地位，所以必须考虑湖面蒸发量才能较为客观地反映湖泊的调节功能。

2. 湖泊换水周期

换水周期是指全部湖水更新一次所需的时间长短的一个理论概念，是判断某一湖泊水资源能否持续利用和保持良好水质条件的一项重要指标。通常以多年平均水位下的湖泊容积除以多年平均出湖流量来求得，即

$$T = W/Q_t$$

式中：T 为换水周期，d；W 为多年平均水位下的湖泊容积，亿 m³；Q_t 为多年平均出湖流量，m³/s。

以往计算中，一些外流吞吐湖的 Q_t 取多年平均入湖流量，结果比较符合长江中下游地区湖泊实际情况，主要原因是该地区地表径流丰沛，出、入湖流量相近。但对一些入、出湖流量欠丰的湖泊，计算结果往往偏短，东北、华北、蒙新和云贵地区的湖泊大多属于此种类型，其特点是入湖流量往往大于出湖流量。尤其是内流区的部分湖泊，只有入湖流量补给，但无流出，湖水损耗完全是湖面蒸发，Q_t 取多年平均入湖流量进行换水周期计算，使得换水周期失去了其衡量湖水更新快慢的意义。因此换水周期计算公式中 Q_t 取多年平均出湖流量比较合理。凡出湖流量越大，换水周期越短，说明湖水一经利用，其补充恢复得亦越快，从而对水资源的持续利用越有利。出湖量越小，则换水周期越小，如果湖水被大量引用，水量又难以得到补充时，湖面就会明显缩小，湖泊生态环境也会发生一系列变化，其中尤其是无出流湖泊，其换水周期为无穷大，湖泊不换水，湖水在蒸发作用下浓缩，大多以盐湖为发育方向；此类湖泊水量一般不能引用，若湖水被引用后，将必然导致湖泊萎缩，甚至消亡。

3. 湖泊水量平衡

湖泊水量平衡指某一时段内湖泊水量的收支关系，由入湖水量与出湖水量之差来计算湖中蓄水量的变化。它的收入项为：湖面降水量、地表径流和地下径流入湖水量；支出项为：湖面蒸发量、地表径流和地下径流出湖水量及工农业用水等。湖泊蓄水变量的计算，通常采用某时段始末湖水位差与相应的平均湖水面积的乘积来求得。随着各地区气候条件

的不同，其湖泊水量平衡状况也有很大差异。

中国的湖泊收入部分以入湖径流为主，支出部分以出湖径流为主，湖面蒸发和渗漏所占的比例较小。内陆湖水量平衡的特点是：收入部分主要是入湖径流，支出部分以湖面蒸发为主，甚至有些闭口湖除渗漏外，几乎全部消耗于蒸发。水库水量平衡与一般湖泊略有不同，其支出项为水库渗漏水量、水库泄水量、库岸调节水量及水面蒸发量。湖泊水量平衡方程可用来确定湖泊水循环各要素的数量关系估算湖泊水资源量。

我国湿润地区的湖泊入湖径流量占湖泊补给的水量的比重最大，而干旱半干旱地区湖泊的入湖径流量占湖泊补给水量的比重相对较小。湖泊的水量消耗，外流湖以出湖地表径流为主，内流湖几乎为湖面蒸发水量所消耗。长江中下游地区的湖区是我国水资源较充沛的湖区，也是工农业、生活用水的需求量比较大的湖区，年水量虽然不缺乏，但因年内各月水量分配不均，个别月仍会出现缺水现象。因此，就整个湖区而言，水资源并不富裕，今后随着工农业生产发展和人民生活水平的不断提高，供水矛盾将日益突出。以往云南的一些湖泊，多年平均水量收支大体平衡，但在人类经济活动干预不断加强的情况下，不少湖泊水资源供需矛盾已日益突出。地处蒙新、青藏等干旱、半干旱地区的湖泊，由于处于极其脆弱的自然平衡之中，水循环的任何细微改变，必将引起平衡失调。一般在流域上、中游由于修建水库或者农田灌溉面积的增加，都将引起入湖水量的明显减少，从而使湖泊萎缩乃至消亡。

4. 湖泊泥沙与淤积

湿润地区湖泊的演变，一方面取决于进入湖盆物质（泥沙、植物残体等）的堆积及其在湖盆内部的再分配；另一方面，人类经济活动的参与，在特定条件下，有时也起着重大的作用，如太湖大面积围垦等。进入湖盆物质的堆积量主要指泥沙的年淤积量，一般通过多年平均入湖沙量减去多年平均出湖沙量求得，即通常所称的沙量平衡方程式。

我国泥沙淤积最突出的湖泊集中分布在长江中下游和淮河下游，例如洞庭湖由于荆江大量入湖泥沙的长期输入，不仅改变了湖泊环境，而且使"四口"和"四水"洪水灾害与日俱增，给洞庭湖以及长江中下游地区的安全度汛带来威胁。

5. 湖泊水位

湖泊水面在风、气压变化等因素的影响下，经常处于变动的状态，特别是风涌水、风浪、表面定振波和湖流的存在，常使湖面变得异常复杂。这种变化是水量不变情况下，由动力因素引起的，一般频率较高，通常为几天乃至几小时。水位的另一变化是由于出、入湖水量变化引起，其变化速率较慢，突出表现为季节变化和多年变化。

外流湖泊大多为雨源型湖泊，其水位的年内变化明显受降水量的控制，例如太湖水位的年内变化及动态过程同降水量的季节分配基本上呈一致趋势。内陆湖的年内水位变化同样受入湖河川水情的影响，虽然入湖径流量通常不甚充沛，但仍是构成湖水量总收入的重要组成部分。湖水以雨水和冰雪融水为主，常形成春汛和夏汛，使湖泊相应出现两次高水位，一般丰水年份最高水位多出现于夏季，枯水年份最高水位多出现在春季，但水位的年内变幅远小于外流湖，江淮流域、东北及云南的湖泊大多属于这种情况。

但近30年来，由于湖区水系的自然淤积和沿湖兴修水利工程设施，联圩并圩以及围湖造田等人类经济活动的共同影响，使部分水系封闭，湖面收缩，导致河湖蓄、泄功能衰

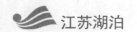

退，从而引起湖泊水清的变化。这种变化主要反映在水位涨幅方面的差异。可采用洪水上涨率、日水位最大和日平均涨幅作为度量指标进行分析。

1.1.4.2　湖泊水动力

湖水运动包括湖流、风浪、风涌水和定振波等现象，其成因多数是由于河湖水量交换及湖面气象因素作用的结果，尤其是在风和气压变化等因素的影响下，使水体处于经常的变动状态。湖水运动是湖泊的重要特征之一，直接关系物质与能量的输送与转换。

1. 湖流

湖流是湖泊中水团大致沿一定方向前进的一种运动，按其成因一般可分为重力流、风生流和密度流三种。

重力流是由于入湖河流水位高于湖水位，或出入湖河流水位低于湖水位时，因重力作用产生的流动。在出、入湖口形成的流畅称为扩散流，当出、入湖口的流畅连为一体时则形成湖泊的吞吐流。一般在湖泊入流处引起水量涌积，出流处形成水体流失。因此，吞吐流或者扩散流受河川水清控制，当出入水量及湖面比降显著时，流势即强，反之即弱。显然，吞吐流从入流岸流向出流岸。随着入湖水量不断向湖中扩散，断面扩大，比降减小，越向湖中心其流速越小，湖泊最大吞吐流均出现在汛期。我国东部和云贵地区的外流湖可常年出现吞吐流，而东北地区的外流湖和蒙新、青藏地区的内陆湖在封冻期间则断流。

风生流由风对湖面的摩擦力和风对波浪背面的压力作用引起，在黏滞力的作用下是表层湖水带动下层湖水向前运动。风场作用初期，风生流流向指向顺风方向，稳定风生流态表现为湖区若干环流和沿岸流的有机结合。风生流流速大小因风场风速的大小、风时的长短而异。风速大小对风生流流型影响微弱，但风速大风生流到达稳定态的时间长，反之亦然。一般风速越大，流速就越大。风场的调整将引起流畅的大调整。风生流是大型湖泊最显著的水流形式，能引起全湖广泛的、大规模的水团流动。在地球自转柯氏力的参与下，在北半球的大湖多形成逆时针的环流。

密度流是由于太阳辐射造成浅水区增温快于深水区，因水体热胀冷缩导致湖泊水位空间分布不均匀，在压力梯度及柯氏力等作用下产生的一种流动，或者由于湖泊水体密度不均匀性产生的流动。但密度流在湖泊中一般较弱。

湖流通常很少是单一流态，往往有风生流、吞吐流（重力流）、密度流组合而形成的混合流。在一些直接与大江、大河相通的湖泊，由于出入湖河川径流占全湖水量收支的绝大部分，吞吐流是其基本而稳定的湖流形式。但汛期因受江河洪水顶托或者倒灌的影响，使湖流的流势变得复杂。例如，鄱阳湖一年中就见有三种流型，顶托流型是因汛期长江水位较高，湖水下泄入江受壅阻，主要表现是随湖面坡陡减小，湖流流速减弱；在送山门以南湖区形成顺时针方向的风生环流；吞吐流型以枯水期较明显，此时吞吐水量虽小，但湖底大部分显露，湖水仅沿湖床深槽流动，坡降增大，流势反而增加。洞庭湖的湖流一般以吞吐流型为主，但在长江高水时期，也可出现顶托流型。云贵高原湖区的滇池、洱海和抚仙湖，也以吞吐流和风生流复合形成的混合流为主。蒙新、青藏高原的湖泊以闭合环流的方式出现为主。

湖流的垂线分布随不同时间和空间以及受风情、水清、水下地形条件的影响而不断变化着。凡有出、入湖河流的湖泊，在出、入湖河口附近的湖面，测点的垂线流向一般变化不大，垂线流速随水深增加而减小，当出、入河川径流量比较稳定时，湖流的变化主要由风力引起。但是，我国湖泊无论是吞吐流还是风生流或两者的混合流，流速都不大。

2. 风浪

风浪是由于风作用于湖面产生的一种水质点周期性起伏的运动。风浪的产生与停息主要取决于风速、风向、吹程、风的持续时间和水深等因素。一般风场作用初期，湖面即可出现周期短（常小于1.0s）、规模很小（波长只有几厘米）的二维波。随着风力的增强，波形变陡达最大值，这时涟波演变成为重力波。由于风场的不稳定性，波的二维特性被破坏，变成不规则的三维波。当风沿一定方向继续作用时，湖面就会出现与风向垂直排列，并沿风向运动的强制波。若风力强大到足以掀起倒悬波峰时，由于空气的侵入，湖面呈现一片白色的浪花。当风力减弱时，风浪虽然停止发展，但由于水质点的惯性作用，波浪仍能继续存在，此时的余波就具有规则对称的二维波特性。余波所具有的能量，在其传播过程中，逐渐消耗于内摩擦和底部摩擦，使波浪逐渐消失，湖面又恢复平静。

由于我国多浅水型湖泊，风浪的发生常受水深的抑制，如东部平原区的湖泊，在多雨的汛期，湖面开阔，湖水也深，因而风浪较大；在枯水期，水位低，湖面窄，湖水浅，风浪也较小。而云贵及青藏、蒙新湖区的湖泊，因年内水位变幅小，湖泊最大风浪常发生在多风的季节。

风浪引起的湖水的垂直紊动，对湖水理化特性的分布、湖中泥沙的运输，浮游生物的迁徙以及湖水中污染物质的扩散和净化过程均有一定的影响。湖水动力特性的垂直分布，在水温随深度的变化曲线上有明显反映。深水湖泊当有明显的温跃层分布时，温跃层以上水体属动水层，此水层内的湖水理化特性比较均一，温跃层则有明显变化，而下层为相对静止层，受湖外界环境的干扰极微。因此湖水中的溶解氧（DO）、游离二氧化碳在动、静水层中存在着明显的差异。

3. 风涌水

风涌水是湖泊增水与减水的一种自然现象，是指风成湖流向前运动时遇到湖岸的阻拦，在迎风岸引起水位的上升，即增水现象，而在背风岸引起水位的下降，即减水现象，使湖面发生倾斜。我国湖泊因风力作用形成的日水位增减，在大型浅水湖泊比较明显。云贵高原湖区的湖泊水深较大，风涌水引起的增减水位差一般在10cm以内。

4. 定振波

定振波亦称精博或假潮，是一种波长与湖泊长度为同一量级的长波驻波运动，是湖泊中经常存在的一种周期性振荡的水动力现象，通常把湖泊水位具有稳定周期的波动成为表面定振波。湖泊风场的变化及气压场的突变均可激发湖泊的表面振荡而形成定振波。实际上，湖泊定振波的周期还直接受湖泊形态、摩擦应力、水体黏性力和柯氏力等水动力学要素的制约，因此湖泊的定振波有其复杂的成因机理。定振波在运动过程中，若无外力为其提供能量，再湖底摩擦力、水体黏性力等作用下，其振幅将随时间而衰减。

1.1.4.3 湖水物理性质

1. 湖水温度状况

湖水温度状况是影响湖水各种理化过程和动力现象的重要因素，也是湖泊生态系统的

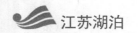

环境条件，不仅涉及生物的新陈代谢和物质分解，而且也直接决定湖泊生产力的高低，与渔业、农业均有密切的关系。

湖水吸收净辐射热量，同时通过水面蒸发、湖水紊动和对流等，在湖水内部、湖水与大气、湖水与湖盆间进行热量交换。在交换中，湖水储热量增加，湖水增温；反之，则降温。一年内由于太阳辐射强度的变化，引起水温季节的变化。同时由于水的物理特性和湖盆形态等影响，水温呈有规律的空间分布。

湖水的温度有日变化和年变化。日变化：表层湖水最低温度一般出现在 5～8℃ 时，最高水温出现在 14～18℃ 时。表层水温的日变化幅度较大，且因季节和地区不同而异。中、下层湖水因水的热导率小，日变幅随深度逐渐减小。中、下层湖水变化比上层湖水的温度变化滞后。表面水温日变幅为湖面气温日变幅的 20%～70%。年变化：温带双循环湖一年内的水温变化可分为四个阶段：①春季增温期，自热量平衡收入项大于支出项时开始。在开敞的湖泊，水温由一年中最低点开始稳步上升，在封冻的湖泊，则自水面冰雪消融完后，水温即逐步上升。②夏季增温期，水温持续上升，最高水温出现在 7 月或 8 月，与气温极值比较，滞后半个月至 1 个月。③秋季冷却期，自湖水收入的热量小于支出的热量开始，水温逐渐下降。④冬季冷却期，水温持续下降，在结冰的湖泊，直至 0℃，水面结冰。在不结冰的湖泊，1 月、2 月出现最低温度。湖泊水温年变化比气温年变化幅度小。

湖泊水温的垂向和横向分布均有变化。变化的原因为：①水汽交界面上的增温与降温；②湖泊内部热量的再分配。一般，湖水在温度接近 4℃ 时密度最大，当密度随深度增加时，湖水稳定；密度随深度减小时，产生对流混合，发生上下循环融冰之后，湖水增温，表面水的密度增加，水团下沉，湖水上下循环。当湖面增温至 4℃ 以上，上下循环终止。秋冬时期，湖水冷却，也发生类似过程，当湖面冷却至 4℃ 以下时，这一过程即告停止。

水温的垂向分布。温带双循环湖有下列情况：①夏季，表层水温较高，底层较低，但不低于 4℃，称为正温成层；②秋季，表面冷却引起湖水循环，湖水上下层温差与密度差逐渐减小，当上层水温接近 4℃ 时，形成同温现象；③冬季，当温度降至 4℃ 以下，表层水温较低，底层较高，但不高于 4℃，称为逆温成层；④春季，湖泊解冻以后，湖面开始增温，引起湖水循环，当上层水温接近 4℃，再度形成上下同温现象。在浅水湖泊，一日之内可出现两次同温现象。温带中等深度湖泊或深水湖泊，夏秋季节水温分层明显，根据水温垂向分布特征，可分为三层：表层，易增温，由于风力引起混合，水温分布较匀，其厚度约 4～20m，决定于增温程度、风力大小等因素；中层，也称温跃层或温斜层，其特征为温度变化急剧，在炎热的夏季，上下温差甚至可大于 20℃；底层是较冷的一层，水温分布又趋于均匀，60m 以上深水湖，底层水温约 5～10℃。浅水湖泊在晴朗无风的炎夏，可能产生短暂温跃层。

水温的横向分布在不同湖泊并不相同，造成差异的原因有：①水深，由于水的热容量大，春季增温时，岸滨带水温高于深水区水温；秋季冷却时，出现岸滨带水温低于深水区的相反现象。②风，风力可促使湖水混合，调匀水温，对于面积大、岸线平直的湖泊尤为显著。但风引起的湖泊增减水把较暖的表层湖水驱向迎风岸，较冷的底层湖水补偿背风岸，形成两岸水温差。③水质，咸水湖水温平面分布差异一般比淡水湖大。④水源，冰川源头湖泊的河口处水温较低于湖中及下游处的水温。⑤人类活动，在冷却水排放口附近的水温高于湖泊其他部分的水温。

2. 湖泊冰情

湖水温度降至 0℃时，由于水体结冰释放冻结潜热，使水体增温，阻止冻结。故湖水冻结须在水温低于 0℃的过冷却条件下进行。过冷却的程度决定于湖水中结晶核的性质。湖水含有盐分，冰点温度较淡水的低，当含盐量为 50～200mg/L 时，冰点温度为 -0.003～-0.012℃。冰点随静水压力增大而降低，水深增加 10m，冰点温度平均降低 0.0075℃。

当湖水表面温度冷却至 4℃以下时，表层湖水密度增大而下沉，引起上下循环，直至上下层水温均为 4℃时，循环停止。如继续冷却，表层湖水密度减少，不再下沉，直至水面温度达到 -0.01～-0.02℃，出现过冷却状态，呈现冰晶体。小型湖泊，在无风雪和冷却较快的情况下，冰晶体开始呈直径为几毫米的冰饼。冰饼扩大时，圆周曲率减小，冰饼边缘结冰热不能有效地释放，冰饼面上出现许多不规则体，转而增大，成为树枝晶。在与水面平行的方向，结晶体迅速增长，湖面形成薄冰层，称片状冰。

在较大的湖泊，经过冰晶体、冰饼以至薄冰层过程之后，由于风吹浪打，薄冰层破裂，破碎冰片相互磨蚀，最后融合成表面粗糙的冰层，称集块冰；如湖面有积雪，许多不规则的雪团冻结在一起，形成不透明的集块冰层。

薄冰层或薄集块冰形成后，由于风力与温度变化，经过多次消融与冻结，形成稳定的封冻冰。从初冰出现到全湖封冻一般约 10～20 天。湖泊出现初冰的平均日期受湖泊所在地的纬度、高程和离海洋的距离等影响。纬度高、地势高、距海远，初冰出现日期早；反之则迟。湖泊封冻后，冰层增厚有两种方式：①冰层下湖水热量通过冰层逸散至大气，水温降低，使冰层向下增厚；②当封冰上有积雪时，雪的重量使冰层破裂，湖水上溢，与雪混合，冻结成雪冰，冰层加厚。

湖冰厚度与湖泊的自然地理条件有关。纬度较低的平原湖泊的冰层较薄，如洪泽湖冰厚为 10～20cm；高纬高山湖泊冰层较厚，如呼伦池冰厚为 150cm，青海湖冰厚为 84cm。南极普利湖冰厚达 640cm。

当气温升至 0℃左右，冰层上下同时融化，表面冰融化更快。融化沿结晶体边缘进行，使片状冰变为许多松散结合柱状结构的松散结晶集合体，结果变成烛状冰。如冰面有积雪，积雪首先融化，在冰雪交界面出现薄薄水层，随着积雪厚度减小，热量逐渐到达冰层上表面，并透过冰层，促使冰层上下表面同时融化。

解冻过程中，岸边土壤增温快，湖冰多自岸边先融，形成岸缘水带。在风浪袭击下，冰融加速。封冻冰消融的主要热源有太阳辐射、空气增温和降雨带来热量。小湖冰层融化，主要由于热力作用，大湖中因伴有动力作用，可在湖岸形成很高的冰堆。一般自出现解冻至全部融完，约需 5 天至 1 个月。

湖泊解冻受纬度、高程和距海远近等因素影响。纬度高、距海远，则湖泊解冻日期晚；反之，则解冻日期早。中国湖泊平均解冻日期：呼伦池为 4 月中旬；洪泽湖为 1 月下旬；扎陵湖为 5 月中旬；微山湖为 1 月中旬。

3. 透明度与水色

（1）透明度。透明度有一个国际上常用的测量方法：拿一个直径 25cm 的白色圆盘，沉到湖中，注视着它，直至看不见为止。这时圆盘下沉的深度，就是湖水的透明度。

我国西部的高原和高山上，湖泊多是地壳下沉或断裂等所成的构造湖，还有一些湖泊是河道受阻而成的堰塞湖，这些湖泊水深、透明度高。青藏高原的湖泊主要依靠高山融雪补给，湖中悬浮颗粒物少，水的深度又大，因此湖水透明度居全国之冠。譬如青海湖平均水深 17.9m，透明度为 1.5～10m。新疆天山地区湖水的透明度也较大。如赛里木湖平均水深 46m，最大透明度达 12m。云贵高原上湖泊的透明度仅举两例就可见一斑：洱海为 4～5m。而最大水深达 158m 的抚仙湖，透明度一般为 7～12.5m。我国东部长江中下游和黄淮海平原上的湖泊，大多是平均水深小于 4m 的浅水湖。河湖相通、泥沙输入、风浪扰动，使湖水透明度更低，一般都在 1m 以下。

总之，我国清澈的湖大多在青藏高原，资料显示，中国最清澈的湖是西藏阿里的玛旁雍错，透明度达到了 14m；我国浑浊的湖泊多数在长江中下游地区，那里的一些浅水湖，透明度不足 0.1m。

（2）水色。水色是由水中溶解物质、悬浮颗粒及浮游生物的存在形成的。其中浮游生物的种类和数量是反映水色的主要因素。由于浮游生物中的诸多浮游植物，其体内含有不同的色素细胞，当其种类和数量发生变化时，池水就呈现不同的颜色与浓度，随着时间的推移和天气的变化，以及水生浮游植物存活及世代交替，水生浮游植物的种群的种类和数量亦发生变化，水色也因之而发生变化。

湖水的某种美丽的颜色（如绿色）是溶解了某些矿物质所致，只有在透明度高的湖中，这种颜色才可能显现。湖水的颜色也受制于水深，因为深度只有超过 5m 以上，湖水才有可能吸收掉其他色谱的光，而只反射蓝色光。长江中下游的那些湖泊，由于水深平均不超过 4m，因此在那些地方不能指望看到蓝色的湖。

我国湖水色彩最美的湖泊也在青藏高原。青藏高原上的湖大多数水色呈青绿色和浅蓝色。玛旁雍错的水色最清，为碧蓝色；青海湖水呈浅蓝色；鄂陵湖、扎陵湖呈青绿色。

在新疆以及内蒙古高原，赛里木湖、新疆天池和内蒙古的岱海水色较清，湖水呈深绿色或淡蓝色；博斯腾湖水呈浅绿色。云贵地区的湖泊以抚仙湖水色最清，为青绿色；阳宗海和洱海呈深绿色。

长江及淮河中下游的湖泊，河湖相通，泥沙和悬浮物含量高，因此是中国最浑浊的湖区。大多数湖泊的湖水呈黄褐色。

1.1.5 湖泊生态系统

湖泊生态系统是由湖泊内生物群落及其生态环境共同组成的动态平衡系统。湖泊内的生物群落同其生存环境之间以及生物群落内不同种群生物之间不断进行着物质交换和能量流动，并处于互相作用和互相影响的动态平衡之中。这样，在湖泊内构成的动态平衡系统就是湖泊生态系统。

湖泊生态系统主要由水生生物和其生境构成，水生生物种类繁多，按生态功能可分为三大类，即生产者、消费者和分解者。湖泊生态系统结构和功能特点与湖泊环境质量关系密切。在湖泊生态系统中，生产者包括浮游植物、水生维管束植物和光合细菌，消费者包括原生动物、轮虫、浮游甲壳动物、底栖动物、鱼类及其他脊椎动物，分解者包括各种水生细菌及真菌。

在滨岸带，由于水层相对较浅，光照充足，营养物质丰富，植物种类丰富，以水生维管束植物和浮游植物最为繁盛，它们是湖泊生态系统中有机物质的主要生产者。充足的食物养育着多种多样的消费者动物种群，如浮游甲壳类、螺、蚌，以及蛇、蛙、鱼、水鸟等大量脊椎动物。作为湖泊生态系统生产者的绿色植物，在滨岸带具有呈同心圆状向湖心方向辐射分布的特点，可进一步分为：

（1）湿生植物带：是由莎草科植物构成的湿草甸或短期积水的沼泽。

（2）挺水植物带：是长期积水的湖泊浅水带，常见的植物有芦苇、茭白、香蒲、水葱等，它们根和茎的下部浸在水中，上部挺出水面，形成郁闭的高草群落。

（3）浮叶植物带：随着水深的增加，挺水植物逐渐被睡莲、眼子菜等浮叶植物代替，这些植物的根着生在水底淤泥中，叶子和花漂浮在水面上。

（4）沉水植物带：再往深处，苦草、狐尾藻、金鱼藻等沉水植物发育，它们的根系扎于湖底，茎、叶和花全部沉浸在水中。

由滨岸带再向湖心延伸，水面开阔，深度加大，有机物质和泥沙含量减少，湖水清澈，按透光程度和氧气含量分为表水层和深水层两个垂直层次。表水层光照充足，温度高，生产者以浮游植物为主，包括硅藻、绿藻、蓝藻、双鞭甲藻等，它们通过光合作用使该层中氧气含量高，从而吸引了众多的消费者，如原生动物、轮虫、枝角类和桡足类等。这些浮游动物又为自游动物——鱼类提供了丰富的饵料，使表水层成为多种鱼类生活的场所。深水层光照微弱，由于不能满足绿色植物光合作用的条件，所以，生物群落主要以异养动物和嫌气性细菌为主。鱼类等异养动物以各种小型浮游动物为食，细菌则分解各种有机残体，产生的无机物质可再度为藻类利用，形成养分的循环。湖泊生态系统如图 1.1 所示。

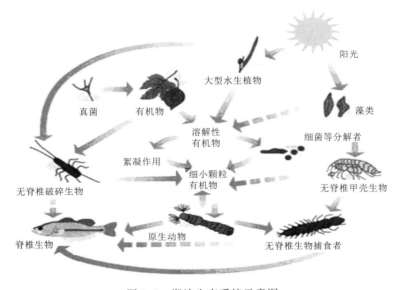

图 1.1 湖泊生态系统示意图

1.1.6 湖泊富营养化

在自然因素和（或）人类活动的影响下，湖泊、水库、海湾等缓流水体的氮、磷等营养物质不断补给，过量积聚，致使水体营养过剩，藻类及其他浮游生物迅速繁殖，水体溶解氧下降，导致鱼类及其他水生生物大量死亡，水色浑浊、水质恶化、水体功能丧失的现象称为水体富营养化。富营养化过程包含着一系列生物、化学和物理变化的过程，与水体地理特性、自然气候条件、水体理化性状、湖盆形态、底质特征、污染特性以及水体周边人类的社会经济活动等众多因素有关。水体富营养化通常引起某些特征性藻类（主要是蓝藻、绿藻）及其他浮游生物的迅速繁殖，水体生产能力提高，系统循环改变，使水体溶解氧含量下降，造成鱼类等水生生物衰亡。

富营养化可以分为天然富营养化和人为富营养。在自然条件下，由于水土流失、蒸发和降水输送等过程会使水体中的营养物质逐渐积累，使一些湖泊从贫营养向富营养化发展，逐渐由湖泊变成沼泽，最后消失。不过这一自然过程需要几千年甚至几万年才能完成。但是人类活动的影响会急剧的加速这一过程，特别是现代生活中人类对环境资源开发利用活动日益增加，工农业迅速发展，大量的营养物质进入并积累在湖泊、海湾中，导致富营养化可以在短期内出现，即人为富营养化。

在贫营养湖泊向中、富营养湖泊发展的过程中，水体中的氮、磷含量水平对湖泊生态系统初级生产力有着决定性影响，随着水体中氮、磷等生源要素的持续增加和积累，当藻类生产力和生物量积聚至一定水平时，即形成藻类水华。当环境条件适宜时，浮游生物（主要是浮游植物）大量繁殖，形成丝带状或片状物质漂浮在水面，有时甚至覆盖大面积水域。因占优势的浮游生物的颜色不同水面往往呈现蓝色、红色、棕色、乳白色等，这种现象在江河、湖泊中称为"水华"，在海洋则称为"赤潮"或"褐潮"。

水体富营养化时，依据优势藻类的不同，将富营养化分为富营养蓝藻型、富营养绿藻型、中富营养绿藻-硅藻型等种类。其中富营养蓝藻型又分为富营养蓝藻（微囊藻）型、富营养蓝藻（平裂藻）型、富营养蓝藻（丝状）型、富营养蓝藻混合型。

蓝藻水华是富营养化淡水水体中发生最多、影响最广的藻类水华。目前，江苏省湖泊（水库）暴发的水华以蓝藻水华居多。据调查显示，目前我国淡水水域中，50%以上的湖泊和30%以上的大型水库都出现过蓝藻水华，其中以太湖、巢湖和滇池尤为严重，滇池蓝藻水华几乎从每年的3月持续到10月。我国近年来除了滇池、太湖和巢湖已出现因蓝藻生长而引起的严重水污染外，长江、黄河中下游许多水库、湖泊也出现不同程度的藻类水华污染情况。

水体出现富营养化时，首先会引起浮游植物藻类种群结构的改变，种群中对污染物敏感的种类日渐衰退或消失，而耐污种类则逐渐发展起来并占优势；藻类多样性指数下降，浮游植物群落构成简单，暴发水华时会有较少种类的藻类占优势。富营养化水体浮游植物生物量的迅速增加导致水体透明度的降低，影响水中植物的光合作用和氧气的释放，致使水体溶解氧严重缺乏，造成鱼类大量死亡，生态系统受到严重破坏。其次，藻华发生时释放于水体中的毒素，对人畜饮水安全造成很大的潜在危害。而且，水体表层堆积的藻体在死亡时腐烂并产生异味物质，对感官和视觉效果都会造成不良的影响。

无论是天然富营养化还是人为富营养化，均具有以下特征：

（1）氮、磷等营养物质源源不断地输入水体，它们可以通过不同的途径包括自然界的物质循环，如降雨、雪对大气的淋洗作用和地表径流对地表物质的淋溶和冲刷，造成一定数量的营养物质经常不断地向水体输送。更重要的是由于人类活动的参与，含氮、磷肥料的生产和使用，屠宰产品加工、食品工业等工业废水及大量的城市污水，特别是含磷洗涤剂的污水，这些废水未经处理或经一、二级处理即行排放，结果导致相当多的营养物质进入水体，为水体富营养化的形成提供了物质来源。

（2）水体中的水生生物群落，生产者远远超过消费者和分解者，造成生态系统的明显不平衡。所以在富营养化水体中，生物群落主要占优势地位的是生产者，而消费者居于极不重要的地位。

（3）营养物质不断向水体底层富集，形成一个富含营养物质的沉积层。以固体径流形式进入水体的营养物质可以机械地沉积在水底，以溶质径流形式进入水体的营养物质通过吸附作用与水体中的悬浮物一同沉积在水底，也可通过化学反应形式形成难溶的磷酸盐向水底沉积，更重要的是，还可以通过生物的吸收以有机质的形式沉积于水底，从而形成了一个富含营养物质的沉积层。

1.2　江苏湖泊成因与分类

1.2.1　湖泊的主要成因类型

湖泊的形成与发展，是在一定的地理环境下进行的，并与地理环境相互发生作用。为了便于研究，从地质与地貌的角度，根据江苏省的湖泊，按其湖盆的成因，可分为如下几种类型。

1. 潟湖型

这类湖泊系由潟湖演变所形成。古代的海湾，在河流三角洲和海岸沙堤不断发展、扩大的条件下，演变而为潟湖。潟湖的进一步发展，终于和海洋完全隔离，退居内陆，并经逐渐淡化而成为淡水湖泊。苏南的太湖、淀山湖、澄湖、阳澄湖、滆湖、洮湖和苏北的射阳湖、大纵湖、蜈蚣湖等属于这一类型。

概略地说，长江三角洲由两大碟形洼地所组成。这两大碟形洼地即盆地的形成过程，是与长江三角洲的发育过程息息相关的。

太湖地区因第三纪以来的块断差异运动，形成凹陷，即太湖凹陷，凹陷处由于海水浸入，成为嵌入陆地的浅海湾。据研究，大约在公元前3600年，长江尚在镇江一带入海，钱塘江在杭州一带入海。当时海岸线的位置，在今奔牛、金坛、溧阳、宜兴、乌溪、夹浦、新塘、小梅口至吴兴一线附近。随着这两条大河所携带的大量泥沙在河口地区的堆积，形成冲积沙嘴、三角洲。与此同时，海流和波浪挟带着泥沙，又在不断成长的三角洲的沿岸海湾地区堆积成沙堤、沙坝，由于沙嘴、沙堤的逐渐扩大延伸，终于相互衔接起来。被长江南岸沙嘴和钱塘江北岸沙嘴以及海岸沙堤合围下的太湖区，因沙嘴、沙堤相互衔接的结果，从最初的海湾形态逐渐封淤形成了潟湖的形式。潟湖的出现，标志着太湖地区四周高起而中间低洼的碟形洼地已基本形成。这个碟形洼地的四周，西面为茅山丘陵，

北面为长江南岸的天然沙嘴，南面为钱塘江北岸的天然沙嘴，东面为古海岸沙堤。这条古海岸沙堤的位置，大致在今嘉定以西的外冈，经上海的马桥，到金山区的漕泾一线。沙堤的组成物质，除泥沙外，并夹有大量牡蛎等的贝壳。

在潟湖形成之初期，它和海洋之间是有通道的，海水仍可经通道进入潟湖。后来由于泥沙的继续堆积和沙嘴的持续扩大，在碟形洼地进一步地发展过程中，最后将潟湖封闭，残留于三角洲平原，经逐渐淡化，形成和海洋完全隔离的湖泊，即古太湖。根据对近代沉积物的分析，说明这一潟湖的完全封闭并不是十分远久的事情，如在太湖的东部，地面下1～1.5m处普遍见有厚0.3m左右的湖相泥炭层，在平望、震泽、盛泽、梅堰一带，泥炭层中并发现有未曾完全腐烂分解的大型树段，其年轮尚清晰可辨，在泥炭层以下，为一贝壳层，其中含有牡蛎的遗体；在太仓县，湖相沉积与河漫滩沉积只有2m的厚度，其下就是海相堆积。从湖相堆积物的分布范围来看，反映古太湖在形成之初，是十分辽阔的，今太湖以东的淀山湖、澄湖、阳澄湖和以西的滆湖、洮湖等广大区域，都曾是一片相连的水体，佘山、淀山、洞庭西山等小山丘，也曾是古太湖中的一些孤岛，兀立于汹涌的波涛之中。

古太湖在形成过程中及其形成以后，湖底地形是略有起伏的，故在后期的堆积过程中，存在着堆积量在地区分布上的差异，这又使得大碟形洼地发生地貌分化现象，分别形成几个小的碟形洼地。在这些小的碟形洼地中，形成了汇水的湖群。淀泖湖群、阳澄湖群、洮滆湖群，历代由于封淤而已被围垦了的芙蓉湖群（今常州东南）以及浙江省境内的菱湖湖群（今吴兴东南）等，均是伴随着古太湖堆积过程的发展以及湖水的逐渐淡化而分化出来的一系列小型湖泊。太湖处于碟形洼地的中心，则是古太湖在分化过程中残留下来的其中最大的一个湖泊。

根据考古发掘和历史记载，太湖流域诸湖在形成以后，曾经有过不只一次的扩大和缩小过程。湖面的扩大，一方面与该区地壳呈脉动式的下沉因素有关；另一方面，排水港浦淤塞，入海通道不畅，这些都是不可忽视的原因。如淀山湖，在元代由于东南入海港浦的堰断，成了苏、湖、秀（嘉兴）三州来水之总汇的处所，湖面因之而扩大，并导致从南宋淳熙十三年（1186年）开始疏浚淀山湖通入吴淞江的诸港路。再者，风浪侵蚀，湖岸崩塌，也会造成湖面的扩大，如澄湖就是一例。该湖由于风浪侵蚀，局部湖岸的崩塌现象较为严重，原1916年所测地形图与1958年的地形图相比较，1916年的部分湖滨线已处于湖中，与目前湖岸线相差平均200m左右。至于湖面的缩小，除因受上游河流携带的泥沙淤积等自然因素作用外，人类的经济活动如江南运河的开挖、塘路的兴建和围垦种植也是其重要因素。以太湖为例，唐元和五年（810年），在今吴江区南北当时还是一片水乡，是太湖水体的组成部分，非但不通陆路，船只来往亦无纤道。苏州刺史王仲舒修筑堤岸，称为塘路，从此吴江至苏州才有陆路可通。塘路和江南运河堤岸的逐渐形成过程，亦是太湖东、南岸界线的形成过程。由于这些人为的活动，使得太湖东南部的这一部分水体完全由运河和塘路隔开，太湖湖面因之而缩小。太湖的东山在宋代时尚处湖中，由于湖流的搬运作用，泥沙不断沉积，致使东山周围滩地扩大，对面青口以南滩地伸张，东山与陆地逐渐接近，但中间仍留有一个很宽阔的大缺口，是太湖排洪的通道。

总的说来，太湖流域诸湖形成之后，湖面虽曾有过扩大，但扩大过程是短暂的，就整个太湖地区的湖泊而言，也是个别的，或者是局部的，而湖泊面积的缩小分化则是普遍的，特别是人类经济活动的不断影响，加剧了湖泊的缩小过程。

长江三角洲的北侧，苏北里下河地区的射阳诸湖，在成因上与苏南的太湖类似，也都是经由潟湖演变而来。

里下河地区在大地构造单元上是属于苏北凹陷的一部分，这一凹陷从第三纪以来，一直是处于沉降运动的过程，并接收了深厚的松散沉积物。至第四纪的晚更新世时期，该区已处于滨海环境，成为长江三角洲北侧的一个浅海海湾，长期的泥沙淤积作用，造成海岸带是以平缓的坡度伸向海底的。大约在2000年前，淮河尚在淮阴附近注入这一海湾。由于波浪作用，在滨海浅滩地区造成了岸外沙堤的发育。根据对微地貌和沉积物质的分析，这个沙堤是作北北西—南南东方向延伸的。它北起于阜宁的北沙镇，过射阳河后，沿范公堤（串场河）而南入东台县境。因沙堤的形成和长江北岸古沙嘴的伸展，使得里下河地区成为潟湖地带。这一潟湖相的沉积物，现在在兴化、盐城一带地面下2m深处即可发现，厚1～2m，其下便是青灰色的海沙层了。同时，在潟湖相的沉积物中，并可找到当时在咸淡水交汇处生活的动物群——蛙子。此外，"盱眙观潮，兴化望海"这些历史上的记载，也都说明苏北地区海陆变迁的事实。

潟湖经后来泥沙的继续封淤，在逐渐淡化的过程中退居内陆，转变成为淡水湖泊，称之为古射阳湖。现今的大纵湖、蜈蚣湖、得胜湖、平旺湖、郭正湖、广洋湖等湖荡，在古射阳湖形成之初期，均为其统一湖体的组成部分。后来由于来自湖区本身的泥沙和生物残体的沉积，尤其是来自黄河和淮河泛滥所注入的大量泥沙沉积，加速了这一古湖泊的衰亡过程，使其逐渐变小、解体，分化为许多大小不一的湖荡。黄河自从宋光宗绍熙五年（1194年）于河南省阳武南岸决口，至清咸丰五年（1855年）复又调头北去，为时近600余年时间。在这段时间里，由于黄河夺淮，黄淮合流南下，洪水常泛滥于里下河地区。如在《淮安府志》中，就有"明嘉隆（即嘉靖、隆庆）年间，黄淮交涨，溃高宝堤防，并注于湖，日见淤浅"的记载。国民党反动统治时期，黄河泛滥更是有增无减。1938年炸开郑州花园口黄河大堤，任其波涛汹涌的黄水泛滥南流。从缺口到堵口，黄河泛滥了9年，把大约100亿t泥沙带到淮河流域，造成了5.4万km²的黄泛区。低洼的里下河地区也因此变成一片汪洋，沦为泽国。由此可见，对于里下河地区诸湖泊的研究，黄淮泛滥所给予的影响，无疑是不可忽视的。

湖泊由于被大量泥沙所沉积，湖盆日见淤浅，湖泊迅速发展到了衰老的阶段。这是目前里下河地区诸湖的一个显著特点，也是与太湖地区诸湖相比较的一个明显差异。从湖滩地的广泛发育以及芦苇、蒲草等挺水植物广泛分布于湖区的事实，说明里下河地区湖泊已普遍进入沼泽化过程。

湖滩地是一项良好的土地资源。由于湖滩地的发育，使围垦种植和兴建台田（群众习惯上称之为垛田）种植成为可能。如今，这已成为里下河地区湖泊利用的一种主要方式。随着围垦种植规模的逐步扩大与发展，又进一步加剧了湖泊的缩小和衰亡过程，并不断改变着湖盆的形态。

由于上述原因，里下河地区湖群的今昔对比，变化是十分可观的。如据清嘉庆十五年（1810年）《重修扬州府志》所载："得胜湖广裹皆二十里"，如今长6.4km，平均宽

2.3km。前后相距 170 年的时间，面积缩小了一半以上。再如据清康熙二十四年（1685 年）《淮安府志》所载："大纵湖南北经三十里，东西广十五里。"现今长仅 6km，平均宽 4.7km，相距近 300 年时间，面积也缩小了一半左右。

2. 河成湖

这类湖泊系由河流演变所形成，苏北的洪泽湖、高邮湖、宝应湖等属于这一类型。

洪泽湖和高邮湖在成湖以前，这里本有许多小型湖荡，如在洪泽湖地区就有破釜涧、富陵湖、白水塘、泥墩湖、万家湖、成子湖等湖荡。在高邮湖地区也有一些湖荡。清嘉庆十八年（1813 年）《高邮州志》中曾描绘了这种多湖的景象，记述了当时在高邮湖地区原有 36 个大小不等的湖沼。这些湖沼都是经由潟湖演变而来，并已发展到了老年期的阶段。现根据钻孔资料，在湖区第四纪沉积物中有海相沉积，并含有海水成分的地下水，可以说明这一演变过程的存在。

上述湖荡地处淮河下游。淮河原是一条独流入海的河道。自从宋光宗绍熙五年（1194 年）黄河南泛，夺取了淮河的入海故道，淮河成了一条"盲肠"，归海不得，于是泛流横溢，遂将破釜涧等许多小的湖荡，合并成为一个大的洪泽湖。淮水向东既无出路，而洪泽湖又不能容纳全部来水，惟有循地势向南涌流，泛滥于高、宝地区，使过去的一些小湖荡成为巨浸，形成高邮湖、宝应湖。邵泊湖本为东晋孝武帝太元十一年（386 年）时所开挖的人工湖泊，白马湖原是一个古老的天然湖泊，也都因为黄河夺淮，洪水泛滥，湖面扩大，与高邮湖、宝应湖汇为一体。

黄河本是一条含沙量很大的河流，自古就有"一石水，六斗泥"之说。淮河在清口以下的入海河道，由于黄河泥沙的逐年淤塞，致使黄河本身也不能畅流入海，造成了黄水倒灌淮河和黄淮合流南下入江的局面。运河（里运河）也因为泥沙淤塞，河床日高，漕运不能畅通。所以，黄河夺淮，使黄河、淮河、洪泽湖和运河四者之间形成了新的联系，产生新的矛盾。

运河本是封建时代维持北方宫廷漕运的重要交通线。它在通过洪泽湖附近的一段，要靠洪泽湖的水量调剂水位，以保持漕运畅通。黄河夺淮，黄水倒灌入洪泽湖，使湖底不断淤高，湖盆变浅，容量减少，失去了调剂运河水位的作用。为了维持漕运的畅通，明代永乐年间（1403—1424 年）开始实行"蓄清刷黄济运"的方略，即修筑洪泽湖大堤，把含泥沙较少的淮河来水加以拦蓄，抬高洪泽湖的水位，借以冲刷下游河段中的泥沙，补充运河水量，以维持漕运的畅通。但实施"蓄清刷黄济运"并未能解决上述矛盾。而洪泽湖和高邮湖等湖泊，却因为大堤的逐渐加高以及运道的淤塞，致使湖面进一步扩大，造成水灾连绵不断。

1949 年以后，洪泽湖已建设成为防洪、灌溉、水产和航运等综合利用的水库，宝应湖已成为内湖，高邮湖和邵伯湖也已建闸控制。如今，这些湖泊的演变越来越多地受到了人为的控制。

3. 构造型湖泊

湖盆由地壳的构造运动所形成，称构造湖，苏北的骆马湖和苏南的固城湖、石臼湖属于这一类型。

根据地质资料揭示，骆马湖的原始基底是个地堑式的陷落盆地，其中有两组以上的断裂构造穿过湖盆，著名的郯庐深大断裂即沿湖的东岸贯穿南北，且历史上活动频繁，曾发生过数次灾害性地震。湖西岸还有一组南北向断裂构造与郯庐深大断裂并列。所以，以湖盆成因而论，骆马湖确属典型的构造湖。但是，由于历史上黄河多次南泛夺淮以及沂河和中运河的行洪，致使原始湖盆淤积成一个浅洼地。

固城湖和石臼湖在大地构造单元上是属于南京凹陷的边缘地带。由于中生代燕山运动后期的断裂作用，溧高背斜西北翼断裂下沉，产生了包括固城湖、石臼湖、丹阳湖及其西部好田区的一片广大洼地，奠定了湖盆的基本雏形。该区断裂构造的遗迹，在地貌上是清晰可辨的，如固城湖的东南部，原始湖岸线（不包括人工围堤）几乎成一条直线，在湖岸线之外，平行分布着马鞍山、十里长山等，且山体在面向湖的一面多呈 30° 以上的坡度，为一明显的断崖。在石臼湖，也可见到类似现象。

构造洼地形成之后，仍一直处于缓慢下沉的过程，这就为以后来自周围大量物质的堆积创造了条件。但是，这一洼地并非严格封闭的盆地，而有缺口连通长江。发源于皖南山地的水阳江、青弋江，直接注入这个大洼地，然后再通过洼地的缺口归泄于长江。再者，当长江在洪水时期，江水位仍可高于洼地的基面，引起江水倒灌。这样，由于江河泥沙的堆积，久而久之，便在洼地的西部形成三角洲。三角洲的逐渐发展，终于将缺口淤塞，仅留一些小的汊道。洼地因为缺口受到堵塞，泄流不畅，遂潴积成湖，开始了湖泊的生命活动，称古丹阳湖。成湖的时期大致是在全新世的早期。

古丹阳湖在形成初期范围很大，不仅包括今固城湖、石臼湖和丹阳湖的全部，连西部的广大圩田区也在其内。从湖泊沉积物的分布上可以得到证实。因为在圩区地表层 50cm 以下，沉积有厚达 15m 以上的湖相青灰色粉砂黏土质腐泥，这与今固城湖等湖盆底部沉积物的性质是类同的。由此也可以说明，这些地区在过去曾一度是个统一的大湖区，即都是古丹阳湖的组成部分。

古丹阳湖形成之后，仍然继续受到来自水阳江、青弋江和长江泥沙的淤积。当携带着大量泥沙的水阳江和青弋江由江口进入湖泊时，因为流速锐减，所带泥沙遂在江口地区大量沉积，这样日积月累，便在江口附近形成新的三角洲。三角洲逐渐发展，使湖泊日益淤浅，湖面缩小分化。由于水阳江三角洲向古丹阳湖推进，首先将其南缘封淤，分化出固城湖。当三角洲继续向北发展抵达湖阳嘴时，残留水体最后又分化成石臼、丹阳两湖。至此，古丹阳湖因为解体而分化成三个独立的湖泊。

从古丹阳湖解体分化而产生出来的固城、石臼和丹阳三个湖泊，由于后来泥沙的继续淤积，特别是大规模的围垦以及水利工程的兴建等人类经济活动的影响，湖面更进一步地缩小，有的仍然残留着一部分水体，有的则已衰亡。如固城湖在其形成之初期，面积达 200 余 km²，今相国圩、永丰圩等均在其范围之内，西北面以今保丰圩地区为咽喉和石臼、丹阳湖相通，而现今湖面仅存 24.3km²，与其形成之初期相比，已缩小了 8/10 以上。丹阳湖的变化更为巨大，于 1966—1974 年全湖被围垦，现已名存实亡，而石臼湖的面貌也今非昔比了。

从以上三种类型的湖泊演变趋势概述中可以看出，江苏湖泊大多处于长期缓慢沉降的地质过程中，正是由于这一原因，湖泊才得以接受来自流域的大量泥沙。湖盆因被泥沙所充填，致使湖底不断淤高，滩地广为发育，湖面逐渐缩小。这是江苏湖泊演变的一个总的特点。

在湖泊演变过程中所发育起来的湖滩地，由于具有地势平坦、土质肥沃、水源充足等优越的自然条件，大致从汉代起，劳动人民就已开始大量围垦，兴建水利设施。随着后来的围垦规模的逐渐扩大发展，与湖争地愈演愈烈，这又使得本来已经缩小的湖面更进一步缩小。所以，在研究历史时期的湖泊演变过程时，人类经济活动的影响是一个重要的方面，是必须加以考虑的。

苏北的洪泽湖、高邮湖等湖泊是黄河夺淮及"蓄清刷黄济运"、人工筑堤等原因而发展扩大起来的，与苏南湖泊的演变过程有所不同。因此，在研究这些湖泊的演变过程时，黄河南泛带来的巨大影响，是不可忽视的。

1.2.2 不同成因类型的空间分布

江苏湖泊众多，大大小小湖泊共 290 多个，按湖泊成因进行分类，主要包括四大类：海成湖型湖泊（潟湖型湖泊）、河成湖型湖泊、构造型湖泊以及人工湖。江苏四大类湖泊分类见表 1.1。

表 1.1 江苏四大类湖泊分类

湖泊类型	潟湖型湖泊	河成湖型湖泊	构造型湖泊	人工湖
湖泊名称	太湖、滆湖、长荡湖、阳澄湖、昆承湖、漕湖、尚湖、傀儡湖、独墅湖、金鸡湖、沙湖、澄湖、九里湖、淀山湖、石湖、汾湖、五里湖、鹅真荡、宜兴三氿、钱资荡、大纵湖	洪泽湖、高邮湖、邵伯湖、宝应湖、白马湖、莫愁湖、天岗湖	骆马湖、石臼湖、固城湖、玄武湖、前湖	赤山湖、紫霞湖、月牙湖、瘦西湖、百家湖

江苏省潟湖型湖泊较多，主要集中在太湖流域以及里下河地区。河成湖型湖泊主要集中在里运河西侧，黄河夺淮造成大量泥沙淤积是其形成的主要原因。构造型湖泊在江苏省分布较少，但如滆湖、大纵湖形成也有地震、沉陷成因说。里下河湖荡则属于潟湖和河成湖的复合成因型湖泊。人工湖在江苏分布广泛，除所有水库外，一些较为有名的旅游湖泊也是人工湖。

1.3 水文、水质及水生态

1.3.1 水文特征

江苏地处长江、淮河、沂沭泗流域下游，全省面积 10.26 万 km^2，占全国国土面积的 1.06%。全省水网密布、河湖众多，长江横跨东西、京杭运河纵贯南北；太湖、洪泽湖、高邮湖等大小湖泊镶嵌在全省的土地上。据统计全省水域面积 1.73 万 km^2，占全省面积的 16.9%。江苏省水系包括境内的长江、太湖、淮河和沂沭泗四大水系。其中长江干流水系面积 1.92 万 km^2，太湖水系面积 1.94 万 km^2，淮河水系面积 3.71 万 km^2，沂沭泗水系面积 2.58 万 km^2。

江苏地处亚热带、湿润气候向北方温带半湿润气候的过渡带，苏南苏北气候差异明显。全省年平均气温为 13.5～16.0℃，年降雨量在 700～1150mm。

从流域上来看，以废黄河一线为界分为淮河流域和长江流域（包含太湖流域）。淮河流域由南往北分布着邵伯湖、高邮湖、白马湖、洪泽湖、骆马湖、南四湖等湖泊；长江流域由北往南分布着长荡湖、滆湖、太湖、阳澄湖、淀山湖等湖泊。长江流域（包括太湖流域）代表江苏南部地区，而淮河流域代表江苏北部地区，南北降雨差异明显。

1.3.2 水质

根据《2019年江苏省生态环境状况公报》数据显示，2019年江苏省水环境质量总体有所改善。纳入《水污染防治行动计划》地表水环境质量考核的104个断面中，年均水质符合《地表水环境质量标准》（GB 3838—2002）Ⅲ类标准的断面比例为77.9%，无劣Ⅴ类断面。对照2019年国家考核目标，水质优Ⅲ类和劣Ⅴ类比例均达标。与2018年相比，优Ⅲ类断面比例上升8.7个百分点，劣Ⅴ类断面比例降低1.0个百分点。

纳入江苏省"十三五"水环境质量考核目标的380个地表水断面中，年均水质达到或优于Ⅲ类的占84.3%，无劣Ⅴ类断面。对照2019年省考核目标，优Ⅲ类比例达标，且实现消除劣Ⅴ类的考核目标。与2018年相比，优Ⅲ类断面比例上升9.8个百分点，劣Ⅴ类断面比例下降0.8个百分点。

2019年，太湖湖体总体水质处于Ⅳ类；湖体高锰酸盐指数和氨氮平均浓度分别为3.9mg/L和0.12mg/L，分别处于Ⅱ类和Ⅰ类；总磷平均浓度为0.079mg/L，总氮平均浓度为1.31mg/L，均处于Ⅳ类；综合营养状态指数为56.5，处于轻度富营养状态。与2018年相比，湖体高锰酸盐指数、氨氮浓度稳定在Ⅱ类，总氮、总磷浓度分别下降5.1%和9.2%，综合营养状态指数上升0.5。

2019年4—10月预警监测期间，通过卫星遥感监测共计发现蓝藻水华聚集现象129次。与2018年同期相比，发生次数略有增加，最大和平均发生面积分别增加93.9%和39.3%。

15条主要入湖河流水质全部达到Ⅲ类，与2018年相比，水质达到Ⅲ类河流数增加4条。列入省政府目标考核的太湖流域124个（因太湖流域范围调整，太湖流域重点断面由137个调整为124个），重点断面水质达标率为97.5%，较2018年上升3.3个百分点。

2019年，淮河干流江苏段水质良好，4个监测断面年均水质均符合Ⅲ类标准，与2018年相比水质保持稳定。主要支流水质总体处于轻度污染状态，符合Ⅲ类、Ⅳ类、Ⅴ类和劣Ⅴ类水质的断面分别占70.8%、24.0%、2.6%和2.6%，影响水质的主要污染物为总磷、化学需氧量和高锰酸盐指数。与2018年相比，符合Ⅲ类水质断面比例上升3.0个百分点，劣Ⅴ类水质断面比例下降2.6个百分点。

南水北调东线江苏段15个控制断面中有14个年均水质达Ⅲ类标准要求。与2018年相比，水质符合Ⅲ类比例下降6.7个百分点。

长江干流江苏段总体水质为优，10个断面水质均为Ⅱ类，与2018年相比水质保持稳定。主要入江支流水质总体为优，41条主要入江支流的45个控制断面中，年均水质符合Ⅲ类和Ⅳ类断面分别占91.1%和8.9%，无Ⅴ类和劣Ⅴ类水质断面；与2018年相比，符合Ⅲ类水质断面比例上升17.8个百分点，劣Ⅴ类水质断面比例下降6.7个百分点。

1.3.3 水生态

1. 浮游植物

江苏湖泊中的浮游植物种类较多。根据调查：太湖出现的浮游植物有134属，洪泽湖

出现的浮游植物有 128 属，石臼湖出现的浮游植物有 105 属，其余各湖所出现的浮游植物都在 100 属以下。常见的有蓝藻门 7 科 28 属，甲藻门 3 科 6 属，金藻门 3 科 4 属，黄藻门 3 科 3 属，硅藻门 14 科 26 属，裸藻门 2 科 5 属，绿藻门 19 科 56 属和轮藻门 1 科 4 属，共 8 门 54 科 132 属。其中以蓝藻门、硅藻门和绿藻门内的种类出现得最多。

蓝藻门中以蓝球藻、隐球藻、微胞藻、片藻、林氏藻、颤藻、蓝针藻和项圈藻等属最为常见，它们大多是营浮游生活的。其中林氏藻、颤藻、蓝针藻和项圈藻等是丝状体，其他是单细胞或群体。蓝藻喜高温，春季开始出现或繁殖，夏季达繁殖的盛期，入秋之后逐渐衰落。江苏湖泊夏季常出现蓝藻形成的"水花"，通称湖靛。湖靛主要是由项圈藻和微胞藻两个属里的一些种组成的，但各湖的湖靛组成并不一致。如太湖的湖靛主要是微胞藻和项圈藻，而相邻的滆湖的湖靛则主要是微胞藻，项圈藻占少数。江苏湖泊都是富营养型，夏季水温可达 30℃ 以上，这些条件颇适合蓝藻生长和繁殖，所以会出现大量的蓝藻。

硅藻门中以小环藻、直链藻、脆杆藻、舟形藻、月形藻、桥弯藻、双菱藻、菱形藻和等片藻等属最为常见，它们都是营浮游生活的。春、秋两季是硅藻繁殖的旺季，冬、夏两季也有一些硅藻繁殖。在一个湖里，它们主要分布在水质澄清的湖区。如东太湖生长着茂密的水生植物，风浪不易搅起底质，湖水比较澄清，环境条件比较稳定，所以硅藻的数量明显比西太湖多。同样，骆马湖北部湖区水生植物比南部湖区多，水也比较澄清，所以硅藻的数量也比南部湖区多。

绿藻门中以空球藻、实球藻、小球藻、盘星藻、腔星藻、四球藻、卵胞藻、针连藻、十字藻、栅列藻、丝藻、刚毛藻、鞘藻、水绵、转板藻、新月藻、裂鼓藻和鼓藻等属最为常见，它们大多是营浮游生活的，但有少数是营附着生活的。绿藻大多在温暖的季节出现，但又不喜高温和强烈的阳光，春、秋两季是它们生长和繁殖的旺季。在湖里，如果浮游的绿藻大量繁殖可使湖水呈现草绿色。附生的种类如刚毛藻分布于湖泊沿岸带，常附生于挺水植物的根、茎或其他物体上，有时呈絮团状。水绵也是丝状体，多见于湖湾静水环境，大量繁殖时可集结成片。

甲藻、金藻、黄藻、裸藻这四门藻类在江苏湖泊中出现的种类不多，大多是营浮游生活的。甲藻门中的隐藻类在一些小型湖泊的浮游植物中往往占优势，角藻也常有一定数量。金藻门和黄藻门内的一些种类喜低温，大多在冬季出现。钟罩藻（金藻门）、黄丝藻和葡萄藻（黄藻门）是常见的一些属。裸藻门中的一些种类在大型湖泊的开敞湖区并不多见，主要生长在湖滩地上的一些浅水坑洼内，在小型湖泊里可分布于全湖。在水温高的季节里，裸藻门内的眼虫藻等可大量出现，有时使湖水呈现绿色。

轮藻的形态和上述各门藻类不同，它们具有假根、"茎"和小枝，且以假根着生于湖底淤泥中，很像沉水植物。它们在透明度大、底质松软的湖里生长得好，但是在江苏湖泊中分布不普遍，出现的种类也不多，只在苏南东部的几个湖泊有分布。阳澄湖过去轮藻生长茂盛，曾覆盖着大部分的湖底，形成了水下的"草地"。近年来，由于过度地打捞水生植物和罱取湖泥，影响了轮藻的生长和繁殖，现已看不到这种成片的"草地"了。

我国传统养殖的"四大家鱼"中，鲢鱼是食浮游植物的。长期以来，甲藻门、硅藻门、金藻门和黄藻门（除部分丝状体的种类外）内的种类，一向被认为是鲢鱼能消化的良好饵料。绿藻门中的一些种类也能被鲢鱼摄食利用，而蓝藻门和裸藻门内的种类则是鲢鱼不能消化的。如果它们在鱼池里大量繁殖，将对鲢鱼有害。江苏大多数湖泊都已养鱼，而且鲢鱼是湖泊放养的主要鱼种之一，这就表明现已利用湖泊中的藻类资源了。当前主要的问题是一些湖泊在夏季大量出现蓝藻门的项圈藻和微胞藻，形成了湖靛。湖靛能否为鲢鱼所消化？是否有其他用途？现在国内外都有学者对鲢鱼不能消化蓝藻的结论持怀疑态度，并为此已进行了一些试验和观察，已初步发现鲢鱼是能消化、吸收项圈藻属内的螺旋项圈藻的。这一发现对一些夏季大量出现这种藻的湖泊放养有着重要的指导意义，也就是说可多放一些鲢鱼，以利用这些饵料资源。如果能够证实项圈藻属内其他的种和微胞藻属的种也都能被鲢鱼消化，则江苏湖泊鲢鱼的饵料基础是十分雄厚的。此外，湖靛还可以做肥料。已有人分析过它含有一定量的氮、磷和钾元素。安徽省境内的巢湖夏季亦出现湖靛，沿湖农民并有用湖靛做肥料的习惯，每年要捞数百万担作水稻田的追肥。该地群众用湖靛作肥料，其做法是把捞起来的湖靛先放入塘里沤制，使其腐败分解，然后施入稻田，其肥效快而持久。人们可能以为湖靛细小而分散，捞起来甚费工夫。其实湖靛质轻而浮于水面，易被风吹集于湖湾、港汊等地段，是容易捞取的。另外，聚集在那里的湖靛，如不捞取，死亡后分解产生有毒物质，会使湖水带有臭味。这样的湖水，人畜都不能饮用，若及时捞起，既可作肥料，又能防止水质污染，实是一举两得。

江苏有些湖泊，夏季还可能出现大量附生的丝状藻类，如刚毛藻等。如果这些藻类旺发，会妨碍渔业生产。因为夏季湖泊里的渔业生产，主要是用拖网捕捞银鱼、梅鲚和白虾，如果散落在水中的丝状藻类随水入网，会堵塞网目，影响捕捞效率。另外，张设的网箔和拦鱼箔上附生了这些藻类时，会影响水流通畅，减低拦捕的效果，如不及时清除，甚至会发生倒箔的事故。

2. 浮游动物

江苏湖泊中的浮游动物主要有原生动物、轮虫、枝角类和桡足类等四大类。常见的有原生动物 28 科 43 属 68 种，轮虫 13 科 34 属 52 种，枝角类 7 科 19 属 32 种，桡足类 9 科 23 属 31 种，共 57 科 119 属 183 种。

原生动物共 68 种，都是长江中下游湖泊中常见的。其中属于肉足纲的 15 种，纤毛纲的 53 种。肉足纲中的表壳科、匣壳科、砂壳科和鳞壳科所包含的种类都是有壳的，变形科、太阳科和刺胞科所包含的种类都是无壳的。在湖里有壳的肉足虫比无壳的肉足虫出现的种类多，尤其是砂壳科中出现的种类最多。在纤毛纲中，以钟虫属、喇叭虫属、蜗纤虫属、塔虫属、筒壳虫属和似铃壳虫属等出现的种和毛板壳虫、团睥睨虫、双环栉毛虫、闪瞬目虫、尾草履虫、瓜形膜袋虫、湖累枝虫、大游跃虫等最为常见。

轮虫共 52 种，包含了在我国分布最普遍的 21 种和普遍性较次的 8 种中的绝大多数。既有典型浮游的种，也有底栖性的种。前者如螺形龟甲轮虫、矩形龟甲轮虫、前节晶囊轮虫、针簇多肢轮虫、梳状疣毛轮虫、奇异巨腕轮虫、长三肢轮虫等；后者如懒轮虫、台杯鬼轮虫、卵形鞍甲轮虫、月形腔轮虫、四齿单趾轮虫、高跷轮虫、瓷甲同尾轮虫等。

江苏湖泊都属浅水湖。一般中、小型湖泊全湖都可生长水生植物，具有沿岸带的生态环境，适合原生动物和轮虫栖息。因此，这两类动物的种类和数量很丰富；而大型湖泊，如太湖和洪泽湖，都有相当大的湖区分布着水生植物，同样具有沿岸带的生态环境，所以，原生动物和轮虫的种类、数量也很丰富，有些湖泊的部分湖区已沼泽化，一些专性分

布于沼泽内的轮虫（如真跂轮虫）也能出现。

我国已记载有淡水枝角类 136 种，其中分布于江苏湖泊的计有 71 种，占半数以上。江苏气候温暖，湖泊众多，且其自然环境又多样化，所以分布的枝角类种类较多。选录了常见的 32 种，其中透明薄皮溞、晶莹仙达溞、僧帽溞、棘体网纹溞、简弧象鼻溞、活泼泥溞、粉红粗毛溞、镰吻弯额溞等是北方种；多刺秀体溞、角突网纹溞、微型裸腹溞、多刺裸腹溞、脆弱象鼻溞等是南方种；其余的都是广温性世界种。

常见的桡足类有 31 种，大多数是在我国普遍分布的种。这些种是特异荡镖水蚤、锥肢蒙镖水蚤、大型中镖水蚤、右突新镖水蚤、白色大剑水蚤、锯缘真剑水蚤、毛饰拟剑水蚤、胸饰外剑水蚤、英勇剑水蚤、近邻剑水蚤、跨立小剑水蚤、爪哇小剑水蚤、广布中剑水蚤、透明温剑水蚤、台湾温剑水蚤等。桡足类中还有一些原是河口低盐性的种类，如华哲水蚤属、许水蚤属和窄腹水蚤属内的一些种，现已完全适应于淡水生活，能在淡水中生存繁衍，在江苏和我国东部平原地区的湖泊中均有广泛分布。

各湖浮游动物的总数中，都是以原生动物所占的百分数最高，因此，原生动物数量的多少影响着浮游动物总数的高低。轮虫的数量少于原生动物而多于枝角类和桡足类。各湖枝角类和桡足类的数量不一致，有的湖泊枝角类多，桡足类少；有的湖泊则反之，桡足类多，枝角类少。从作为鱼类饵料的角度而言，对于各湖浮游动物的数量，不能只看其总数，而不看其各类的数量，因为不同类别的浮游动物个体相差很大，轮虫、枝角类和桡足类的个体比原生动物要大得多，当然它们作为饵料的价值也大。因此，国外有些从事水体生产力研究的学者，只以轮虫、枝角类和桡足类作为评价水体生产力的依据。从江苏湖泊的具体情况看，原生动物的数量占浮游动物总数的百分数很高，个别湖泊达 99% 以上，而且原生动物繁殖力强，增殖得快，作为鱼类饵料的作用还是不可忽视的。

浮游动物是鱼的饵料。许多种鱼在幼鱼阶段是食浮游动物的；也有些鱼一生都是食浮游动物的，如鳙鱼和太湖短吻银鱼等。这两种鱼在江苏大、中型湖泊的渔产中都占有一定位置。鳙鱼又是养殖的鱼，在江苏大多数湖泊中都已放养。但是，目前经营的方式是粗养，即将鱼种放入湖内，一般不投饵，让它们摄食自然繁殖的饵料生物。目前在江苏各大、中型湖泊中，鳙鱼的放养量并不多，浮游动物的饵料资源还不能说已被充分利用，今后尚可增加鳙鱼的放养数量。小型湖泊放养有个鱼种搭配的问题，一般地说，鳙鱼要比鲢鱼少一些。因为鲢鱼是以浮游藻类为饵料，而浮游动物也大都以浮游藻类为食料，也就是说，鳙鱼所食的饵料比鲢鱼多一个转化环节。经过一个转化环节，就要多消耗掉一部分有机物质，因此，多放养一些鲢鱼，可以使自然繁殖的藻类直接转化为人们所需要的鱼产量。从江苏小型湖泊目前放养的情况来看，主要的还是要增肥湖水水质。水质肥了，各类浮游生物的数量必然增多，鲢鱼和鳙鱼的产量就能因之而有相应的提高。

3. 底栖动物

江苏湖泊中的底栖动物，有些种类大量出产，还可供人们直接利用，是大宗的水产资源。有些种类对人有害，要进行防治，多数种类是鱼类的饵料。常见的门类有环节动物、软体动物和节肢动物。江苏常见底栖动物有环节动物 6 科 17 属 20 种，软体动物 10 科 28 属 46 种，节肢动物 7 科 9 属 9 种，共 23 科 54 属 75 种。

江苏湖泊中环节动物门内常见的有多毛类（沙蚕）、水栖寡毛类（水蚯蚓）和蛭类（蚂蟥）。多毛类内的日本沙蚕体呈红色，通常称之为"红鲹"，分布于长江口到南京一带的江中，也能随潮水进入苏南湖泊。选录了常见的水栖寡毛类12种，它们不仅分布于湖泊，也分布于池塘、河沟以及小的积水坑洼之中。水栖寡毛类栖息于湖底，以湖泥中的细小动物和有机碎屑为食料。江苏湖泊的底质多淤泥，含有机碎屑多，是颇适合于这类动物栖息的。有些寡毛类动物颇耐污，如苏氏尾鳃蚓、霍甫氏水丝蚓能生活于 β–中污带，颤蚓能生活于多污带。江苏有些湖泊接纳了城镇排放的生活污水，部分湖区有机质的含量很高，可达 β–中污带或多污带的程度。因此，也有这些耐污的水栖寡毛类出现。选录了常见的蛭类7种，它们在湖泊、池塘、河流和水田中都有分布，最常见的是金线蛭。多毛类和水栖寡毛类是鱼类的饵料，蛭类是有害的动物。

江苏湖泊中软体动物门内常见的腹足类有20种，瓣鳃类有26种。软体动物中的腹足类和瓣鳃类多数是有经济价值的，但也有些是无用的或有害的。腹足类田螺科内的中国圆田螺和中华圆田螺（统称为田螺）个体最大；梨形环棱螺、铜锈环棱螺和方形环棱螺（统称为湖螺）个体中等大小。这一科内各种类都是有经济价值的。觿螺科、黑螺科、椎实螺科、扁卷螺科和曲螺科内各种类都是小型螺类，大多没有经济价值，其中还有些是有害的，是寄生虫的中间宿主，传播寄生虫病。腹足类动物在江苏湖泊中分布很普遍，也分布于池塘、河流、沟渠以及水田之中。瓣鳃类中的三角帆蚌、皱纹冠蚌和高顶鳞皮蚌的个体为最大，一般只分布于湖泊，沟、塘之中没有分布。其他瓣鳃类中常见的蚌，个体是中等大小，亦有小型的。无齿蚌（通称河蚌）和圆顶珠蚌分布最普遍，湖泊、池塘和河沟都有分布。尖嵴蚌、矛蚌、楔蚌、圣蚌和丽蚌等在入湖河道中分布得比较多。河蚬分布极为普遍，湖泊和河流中一般都可见到。

在淡水中生活的甲壳动物有寄生的和营自由生活的两类。寄生的种类大多寄生于鱼体上。营自由生活的种类大部分是浮游性的，底栖性而有经济价值的则只有虾和蟹。虾和蟹是湖泊的大宗水产资源。虾有日本沼虾（青虾）、秀丽白虾（白虾）、中华新米虾和中华小长臂虾（统称为糠虾）等，均可供食用。常见的蟹有三种，渔业上捕捞的只是中华绒螯蟹（通称河蟹和毛蟹）。此外，栉水虱和钩虾这两种底栖动物也很常见，但无经济价值。

节肢动物门昆虫纲内也有一些水生的种类，如红娘华、田鳖、龙虱和金花虫等。还有些昆虫在幼虫或稚虫阶段栖息于水中，到成虫阶段离开水体而生活。幼虫期栖息于水中的如摇蚊类，稚虫期栖息于水中的如蜻蜓、豆娘、蜉蝣等类。以上这些种类出现于湖泊的沿岸带，在多水生植物的池塘里也有分布。摇蚊幼虫在湖泊里分布最广，数量也多。

江苏湖泊沙蚕分布并不普遍，数量也不多。水蚯蚓分布虽较普遍，但主要分布在湖底是淤泥质的地带。它们依靠在湖里摄取细小动物和有机碎屑物质营养自己，而其躯体又常被鱼类或其他水生动物所吞食，这完全是一种自然现象，人们还没有有意识地去利用它们。

腹足类中的田螺、湖螺与瓣鳃类中的河蚬，是江苏湖泊中的大宗水产资源，产量很大。苏南地区湖螺和河蚬既供人们食用，又是放养青鱼的饵料，连内塘养殖青鱼所需的螺、蚬也主要是从湖里捞取的。如阳澄湖每年出产供应市场的湖螺就达三四十万千克。用于喂鱼而捞走的螺、蚬则远远不止此数。近年来，市场对螺、蚬的需求量不断增加，养殖事业也在发展，但湖里的螺、蚬资源并不是理想的，随着捞取强度的加大，出现了产量

下降、个体越来越小的资源衰退现象。苏北湖泊所产的螺、蚬也进行捕捞，但主要不是供食用或喂鱼，而是作农田肥料。另外，外贸部门每年在苏北收购一定数量的田螺肉出口。以洪泽湖为例，最高年产曾达 5 万 kg。但因田螺成长期长，一年高产以后，两三年内的产量将显著下降。其他小型螺类一般也是鱼的饵料，但钉螺、萝卜螺、扁卷螺等是寄生虫的中间宿主，传播寄生虫，已不能列为资源，而是应予以消灭的。尤其钉螺是对人们健康危害最大的血吸虫的中间宿主。新中国成立后，为了消灭血吸虫病，已采取多种措施来消灭钉螺。

瓣鳃类动物中，湖沼股蛤又名淡水壳菜，它用足丝附生于其他物体上，死后也不掉落。这种动物分布很普遍，数量也不少，但无实用价值。中国淡水蛏可供食用，在淀山湖、太湖和洪泽湖的湖滩上，都有这种动物的分布，但数量少，没有捕捞价值。其他瓣鳃类动物都是大宗的水产资源。河蚬的用途前已述及。至于蚌的用途比河蚬更多，除其肉可食外，壳还可供做多种工艺品。近年来，江苏发展了淡水育珠事业，三角帆蚌已用于作育珠的母蚌。捕蚌一般是副业，苏南大多数湖泊均无产量统计。苏北的洪泽湖在 1972 年和 1978 年的产量最高，都超过 100 万 kg。蚌壳过去主要供做纽扣，也用来做其他工艺品，如贝雕和漆器上的镶嵌装饰物，但需要量不大。现在由于制作纽扣多用化学合成的材料，蚌壳的销路也不畅了。丽蚌的壳可作珠核，供育珠接种之用，过去也曾有少量出口。

虾和蟹是人们喜爱食用的水产品。江苏湖泊有大量出产，水产部门购销虾时，价格不同，青虾价格最高，白虾次之，糠虾最低。据洪泽湖 10 年间所收购的鱼、虾数量统计，虾占收购总数的 17.8％。又据太湖 23 年间的资料统计，虾占鱼、虾总产的 8.8％。青虾过去以苏南的阳澄湖及其邻近的一小型湖荡所产的质量好。太湖所产的白虾颇为有名。白马湖糠虾的产量相当高。

河蟹有洄游习性，要到江河入海的咸淡水交汇处去产卵，孵出的幼蟹上溯入湖摄食生长。一般在湖里栖居到性成熟（约两年），在深秋至初冬时节进行生殖洄游，此时为捕捞季节，故有"菊黄蟹肥"之说。江苏湖泊河蟹的产量，曾受江河与湖泊间口子筑闸的影响，阻断了幼蟹入湖，使产量大大下降，有的湖泊曾至绝迹的境地。

4. 高等水生植物

江苏湖泊常见的水生植物有 29 科 49 属 67 种。其中蕨类植物 3 科 4 属 4 种，双子叶植物 14 科 17 属 24 种，单子叶植物 12 科 26 属 39 种，共 29 科 47 属 67 种。

高等水生植物按生态习性可分为挺水植物、浮叶植物、漂浮植物和沉水植物四类，有些种类虽列入水生植物，但实际上是湿生的，多分布于湖滩上。

挺水植物的根或地下茎着生在湖底，茎挺立于水中，部分茎和叶伸出水面。最常见的挺水植物有莲、蒲草、稗、藕草、芦苇、菰（茭草）、异型莎草、水莎草、水葱、荆三棱、席草、灯芯草、白菖蒲等。莲是人们所熟悉的水生植物，分布于沿岸带，往往成片生长，但野生的莲子与藕的质量都不及栽培的好。蒲草、芦苇和菰的分布最普遍，产量也大，它们是挺水植物中最主要的种类，在湖泊沿岸带可形成纯群落或混生群落。其他一些挺水植物则很少形成群落，大都是分散生长的。

浮叶植物的根也着生在湖底，茎比较柔软，叶片浮于水面。常见的有莼菜、芡、菱、金银莲花、苦菜等。莼菜的嫩叶可供食用，但分布范围小。芡因其果实形状如鸡头，故俗称鸡头，种子去壳后称为鸡头米或芡实米，可供食用或入中药。芡的茎、叶、叶柄和果实上有许多粗壮的角质刺，叶片圆形巨大，湖里所见大多是野生的，也有撒播种子于湖中任其自然生长，待成熟后采收。菱是人们所熟悉的水生植物，野生的菱其果实具四个尖锐的角刺，壳厚仁小，采收后可供制作淀粉之用。浮叶植物生长于沿岸带，常成片分布。

漂浮植物的根部着生在湖底，整株植物飘浮于水面或水中。它们在池塘里可覆盖整个或大部分的水面，而在湖里往往散布于挺水植物或浮叶植物之间，仅在湖湾可聚成一片，常见的漂浮植魏有满江红、槐叶苹、水鳖、大藻、小浮萍、紫背浮萍等。大藻通称水浮莲，由于人工放养，扩大了它的分布范围。

沉水植物的根也着生湖底，茎叶全没在水中。常见的有金鱼藻、乌苏里茶藨、狐尾藻（聚草）、狸藻、菹草、佛朗眼子菜、黄丝草、马来眼子菜、小茨藻、角茨藻、黑藻、苦草等。沉水植物主要分布于亚沿岸带，狐尾藻、菹草、黄丝草、马来眼子菜、黑藻和苦草等是分布广、产量大的种类，尤以马来眼子菜和苦草为最普遍，江苏各湖都有分布。

湿生植物生长在湖滩上，当湖水上涨淹没滩地时，它们的部分茎、叶没于水中，一旦湖水退落，只要滩地还保持潮湿，它们都能生存。常见的湿生植物种类很多，有水蓼、旱苗蓼、荭草、喜旱莲子草、水马齿、三白草、合萌、水芹、石龙尾、矮慈姑、水车前、牛毛毡、荸荠、水芋、水竹叶草、凤眼莲、雨久花、鸭舌草等。喜旱莲子草的茎叶颇像栽培的花生，故又俗称水花生。凤眼莲的每个叶柄上有膨大的气囊，状似葫芦，故称为水葫芦。水花生和水葫芦也由于人工放养，扩大了它们的分布范围，在湖湾、沟塘、河流、港汊等处都有生长。在湖滩上湿生植物往往和挺水植物混杂生长，它们很少形成纯群落。

水生植物的适应能力颇强，它们的植株和茎叶的形态以及生长方式往往随着环境发生变化。挺水植物和浮叶植物，只要湖水不是猛涨，使它们在很短的时期内遭到没顶，是不会使它们死亡的。它们的茎叶能随着水位上涨而增长，以保持其部分茎叶露出水面。如湖水位下降，只要湖底还能保持湿润，也能继续生存。漂浮植物，当湖水退落滩地出露时，它们的根能扎入湖底的泥土中以保持其生存。即使沉水植物如马来眼子菜和苦草等在湖水退落后，只要湖底不干涸，它们也都能存活，只不过植株变得矮小，茎叶不如生长在水中时鲜嫩。

水生植物中，莲、菱、水芹、慈姑、菰（菱草）、荸荠、席草、水芋等，人们已经选育栽培，品质比野生的优良。江苏人民有栽培水生植物的丰富经验，选育了不少的优良品种。

首先，水生植物滋养着鱼、虾、蟹、贝等众多的渔业资源。荭草、菹草、苦草、马来眼子菜、黑藻等，是草鱼、鳊鱼和鲂鱼等的良好饵料。水生植物丛生的湖区也是青虾、河蟹、湖螺等索饵和栖息的场所。江苏湖区的渔民常言"草多鱼多"，这四个字言简意赅地说明了水生植物与鱼的关系。洪泽湖、白马湖、邵伯湖、太湖和石臼湖等湖区的渔民，在湖中栽芦苇和艾草，既有直接的收益，又有助于渔业资源的增殖，这是值得提倡的。

其次，水生植物是农田的肥料。几乎所有的水生植物都可用作农田肥料。但主要用的是产量大的菹草、马来眼子菜、苦草、荇菜、狐尾藻和黑藻等。苏南湖区的农村，普遍用水生植物沤制草塘泥；苏北湖区的农村除少数由于交通条件和耕作方式的限制，而未用水生植物作肥料外，大多数社队也开始沤制草塘泥作肥料了。从江苏全省来说，随着农业生

产的发展，对水生植物的需要量越来越大，湖里生长的水生植物已供不应求。有的湖泊水生植物被无限度地捞取，致使再生恢复困难，不仅影响到水生植物本身的产量，也影响到渔业资源的增殖和环境的改善。这种矛盾在滆湖、固城湖、洮湖等曾一度比较突出。后来，由湖泊管理委员会统一管理，采取了有效措施，每年春、夏之间实行封湖育草，这样既增加了鲜草的产量，又保护和促使渔业资源增殖，达到渔、农两利。

再次，水生植物可作家畜饲料和池塘养鱼的饵料，也是湖区社队群众生产和生活上所需的材料。例如，吴县洞庭公社，有个大队地处东太湖之滨，人多田少，是以经营副业为主要收入的大队。他们每年经营芦苇的收入达 1000 多元；用茭草喂鱼，年产鲜鱼达 4000 多担；队里养蚕要用茭草作簇；此外，社员家庭副业养猪和生活上所需的燃料，大部分也是用茭草和芦苇。水生植物与这个大队社员的生产和生活关系密切，体现了"靠山吃山、靠水吃水"的方针。可是，曾一度为了要扩大耕地面积而盲目围湖毁草，结果由于风浪冲刷，堤未围成，滩上的芦苇和茭草却被毁了，使经济收入大受影响，吃了盲目围湖毁草垦田的苦头。实践教育了人们，要按自然规律办事，贯彻因地制宜的原则。江苏省各地农民都有用水生植物喂猪的习惯，为了扩大水生植物的来源，已在中、小型湖泊的湖湾、港汊及沟塘内放养"三水"，即水浮莲、水花生和水葫芦。前已述及，水浮莲是漂浮植物，水花生和水葫芦是湿生植物。人工放养时，把水花生和水葫芦圈围起来，不让它们的根着土，它们也能很好地生长繁殖。说明这两种湿生植物有很强的适应环境的能力。

最后，某些种类的水生植物还是工业和手工业的原材料。可作这种用途的有七八种之多，其中以芦苇为最主要，产量也最大。芦苇是造纸和建筑用材，又是编织席、箔等手工业原料。近年来，由于大面积芦滩被围垦，芦苇的产量大减。如滆湖在 1964—1971 年间，陆续被围去的芦滩面积达 5 万余亩❶，现仅存 5000 多亩，为原有面积的 1/10。江苏各湖只有洪泽湖现在还有较大的芦苇产量。

此外，有些水生植物的茎叶或果实可供食用，如菱角、莲子、芡实、藕、莼菜和茭白等；有些还可入中药，如莲心、藕节、蒲黄和芦根等。实际上供食用的菱角、莲子、藕和茭白等，都是经过人工选育栽培的。湖泊自然生长的不仅质次，而且产量也低。只有芡实是采收野生的，在苏北的一些湖泊和苏南的石臼湖、固城湖还有一点产量；莼菜在东太湖原是野生的，由于原来的产地被围垦，现在有些社队开始种植，以提供外贸所需的货源。

1.4 湖泊资源

1.4.1 水资源总量

1. 地表水资源

江苏省各地多年平均降水量为 $800 \sim 1100 \text{mm}$，平均降水总量为 1020.6 亿 m^3，相当于降水深 999.8mm；多年平均地表径流量（系列同上）为 256.24 亿 m^3，相当于年径流深 251.0mm。年降水量、年径流深均自北向南逐渐增加。降水量、径流量年内分配不均匀，绝大部分集中在汛期，汛期降水量与全年降水量之比由北向南逐渐减少，北部沂沭泗

---

❶ 1 亩 $=0.0667 \text{hm}^2$。

地区汛期雨量占年雨量的 70%左右，中部及苏南地区在 60%左右；多年平均连续 4 个月径流占全年径流的比例自北向南由 85%逐步递减到约 50%；降水量、径流量年际变化也较大。从全省看，特丰水年（1991 年）降水总量为 1432.9 亿 m^3，相当于降水深 1403.8mm，径流量为 619.34 亿 m^3；最枯水年（1978 年）降水总量为 567.2 亿 m^3，相当于降水深 555.7mm，径流量为 -3.48 亿 m^3。特丰水年与最枯水年降雨量的比为 2.5，径流量特丰水年比最枯水年多 622.82 亿 m^3。

2. 地下水资源

地下水资源量为各项补给量之和。经计算，全省多年平均地下水总补给量 151.77 亿 m^3，其中矿化度小于 2g/L 的地下水淡水水资源量 120.24 亿 m^3。地下水主要消耗于潜水蒸发，约占 73%，开采量仅占 6%左右。地下水可开采量是地下水资源的一个重要评价指标。全省淡水的可开采量为 78.84 亿 m^3，其中淮河流域 48.38 亿 m^3、长江下游干流区 15.97 亿 m^3、太湖流域 14.49 亿 m^3。

3. 水资源总量

地表水资源量与地下水资源量之和减去重复计算量，即为水资源总量，其中重复计算量为地表水体补给地下的部分。江苏省多年平均水资源总量为 334.57 亿 m^3。江苏省多年平均分区的水资源总量见表 1.2。

表 1.2　　　　　　　　　　　　江苏省多年平均分区的水资源总量表

分　区	面积 /km^2	年降水量 /mm	地表水资源量 /亿 m^3	地下水资源量 /亿 m^3	重复计算量 /亿 m^3	总水资源量 /亿 m^3
淮河流域	63168	949.00	144.50	75.02	23.50	196.02
长江下游干流区	19059	1047.90	47.72	22.34	7.98	62.08
太湖区	19848	1115.50	64.03	22.88	10.44	76.47
全省	102075	999.80	256.25	120.24	41.92	334.57

4. 外来水

江苏省承受江、淮、沂沭泗上中游近 200 万 km^2 来水，入境水量比较丰沛。经统计，全省入境水量多年平均值为 9377 亿 m^3。江苏省多年平均分区入境水量见表 1.3。

表 1.3　　　　　　　　　　　　江苏省多年平均分区入境水量统计表

分　区	多年平均入境水量/亿 m^3	比例/%	分　区	多年平均入境水量/亿 m^3	比例/%
长江干流	8906.0	94.98	淮河流域诸小河	5.0	0.05
淮河流域	392.0	4.18	全省	9377	100.0
长江流域诸小河	74.0	0.79			

从表 1.3 可以看出，全省的入境水量集中在长江干流，占全省入境水量的 94.98%。江苏省多年平均引江水量为 145.05 亿 m^3，其中苏南、苏北分别占 23.9%、76.1%。对于年内各月引江水量，用水量大的月份为 5—10 月，其间苏南引江水量为 24.91 亿 m^3，占苏南年引江水量的 72.0%；苏北引江水量为 75.70 亿 m^3，占苏北总引江水量

的 68.5%。

1.4.2 岸线及滩涂资源

1. 太湖湖区

在太湖保护范围内，岸线总长约 333.6km，分布如下：

（1）吴江区段。从江、浙交界的苏州吴江区薛埠港至吴江区与吴中区交界的杨湾港，途经吴娄港、庙港、太浦河、三船路港等，全长约 50.3km。

（2）苏州吴中区段。从杨湾港至吴中区与苏州市新区交界的安山港闸，途经清明山、香山、渔洋山、米堆山、卧龙山、安山等，全长约 79.1km。

（3）苏州新区段。从安山港闸至苏州新区与相城区交界的田钵港闸附近，途经西洋山等，全长约 27.1km。

（4）苏州相城区段。从田钵头港闸附近至苏州市与无锡市交界的望虞河口，全长约 6.8km。

（5）无锡新区段。从望虞河口至大溪港，全长 6.8km。

（6）无锡滨湖区段。从大溪港至无锡市与常州市交界处，途经小南山、庙山、凤凰山、大其山、蚂蚁山、黄家山、馒头山、杨家山、胥山等，全长约 112.6km。

（7）常州武进区段。从无锡市与常州市交界处至常州武进区与宜兴市交界处的太滆运河，途经东家山、庙堂山等，全长约 5.5km。

（8）宜兴市段。从太滆运河至江浙交界的父子岭，途经沙塘港、兰右山、梯子山等，全长约 45.4km。

2. 太湖流域阳澄淀泖区

太湖流域阳澄淀泖区岸线总长约 751.7km。各湖荡岸线长度如下：

阳澄湖湖岸线长 130.5km，昆承湖湖岸线长 22.4km，漕湖湖岸线长 16.4km，尚湖湖岸线长 22.2km，傀儡湖湖岸线长 11.9km，南湖荡湖岸线长 35.6km，六里塘湖湖岸线长 19.3km，盛泽荡湖岸线长 11.6km，巴城湖湖岸线长 5.4km，鳗鲤湖湖岸线长 5.7km，春申湖湖岸线长 10.3km，雉城湖湖岸线长 3.7km，陶塘面湖岸线长 5.1km，湖圩岸线长 3.8km，陈塘湖湖岸线长 5.3km，独墅湖湖岸线长 21.9km，金鸡湖湖岸线长 14.6km，沙湖湖岸线长 4.2km，澄湖湖岸线长 34.8km，九里湖湖岸线长 12km，黄泥兜湖湖岸线长 9.5km，镬底潭湖岸线长 7.2km，三白荡湖岸线长 18km，南星湖湖岸线长 13.3km，同里湖湖岸线长 10.2km，石头潭湖岸线长 8.5km，沐庄湖湖岸线长 6.3km，张鸭荡湖岸线长 7.6km，白蚬湖湖岸线长 18.5km，长畸荡湖岸线长 12.4km，孙家荡湖岸线长 6.1km，南参荡湖岸线长 7.1km，方家荡湖岸线长 4.4km，杨沙坑湖湖岸线长 4.33km，前村荡湖岸线长 2.36km，诸曹荡湖岸线长 4.5km，南庄荡湖岸线长 4.5km，凤仙荡湖岸线长 4.5km，众家荡湖岸线长 4.8km，何家荡湖岸线长 3.5km，季家荡湖岸线长 3km，吴天贞荡湖岸线长 7.1km，同字荡湖岸线长 3.9km，白莲湖湖岸线长 13.5km，长白荡湖岸线长 14.9km，明镜湖湖岸线长 12.3km，商鞅潭湖岸线长 7.3km，杨氏田湖湖岸线长 5.5km，陈墓荡湖岸线长 6.6km，汪洋湖湖岸线长 4.2km，急水荡湖岸线长 5.9km，万千湖湖岸线长 5.2km，阮白荡湖岸线长 3.9km，天花荡湖岸线长 4.8km，淀山湖湖岸线长 21.6km，元荡湖岸线长 15km，长荡湖岸线长 29.7km，黄家湖湖岸线长 4.1km，石湖湖岸线长 9.5km，下淹湖岸线长 5.7km，游湖湖岸线长 12km。

3. 太湖流域湖西及武澄锡虞区

太湖流域湖西区岸线总长 252.98km。其中滆湖保护范围线包括北线、西线、东线和南线，全长 65.78km。其中，无锡市宜兴范围内长约 23.04km，涉及东线、南线、西线。东线：接常州市境内东线，北起市界漕桥河，南至富溇河，长约 5.31km。南线：东起富溇港，西至笠溇河，长约 9.47km。西线：南起笠溇河，北至市界中干河（接常州市境内西线），长约 8.26km。

长荡湖保护范围内湖岸线长 46.9km，其中金坛区境内 35.0km，溧阳市境内 11.9km。部分地段设有人工堤防，其余依地势变化形成挡水面，堤防高程为 3.5～5m，主大堤线长 29.0km，其中金坛区境内堤防长 23.8km，溧阳市境内堤防长 5.2km。

湖西区其余湖荡岸线周长为：阳山荡湖岸线长 3.68km，钱墅荡湖岸线长 4.38km，徐家荡湖岸线长 4.69km，莲花荡湖岸线长 8.19km，临津荡湖岸线长 9.42km，东汮湖岸线长 23.91km，西汮湖岸线长 19km，团汮湖岸线长 8.37km，钱资荡湖岸线长 15.66km，澄湘湖湖岸线长 7.59km，横塘湖湖岸线长 5.04km，前湖湖岸线长 5.18km，上下湖湖岸线长 7.13km，洋湖湖岸线长 4.27km，中后湖湖岸线长 6.68km，蛟塘湖湖岸线长 3.27km，影塔湖湖岸线长 2.17km，西荷花塘湖湖岸线长 0.75km，孟家湾湖湖岸线长 0.92km。

武澄锡虞区岸线总长约 76.14km。其中五里湖湖岸线长 34.8km，鹅真荡湖岸线长 12.3km，嘉菱荡湖岸线长 4.3km，宛山荡湖岸线长 13.9km，官塘湖湖岸线长 5.33km，暨阳湖湖岸线长 5.51km。

4. 秦淮河流域

秦淮河流域岸线总长约 53.95km。其中赤山湖湖岸线长 23.6km，葛仙湖湖岸线长 1.18km，玄武湖湖岸线长 9.25km，莫愁湖湖岸线长 2.64km，百家湖湖岸线长 8.36km，前湖湖岸线长 1.59km，紫霞湖湖岸线长 0.88km，月牙湖湖岸线长 6.46km。

5. 淮河干流区

洪泽湖岸线总长 554.6km。其中淮阴区岸线长 13.8km，洪泽县岸线长 53.4km，盱眙县岸线长 237.2km，泗洪县岸线长 176.2km；湖区东侧洪泽湖大堤岸线长 43km。

6. 沂沭泗流域

骆马湖岸线总长 78.767km。其中徐州新沂市岸线长 36.279km，宿迁市宿豫区岸线长 35.286km，宿城区岸线长 7.202km。

1.4.3 渔业资源

江苏湖泊分布的鱼类有 24 科 74 属 109 种。以鲤科的种类最多，有 59 种；其次是鳅科，有 10 种；再次是鳅科，有 5 种，余下的 21 个科中，每一科都不超过 4 种。从捕捞方面来说，24 科中鳀科、银鱼科、鲤科、鲶科、鲶科、鳗鲡科、鲻科、鲭科、鳢科、合鳃科、塘鳢科、杜父鱼科等 12 科的种类是捕捞对象。鲤科虽是一大科，但并不是其中所有的种类都是捕捞对象，约只有 1/3 是捕捞的对象。鲟科、胭脂鱼科中的种类在江苏湖泊中并不常见，鲥科（鲥鱼）和鲀科（河豚）虽有较高的经济价值，但它们是洄游性的，主要在长江捕捞。其他科之所以未被列入捕捞对象，是因为这些科的种类一般都是些小型鱼类，或个体数量很少。以下分别介绍主要捕捞的鱼类。

鳀科的鲚属鱼类，分布于湖里的有刀鲚和短颌鲚两种，前者是洄游的种类，后者是定居于湖泊的种类。近来有人调查发现，刀鲚除洄游的外，也有定居于湖泊的，而且形态和生态方面与洄游的都有差异，已将定居的刀鲚定名为"太湖湖鲚"，为刀鲚之一亚种。江苏大部分湖区的渔民，将产于湖里的鲚属鱼类统称为"梅鲚"，少数湖区的渔民（如洪泽湖和骆马湖）称为"毛刀鱼"。梅鲚一般产于大、中型湖泊，近10余年来，产量有较大幅度的上升，太湖尤其明显，产量已占该湖鱼虾总产量的50％以上。

分布于江苏湖泊的银鱼科鱼类有大银鱼、太湖短吻银鱼、寡齿短吻银鱼和雷氏银鱼等。它们主要产于大、中型湖泊，苏南有些小型湖泊，如昆承湖、盛泽荡等也有出产。捕捞的主要是大银鱼和太湖短吻银鱼，而寡齿短吻银鱼数量不多，雷氏银鱼则更是稀少。各湖所产银鱼中，太湖短吻银鱼和大银鱼所占的比例也不一样。如以尾数言，太湖所产银鱼中，大银鱼占四成以上，洪泽湖占九成左右，骆马湖则反之，太湖短吻银鱼占多数。这种状况并非一成不变的，而要看各年的水文、气象条件对哪一种银鱼的繁殖有利。银鱼是小型鱼类，生命短暂，只存活一年左右，其产量波动很大，有的年份产量猛增，有的年份又大幅度下降，然而从这种猛升、猛降的现象中，仍可看出有些湖泊近年来产量有上升的趋势。

鲤科内的种类很多，但其中不少是经济价值不大的小型鱼类，如鳑鲏亚科及鮈亚科。其他亚科中也有些小型的种类，如鲌鲌亚科的鳘条属、银飘鱼属等。有些种类个体虽大，但数量很少或偶尔出现，在湖泊捕捞渔产中无足轻重，如鳡、尖头红鲌和戴氏红鲌等。只有鲤、鲫、草、青、鲢、鳙、鳊、鲂、鲴、鲇、红鳍鲌、蒙古红鲌、翘嘴红鲌、鳠等才是主要的捕捞对象。鲤、鲫在湖泊渔产中历来占很大的比例。如石臼湖在1962年，鲤鱼占总鱼产量的51％；洪泽湖在1955—1961年间，鲤、鲫鱼占鱼、虾、总收购量的22％～40％；滆湖在1965—1973年间，鲤、鲫鱼占鱼、虾、蟹总产量的23％～30％；至于在小型湖泊的渔产中，鲤、鲫所占的比例就更高。但是，近年来，大、中型湖泊由于部分滩地被围垦和水生植物的衰落，鲤、鲫鱼的产量普遍下降。苏南的小型湖泊业已放养，所产的鲤、鲫鱼已大部分是人工放养的；苏北的一些小湖基本上还保留着自然的鱼类组成，鲤、鲫鱼产量仍占很大的比重。草、青、鲢、鳙等半洄游性鱼类，由于湖泊通江河道建了水闸，阻断了它们的幼苗入湖，在湖里又不能自然繁殖，现在主要是靠人工放养。鳠（又称黄鲇）、赤眼鳟（马浪、野草鱼）等的情况和草、青、鲢、鳙等类似，不过它们既被认为是害鱼或野鱼，对它们的减少甚至绝迹，也就不采取补救措施了。在一般情况下，江苏湖泊鳊多于鲂，鲂又主要是三角鲂。现在湖泊放养已搭配鳊和鲂，不过放养的鲂是另一个品种——团头鲂。团头鲂在湖里生长良好，适合作为湖泊放养的鱼种，并已发现在江苏的一些湖泊能自行繁殖。鲌和红鲌属鱼类，苏南渔民通称为"红白鱼"或"红白条"，它们在通湖河港的流水环境中产卵，各大、中型湖泊都有一定产量。鲴类中的银鲴是小型鱼类，黄尾密鲴的数量不多，细鳞斜颌鲴现在也是放养的鱼种，湖里自然产的也有，但数量不多。花鲰在苏南渔民中称之为"季郎"，苏北有些渔民称"麻鸡子"；似刺鳊鮈，苏南渔民称之为"石级鱼"，这两种鱼都是湖里繁殖的种类。虽然有的小型湖泊已经放养，但它们还能在其中繁殖，且有一定产量；在大、中型湖泊渔产中也占一定份额。只是其肉质较次，不是上等鱼。

鲶科在江苏湖泊中只分布一种鲶鱼，是肉食性凶猛鱼。鮠科有 10 种，在江苏湖泊鱼类种类的总数中排第二位。其中鮠属和黄颡鱼属包括的种都是肉食性的，它们吃小鱼和虾，有的甚至还吞食别种鱼所产的卵。这两个属的鱼类各湖都产，且都有相当大的产量。黄颡鱼属和鮠属鱼类，在水产收购等级中，被列为小杂鱼。

鳗鲡科的河鳗（又称鳗鲡、白鳝）是洄游性的，成鳗入海产卵，幼鳗入湖生长肥育。河鳗肉鲜嫩多汁，价格高。在湖泊未建闸控制时，苏北的运西诸湖和苏南的阳澄湖产量都很高。现由于江湖阻隔，它已和河蟹一样，由人工捕苗放养了。

鲻科内的鲻鱼和梭鱼是河口性鱼类。鮨科的鲈鱼亦是河口性鱼类，在江湖相通时，常见于苏南东部的中、小型湖泊，列为上等的食用鱼，但产量不高。现在江湖间多有水闸阻隔，大多数湖泊业已绝迹，如偶尔捕获，则被视为稀罕之物。鮨科中的鳜鱼是湖产鱼类中的上等鱼，并能在湖里繁殖。虽然它是肉食性凶猛鱼，但仍有人主张保留在湖里，让其转化那些肉质较次的小杂鱼，也有人在试验养殖。一般在中、小型湖泊中，产量可占总渔产的 1.5%～5%。

鳢科中有乌鳢和月鳢两种，统称为黑鱼或乌鱼。常见的是乌鳢，而少见月鳢。它们是能在湖里繁殖的肉食性凶猛鱼，可是其肉质不如鳜鱼，故身价较鳜鱼为次。合鳃科中只黄鳝一种，产于湖泊的沿岸、草滩以及沟渠、水田之中。塘鳢科在江苏湖泊中有 4 种，其中暗色土布鱼又叫塘鳢鱼、土布鱼或虎头鲨，个体虽不大，但有一定经济价值和产量。杜父鱼科中的松江鲈鱼，分布于苏南的昆山、吴江以及上海市辖的松江和青浦等县一带的河流和湖荡之中。此鱼又叫作四鳃鲈，被视为名产鱼。它在近海产卵，幼鱼入江、湖育肥，近年来产量已大为减少。

1.5 湖泊地理分布（分区）

江苏省是我国淡水湖泊分布集中的省区之一，湖泊面积达 0.68 万 km^2[5]，湖泊率为 6%，居全国之首。面积超过 1000km^2 的湖泊有太湖和洪泽湖，与江西省的鄱阳湖、湖南省的洞庭湖和安徽省的巢湖统称为我国著名的五大淡水湖，面积位列第三和第四位；面积在 100～1000km^2 的湖泊有高邮湖、骆马湖、石臼湖、滆湖、白马湖和阳澄湖；面积在 50～100km^2 的湖泊有长荡湖（洮湖）、邵伯湖、淀山湖、固城湖等；面积在 1～50km^2 的湖泊有近百个。江苏省水系分属于长江、淮河两大流域。淮河流域又按习惯分为淮河和沂沭泗两个水系。

江苏省南部属长江流域。长江是我国最大的河流，其长度及水量均列世界第三位。江苏境内长江干流全长 148km，岸线 960km，是我省沿江地区引排水和"南水北调"东线调水的水源地。太湖流域属长江水系，涉及江、浙、沪、皖三省一市，流域面积 3.69 万 km^2，其中江苏约各占一半，是我国的富饶之地。

江苏省中部为淮河水系。南以通扬运河与长江水系分界，北以废黄河与沂沭泗水系分开。淮河西起河南桐柏山，经安徽流入我省洪泽湖。洪泽湖以下分别由入江水道至三江营入长江、由灌溉总渠直接入黄海。淮河干流全长 1000km，流域面积 18.7 万 km^2，其中在江苏省的面积为 3.94 万 km²。洪泽湖是一座调蓄淮河上中游来水的平原水库，总库容 135 亿 m³，湖堤长 67.25km，是苏北平原地区防洪的第一道屏障，关系到下游近 3000 万亩耕地、2200 多万人口生命和财产的安全。

以太湖为主体的太湖流域湖群，湖泊面积 3347km²，占全省湖泊面积的 48.9%。太湖以东分布有阳澄湖群和淀泖湖群，阳澄湖群包括阳澄湖及其周围的昆承湖、漕湖、鹅真荡、盛泽荡、金鸡湖、独墅湖、傀儡湖等，淀泖湖群包括淀山湖、澄湖及其周围的元荡、白蚬湖、三白荡、长白荡、明镜荡、白莲湖、汾湖、长漾、麻漾等；太湖以西分布有洮滆湖群，包括（长荡湖）洮湖、滆湖及其周围的东氿、西氿、马公荡、钱资荡等。太湖流域湖泊分布集中，小型湖荡星罗棋布，河网稠密，水位比较稳定，对调蓄太湖地区水量起着很大的作用。

青弋江、水阳江水系的湖泊只有石臼湖和固城湖两个，总面积 260km²，占全省湖泊面积的 3.8%，这类湖泊因位于低山丘陵区，同时受长江水情变化的影响，水位变幅较大。

分布在淮河中下游的苏北湖群面积达 2950km²，略次于太湖流域，占全省湖泊面积的 43%，除洪泽湖外，分布于运河大堤以西的有白马湖、宝应湖、氾光湖、高邮湖、邵伯湖和斗湖等，其中宝应湖和氾光湖因淮河入江水道和大汕子隔堤建成后，已成了内湖；分布于运河大堤以东的里下河湖荡，有大纵湖、蜈蚣湖、郭正湖、得胜湖、广洋湖、平旺湖、乌巾荡、南荡等，它们是古射阳湖被淤废而分化出来的小型湖荡，地势低洼，水网密布，水面约占该区总面积的 1/3，是苏北著名的水网圩区。

江苏省北部为沂沭泗水系。总面积 7.8 万 km²，横跨苏鲁两省，江苏省境内面积 2.56 万 km²。关系到 1900 多万亩农田、1500 多万人口和煤矿、铁路及连云港市等重要城镇安全。沂河水系湖泊最少，只有一个骆马湖，面积 296km²，占全省湖泊总面积的 4.3%。

根据流域及区域特征可以将江苏省湖泊划分为太湖流域太湖湖区，太湖流域阳澄淀泖区，太湖流域浦南区，太湖流域湖西及武澄锡虞区，秦淮河流域及青弋江、水阳江流域，里下河腹部地区，淮河干流区（含天岗湖及瘦西湖），沂沭泗流域等。

2 太湖湖区

水宿烟雨寒，洞庭霜落微。

月明移舟去，夜静魂梦归。

暗觉海风度，萧萧闻雁飞。

————唐·王昌龄《太湖秋夕》

天帝何年遣六丁，凿开混沌见双青。

湖通南北澄冰鉴，山断东西列画屏。

掩雨龙归霄汉暝，网鱼船过水云腥。

乘风欲往终吾老，甪里先生在洞庭。

————明·杨基《题太湖》

野店投荒三四间，渡头齐放打鱼船。

数声鸿雁雨初歇，七十二峰青自然。

————清·吴昌硕《泛太湖》

2.1 基本情况

2.1.1 地理位置及地质地貌

太湖古名震泽，又名笠泽，是我国第三大淡水湖，位于东经 $119°54'\sim120°36'$，北纬 $30°56'\sim31°34'$ 之间，居太湖流域中部、江苏省南部，属典型的浅水型湖泊（图 2.1）。跨江苏、浙江两省，太湖湖面大部分位于江苏省境内，江苏省境内行政隶属无锡市的宜兴市、滨湖区、新吴区，常州市的武进区，苏州市的相城区、高新区、吴中区和吴江区[6-8]。浙江省境内湖面属湖州市。太湖西侧和西南侧为丘陵山地，东侧以平原及水网为主。

图 2.1 太湖美景

2.1.2 形成及发育

关于太湖的形成与演变，国内外许多学者提出各种假说与理论，内容如下：

（1）潟湖成因理论：由于太湖临近长江口与东海边，以及太湖平原下部出现的大量海相沉积层，认为现代太湖起源于古海湾和潟湖，即在全新世早、中期，约距今 6000～7000 年前后，太湖平原是与海洋相通的大海湾，由于长江南岸沙咀向东延伸与反曲，包围了太湖地区，使原来的海湾逐渐演变成潟湖，最后从潟湖变成为与海洋完全隔离的湖泊。

（2）构造成湖理论：世界上大的湖盆几乎皆由内动力地质作用形成，构造运动引起地壳下沉而成湖盆。像太湖这样大的湖泊，也应是由中生代或早更新世强烈的块断差异运动，中部强烈下沉而形成的湖盆地及后来聚水成湖，即断陷湖。

（3）洪涝宣泄不畅而于低地积水成湖：自 20 世纪 80 年代起，中国科学院南京地理与湖泊研究所对太湖及太湖平原众多湖泊进行了系统的测量，并在湖中及湖泊周围进行探测，结果表明，现在太湖湖底，除局部有被埋藏的河道与洼地外，均由坚硬的黄土物质组成。湖水直接覆盖在黄土层之上，因此，在太湖形成之前，太湖平原是广为黄土覆盖的冲积平原环境，太湖就是在这黄土平原之上，由于洪水泛滥而于低地积水成湖。

导致太湖形成的这种突发性的积水成湖，很有可能与人类活动有着密切的相关性。据记载，公元前 570 年，吴国在太湖平原上开挖了一条经现苏南高淳至安徽芜湖的运河，浅地层剖面仪探测显示，现在的太湖湖底，仍可见到这条被湖水掩埋的古河道，这表明太湖的形成在运河开挖之后。此后该区域经常发生水患，先后由政府修坝筑堤，使得湖水的宣泄之路断绝。

据记载东汉时期太湖面积为 36000 顷（约 1600～1700km²），后由于太湖平原不断淤长，河道泥沙淤积堵塞，洪水外泄受阻，涝水内积，湖面逐渐扩大，到宋时面积达 2000km²。据 20 世纪 40 年代量算，太湖面积超过 2500km²。

根据中国科学院南京地理与湖泊研究所研究，太湖湖底平坦，均由坚硬的黄土物质组成，认为太湖的最后形成主要归结为两方面的原因：一是气候变化引起的洪涝灾害；二是泥沙淤积、人类围垦，引起河道宣泄不畅。太湖是在原河道基础上，因洪泛而扩展成湖，20 世纪以来，考古发现太湖湖底有人类居住的证据，使得该理论更有说服力。

2.1.3 湖泊形态

太湖属典型的浅水型湖泊。湖泊南北长 68.5km，东西平均宽 34.0km，最宽处 56.0km，水域面积为 2338.1km²（其中江苏境内为 2334km²），湖底地形平坦，平均高程 −0.83（1.10）m（1985 国家高程基准，括号中为吴淞高程基准，下同），平均水深 2.00m，72.3％的湖底处于水深 1.50～2.50m，而小于 1.00m 和大于 2.50m 水深的湖底分别占 5.6％和 8.4％。历史上，太湖的形态似水果"佛手"，南侧和西侧边缘平顺，北侧和东侧多树权，四周除湖区北部常州市、无锡市、苏州市境内沿湖岸有龙夏山、冠嶂山、军嶂山、潭山、穿窿山、七子山等孤山外，其余沿湖地区地势平坦。太湖中既无深槽深洼，也无大片滩地，−0.93（1.00）m 等深线靠近湖岸，湖岸较陡，不少湖岸浪蚀塌退。太湖不同水深与水面面积关系见表 2.1。

2.1.4 湖泊功能

太湖位于经济发达的长江三角洲河网地区，在 1958 年以前，由于社会生产力低下、四周缺少堤防，其功能仅限在自然调蓄洪水状态，为广大周边和下游地区河网补充农业灌

表 2.1 太湖不同水深与水面面积关系表

水深/m	<1.00	1.00~1.50	1.50~2.00	2.00~2.50	>2.50~3.00	合计
面积/km²	131.7	320.5	719.3	969.3	197.3	2338.1

溉水量；随着地区经济的发展和经济总量的大幅度增加，对防洪和水资源供给提出了新要求，同时，随着正常年份太湖蓄水位的抬高，发展了航运、旅游和渔业。在长期的生产实践中，人类社会对湖泊的过度开发利用和索取，导致各项功能之间失去应有的协调，妨碍了湖泊主要功能的有效发挥，甚至影响到水资源的安全和生态的平衡，威胁到湖泊的健康生命。

太湖湖泊的主要功能有公益性功能和开发性功能。公益性功能主要是指保障太湖周边及下游地区防洪安全和水资源供给以及维护湖泊生态；开发性功能主要是旅游、渔业等。

湖泊功能之间的关系应按照保护优先、协调发展的原则，理顺功能之间的关系。各类功能间应相互协调，发挥湖泊综合效益。在功能间发生冲突时，公益性功能优先，开发性功能服从公益性功能保护要求。

2.2 水文特征

2.2.1 湖泊流域面积及汇水面积

太湖堤防迎水面堤肩线内总面积为 2578km²，其中江苏省境内面积为 2574km²；现有水域面积为 2338km²，其中江苏省境内面积为 2333.8km²。湖内有岛屿 51 座和东山半岛，面积为 126km²。湖面分为以下六大湖区：

（1）太湖湖体区。太湖湖体区位于太湖西部，亦称西太湖，北起宜兴的周铁镇，沿西湖岸线经父子岭、夹浦口、小梅口、七都等，南至吴江区陆家港，行政隶属于江苏省苏州市、无锡市和常州市，以及浙江省湖州市，湖泊水面积为 1617.5km²，其中江苏部分水面积为 1613.3km²。

（2）竺山湖。竺山湖位于太湖西北角，行政隶属于无锡市的宜兴市、湖滨区和常州市的武进区。湖东是连绵的丘陵山区，以自然的山体为湖岸线，湖泊水面积为 57km²。

（3）梅梁湖。梅梁湖位于太湖北部，行政隶属于无锡市湖滨区。环湖周边是连绵的丘陵山区，以自然山体为湖岸线，湖西有太湖堤防，自闾江的三号桥至千波桥，长约 5.8km，湖泊水面积为 124km²。

（4）贡湖。贡湖位于太湖东北部，行政隶属于无锡市湖滨区、苏州市相城区、高新区。环湖均有太湖堤防，湖泊水面积为 148km²。

（5）胥湖。胥湖位于太湖东北部，行政隶属于吴中区。环湖丘陵山区与大堤交替相连湖岸线，湖内有太湖大桥 1 座，湖泊水面积为 268km²。

（6）东太湖。东太湖位于太湖最东部，行政隶属于苏州市吴中区和吴江区。东太湖的范围为：大鲇鱼口闸东西大堤起沿太湖主大堤东岸至陆家港，西岸经东大缺港闸直至东菱咀，与陆家港相连。湖泊水面积为 123.5km²。

太湖分类面积统计见表2.2。

表2.2 太湖分类面积统计表

分类情况	江苏省面积 /km²	浙江省面积 /km²	太湖面积 /km²
水面	2333.8	4.2	2338.0
岛屿、半岛	125.8	0	125.8
围垦	11.9	0	11.9
围养	101.9	0	101.9
合计	2573.4	4.2	2577.6

2.2.2 湖泊进、出湖河道

太湖流域是我国著名的水网地区，境内河道纵横交错，流域内河道水系以太湖为流域的中心，分上游和下游两个系统。北部以无锡的直湖港为界，南部以吴江区的吴淞港为界，此界以西河流以入湖为主，集水面积约为16950km²；以东河道则以出湖为主。

太湖上游来水大体分为三路：一是发源于浙江天目山南北麓的苕溪水系，骨干河道为东、西苕溪，年入湖水量约占总入湖量的42%；二是西路南溪水系，骨干河道为南溪；三是北路水系，包括苏南运河、洮滆水系、直湖港、武进港等。西路和北路水系年入湖量约占总入湖量的58%。出湖河道集中于太湖的东部和北部，主要有望虞河、太浦河等，其余众多中小出湖河道构成太湖的出水河网。

太湖沿湖江苏省境内现有进出水河道175条。主要出湖河道有望虞河、太浦河、胥江、梁溪河等。主要入湖河道有直湖港、武进港、太滆运河、漕桥河、殷村港、烧香港、大浦港、城东港等。主要出入湖口控制建筑物有望亭立交、太浦闸、犊山枢纽、直湖港枢纽、武进港枢纽、胥口枢纽、瓜泾口枢纽、大浦口枢纽等。江苏省境内太湖各进出湖河道统计见表2.3。

表2.3 江苏省境内太湖各进出湖河道统计表

序号	河道名称	河底高程/m	河宽/m	水工建筑物情况	出入湖情况
1	大港	1.0	45.0		入湖
2	新港河	1.0	30.0		入湖
3	兰右港	−0.4	40.0		入湖
4	乌溪港	—	55.0		入湖
5	定跨港	1.0	40.0		入湖
6	八房港	1.0	35.0		入湖
7	双桥港	1.0	36.0		入湖
8	庙渎港	1.0	35.0		入湖
9	黄渎港	1.0	45.0		入湖
10	朱渎港	1.0	45.0		入湖

序号	河道名称	河底高程/m	河宽/m	水工建筑物情况	出入湖情况
11	林庄港	1.0	40.0	林庄港闸	入湖
12	大浦港	0	60.0		入湖
13	城东港	0	70.0		入湖
14	洪巷港	1.0	60.0		入湖
15	官渎港	−0.4	50.0		入湖
16	社渎港	−0.4	60.0		入湖
17	茭渎港	1.0	45.0		入湖
18	新渎港	1.0	—	新渎闸	入湖
19	师渎港	−0.9	27.0	师渎闸	入湖
20	葛渎港	−0.4	21.0		入湖
21	毛渎港	−0.4	21.0		入湖
22	欧渎港	−0.4	4.0		入湖
23	符渎港	−0.4	34.0		入湖
24	烧香港	−1.4	75.0		入湖
25	太滆南运河	−1.4	84.0		入湖
26	青店港	−0.9	4.0		入湖
27	小金港	−0.9	3.0	小金港闸	入湖
28	漕桥河（太滆运河）	−2.4	80.0		入湖
29	雅浦港	0	40.0	雅浦港枢纽	入湖
30	雅浦河	—	—	太滆站	入湖
31	莘村河	—	—	莘村港闸	入湖
32	西环堤河	−3.7	11.0		入湖
33	古竹运河	−1.4	45.0		入湖
34	后湾河	−0.4	9.0		入湖
35	姚巷河	0.1	9.0		入湖
36	盘龙湾河	0.1	11.0		入湖
37	北浜河	−0.4	11.0		入湖
38	南浜河	−0.4	9.0		入湖
39	桃花浜	0.1	8.0		入湖
40	内间河	−0.4	11.0		入湖
41	牛塘河	−0.9	11.0		入湖
42	大湾环山河	0.4	13.0		入湖

序号	河道名称	河底高程/m	河宽/m	水工建筑物情况	出入湖情况
43	东钮河	0.1	9.0		入湖
44	大墅河	0.1	4.0		入湖
45	檀溪河	0.1	11.0		入湖
46	东环堤河	−3.7	15.0		入湖
47	武进港	0	20.0	武进港枢纽	入湖
48	姚巷	—	—	姚巷闸	入湖
49	姚巷浜	—	—	姚巷浜闸	入湖
50	太湖头	—	—	太湖头闸	入湖
51	直湖港	−1.9	50.0	直湖港船闸、节制闸	入湖
52	间江老港	−0.4	22.0	间江口节制闸	出湖
53	孟湾浜	−0.5	15.0		出湖
54	杨湾浜	−0.5	18.0		出湖
55	华藏浜	−0.5	18.0		出湖
56	姚湾西浜	−0.5	17.0		出湖
57	姚湾东浜	−0.5	17.0		出湖
58	环山河	—	30.0	渔港套闸、礼让桥闸	出湖
59	一字河		11.0		出湖
60	大渲河	−0.5	8.0	七号桥闸	出湖
61	梁溪河	−1.9	20.0	梁溪河船闸、节制闸及梅梁湖进水闸	出湖
62	曹王泾	−1.4	15.0	五里湖闸	出湖
63	横大江	−0.4	35.0	吴塘门套闸	出湖
64	黄泥田港	−0.4	20.0	黄泥田港套闸	出湖
65	新港	−0.4	17.0	新港节制闸	出湖
66	长广溪	−1.4	55.0	庙港节制闸	出湖
67	壬子港	−0.7	32.0	壬子港套闸	出湖
68	杨干港河	−0.4	18.0	杨干港节制闸	出湖
69	周谭港	−1.4	15.0	无锡埭港节制闸	出湖
70	张桥港	−1.4	20.0	张桥港节制闸	出湖
71	青石桥河	−1.1	15.0	许仙港节制闸	出湖
72	蠡河	−1.9	40.0	小溪港套闸、节制闸	出湖
73	大溪港	−0.7	20.0	大溪港闸	出湖
74	六步港	−0.1	10.0	六步港闸	出湖

序号	河道名称	河底高程/m	河宽/m	水工建筑物情况	出入湖情况
75	新库港	−0.1	10.0	新库港闸	出湖
76	高墩港	0	10.0	高墩港闸	出湖
77	新开港	0.2	10.0	新开港闸	出湖
78	三河港	0.1	14.0		出湖
79	四河浜	−1.1	16.7		出湖
80	望虞河	−5.8	155.0	望亭立交	出湖
81	月城河	−2.1	24.0	月城河枢纽	出湖
82	丁家浜	−1.1	14.0	丁家浜闸	出湖
83	浪沙浜	0.5	4.0	河暂封堵	出湖
84	牡丹港	−1.0	16.0	牡丹港闸	出湖
85	夏圩田港	−1.6	4.0	夏圩田港闸	出湖
86	马干头港	−0.6	12.0	马干头港闸	出湖
87	任巷港	0.3	12.0	任巷港闸	出湖
88	田钵头港	0	10.0	田钵头港闸	出湖
89	田鸡港	−0.4	16.0	田鸡港闸	出湖
90	金墅港	−0.5	18.0	金墅港套闸	出湖
91	龙塘港	−0.6	18.0	龙塘港套闸	出湖
92	南浜	1.0	14.0	南浜闸	出湖
93	朱家港	−0.3	19.0	朱家港闸	出湖
94	郁舍新港	−0.8	21.0	郁舍新港	出湖
95	马山港	−0.7	20.0	马山港套闸	出湖
96	马肚里	−0.3	4.8	马肚里港闸	出湖
97	石帆港	1.0	5.0	石帆港套闸	出湖
98	新盛港	0.2	13.0	新盛港闸	出湖
99	三洋港	−0.6	18.0	三洋港闸	出湖
100	上山港	−1.1	13.0	上山港闸	出湖
101	大址头港	0.4	15.0	大址头港闸	出湖
102	西京港	−0.7	10.0	西京口闸	出湖
103	游湖口	−2.1	71.0	游湖口闸	出湖
104	浒光河	−2.5	42.0	铜坑闸	出湖
105	北塘河	−0.4	21.0	吕浦港闸	出湖
106	山后尖浜	0.1	10.0	山后尖浜闸	出湖
107	顾家河	−0.9	5.0	顾家河闸	出湖
108	市巷港	−0.9	5.0	市巷港闸	出湖
109	胥江	−1.8	134.0	胥口水利枢纽	出湖

序号	河道名称	河底高程/m	河宽/m	水工建筑物情况	出入湖情况
110	南泾浜	0.5	4.3	新麓港闸	出湖
111	寺前港	0.3	6.0	寺前港闸	出湖
112	洋河港（泾）	0.3	9.0	洋河港闸	出湖
113	北港（桥）	0.4	12.0	北港闸	出湖
114	黄墅港	−0.9	4.0	黄墅港闸	出湖
115	大缺港	−0.9	39.0	东、西大缺港闸	出湖
116	老苏东运河	1.0	20.0	席家河闸	出湖
117	渡水港	1.8	12.0	渡水港套闸	出湖
118	杨湾港	1.9	6.0	杨湾港闸	出湖
119	牌楼港	2.2	5.0	牌楼港闸	出湖
120	大咀港	2.0	5.0	大咀港闸	出湖
121	茭白港	2.2	4.0	茭白港套闸	出湖
122	油车港	2.3	4.0	油车港闸	出湖
123	直港	2.4	5.0	直港闸	出湖
124	鸡山港	2.2	5.0	鸡山港闸	出湖
125	石鹤港	2.2	6.0	石鹤港套闸	出湖
126	直泾港	2.2	6.0	直泾港套闸	出湖
127	斜港	2.4	5.0	斜港闸	出湖
128	庙桥港	−0.8	24.0	庙桥港闸	出湖
129	黄垆港	−0.5	28.0	黄垆港套闸	出湖
130	张家浜	−0.4	41.0	张家浜套闸	出湖
131	石路浜	−0.7	26.0	石路浜闸	出湖
132	泾新河	−1.1	4.0	新齐港闸	出湖
133	尧太河	−0.5	28.0	尧太河套闸	出湖
134	林渡港	−0.4	22.0	林渡港套闸	出湖
135	沙泾港	−0.3	19.0	沙泾港闸	出湖
136	花渡港	−0.4	19.0	花渡港闸	出湖
137	西木桥河	−1.2	22.0	前港闸	出湖
138	七一大圩港	−0.7	41.0	七一大圩闸	出湖
139	吴江路港	−0.8	55.5	吴江路枢纽	出湖
140	南北新开河	−0.9	4.0	南新大圩套闸	出湖
141	东西新开河	−1.1	4.0	杨树浜闸	出湖
142	前村港	−0.8	22.0	莫家荡套闸	出湖
143	小石湖	−0.1	122.5	小鲇鱼口枢纽	出湖
144	西塘河	−1.4	52.5	大鲇鱼口闸	出湖

序号	河道名称	河底高程/m	河宽/m	水工建筑物情况	出入湖情况
145	杨湾港	−0.9	44.0	杨湾港闸	出湖
146	新开河	−0.2	14.0	新开港套闸	出湖
147	瓜泾口	−2.5	442.0	瓜泾口水利枢纽	出湖
148	柳胥港	−0.4	18.0	柳胥港闸	出湖
149	西塘港	−1.0	45.0	西塘港闸	出湖
150	牛腰泾	−0.8	65.0	牛腰泾套闸	出湖
151	外苏州河	−1.0	58.0	外苏州河闸	出湖
152	三船路	−0.4	80.0	三船路套闸	出湖
153	大浦口	—	—	大浦口水利枢纽	出湖
154	新开河	—	—	新开河套闸	出湖
155	建新港	−0.8	13.0	建新港闸	出湖
156	草港	−0.8	14.0	草港套闸	出湖
157	沈家路	−1.2	29.0	沈家路闸	出湖
158	新开路	−1.1	23.0	新开路套闸	出湖
159	戗港	−0.6	76.0	戗港套闸	出湖
160	朱家港	−0.7	31.0	朱家港套闸	出湖
161	盛家港	−0.8	36.0	盛家港闸	出湖
162	北亭子港	−0.5	25.0	北亭子港套闸	出湖
163	罗家港	0.4	22.0	罗家港闸	出湖
164	白浦港	0.5	22.0	白浦港闸	出湖
165	太浦河	−2.0	255.0	太浦河闸	出湖
166	汤家浜	−0.5	16.0	汤家浜套闸	出湖
167	时家港	0.1	15.0	时家港套闸	出湖
168	大明港	−0.4	13.0	大明港套闸	出湖
169	庙港	−0.5	14.0	庙港套闸	出湖
170	陆家港	−0.6	15.0	陆家港闸	出湖
171	丁家港	0.5	13.0	丁家港闸	出湖
172	（西）亭子港	0.4	14.0	亭子港闸	出湖
173	叶港	0.3	14.0	叶港套闸	出湖
174	方港	0.2	12.0	方港套闸	出湖
175	吴溇港	0.2	12.0	吴溇港套闸	出湖

2.2.3 降雨、蒸发

1. 降雨

太湖多年平均降雨量为 1232mm。太湖降雨也存在较大的年较差，最大降雨量为 1712mm（1999 年，西山站），最小降雨量为 600mm（1978 年）（图 2.2）。就季节而论，除夏季降雨量等值线几乎呈经向分布外，另三个季节与年降雨量分布形式略微相同。太湖

年降雨量过程线为双峰型，6月和9月分别为峰值，最低值绝大多数出现在12月，少数站出现在次年的1月。太湖地区6月、7月的降雨主要来自梅雨锋系造成的天气过程，8月、9月台风天气过程引起的降水占有很大的分量。7月上、中旬梅雨告终后，副热带高压北进，其脊线控制长江中下游地区，降雨量逐渐减少，9月除台风影响外，尚受冷空气入侵的影响，降雨量又增多。太湖降雨量历年变化如图2.2所示。

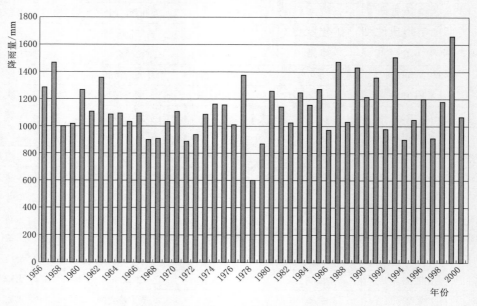

图2.2　太湖降雨量历年变化情况

2. 蒸发

湖面蒸发量影响因素众多，其实际值难于直接测定，各种实测和计算的蒸发值也难于率定。太湖水面蒸发量为1100mm。水面蒸发量年内变化呈单峰形，1—2月蒸发量小，占年总量的3.5%～4.1%。蒸发量以7月或8月最大，占年总量的13.5%～16.4%；就季蒸发量而言，冬季3个月蒸发量最小，占年总量11.3%～12.1%；夏季3个月蒸发量最大，占年总量39.0%～42.1%左右；春季占22.6%。

2.2.4　泥沙特征

太湖泥沙主要来自入湖河道，入湖河道挟带的泥沙含量与地表径流对流域表土的侵蚀、流域内地形条件、土壤、植被、降雨强度及人类活动等因素有关。一般是汛期含沙量高，枯水期含沙量低，根据中国科学院南京地理与湖泊研究所对太湖含沙量实测资料分析，太湖平均含沙量约为 $0.01kg/m^3$。

2.3　水质特征

2.3.1　水质状况评价

1. 矿化度

太湖属外流型的吞吐性淡水湖泊，水流带来的溶解物质较难滞留，湖水中矿化度含量不高，平均为 172.65mg/L。矿化度时空变化分布特点为：①在水平面上，湖区各水域所受的环境条件不同，矿化度含量有着明显的差异，由北向南递减；②在季节变化上，由于受气候因素影响，枯水期一般高于丰、平水期，其矿化度均值的高低按时间排列顺序为 3 月＞12 月＞5 月＞7 月；③年季变化上湖水矿化度的多年变化与水量平衡诸要素关系比较密切，如高温少雨年份，蒸发量大，矿化度增高，反之则降低。近年来，受人类活动的影响，生活污水及未处理的工业废水任意排放，农田化肥以及植物腐体不断被径流带入湖水中，促使水化学组成改变，矿化度也相应升高。

2. 主要离子

太湖水体主要离子组成，阴离子以 HCO_3^- 为主，占阴离子总量的 65.2%，其次为 SO_4^{2-}、Cl^-、CO_3^{2-}；阳离子中以 Ca^{2+} 为主，占阳离子总量的 48.4%，其次为 Na^+、Mg^{2+}、K^+。

3. 总硬度

湖水总硬度平均值为 1.651mg/L。太湖湖水总硬度在平面分布上有所差异，最高含量分布在北部梅梁湾一带，总体趋势为由北向南逐渐递减。总硬度在季节变化上以枯水期（3 月）最高，丰水期（7 月）最低。

4. pH 值

湖水的 pH 值在很大程度上决定了生物发展的条件和湖水化学作用。太湖的 pH 值全年均值变动在 7.3～8.5，其空间分布为东太湖高于西太湖。pH 值的季节性变化不太明显，多年变化也不太明显。湖水的 pH 值主要依据水中游离的 CO_2 与 HCO_3^- 的相互比率来确定。一般规律是，CO_2 越多，水越呈酸性；HCO_3^- 越多，水越呈碱性。太湖水中的 HCO_3^- 含量较多，湖水缓冲作用大，pH 值比较稳定。近年来，太湖靠近主要河道和港口湖面 pH 值降低，并非 CO_2 溶入的缘故，而是由于某些无机酸和有机酸的缘故。

5. 水质综合评价

根据太湖 2008—2019 年水质监测资料，2008—2019 年总氮浓度介于 1.43～2.09mg/L，2009—2010 年和 2014—2016 年两个时间段呈上升趋势，其他时间段均呈下降趋势，单项水质类别为Ⅳ～劣Ⅴ类。2008—2019 年总磷浓度介于 0.064～0.099mg/L，2009—2016 年总体呈缓慢上升趋势，2017—2019 年基本稳定，单项水质类别为Ⅳ类。2008—2019 年太湖全湖区总氮和总磷变化如图 2.3 所示。

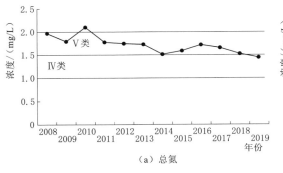

（a）总氮

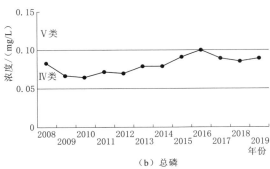

（b）总磷

图 2.3　2008—2019 年太湖全湖区总氮和总磷变化图

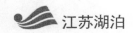

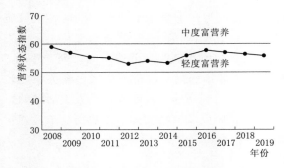

图 2.4　2008—2019 年太湖全湖营养状态
指数变化图

2.3.2　营养状态评价

2008—2019 年太湖营养状态指数均值为 55.6，介于 52.9～58.9，各年份均处于轻度富营养。从历年变化趋势上看，2008—2014 年营养状态指数总体呈下降趋势，2014—2016 年呈缓慢上升趋势，2016—2019 年又呈下降趋势。总体看来，2008—2019 年营养状态指数有所下降，即营养状况有转好态势。2008—2019 年太湖全湖营养状态指数变化如图 2.4 所示。

2.4　水生态特征

2.4.1　浮游植物

湖泊浮游植物种类繁多，形态各异，大小悬殊，但绝大多数是肉眼看不到的或不容易看清的。通过对太湖多次调查所采样标本的分析，已鉴定出经常和偶然性浮游植物种类（包括变种），共计 8 门 116 属 239 种，其中蓝藻门 24 属，隐藻门 2 属 3 种，甲藻门 4 属 6 种，金藻门 6 属 9 种，黄藻门 3 属 4 种，硅藻门 24 属 48 种，裸藻门 6 属 15 种，绿藻门 47 属 101 种。随着太湖富营养化程度加剧，一些藻类特别是蓝藻大量繁殖，还导致蓝藻水华（又称蓝藻水花）的发生，造成水质恶化。

从各湖区分布看，五里湖最高，其次为宜兴滩、三山湖、小梅口、贡湖、大太湖、竺山湖和东太湖。在种类组成上，不同的湖区也分布着不同的藻类。太湖的浮游植物存在明显的季节变化，高峰期出现在夏季，10 月略有下降，3 月、4 月两月很接近。太湖浮游植物由于季节水温变化而出现的种类演替规律为：早春以隐藻、小环藻、直链藻和衣藻为主，春末代之以隐藻、蓝隐藻、微囊藻、小环藻居多，夏季演变为微囊藻、色球藻和隐藻占优势，秋季为小环藻、微囊藻和栅列藻。

2.4.2　浮游动物

湖泊的浮游动物由原生动物、轮虫、枝角类和桡足类四大类组成。太湖浮游动物以轮虫出现的属种数最多，原生动物次之，枝角类再次之，桡足类最少。通过采样分析，镜检到浮游动物 89 属 125 种。

太湖不同浮游动物种类对温度的适应范围不同。有的种类适温范围广，全年都能在太湖中出现；有些种类适温范围窄，喜温暖或喜寒冷，只在一定的季节中出现。太湖浮游动物常见种中全年出现的种类约占总种类数 2/3。

太湖三个湖区浮游动物的数量一般为：五里湖高于西太湖，而西太湖又高于东太湖，太湖内浮游动物数量随季节变化而变化。浮游动物数量从 4—8 月逐渐上升到出现高峰，10 月至次年 2 月逐步下降至低谷。

2.4.3　底栖动物

太湖共见到 61 种底栖动物，所属的门类有多孔动物、腔肠动物、扁形动物、线形动物、拟软体动物、环节动物、软体动物等。太湖底栖动物群落组成中主要成分是环节动物、软体动物和节肢动物门内的一些属种，其余各门不仅出现的种属少，而且个体数量也不多。

太湖底栖动物群落形成与太湖所处的地理位置和形态特点有关。太湖位于长江三角洲的南缘，通江濒海，虽是一个浅水湖泊，但水位较稳定。年内变幅在 2m 左右。一般情况下不会干涸。其湖底平坦，且有着数个大型湖湾。底栖动物群落中还出现一些河口性种类。太湖内的底栖动物虽然都生活于湖底部这一大环境中，但是不同种类有着不同的生态习性。环节动物多毛纲的齿吻沙蚕，在太湖出现的体长一般在 20mm 左右，营穴居生活，为杂食性，对栖居地的要求是松软而富有机质的底泥，分布于东太湖等湖湾内。环节动物寡毛纲颤蚓科在太湖常见的有 3 个种，适合它们分布的湖底要求底质必须松软而富有机质。由于东太湖、梅梁湾和竺山湾等湖湾有这样的环境条件，因而成为它们的分布区域；还有一些入湖河口两侧的扇形三角洲也有它们分布，因为河流入湖后流速减缓，所携带的泥沙和有机质沉积下来，形成了松软而富有机质的底质。

2.4.4 水生高等植物

太湖的水生高等植物分布于东太湖、西太湖沿岸、湖心岛屿周围和沿岸湖港内。

东太湖的优势种为菰、芦苇、马来眼子菜和苦草。马来眼子菜所占的数量最大，菰的数量也比其他地方多。对单一水草而言，由湖边向湖心逐渐减少。

西太湖沿岸的优势种为芦苇，形成明显的芦苇带，遍布这个湖岸。从芦苇带到堤岸的一段水体往往还分布着少量的菰、旱苗蓼、水蓼、野慈姑、长瓣慈姑、野荸荠、灯芯草和李氏禾等，偶尔有浮叶植物（荇菜、菱）和漂浮植物（槐叶苹）。从芦苇带到湖里，还分布少量浮叶植物（荇菜）和沉水植物（马来眼子菜），再向里水生植物逐渐减少。

太湖湖心区无水草，在岛屿周围除有挺水植物外，其他类型水生高等植物很少。在相邻岛屿之间分布有马来眼子菜及其他水生植物。

太湖沿岸河港以挺水植物芦苇、李氏禾，以及浮叶植物荇菜为主，河港中央以小茨藻、黑藻、苦草、马来眼子菜和各种藻类为主。中、大型河道两岸有少量芦苇等挺水植物，河道中间很少有水草。

自 1960 年以来，太湖水生高等植物的组成分布和产量发生很大的变化。造成这些变化的因素是水深、底质、透明度、风浪、泥沙淤积以及人类活动。人类活动包括围垦、网围养鱼，养蟹、吸螺船作业等。污染加剧及其由他造成的湖泊富营养化程度加剧，对水生植被生长、分布产生很大的影响。

2.4.5 鱼类

目前发现的太湖有鱼类共 106 类，分属于 15 目 24 科。其种类组成中以鲤科鱼类为主，共有 54 种，占全湖的 51％；鲹科鱼类 9 种，占全湖的 8.5％；鳅科鱼类 5 种，占全湖的 4.7％，其余各科较少，每科不到 3 种。

太湖鱼类群落种数组成具有温带水域水生群落最基本的特征。太湖的鱼类区系是冲积平原常见的区系，与长江中下游各湖泊鱼类区系是一致的。

太湖鱼类的生态类型主要有三种：一是太湖的定居性鱼类，如鲤、鲫、鳊、鲂、鲌、银鱼和太湖湖鲚等，是太湖鱼类主要组成部分；二是江海洄游鱼类，如刀鲚、鳗鲡，其数

量越来越少；三是江河半洄游鱼类，如青鱼、草鱼、鲢鱼、鳙鱼等。这种湖河洄游性鱼类基本消失，现主要靠人工放流来补充其种群数量。

太湖主要的经济鱼类是短颌鲚、太湖湖鲚、太湖短吻银鱼、鳙鱼、鲢鱼、鲤鱼、草鱼、大银鱼、长春鳊、团头鲂、三角鲂、翘嘴红鲌、蒙古红鲌、花䱻、鳜鱼、青鱼、鲫鱼、鲶鱼、乌鳢、黄颡鱼、塘鳢鱼、鲦鱼、鳡鱼。

2.5 资源与开发利用

2.5.1 水资源开发利用情况

根据《太湖保护规划》调查统计，在太湖北侧和东侧沿线共有自来水取水口约 22 处，日最大取水量约 213.2 万 m³。太湖湖内市、县（区）级的自来水厂取水口有 10 处。分别是苏州自来水厂、新区横山水厂、吴中区水厂、园区水厂、吴江区区域供水厂、无锡充山水厂、小湾里水厂、马山水厂、锡东水厂、贡湖水厂的取水口。

2.5.2 岸线开发利用情况

太湖流域社会经济发达、人口稠密、土地资源紧缺，河湖岸线利用程度相对较高。根据《太湖保护规划》调查统计，现状太湖岸线总长 428.07km，按旅游设施（含公园、影视基地、栈桥、度假露营地等）、港区码头、取排水设施、其他（含工业企业、民房等）等利用类型进行统计，不含利用堤防建设的路堤结合项目，已有岸线利用项目共 130 个〔其中环湖 92 个，环岛 38 个（仅包含马山半岛、东山半岛、西山岛），下同〕，利用岸线长度共约 53.31km，总体岸线现状利用率为 12.45%。其中，环湖岸线现状利用长度 51.59km（包含马山半岛、东山半岛），占环湖岸线长度的 14.17%；环岛岸线现状利用长度 1.72km，占环岛岸线长度的 2.69%。

环湖岸线中，按地（市）级行政区统计，苏州市环湖岸线现状利用率最高，占其岸线长度的 15.20%；无锡市环湖岸线现状利用率占其岸线长度的 13.07%；常州市最低，占其岸线长度的 8.13%。按县级行政区统计，环湖岸线以苏州市相城区现状利用率最高，占其岸线长度的 43.31%；无锡市新吴区最低，占其岸线长度的 0.27%。

2.5.3 渔业养殖

太湖渔业资源繁殖保护区位于胥湖。保护目标是实现渔业种质资源的常年繁殖保护，同时保护水生生物的多样化，促进渔业资源的可持续利用。在保护范围内不得进行除行水通道、航道扩浚范围外的一切生产活动，改变单一的水生植物种群，禁止破坏水生植被和有碍渔业资源繁殖保护的行为；禁止水草收割，禁止一切渔业活动。

2.5.4 旅游资源开发情况

涉湖旅游景观项目主要有 11 处，包括马山街道境内有慕湾山庄、踏青农庄、龙头湾农庄、龙头渚公园、宜民山庄、海德堡、马圩千波桥、马圩十里明珠堤，滨湖街道境内的影视城、统一嘉园，新区境内的湿地公园等。苏州市范围内涉湖旅游景观项目主要有东山、西山、太湖水底世界、太湖公园等。

3 太湖流域阳澄淀泖区

3.1 基本情况

3.1.1 地理位置及地质地貌

阳澄淀泖区位于太湖流域东北部，属太湖下游的一个水利分区，西至望虞河、京杭大运河与太湖，北以长江为界，东至江苏、上海分界线及淀山湖东岸、拦路港与泖河一线，南以太浦河北岸为界，行政区划绝大部分属苏州市，仅一小部分属上海市[9-10]。

阳澄淀泖区地形以平原为主，属流水地貌型，区域地势低平，地形呈西北高、东南低，沿江高、腹部低，在一个大的碟形盆地中又分布着许多小片碟形盆地，根据境内地形地貌特征，具体可划分为平原、水面和丘陵三种类型，地貌形态较为复杂。区域地面高程一般为 1.57～3.07（3.50～5.00）m（1985 国家高程基准，括号中为吴淞高程基准，下同），其中，东北部沿江稍高，一般高程为 2.07～3.57（4.00～5.50）m；腹部低洼，一般高程为 0.87～1.57（2.80～3.50）m，最低点低洼地的高程在 0.07（2.00）m 以下；西南部多丘陵，最高点穹窿山主峰高 341.7m[11-12]。

阳澄淀泖区境内湖泊众多，河湖串连，阳澄淀泖区包括阳澄区、淀泖区和滨湖区三个水利分区，区域北临长江，东自苏州、沪省界线沿淀山湖东岸经淀峰、拦路港、泖河东岸直至太浦河交汇处，南以太浦河北岸为界，西至望虞河接太湖东岸线至太浦闸止，总面积 4786km²，有湖泊 61 个。其中阳澄区北滨长江，南以娄江、沪宁铁路为界，东临上海，西以京杭运河、望虞河为界，面积 2620km²，有湖泊 15 个；淀泖区北以娄江、沪宁铁路为界，东以上海为邻，南至太浦河，西以京杭运河为界，面积 1513km²，有湖泊 43 个；滨湖区三面临太湖，东以京杭运河为界，面积 653km²，有湖泊 3 个。

阳澄淀泖区有 61 个湖泊，其中阳澄湖、澄湖、金鸡湖、独墅湖、昆承湖规模较大（简称五大湖），其他 56 个为中小型湖泊。按行政区划分属于苏州市区（吴中区、相城区、工业园区、高新区）和昆山市、常熟市、吴江区。其中淀山湖、元荡属跨省（直辖市）际湖泊，淀山湖地跨苏州昆山市、上海青浦区；元荡、吴天贞荡和诸曹漾地跨苏州吴江区、上海青浦区。

3.1.2 形成及发育

阳澄淀泖区湖泊群是在太湖平原的成陆、开发过程中，由自然湖泊、河道及人为开挖

河道两者组合而成的。太湖地区因第三世纪以来的块断差异运动，形成凹陷，即太湖凹陷，凹陷由于海水侵入，成为嵌入陆地的浅海湾。据研究，大约在公元前 3600 年，长江尚在镇江一带入海，钱塘江在杭州一带入海。当时海岸线的位置，在今奔牛、金坛、溧阳、宜兴、乌溪、夹浦、新塘、小梅口至吴兴一线附近。随着这两条大河所携带的大量泥沙在河口地区的堆积，形成冲积沙嘴、三角洲。与此同时，海流和波浪挟带着泥沙，又在不断成长的三角洲沿岸的海湾地区堆积成沙堤、沙坝，由于沙嘴、沙堤的逐渐扩大延伸，终于相互衔接起来。被长江南岸沙嘴和钱塘江北岸沙嘴以及海岸沙堤合围下的太湖区，因沙嘴、沙堤相互衔接的结果，从最初的海湾形态逐渐封淤形成了潟湖的形式。潟湖的出现，标志着太湖地区四周高起而中间低洼的碟形洼地已基本形成。

在潟湖形成之初，它和海洋之间是有着通道的，海水仍可经通道进入潟湖。后来由于泥沙的继续堆积和沙嘴的持续扩大，在碟形洼地进一步地发展过程中，最后将潟湖封闭，残留于三角洲平原，经逐渐淡化，形成和海洋完全隔离的湖泊，即古太湖。

古太湖在形成过程中及其形成以后，湖底地形是略有起伏的，故在后期的堆积过程中，存在着堆积量在地区分布上的差异，这又使得大碟形洼地发生地貌分化现象，分布形成几个小的碟形洼地。在这些小的碟形洼地中，形成了汇水的湖群。

淀泖湖群、阳澄湖群等均是伴随着古太湖堆积过程的发展以及湖水的逐渐淡化而分化出来的一系列小湖泊。

3.1.3 湖泊形态

阳澄淀泖区属平原水网地区，区内河网密布、湖泊众多。区内以平原为主，整个地势较为低平，地形呈西北高、东南低，沿江高、腹部低。受自然和人为因素影响，区域内湖盆形态大致相似，湖底地形十分平坦，湖水很浅，一般水深 1.00～2.00m，都是浅水碟形湖盆，属三角洲浅水湖泊类型。湖泊蓄水容积比较小，调蓄能力比较弱，但有利于湖水混合，使全湖水文特性、化学成分常处于均一状态，各湖泊水型全部属碳酸钙组合的淡水湖。区域地面高程一般在 1.57～3.07（3.50～5.00）m，其中东北部沿江稍高，地面高程一般 2.07～3.57（4.00～5.50）m；腹部低洼圩区，地面高程一般 0.87～1.57（2.80～3.50）m，最低点洼地高程在 0.07（2.00）m 以下。

3.1.4 湖泊功能

区域内湖泊的功能为调蓄、供水、养殖、景观、航运等。除平原河网区河湖所共有的防洪调蓄功能外，按其现状主导功能大致分为 4 类：第一类为供水型湖泊，共 4 个；第二类为养殖型湖泊，共 48 个；第三类为景观型湖泊，共 12 个；第四类为航运型湖泊，共 18 个。湖泊功能见表 3.1。

表 3.1　　　　　　　　　　　　湖 泊 功 能 表

湖泊功能	湖 泊 名 称
供水	阳澄湖、下淹湖、傀儡湖、尚湖
养殖	阳澄湖、澄湖、昆承湖、漕湖、九里湖、黄泥兜、下淹湖、三白荡、白蚬湖、南星湖、同里湖、石头潭、沐庄湖、张鸭荡、长崎荡、孙家荡、南参漾、方家荡、前村荡、诸曹漾、南庄荡、凤仙荡、众家荡、何家荡、季家荡、吴天贞荡、同字荡、长荡、黄家湖、巴城湖、鳗鲤湖、雉城湖、白莲湖、长白荡、明镜湖、商鞅潭、杨氏田湖、陈墓荡、汪洋湖、急水荡、万千湖、阮白荡、天花荡、尚湖、南湖荡、六里塘、陶塘面、陈塘

湖泊功能	湖 泊 名 称
景观	阳澄湖、金鸡湖、独墅湖、盛泽荡、春申湖、沙湖、石湖、三白荡、同里湖、鳗鲤湖、尚湖、湖圩
航运	昆承湖、漕湖、九里湖、镬底潭、下淹湖、白蚬湖、黄家湖、巴城湖、鳗鲤湖、白莲湖、长白荡、明镜湖、商鞅荡、杨氏田湖、陈墓荡、汪洋湖、急水荡、万千湖

3.2 水文特征

3.2.1 湖泊流域面积及汇水面积

阳澄淀泖区内 61 个湖泊总面积为 348.29km²。其中阳澄湖面积最大，为 118.20km²，占总面积的 33.9%；澄湖次之，为 45.00km²，占总面积的 12.9%；淀山湖在江苏省境内面积为 19.3km²，占总面积的 5.54%；昆承湖面积为 17.57km²，占总面积的 5%。

面积为 5～10km² 的湖泊有 9 个，分别为独墅湖、漕湖、尚湖、傀偏湖、九里湖、金鸡湖、黄泥兜、白莲湖、元荡，面积总计为 69.74km²，占总面积的 20.02%。

面积为 1～5km² 的湖泊有 27 个，如三白荡、长白荡、白蚬湖、盛泽荡、南星湖、同里湖、石湖、沙湖等，面积合计为 65.1km²，占总面积的 18.7%。

面积为 0.5～1km² 的湖泊有 21 个，如南参漾、阮白荡、方家荡、下淹湖、天花荡、南庄荡等，面积合计为 13.38km²，仅占总面积的 3.84%。

超过 10km² 的 4 个大湖面积占湖泊总面积的 57.44%，8 个 5.00～10.00km² 湖泊面积占湖泊总面积的 20.02%，5km² 以下湖泊 49 个，占湖泊总面积的 22.54%。

苏州市区湖泊面积占湖泊总面积的 50.1%，吴江市湖泊面积占湖泊总面积的 13.6%，昆山市湖泊面积占湖泊总面积的 26.7%，常熟市湖泊面积占湖泊总面积的 9.6%；阳澄区湖泊面积占总面积的 51.3%，淀泖区湖泊面积占湖泊总面积的 47.6%，滨湖区湖泊面积占湖泊总面积的 1.1%。

阳澄淀泖区总面积为 4786km²，境内河道纵横，湖泊众多，有 61 个湖泊。湖泊面积 348.29km²。流域性河道有望虞河、太浦河，分别形成区域的西、南边界；流域内区域交往河道京杭大运河由西部入境并折向南部流出；区域内部分布有大小河道 2 万余条，汇合阳澄湖、淀山湖等诸多蓄水湖荡，形成一个西部引排太湖、东部泄流江（长江）浦（黄浦江）的自然水系。

阳澄区面积为 2620km²，自古即有塘浦河网水系基础，新中国成立后又重点对各通江河港进行整治，并港建闸调控引排。主要河流有白茆塘、七浦塘、杨林塘、浏河（上游段为娄江）、常浒河、徐六泾、金泾、海洋泾、钱泾、荡茜泾、浪港等 10 多条通江河道和盐铁塘、张家港、元和塘三条南北向的调节河道；阳澄区共有湖泊 15 个，湖泊面积为 178.41km²，分别是阳澄湖、昆承湖、漕湖、尚湖、傀偏湖、南湖荡、六里塘、盛泽荡、巴城湖、鳗鲤湖、春申湖、雉城湖、陶塘面、湖圩、陈塘，总称"阳澄湖群"，为该区域水系的调蓄中心。京杭大运河的来水和望虞河东岸地区径流主要由界泾、冶长泾、渭泾塘、黄埭塘等一些东西向的河道东入阳澄湖群，经调蓄后由张家港以东的通江河道注入长江。常浒河、白茆塘、七浦塘、杨林塘、浏河为该区域骨干通江引排河道，80% 的水量由这五大河道排入长江；其余各通江河港，主要为滨江平原片自引自排服务。该区域水系经过多次大规模整治，已基本形成规格的网状结构，遇江潮能挡、遇内涝能排、遇干旱能引。

淀泖区面积为 1513km²，区内湖荡河网稠密，水系混乱复杂，区域骨干水系尚无系统治理，基本还保持原有格局。主要河流除吴淞江、京杭大运河外，有急水港、大窑港、牛长泾、八荡河等；淀泖区共有湖泊 43 个，湖泊面积 165.8km²，分别是澄湖、独墅湖、金鸡湖、九里湖、黄泥兜、白莲湖、三白荡、长白荡、白蚬湖、南星湖、同里湖、明镜湖、石头潭、商鞅潭、杨氏田湖、陈墓荡、汪洋湖、急水荡、沐庄湖、镀底潭、张鸭荡、长畸荡、沙湖、孙家荡、万千湖、南参漾、方家荡、阮白荡、天花荡、杨沙坑、前村荡、渚曹漾、南庄荡、凤仙荡、众家荡、何家漾、季家荡、吴天贞荡、同字荡、淀山湖、元荡、长荡、黄家湖，总称"淀泖湖群"。该区毗邻东太湖，东太湖的出水河道主要有瓜泾港、三船路、军用线港和戗港等。瓜泾港之水出瓜泾桥后入运河，汇合吴江松陵镇南北诸桥港之水和运河南下来水，经分水墩入吴淞江；吴淞江沿途旁纳南北两岸诸浦水流，向东经四江口进入上海市境内入江，吴淞江东流过程中有部分水量经长牵路、屯浦港、澄湖、大直港、千灯浦分流南下，进入淀泖区腹部，分别由南星湖、白蚬湖、长白荡、白莲湖等淀泖湖群承转后汇入淀山湖下泄。三船路东接北大港出北七星桥入运河。军用线港由海沿槽、直渎港入大浦港，过大浦桥后汇入运河，运河之水一部分北行至分水墩入吴淞江，主流则经水系中部的大窑港和北大港两路东泄，大窑港一股在东泄途中汇合长牵路来水经南星湖、牛长泾、八荡河、元荡汇入淀山湖，北大港一股经长白荡、南参荡、元鹤荡、三白荡东泄。戗港出水一部分折入横草路至大浦入运河，主流由沧州荡沧浦河入太浦河东流。

滨湖区面积为 653km²，区内湖泊河流较少，河网水系欠发育。滨湖区共有湖泊 3 个，湖泊面积 4.08km²，分别是石湖、下淹湖、游湖。主要河流有西北部的浒光运河，中部的胥江、木光河，西南部的苏东河，分别汇入京杭大运河。太湖出水口主要有铜坑口、胥口、大缺口和鲇鱼口等。铜坑口的水经浒光运河东流至京杭大运河，由运河东岸诸口散入阳澄区。胥口的水由胥江流至横塘后一部分经运河入澹台湖进淀泖区，一部分出枣市桥汇入苏州外城河，调节后流入苏州城东的相门、葑门两塘，由金鸡湖、斜塘汇入吴淞江。大缺口的水经苏东河东流至越溪而分为两股，一股经小鲇鱼口入东太湖梢各支流分散汇入瓜泾港东泄，一股北上入胥江。鲇鱼口的水经西塘河向东流入澹台湖，过宝带桥后入运河，主流东行经独墅湖汇入澄湖，部分水量循运河南下。

3.2.2　降雨、蒸发

阳澄淀泖区雨水充沛，多年平均降水量为 1076.2mm，其中苏州枫桥站为 1116.4mm，太湖西山站为 1150.0mm，瓜泾口站为 1082.4mm，降水量年际变化较大，丰水年可达 1560mm 左右，枯水年仅为 600mm 左右。受暖湿夏季风的影响，降水年内分配也不均。降水多而集中在每年汛期 5—9 月，一般占多年平均降水量的 60% 左右。降水特点是春夏之交多梅雨，夏末秋初多台风，即汛期 5—7 月中旬易受梅雨侵袭，7 月下旬至 9 月多热带气旋暴雨。本区域洪水主要由梅雨与台风暴雨形成，5—7 月的梅雨历时长，总量大，范围广；7—9 月的台风雨历时短，雨强大。

对阳澄淀泖区历年年最大 15 天暴雨量进行分析，以 1951—2004 年暴雨资料系列为基准，区域 20 世纪六七十年代暴雨量相对较小，80 年代最大 15 天暴雨均值与长系列基本相当，50 年代、90 年代暴雨量明显较大。从 20 世纪 50 年代到 21 世纪以来，区域年最大 15 天暴雨量总体略有增加趋势，系列 54 年中的增加量约为 5.2mm，约占 1951—2004 年年最大 15 天暴雨均值的 2.6%。

阳澄淀泖区域及周围有枫桥、西山和瓜泾口等 3 个蒸发站，多年平均蒸发量（E601 蒸发器）938mm，其中汛期 5—9 月蒸发量 552mm，占全年蒸发量的 58.8%。

3.3 水质特征

3.3.1 水质状况评价

根据阳澄湖 2008—2019 年水质监测资料，总磷浓度均值为 0.108，介于 0.066～ 0.183，整体呈下降趋势，2009 年总磷浓度升至最高，2009—2013 年总磷浓度呈逐年下降趋势，2013—2019 年间呈先上升后下降的波动状态，2016 年达到 2013—2019 年间的峰值。全湖区总磷水质类别为 Ⅳ～Ⅴ 类，2008—2011 年水质类别均为 Ⅴ 类，2012—2019 年间除了 2016 年的水质类别为 Ⅴ 类，其余均为 Ⅳ 类。

总氮浓度均值为 1.82，介于 1.30～2.53，总氮的变化趋势与总磷接近，整体呈下降趋势，2008—2013 年间除了 2011 年出现了一个上升的波动，整体都呈下降趋势，2013—2016 年呈现出上升趋势，且 2016 年达到了 2009—2019 年间的峰值，2016—2019 年整体呈下降趋势。总氮水质类别为 Ⅳ～劣 Ⅴ 类，2008 年水质类别为劣 Ⅴ 类，2009—2015 年间除了 2011 年水质类别为劣 Ⅴ 类，其余均为 Ⅴ 类，2016 年水质类别为劣 Ⅴ 类，2017—2019 年水质有所改善，水质类别为 Ⅳ 类。

2008—2019 年阳澄湖全湖区总氮和总磷变化如图 3.1 所示。

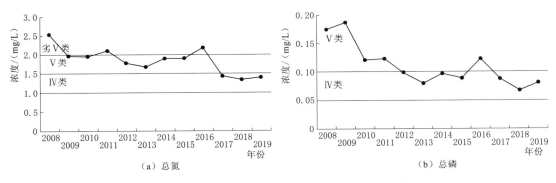

（a）总氮　　　　　　　　　　　　　　（b）总磷

图 3.1　2008—2019 年阳澄湖全湖区总氮和总磷变化图

3.3.2 营养状态评价

2008—2019 年阳澄湖营养状态指数均值为 58.1，介于 53.7～64.5，全湖区营养状态指数整体呈下降趋势，2008—2014 年营养状态指数逐步下降，2014—2016 年呈现小幅度的上升，2016—2019 年又逐步下降。从评价上看，2008—2011 年为中度富营养，2012—2019 年为轻度富营养。2008—2019 年阳澄湖全湖营养状态指数变化如图 3.2 所示。

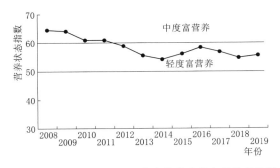

图 3.2　2008—2019 年阳澄湖全湖营养状态指数变化图

3.4 水生态特征

3.4.1 浮游植物

阳澄淀泖区域共有浮游植物 114 属 161 种,其中绿藻门的种类最多,有 43 属 65 种;其次是硅藻门,有 22 属 32 种;蓝藻门有 20 属 26 种;裸藻门 10 属 15 种;金藻门 6 属 8 种;隐藻门有 5 属 7 种;甲藻门 5 属 5 种,黄藻门 3 属 3 种。

阳澄淀泖区各个湖泊浮游植物的常见种基本相同,主要常见种为绿藻门的小球藻属 1 种、四尾栅藻、衣藻属、实球藻、空球藻、肥壮蹄形藻、月牙藻属,硅藻门的小环藻属 1 种、梅尼小环藻、颗粒直链藻极狭变种、变异直链藻、直链藻属,蓝藻门的链状假鱼腥藻、浮鞘丝藻、席藻 1 种、阿氏颤藻、颤藻属、小席藻、微囊藻属、鱼腥藻属、优美平裂藻、点形平裂藻,隐藻门的蓝隐藻、卵形隐藻、啮蚀隐藻,裸藻门的扁裸藻属。

3.4.2 浮游动物

阳澄淀泖区湖泊共有浮游动物 122 种,其中原生动物 35 种,占总数的 28.69%;轮虫 57 种,占总数的 46.72%;枝角类 17 种,占总数的 13.93%,桡足类 13 种,占总数的 10.66%。

阳澄淀泖区湖泊中的浮游动物常见种为:原生动物有侠盗虫、长筒拟铃壳虫、江苏拟铃壳虫、棘砂壳虫、尖顶砂壳虫、王氏似铃壳虫、草履虫、薄片漫游虫、筒壳虫、游仆虫、球砂壳虫、小单环栉毛虫;轮虫有角突臂尾轮虫、螺形龟甲轮虫、曲腿龟甲轮虫、裂足臂尾轮虫、萼花臂尾轮虫、暗小异尾轮虫、刺盖异尾轮虫、晶囊轮虫、无柄轮虫、长肢多肢轮虫、针族多肢轮虫、长三肢轮虫、独角聚花轮虫、裂痕龟纹轮虫、大肚须足轮虫、奇异巨腕轮虫;枝角类有长肢秀体溞、短尾秀体溞、微型裸腹溞、简弧象鼻溞、脆弱象鼻溞、长额象鼻溞、多刺裸腹溞、角突网纹溞;桡足类有球状许水蚤、汤匙华哲水蚤、广布中剑水蚤、近邻剑水蚤、指状许水蚤、中华窄腹水蚤。此外还有无节幼体和桡足幼体。阳澄淀泖区见到的浮游动物基本都属普生性种类。

在调查的湖泊中,对有机污染相对敏感的种群,如枝角类和桡足类大量减少。有不少湖泊由于过量的投放鳙鱼种,使浮游动物资源遭到破坏,如澄湖鳙鱼种的亩放养量达到 49kg,浮游动物中的枝角类和桡足类分别降到 13 个/L 和 18.5 个/L。

经统计,在 29 个湖泊采集的水样中未见有枝角类,有 14 个湖荡中未见有桡足类出现。而在一些旅游湖泊中,由于未发展渔业生产,致使浮游动物的数量和生物量极高,如沙湖枝角类达到 130 个/L,桡足类 65 个/L,生物量高达 13.929mg/L。石湖枝角类达到 70 个/L 和 5.390mg/L,桡足类达到 57.5 个/L 和 4.170mg/L。造成这些湖泊中浮游植物的数量和生物量猛增,所以适度利用湖荡中的浮游动、植物资源是合理开发利用的关键。不同利用类型湖泊浮游动物数量、生物量统计见表 3.2。

3.4.3 底栖动物

阳澄淀泖区湖泊共有底栖动物 44 种,其中摇蚊幼虫类 12 种、寡毛类 6 种、软体动物类 16 种、其他类 10 种。

阳澄淀泖区湖泊中的底栖动物常见种为:摇蚊幼虫类有红裸须摇蚊、中国长足摇蚊、

表 3.2　　　　　　不同利用类型湖泊浮游动物数量、生物量统计表

湖 名		种 类									
		原生动物		轮 虫		枝角类		桡足类		合 计	
		数量 /(个/L)	生物量 /(mg/L)	数量 /(个/L)	生物量 /(mg/L)	数量 /(个/L)	生物量 /(mg/L)	数量 /(个/L)	生物量 /(mg/L)	数量 /(个/L)	生物量 /(mg/L)
网栏养鱼	阳澄湖	1413	0.079	816	3.300	6.5	1.178	1.3	1.513	2243.5	6.070
	巴城湖	475	0.005	440	0.405	0	0	40.0	1.110	955.0	1.520
	澄湖	9557	0.266	87	0.174	13.0	0.877	18.5	1.852	9671.5	3.169
	昆承湖	529	0.024	1115	1.300	5.5	0.792	0	0	1649.5	2.116
	漕湖	450	0.012	335	1.428	5.0	0.200	0	0	790.0	1.640
	下淹湖	1100	0.049	495	1.837	55.0	0.835	30.0	1.050	1680.0	5.771
	九里湖	375	0.010	685	1.452	1.0	0.040	5.0	0.900	1066.0	0.402
	黄泥兜	75	0.002	500	1.487	0	0	0	0	575.0	1.489
	南星湖	600	0.016	555	1.982	70.0	10.420	285.0	25.200	1510.0	3.618
	同里湖	450	0.012	210	0.614	0	0	5.0	0.030	665.0	0.656
	石头潭	875	0.024	435	0.886	0	0	10.0	1.800	1320.0	2.710
	沐庄湖	50	0.004	325	1.016	0	0	0	0	375.0	1.020
	张鸭荡	300	0.008	550	1.086	5.0	0.150	6.5	0.260	861.5	1.504
	孙家荡	285	0.072	960	2.628	0	0	5.0	0.015	1250.0	2.715
	南参漾	170	0.006	755	0.550	0	0	5.0	0.900	930.0	1.456
	方家荡	250	0.007	325	1.160	0	0	2.5	0.450	577.5	1.617
	凤仙荡	100	0.010	550	1.589	11.5	0.400	0	0	661.5	1.999
	同字荡	75	0.002	1010	1.740	0	0	0	0	1085.0	1.742
	黄家湖	230	0.008	355	0.850	0	0	20.0	0.460	605.0	1.318
	雉城湖	450	0.014	405	0.673	10.0	0.300	40.0	1.980	905.0	2.967
	鳗鲤湖	300	0.008	780	1.506	55.0	0	0	1.980	1175.0	3.494
	商鞅潭	450	0.012	495	1.154	60.0	1.870	30.0	5.660	1035.0	6.696
	天花荡	100	0.003	610	0.753	10.0	1.670	25.0	0.150	745.0	2.556
	尚湖	50	0.002	810	1.529	1.5	1.235	20.0	1.860	895.0	4.626
	陶塘面	150	0.004	900	2.529	25.0	0.750	10.0	0.060	1085.0	3.343
	陈塘	350	0.020	450	1.192	5.0	0.150	1.5	0.230	806.5	1.592
网围养鱼	三白荡	335	0.046	682	1.073	5.0	0.835	5.0	0.030	1030.0	1.984
	白蚬湖	375	0.012	225	0.610	0	0	0	0	600.0	0.622
	白莲湖	200	0.006	510	1.146	0	0	5.0	0.030	715.0	1.182
	明镜湖	750	0.002	155	0.700	0	0	0	0	905.0	0.702
	杨氏田湖	150	0.004	240	0.239	0	0	0	0	390.0	0.243
	陈墓荡	225	0.006	410	1.909	0	0	50.0	2.040	635.0	1.915
	汪洋湖	225	0.006	510	1.546	0	0	0	0	735.0	1.552

湖 名		种 类									
		原生动物		轮 虫		枝角类		桡足类		合 计	
		数量/(个/L)	生物量/(mg/L)	数量/(个/L)	生物量/(mg/L)	数量/(个/L)	生物量/(mg/L)	数量/(个/L)	生物量/(mg/L)	数量/(个/L)	生物量/(mg/L)
网围养鱼	急水荡	375	0.010	560	2.286	0	0	0	0	935.0	2.296
	万千湖	200	0.060	640	1.587	30.0	0.120	10.0	0.060	880.0	1.827
	阮白荡	0	0	100	0.038	0	0	20.0	0.120	120.0	0.158
	南湖荡	625	0.097	1185	3.798	0	0	1.0	0.150	1811.0	4.045
	六里塘	50	0.015	625	2.977	0	0	5.0	0.900	680.0	3.892
鱼蚌混养	长畸荡	325	0.009	345	1.045	10.0	0.300	0	0	680.0	1.354
	前村荡	375	0.010	540	1.142	0	0	5.0	0.900	920.0	2.052
	诸曹漾	0	0	375	0.999	0	0	20.0	0.800	395.0	1.799
	南庄荡	100	0.003	450	1.351	2.5	0.100	0	0	552.5	1.454
	众家荡	75	0.002	495	0.345	10.0	0.400	0	0	580.0	0.747
	何家漾	150	0.004	775	0.787	0	0	20.0	1.860	945.0	2.651
	季家荡	75	0.002	220	0.721	0	0	10.0	0.060	305.0	0.783
	吴天贞荡	375	0.010	940	3.119	0	0	20.0	0.120	1335.0	3.249
	长荡	1775	0.142	1365	3.106	0	0	5.0	0.900	3145.0	3.148
	长白荡	700	0.046	240	0.153	0	0	0	0	940.0	0.199
旅游渔业	金鸡湖	794	0.050	91	0.341	3.5	0.281	5.0	0.570	893.5	1.242
	独墅湖	1500	0.040	223	1.430	20.0	2.705	12.5	0.510	1755.5	4.685
	春申湖	300	0.008	500	0.666	10.0	0.400	25.0	102.000	835.0	4.468
	沙湖	100	0.030	505	0.999	130.0	5.100	65.0	7.800	800.0	13.929
	石湖	350	0.010	1480	4.185	70.0	5.390	57.5	4.170	1957.5	13.755
	湖圩	575	0.016	1915	1.558	0	0	10.0	1.800	2500.0	3.374
其他	镬底潭	0	0	290	0.876	50.0	8.350	20.0	0.120	360.0	9.346
	游湖	275	0.007	495	0.886	15.0	1.415	70.0	2.160	855.0	4.468
	傀儡湖	100	0.026	550	0.826	0	0	30.0	1.920	680.0	2.772
平均		521	0.024	565	1.343	11.9	0.796	18.2	3.069	1116.4	3.474

太湖裸须摇蚊、黄色羽摇蚊、软铗小摇蚊；寡毛类：霍甫水丝蚓、克拉泊水丝蚓、苏氏尾鳃蚓；软体动物类有河蚬、梨形环棱螺、铜锈环棱螺、中华圆田螺；其他类有寡鳃齿吻沙蚕、疣吻沙蚕、秀丽白虾。不同利用类型湖泊底栖动物数量和生物量统计见表3.3。

由表3.3可知，57个统计湖泊，水蚯蚓平均为230.2个/m² 和4.146g/m²，摇蚊幼虫为185.7个/m² 和4.468g/m²。其中，以摇蚊幼虫分布范围最广，40个湖泊均有分布，水蚯蚓在37个湖泊有分布，螺类在23个湖泊有分布，蚬类仅澄湖、昆承湖、同里湖、傀儡湖有分布。

表 3.3　　　　　　　　　　不同利用类型湖泊底栖动物数量和生物量统计

湖　名		种　类									
		水蚯蚓		摇蚊幼虫		螺　类		蚬　类		合　计	
		数量/(个/m²)	生物量/(g/m²)	数量/(个/m²)	生物量/(g/m²)	数量/(个/m²)	生物量/(g/m²)	数量/(个/m²)	生物量/(g/m²)	数量/(个/m²)	生物量/(g/m²)
围栏养蟹	阳澄湖	2.8	0.878	11.0	0.044	20.0	9.100	0	0	33.8	10.020
	巴城湖	0	0	47.0	0.470	418.0	418.000	0	0	465.0	418.470
围栏养鱼	澄湖	102.0	1.020	5.1	0.612	0	0	3.0	0.600	110.1	2.230
	昆承湖	516.0	3.450	4.0	0.210	113.0	145.000	17.0	72.000	650.0	220.660
	漕湖	17.0	0.170	340.0	1.700	0	0	0	0	357.0	1.870
	下淹湖	17.0	6.340	0	0	186.0	372.000	0	0	203.0	378.340
	九里湖	17.0	0.170	204.0	0.850	51.0	187.000	0	0	272.0	188.020
	黄泥兜	0	0	34.0	0.340	0	0	0	0	34.0	0.340
	南星湖	6800.0	34.000	340.0	1.530	0	0	0	0	7140.0	35.530
	同里湖	468.0	4.500	383.0	42.600	110.0	85.000	128.0	48.000	1089.0	180.100
	石头潭	372.0	4.650	1488.0	46.500	0	0	0	0	1860.0	51.150
	沐庄湖	561.0	2.550	476.0	8.500	0	0	0	0	1037.0	11.050
	张鸭荡	93.0	60.450	1813.0	37.200	0	0	0	0	1906.0	97.650
	孙家荡	68.0	0.850	476.0	8.500	0	0	0	0	544.0	9.350
	南参漾	605.0	46.500	279.0	13.950	93.0	3021.000	0	0	977.0	362.450
	方家荡	145.0	2.410	315.0	13.950	30.0	535.000	0	0	763.0	551.360
	凤仙荡	0	0	0	0	0	0	0	0	0	0
	同字荡	17.0	0.085	187.0	1.700	0	0	0	0	204.0	1.785
	黄家湖	0	0	0	0	0	0	0	0	0	0
	雉城湖	0	0	0	0	0	0	0	0	0	0
	鳗鲤湖	93.0	6.980	47.0	2.330	233.0	349.000	0	0	373.0	358.310
	商鞅潭	102.0	0.850	391.0	3.400	0	0	0	0	793.0	4.250
	天花荡	0	0	34.0	0.510	0	0	0	0	34.0	0.510
	尚湖	34.0	0.340	102.0	0.510	50.0	25.000	0	0	186.0	25.850
	陶塘面	34.0	0.340	102.0	1.020	17.0	51.000	0	0	153.0	52.360
	陈塘	47.0	0.470	0	0	139.5	163.000	0	0	186.5	163.470
网围养鱼	三白荡	68.0	0.850	102.0	0.850	0	0	0	0	170.0	1.700
	白蚬湖	0	0	0	0	17.0	76.300	0	0	17.0	76.300
	白莲湖	0	0	0	0	323.0	295.800	0	0	323.0	295.800
	明镜湖	0	0	0	0	136.0	397.000	0	0	136.0	397.000
	杨氏田湖	0	0	0	0	153.0	263.500	0	0	153.0	263.500
	陈墓荡	34.0	0.850	17.0	0.020	68.0	70.600	0	0	119.0	71.470
	汪洋湖	17.0	1.700	34.0	0.030	0	0	0	0	51.0	1.730

湖 名		种 类									
		水蚯蚓		摇蚊幼虫		螺类		蚬类		合 计	
		数量/(个/m²)	生物量/(g/m²)	数量/(个/m²)	生物量/(g/m²)	数量/(个/m²)	生物量/(g/m²)	数量/(个/m²)	生物量/(g/m²)	数量/(个/m²)	生物量/(g/m²)
网围养鱼	急水荡	0	0	17.0	0.850	0	0	0	0	17.0	0.850
	万千湖	17.0	0.020	51.0	1.700	0	0	0	0	68.0	1.720
	阮白荡	306.0	1.700	17.0	0.020	0	0	0	0	323.0	1.720
	南湖荡	0	0	47.0	2.330	0	0	0	0	47.0	2.330
	六里塘	102.0	1.020	0	0	0	0	0	0	102.0	1.020
鱼蚌混养	长畸荡	93.0	4.650	326.0	6.980	47.0	162.250	0	0	466.0	173.880
	前村荡	47.0	0.690	186.0	0.930	233.0	326.000	0	0	466.0	327.620
	诸曹漾	0	0	0	0	0	0	0	0	0	0
	南庄荡	51.0	0.510	34.0	0.340	0	0	0	0	85.0	0.850
	众家荡	34.0	0.090	51.0	0.850	0	0	0	0	85.0	0.940
	何家漾	0	0	558.0	5.580	0	0	0	0	558.0	5.580
	季家荡	0	0	153.0	1.020	0	0	0	0	153.0	1.020
	吴天贞荡	0	0	0	0	51.0	392.700	0	0	51.0	392.700
	长荡	418.0	18.600	47.0	2.320	0	0	0	0	465.0	20.920
	长白荡	17.0	0.170	0	0	51.0	128.400	0	0	68.0	128.570
旅游渔业	金鸡湖	425.0	2.980	17.0	0.170	0	0	0	0	442.0	3.150
	独墅湖	43.0	2.040	68.0	0.740	0	0	0	0	111.0	2.780
	春申湖	0	0	0	0	0	0	0	0	0	0
	沙湖	0	0	0	0	0	0	0	0	0	0
	石湖	170.0	1.700	0	0	0	0	0	0	170.0	1.700
	湖圩	0	0	17.0	11.900	0	0	0	0	17.0	11.900
其他	镀底潭	0	0	0	0	0	0	0	0	0	0
	游湖	0	0	419.0	4.650	0	0	0	0	419.0	4.650
	傀儡湖	17.0	0.170	0	0	493.0	354.000	136.0	391.000	646.0	745.170
平均		230.2	4.146	185.7	4.468	64.0	99.303	5.5	9.838	485.6	117.760

以上说明，阳澄淀泖区湖泊底栖动物种仅剩下少量耐污种，说明湖泊沉积物污染严重，多数较为敏感的种类和不合适的种类逐渐消失。

3.4.4 水生高等植物

阳澄淀泖区湖泊共有大型水生植物 33 种，分别隶属于 21 科。按生活型计，挺水植物 11 种，沉水植物 13 种，浮叶植物 3 种，漂浮植物 6 种。

阳澄淀泖区湖泊中的大型水生植物常见种为：挺水植物包括芦苇、菱草；沉水植物包括穗状狐尾藻、金鱼藻、竹叶眼子菜；浮叶植物包括菱；漂浮植物包括槐叶苹、水葫芦。

3.5 资源与开发利用

3.5.1 水资源开发利用情况

区域内目前作为供水水源的湖泊为吴中区的下淹湖、昆山的傀儡湖、常熟的尚湖。区域内目前作为供水水源湖泊统计见表3.4。

表3.4　　　　　　　　　　　　　供 水 水 源 湖 泊 统 计

湖泊	所在行政区域	水厂名称	设计取水量/(万 m³/d)
下淹湖	吴中区	吴中光福水厂	1.0
傀儡湖	昆山市	昆山泾河水厂	40.0
		昆山玉峰山水厂	40.0
		昆山第三水厂	40.0
		昆山巴城水厂	1.0
尚湖	常熟市	常熟第二自来水厂	40.0

3.5.2 岸线开发利用情况

通过对湖泊的实地调查，湖泊周边的开发利用情况见表3.5。

表3.5　　　　　　　　　　　　湖泊周边开发利用情况统计

县市	区市	湖　　泊	湖泊周边利用方式
相城区	城区	春申湖、盛泽荡	旅游观光、居住区
	郊区	漕湖	居民区、农田
工业园区	郊区	沙湖	旅游观光、居住区
吴中区	城区	石湖	旅游观光、居住区
	郊区	九里湖、黄泥兜、下淹湖、镬底潭	居民区、农田
高新区	城区	石湖	旅游观光、居住区
	郊区	游湖	居民区、农田
沧浪区	城区	石湖	旅游观光、高档住宅
吴江市	镇区	同里湖	旅游观光、居民区、农田
		三白荡	旅游观光、高档住宅
		黄家湖	工厂、居民区、农田
		白蚬湖	度假村、居民区、农田
	郊区	季家荡、众家荡、前村荡、孙家荡、南参荡、长荡、长畸荡、同字荡、吴天贞荡	农田
		九里湖、沐庄湖、黄泥兜、南庄荡、凤仙荡、张鸭荡、方家荡、石头潭、南星湖、何家漾、杨沙坑	居民区、农田
		诸曹漾	林地、居民区、农田

县市	区市	湖 泊	湖泊周边利用方式
昆山市	镇区	鳗鲤湖	旅游观光、度假村、农田
		巴城湖	特色餐饮、砂场和农田
		商鞅潭	度假村、农田
		急水荡	居民区、农田
	郊区	白莲湖	度假村、农田
		雉城湖、长白荡、明镜湖、杨氏田湖、汪洋湖、万千湖、陈墓荡	农田
		白蚬湖	度假村、居民区、农田
		商鞅潭、阮白荡、天花荡	居民区、农田
		傀儡湖	绿地、湿地、住宅区、水源保护区
常熟市	城区	尚湖	旅游观光、高档住宅区
		湖圩	旅游观光、居民区
	郊区	南湖荡、六里荡、陈塘、陶塘面	居民区、农田

3.5.3　渔业养殖

阳澄淀泖地区 61 个湖泊，总面积为 348.29km²，用于养殖的湖泊有 49 个，面积为 281.33km²，占湖泊总面积的 80.8％，水域利用率较高。各湖泊养殖方式统计见表 3.6。由表 3.6 分析可知，湖区以网围养蟹和网栏养鱼为主要养殖方式。

表 3.6　　　　　　　　　　阳澄淀泖湖泊养殖方式统计

养殖方式	湖泊数量	湖 泊 名 称	养殖面积/km²	占养殖水面百分比/%
网围养蟹	2	阳澄湖、巴城湖	120.43	38.04
网栏养鱼	24	澄湖、昆承湖、漕湖、下淹湖、九里湖、黄泥兜、南星湖、同里湖、石头潭、沐庄湖、张鸭荡、孙家荡、南参漾、方家荡、凤仙荡、同字荡、黄家湖、雉城湖、鳗鲤湖、商鞅潭、天花荡、尚湖、陶塘面、陈塘	118.05	37.29
网围养鱼	12	三白荡、白蚬湖、白莲湖、明镜湖、杨氏田湖、陈墓荡、汪洋湖、急水荡、万千湖、阮白荡、南湖荡、六里塘	3.79	10.04
鱼蚌混养	11	长畸荡、前村荡、诸曹漾、南庄荡、众家荡、何家漾、季家荡、吴天贞荡、长荡、长白荡	11.06	3.49

3.5.4　旅游资源开发情况

阳澄淀泖区有 4 种旅游开发模式：一是综合旅游开发模式，是指充分挖掘湖泊的各类旅游资源，集观光、休闲、度假、运动、休闲疗养等功能于一体的开发模式，该类开发模式一般要求湖泊水域面积较大，水体自净能力较强，周围地形多样，生态环境良好，且位于经济发达地区，具备邻近客源市场的区位优势，交通进入性良好，附近有较理想的城镇作游客接待的依托。阳澄湖是综合旅游开发较成功的典范。二是观光旅游开发模式，有些湖泊由于水体及周边环境的生态敏感性等原因，不适宜开发直接侵入水体和环境的参与性旅游项目，但这些湖泊具有较高的风光观赏价值，山水相映、环境优美，如有奇特的自然景观相支撑，或有深厚的历史文化相映衬，适合开展观光旅游、如石湖、同里湖和沙湖。三是观光休闲开发模式，如金鸡湖、春申湖。四是观光旅游和度假休闲开发模式，湖面水面开阔、水质优良、周围气候舒适、风景秀丽，常常被用于开展观光旅游和度假休闲项目，如尚湖、盛泽荡和三白荡。

3.6 典型湖泊

不是阳澄湖蟹好，人生何必住苏州。

——汤国梨

3.6.1 阳澄湖

3.6.1.1 基本情况

1. 地理位置及地质地貌

阳澄湖地处苏州市东北，跨苏州相城区、工业园区和昆山市三区（市），地理位置大致为东经 $120°47'10''$，北纬 $31°25'54''$，是太湖流域第三大淡水湖，属太湖流域阳澄区。

2. 形成及发育

阳澄湖系潟湖演变所形成，属古太湖湖泊群的一部分。

3. 湖泊形态

阳澄湖岸线总长 151.30km，其中相城区 88.25km、工业园区 43.67km、昆山市 19.38km，岸线向内陆延伸 20m 为湖泊保护范围，保护范围面积为 $122.5km^2$。沿湖主要以公路、乡镇道路代堤，堤防和以路代堤总长 33.99km，高程一般为 5m 左右，堤顶宽 4～24m 不等，沿线共建设挡墙 56.21km，高程为 4～5m。

4. 湖泊功能

阳澄湖担负着苏州市区、昆山市及沿湖乡镇居民的饮用水供给任务，是苏州市重要饮水水源之一。另还兼有防汛、养殖、工农业用水、灌溉及旅游等多种功能。

5. 湖泊治理

自 20 世纪 80 年代以来，伴随着苏州经济的高速发展，阳澄湖水体水质呈不断恶化的趋势。进入 90 年代中期后，苏州市十分重视阳澄湖治理和保护，水质恶化的趋势有所缓解，但水质状况仍不容乐观。

苏州市对保护阳澄湖水源水质十分重视，1994 年建立了市、县、乡三级人大保护阳澄湖联动监督网络，加强了对阳澄湖治理监督力度，三级政府也立即成立了保护阳澄湖管理网络，制订工作计划，采取有效措施，扎实开展工作；1996 年市人大制定颁布了《苏州市阳澄湖水源水质保护条例》，使阳澄湖保护走上了法治轨道；2002 年苏州市对阳澄湖水产养殖实施统一管理，对全湖养殖重新进行统一规划，水产养殖面积由原来的近 10 万亩压缩到目前不到 5 万亩，阳澄湖水质恶化的趋势得到了初步遏制；2016 年江苏省政府批复阳澄湖苏州工业园区饮用水水源地保护区划分方案，其中分为一级、二级、准保护区，切实加强饮用水水源地保护区的建设和监管。监测数据表明，阳澄湖水源水质近几年

有所好转，但效果不明显，距集中饮用水水源水质目标要求还有很大距离。

3.6.1.2 水文特征

1. 湖泊面积

阳澄湖湖区形态不规则，湖岸曲折多湾，湖中有两条带状圩埂（莲花岛和美人腿）纵贯南北，将湖区分割为东湖、中湖、西湖三部分。其中，东湖面积约 52.3km²，湖中心平均水深 1.71m；中湖面积约 34.2km²，湖中心平均水深 1.80m；西湖面积约 32.1km²，湖中心平均水深 2.65m。东、中、西三湖彼此均有河流港汊相互贯通而汇成一体，合计总面积 118.6km²，平均水深 1.80m，最大水深 6.50m，常水位蓄水量约 2.1 亿 m³。

2. 湖泊出入湖河道

阳澄湖湖水依赖地表径流及湖面降水补给。沿湖河道、港汊众多，水网密度很大，但流速不大，流向大致是由西向东或由西北向东南流，共有大小进出河道 92 条，其中进水港 34 条，出水港 58 条。目前，沿岸有不少小型河港堵塞不通。进水口多在阳澄湖西部和西北部，主要有塘后港、陶家港、白塘河、后港、油泾港等，出水口多在湖的东部和南部，主要河道有浏河、新开河、七浦塘和娄江等。由于湖面由西北向东南倾斜，湖水一部分南流，经吴淞江下泄或经澄湖、淀山湖婉转迁回入黄浦江。另一部分湖水东注，经浏河、七浦塘、杨沐塘等入长江。下游地区遇到大暴雨和持续较强的东南风，湖泊受下游河道顶托，也会出现倒灌现象。

3. 降雨、蒸发及出入湖径流

阳澄湖属北亚热带细润型季风气候，气候温和湿润，夏季受热带海洋气团影响，盛行东南风，温和多雨；冬季受北方高压气团控制，盛行偏北风，寒冷干燥。年平均气温为 16.0～18.0℃，年降水量为 1100～1150mm。

4. 泥沙特征

西、中、东三湖的湖底沉淀物有所差异。西湖是灰色黏土、亚黏土，质软，深潭积有淤泥，厚 0.3～1.0m，近岸带见有带锈色的黄色亚黏土，质硬，在距离田泾港外的 400 亩处有泥炭分布；中湖北部也是灰黑色黏土、亚黏土，质软，但在中湖的东部及南部都是黄色亚黏土；东湖绝大部分都是质地较硬的黄色亚黏土。

3.6.1.3 水质现状

1. 水质

阳澄湖各站点综合水质类别为Ⅳ～Ⅴ类，评价结果详见表 3.7。经分析，现状评价的主要超标项目为总磷、总氮。为便于湖泊管理和保护工作的开展，在此对全湖区进行评价，重点分析主要超标项目水质变化情况。具体如下：

全湖区总磷浓度整体呈上升趋势，在第 3 季度达到峰值，第 4 季度与之接近，第 1～4 季度水质类别均为Ⅳ类。总氮浓度整体呈下降趋势，第 1 季度水质类别为Ⅴ类，第 2～4 季度均为Ⅳ类。阳澄湖全湖区主要超标项目浓度变化如图 3.3 所示。

2. 营养状态评价

全湖区营养状态指数基本稳定，介于 50.0～60.0，第 1～4 季度营养状态均为轻度富营养，评价结果详见表 3.8。阳澄湖全湖区营养状态评价指数变化如图 3.4 所示。

表 3.7　　　　　　　　　　　　　　阳澄湖水质监测成果表

序号	测站名称	月份	pH 值	溶解氧 /(mg/L)	高锰酸盐指数 /(mg/L)	化学需氧量 /(mg/L)	五日生化需氧量 /(mg/L)	总磷浓度 /(mg/L)	总氮浓度 /(mg/L)
1		1	7.77	12.22	2.4	<15	1.7	0.053	1.69
			I	I	II	I	I	IV	V
2		2	8.45	11.23	3.1	<15	2.1	0.048	1.06
			I	I	II	I	I	III	IV
3		3	8.17	10.68	3.8	<15	2.0	0.049	1.22
			I	I	II	I	I	III	IV
4		4	8.26	8.01	3.9	<15	1.9	0.109	1.06
			I	I	II	I	I	V	IV
5		5	8.42	12.30	2.8	<15	2.7	0.070	1.11
			I	I	II	I	I	IV	IV
6	鳗鲤桥	6	9.01	8.45	3.0	<15	1.2	0.081	1.31
			劣V	I	II	I	I	IV	IV
7		7	7.91	4.23	3.7	<15.0	1.5	0.058	0.70
			I	IV	II	I	I	IV	III
8		8	8.93	9.42	3.3	<15.0	6.3	0.110	1.17
			I	I	II	I	V	V	IV
9		9	8.11	9.36	3.9	24.5	5.0	0.100	0.99
			I	I	II	IV	IV	IV	III
10		10	8.03	7.35	3.0	<15.0	1.0	0.053	1.24
			I	II	II	I	I	IV	IV
11		11	8.34	8.64	3.2	<15.0	1.4	0.083	1.16
			I	I	II	I	I	IV	IV
12		12	8.21	9.76	3.4	<15.0	1.0	0.056	1.41
			I	I	II	I	I	IV	IV
13		1	8.40	10.95	3.7	<15.0	2.2	0.089	3.48
			I	I	II	I	I	IV	劣V
14		2	8.35	10.68	3.3	<15.0	1.9	0.117	3.38
			I	I	II	I	I	V	劣V
15	茅塔大桥	3	8.17	8.40	3.8	<15.0	2.0	0.118	1.39
			I	I	II	I	I	V	IV
16		4	8.50	8.40	3.2	<15.0	1.7	0.090	1.83
			I	I	II	I	I	IV	V
17		5	8.65	9.62	3.8	<15.0	2.7	0.063	1.65
			I	I	II	I	I	IV	V

序号	测站名称	月份	pH值	溶解氧/(mg/L)	高锰酸盐指数/(mg/L)	化学需氧量/(mg/L)	五日生化需氧量/(mg/L)	总磷浓度/(mg/L)	总氮浓度/(mg/L)
18		6	8.27	6.63	3.5	<15.0	0.8	0.078	0.95
			I	II	II	I	I	IV	III
19		7	8.19	8.33	3.2	<15.0	3.2	0.099	0.90
			I	I	II	I	III	IV	III
20		8	8.63	9.44	3.9	<15.0	0.7	0.149	0.90
			I	I	II	I	I	V	III
21	茅塔大桥	9	8.21	5.98	5.2	<15.0	1.1	0.100	1.33
			I	III	III	I	I	IV	IV
22		10	8.40	8.59	5.2	15.7	5.6	0.268	0.82
			I	I	III	III	IV	劣V	III
23		11	7.74	7.72	4.2	<15.0	2.4	0.118	1.64
			I	I	III	I	I	V	V
24		12	8.38	10.27	3.1	<15.0	1.2	0.078	1.94
			I	I	II	I	I	IV	V
25		1	8.90	13.02	4.0	<15.0	2.6	0.067	1.80
			I	I	II	I	I	IV	V
26		2	8.44	11.67	3.2	<15.0	1.9	0.052	1.57
			I	I	II	I	I	IV	V
27		3	8.08	11.56	3.8	<15.0	2.0	0.063	1.23
			I	I	II	I	I	IV	IV
28		4	8.43	8.76	3.2	<15.0	2.7	0.088	1.81
			I	I	II	I	I	IV	V
29	阳澄中湖（中）	5	8.30	8.78	3.6	<15.0	2.1	0.044	1.33
			I	I	II	I	I	III	IV
30		6	8.30	6.71	3.1	<15.0	1.2	0.099	1.97
			I	II	II	I	I	IV	V
31		7	8.04	7.83	3.3	<15.0	1.2	0.060	0.60
			I	I	II	I	I	IV	III
32		8	8.59	7.23	3.9	<15.0	2.2	0.062	0.89
			I	II	II	I	I	IV	III
33		9	8.59	9.56	4.8	17.8	5.8	0.081	1.22
			I	I	III	III	IV	IV	IV
34		10	8.50	8.87	4.0	<15.0	1.7	0.047	0.89
			I	I	II	I	I	III	III

序号	测站名称	月份	pH 值	溶解氧/(mg/L)	高锰酸盐指数/(mg/L)	化学需氧量/(mg/L)	五日生化需氧量/(mg/L)	总磷浓度/(mg/L)	总氮浓度/(mg/L)
35	阳澄中湖（中）	11	7.94	8.00	4.3	<15.0	2.0	0.052	1.68
			I	I	III	I	I	IV	V
36		12	8.36	10.21	2.9	<15.0	1.5	0.045	1.30
			I	I	II	I	I	III	IV
37	园区水厂（阳澄东湖）	1	8.37	10.50	3.8	<15.0	2.5	0.075	1.57
			I	I	II	I	I	IV	V
38		2	8.59	11.37	3.6	<15.0	1.5	0.073	1.49
			I	I	II	I	I	IV	IV
39		3	8.05	9.96	2.8	<15.0	2.4	0.070	1.22
			I	I	II	I	I	IV	IV
40		4	8.30	8.59	3.4	<15.0	1.8	0.059	1.03
			I	I	II	I	I	IV	IV
41		5	8.49	8.09	3.7	<15.0	1.7	0.075	0.95
			I	I	II	I	I	IV	III
42		6	8.01	8.12	3.3	<15.0	1.3	0.074	0.65
			I	I	II	I	I	IV	III
43		7	8.09	8.96	4.5	<15.0	1.9	0.036	1.33
			I	I	III	I	I	III	IV
44		8	8.12	6.30	5.0	<15.0	1.9	0.057	1.22
			I	II	III	I	I	IV	IV
45		9	8.28	7.82	4.6	15.0	2.4	0.075	1.26
			I	I	III	I	I	IV	IV
46		10	8.30	8.47	3.6	<15.0	1.4	0.046	0.94
			I	I	II	I	I	III	III
47		11	8.36	7.84	4.3	<15.0	1.9	0.077	1.27
			I	I	III	I	I	IV	IV
48		12	8.24	10.54	3.3	<15.0	2.3	0.049	1.22
			I	I	II	I	I	III	IV

3.6.1.4 水生态特征

1. 水生高等植物

阳澄湖春季大型水生植物共计 17 种，分别隶属于 9 科。按生活型计，挺水植物 4 种，沉水植物 11 种，浮叶植物 2 种，漂浮植物 0 种，其中绝对优势种为浮叶植物菱以及沉水植物穗状狐尾藻。

表 3.8　　　　　　　　　　**阳澄湖营养状态指数（EI）评价表**

序号	测站名称	月份	总磷		总氮		叶绿素 a		高锰酸盐指数		透明度		总评分值	评价结果
			浓度/(mg/L)	En分值	浓度/(mg/L)	En分值	浓度/(mg/L)	En分值	浓度/(mg/L)	En分值	数值/m	En分值		
1		1	0.067	53.4	1.80	68.0	0.00620	43.7	4.0	50.0	1.00	50.0	53.0	
2		2	0.052	50.4	1.57	65.7	0.00602	43.4	3.2	46.0	1.00	50.0	51.1	
3		3	0.063	52.6	1.23	62.3	0.00856	47.6	3.8	49.0	0.51	59.8	54.3	
4		4	0.088	57.6	1.81	68.1	0.01018	50.1	3.2	46.0	0.80	54.0	55.2	
5		5	0.044	47.6	1.33	63.3	0.01221	51.4	3.6	48.0	0.85	53.0	52.7	
6	阳澄中湖（中）	6	0.099	59.8	1.97	69.7	0.01238	51.5	3.1	45.5	0.68	56.4	56.6	轻度富营养
7		7	0.060	52.0	0.60	52.0	0.01121	50.8	3.3	46.5	0.85	53.0	50.9	
8		8	0.062	52.4	0.89	57.8	0.01432	52.7	3.9	49.0	0.42	68.0	56.1	
9		9	0.081	56.2	1.22	62.2	0.02028	56.4	4.8	52.0	0.60	58.0	57.0	
10		10	0.047	48.8	0.89	57.8	0.01520	53.3	4.0	50.0	0.43	67.0	55.4	
11		11	0.052	50.4	1.68	66.8	0.00497	41.6	4.3	50.8	0.45	65.0	54.9	
12		12	0.045	48.0	1.30	63.0	0.00585	43.1	2.9	44.5	0.67	56.6	51.0	
13		1	0.089	57.8	3.48	73.7	0.00900	48.3	3.7	48.5	0.80	54.0	56.5	
14		2	0.117	61.7	3.38	73.5	0.00791	46.5	3.3	46.5	0.75	55.0	56.6	
15		3	0.118	61.8	1.39	63.9	0.01732	54.6	3.8	49.0	0.50	60.0	57.7	
16		4	0.090	58.0	1.83	68.3	0.01834	55.2	3.2	46.0	0.70	56.0	56.7	
17		5	0.063	52.6	1.65	66.5	0.01634	54.0	3.8	49.0	0.48	62.0	56.8	
18	茅塔大桥	6	0.078	55.6	0.95	59.0	0.01956	56.0	3.5	47.5	0.62	57.6	55.1	轻度富营养
19		7	0.099	59.8	0.90	58.0	0.01894	55.6	3.2	46.0	0.58	58.4	55.6	
20		8	0.149	64.9	0.90	58.0	0.01866	55.4	3.9	49.5	0.45	65.0	58.6	
21		9	0.100	60.0	1.33	63.3	0.01978	56.1	5.2	53.0	0.68	56.4	57.8	
22		10	0.268	71.7	0.82	56.4	0.01772	54.8	5.2	53.0	0.50	60.0	59.2	
23		11	0.118	61.8	1.64	66.4	0.00685	44.8	4.2	50.5	0.50	60.0	56.7	
24		12	0.078	55.6	1.94	69.4	0.00677	44.6	3.1	45.5	0.72	55.6	54.1	
25		1	0.053	50.6	1.69	66.9	0.00690	44.8	2.4	42.0	0.60	58.0	52.5	
26		2	0.048	49.2	1.06	60.6	0.00454	40.9	3.1	45.5	0.53	59.4	51.1	
27		3	0.049	49.6	1.22	62.2	0.00875	47.9	3.8	49.0	0.45	65.0	54.7	
28	鳗鲤桥	4	0.109	60.9	1.06	60.6	0.01431	52.7	3.9	49.5	0.65	57.0	56.1	轻度富营养
29		5	0.070	54.0	1.11	61.1	0.01997	56.2	2.8	44.0	0.41	69.0	56.9	
30		6	0.081	56.2	1.31	63.1	0.01784	54.9	3.0	45.0	0.60	58.0	55.4	
31		7	0.058	51.6	0.70	54.0	0.01690	54.3	3.7	48.5	0.60	58.0	53.3	
32		8	0.110	61.0	1.17	61.7	0.02587	59.9	3.3	46.5	0.56	58.8	57.6	

续表

序号	测站名称	月份	总磷		总氮		叶绿素 a		高锰酸盐指数		透明度		总评分值	评价结果
			浓度/(mg/L)	En分值	浓度/(mg/L)	En分值	浓度/(mg/L)	En分值	浓度/(mg/L)	En分值	数值/m	En分值		
33	鳗鲤桥	9	0.100	60.0	0.99	59.8	0.02884	60.7	3.9	49.5	0.50	60.0	58.0	轻度富营养
34		10	0.053	50.6	1.24	62.4	0.01661	54.1	3.0	45.0	0.55	59.0	54.2	
35		11	0.083	56.6	1.16	61.6	0.00855	47.6	3.2	46.0	0.30	80.0	58.4	
36		12	0.056	51.2	1.41	64.1	0.00864	47.7	3.4	47.0	0.52	59.6	53.9	
37	园区水厂（阳澄东湖）	1	0.075	55.1	1.57	65.8	0.00740	45.7	3.8	48.8	1.00	50.0	53.1	轻度富营养
38		2	0.073	54.6	1.49	64.9	0.00710	45.2	3.6	48.0	0.69	56.2	53.8	
39		3	0.070	54.1	1.22	62.2	0.00695	44.9	2.8	44.0	0.71	55.8	52.2	
40		4	0.059	51.8	1.03	60.4	0.01412	52.6	3.4	47.0	0.68	56.5	53.7	
41		5	0.075	55.1	0.95	59.0	0.01628	53.9	3.7	48.5	0.60	58.0	54.9	
42		6	0.074	54.8	0.65	52.9	0.01230	51.1	3.3	46.3	1.10	48.0	50.7	
43		7	0.036	44.4	1.33	63.4	0.01291	51.8	4.5	51.3	0.64	57.3	53.6	
44		8	0.057	51.3	1.22	62.2	0.01536	53.4	5.0	52.5	0.60	58.0	55.5	
45		9	0.075	55.1	1.26	62.7	0.02885	60.8	4.6	51.5	0.62	57.6	57.5	
46		10	0.046	48.8	0.94	58.9	0.00845	47.4	4.3	48.3	0.85	53.0	51.2	
47		11	0.077	55.4	1.27	62.8	0.00978	49.6	4.3	50.8	0.69	56.2	55.0	
48		12	0.049	49.4	1.22	62.2	0.00955	49.3	3.3	46.5	0.40	70.0	55.5	

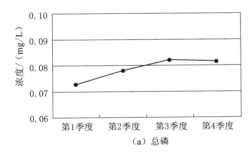
（a）总磷

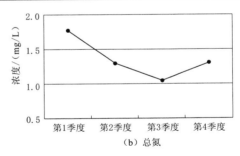
（b）总氮

图 3.3 阳澄湖全湖区主要超标项目浓度变化图

阳澄湖夏季大型水生植物共计 28 种，分别隶属于 18 科。按生活型计，挺水植物 10 种，沉水植物 12 种，浮叶植物 2 种，漂浮植物 4 种，其中绝对优势种为沉水植物穗状狐尾藻以及金鱼藻。阳澄湖大型水生高等植物种类组成情况见表 3.9。

大型水生植物在阳澄湖西、中、东三湖均有分布，其中阳澄西湖水生植物盖度较低，水生植物主要生长在阳澄西湖的沿岸水域，中心水域基

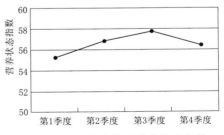
图 3.4 阳澄湖全湖区营养状态指数变化图

本未采集到水生植物样品；水生植物主要集中分布在阳澄中湖以及东湖，阳澄中湖水生植物分布比较均匀，而在阳澄东湖水生植物主要分布在南北两岸，湖心水域分布较少。全湖水生植物平均生物量为 $2.81kg/m^2$，春季平均生物量为 $3.2kg/m^2$，夏季平均生物量为 $2.39kg/m^2$。阳澄湖水生高等植物生物量空间分布如图 3.5 所示。

表 3.9　　　　　　　　　　　　阳澄湖大型水生高等植物种类组成

大型水生高等植物种类	春季	夏季	大型水生高等植物种类	春季	夏季
1. 槐叶苹科			轮叶黑藻	√	√
槐叶苹		√	苦草	√	√
2. 小二仙草科			伊乐藻	√	√
穗状狐尾藻	√	√	12. 眼子菜科		
轮叶狐尾藻		√	菹草	√	√
3. 睡莲科			竹叶眼子菜	√	√
水盾草	√	√	微齿眼子菜	√	√
莲		√	龙须眼子菜	√	√
4. 菱科			穿叶眼子菜	√	√
菱	√	√	13. 禾本科		
5. 金鱼藻科			芦苇	√	√
金鱼藻	√	√	菱草	√	√
6. 苋科			稗	√	√
空心莲子草	√	√	14. 浮萍科		
7. 龙胆科			浮萍		√
荇菜	√	√	15. 香蒲科		
8. 蓼科			狭叶香蒲		√
水蓼		√	16. 茨藻科		
9. 菊科			大茨藻		√
鬼针草		√	17. 雨久花科		
10. 柳叶菜科			水葫芦		√
水龙		√	18. 美人蕉科		
11. 水鳖科			美人蕉		√
水鳖		√			

2. 浮游植物

在阳澄湖共观察到浮游植物 73 属 125 种，其中绿藻门的种类最多，有 33 属 64 种；其次是硅藻门，有 13 属 22 种；蓝藻门有 12 属 16 种；裸藻门 4 属 10 种；金藻门 5 属 6 种；隐藻门有 2 属 3 种；甲藻门 4 属 4 种。各个采样点浮游植物的优势种基本相同，主要优势种为绿藻门的小球藻属 1 种、四尾栅藻，硅藻门的小环藻属 1 种、颗粒直链藻极狭变种，蓝藻门的链状假鱼腥藻、浮鞘丝藻、席藻 1 种，隐藻门的蓝隐藻。

全湖浮游植物的丰度均超过 10^6 个/L，年平均值为 $6.71 \times 10^6 \sim 14.0 \times 10^6$ 个/L。并

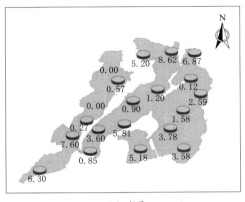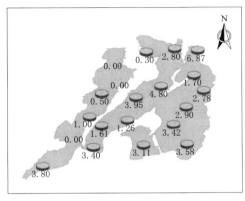

（a）春季　　　　　　　　　　　（b）夏季

图 3.5　阳澄湖水生高等植物生物量空间分布（单位：kg/m²）

表现出明显的差异。阳澄湖东湖的北部区域，浮游植物平均丰度最大，超过了 $14.0×10^6$ 个/L；阳澄湖东湖的中部区域，浮游植物平均丰度最小（低于 $8.0×10^6$ 个/L）。阳澄湖浮游植物丰度变化如图 3.6 所示。

　　阳澄湖浮游植物呈现出明显的季节变化的趋势。自 8 月开始，阳澄湖浮游植物的丰度逐渐降低。冬季和春初气温较低，浮游植物的增殖也受到了抑制，浮游植物丰度明显低于其他月份。随着气温的回升，浮游植物的丰度呈阶梯状增加的趋势。截至 5 月，浮游植物的丰度增加了 2.2 倍。7 月浮游植物的丰度最大，比 3 月增加了 5.4 倍。阳澄湖浮游植物平均丰度的周年变化如图 3.7 所示。

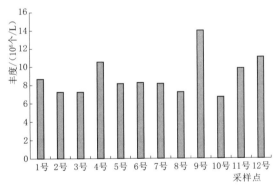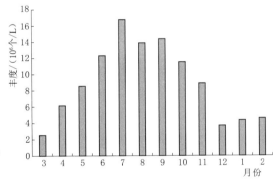

图 3.6　阳澄湖浮游植物丰度变化图　　　图 3.7　阳澄湖浮游植物平均丰度的周年变化图

　　应用 Pantle – Buck 方法计算污染指数，对阳澄湖的水质进行评价，公式为

$$SI = \sum(sh)/\sum h$$

式中：SI 为污染指数；s 为藻类污染指示等级（其中 $s=1$，寡营养指示种类；$s=2$，营养指示种类；$s=3$，富营养指示种类；$s=4$，超富营养指示种类）；h 为该种藻类的估算数量分级（偶尔存在时，$h=1$；存在量多时，$h=2$；存在量非常多时，$h=3$）。

　　根据国内外已报道的水体污染指示藻种及其指示污染等级，阳澄湖对水体污染指示种

类共有 97 种。其中寡营养指示种类有 6 种（属），中营养指示种类有 25 种（属），中一富营养指示种类有 40 种（属），富营养指示种类有 26 种（属），超营养指示种类有 1 种（属）。统计阳澄湖的平均污染指数约为 2.05，说明阳澄湖整体处于中一富营养（中度污染）状态。阳澄湖西湖和东湖南部区域的污染指数最大，为 2.1；中湖南部区域的污染指数最小，为 1.96。阳澄湖浮游植物营养指示种名录见表 3.10。

表 3.10　　　　　　　　　　　阳澄湖浮游植物营养指示种名录

营养状况	指示种	营养状况	指示种
os	曲壳藻	β－ms	长尾扁裸藻
os	球色金藻	β－ms	囊裸藻
os	分歧锥囊藻	α～β－ms	衣藻
os	密集锥囊藻	α～β－ms	纤细新月藻
os	卵形金杯藻	α～β－ms	细新月藻
os	裸甲藻	α～β－ms	肾形藻
os	多甲藻	α～β－ms	小型卵囊藻
β－ms	集星藻	α～β－ms	卵囊藻
β－ms	狭形纤维藻	α～β－ms	弓形藻
β－ms	针形纤维藻	α～β－ms	分叉弓形藻
β－ms	纤维藻	α～β－ms	硬弓形藻
β－ms	鼓藻	α～β－ms	螺旋弓形藻
β－ms	拟新月藻	α～β－ms	丰富栅藻
β－ms	胶网藻	α～β－ms	尖细栅藻
β－ms	微芒藻	α～β－ms	弯曲栅藻
β－ms	双射盘星藻	α～β－ms	双对栅藻
β－ms	二角盘星藻	α～β－ms	龙骨栅藻
β－ms	单角盘星藻	α～β－ms	齿牙栅藻
β－ms	四角盘星藻	α～β－ms	二形栅藻
β－ms	纤细月牙藻	α～β－ms	爪哇栅藻
β－ms	小型月牙藻	α～β－ms	斜生栅藻
β－ms	角星鼓藻	α～β－ms	扁盘栅藻
β－ms	桥弯藻	α～β－ms	四尾栅藻
β－ms	卵圆双壁藻	α～β－ms	具尾四角藻
β－ms	钝脆杆藻	α～β－ms	微小四角藻
β－ms	粗壮双菱藻华美变种	α～β－ms	三角四角藻
β－ms	梭形裸藻	α～β－ms	三角四角藻小型变种
β－ms	洁净裸藻	α～β－ms	三叶四角藻
β－ms	尖尾扁裸藻	α～β－ms	丝藻
β－ms	弯曲扁裸藻	α～β－ms	梅尼小环藻

营养状况	指示种	营养状况	指示种
α～β－ms	小环藻	α－ms	单棘四星藻
α～β－ms	中间异极藻	α－ms	异刺四星藻
α～β－ms	橄榄形异极藻	α－ms	短刺四星藻
α～β－ms	异极藻	α－ms	粗刺四棘藻
α～β－ms	尖布纹藻	α－ms	卵形隐藻
α～β－ms	菱板藻	α－ms	啮蚀隐藻
α～β－ms	颗粒直链藻	α－ms	绿色裸藻
α～β－ms	颗粒直链藻极狭变种	α－ms	裸藻
α～β－ms	颗粒直链藻极狭变种螺旋变形	α－ms	飞燕角甲藻
α～β－ms	微型舟形藻	α－ms	卷曲鱼腥藻
α～β－ms	放射舟形藻	α－ms	鱼腥藻
α～β－ms	舟形藻	α－ms	柔细束丝藻
α～β－ms	针杆藻	α－ms	依沙束丝藻
α～β－ms	尖针杆藻	α－ms	色球藻
α～β－ms	肘状针杆藻	α－ms	细小平裂藻
α～β－ms	细小隐球藻	α－ms	点形平裂藻
α－ms	小球藻	α－ms	铜绿微囊藻
α－ms	顶棘藻	α－ms	惠氏微囊藻
α－ms	四刺顶棘藻	α－ms	颤藻
α－ms	小空星藻	α－ms	席藻
α－ms	四角十字藻	ps	节旋藻
α－ms	四足十字藻		

注　os为寡营养，β－ms为中营养，α～β－ms为中—富营养，α－ms为富营养，ps为超富营养。

　　另外，通过计算阳澄湖浮游植物的多样性指数，年平均值为2.2，从多样性指数可以判断该水体属于中—富营养（中度污染）水体。阳澄湖的冬季，尤其是2月，由于浮游植物的种类很少，多样性指数下降至1.2。从浮游植物的均匀度来看，各样点的年平均值均在0.5以上，指示该为中营养（轻度污染）水体。综合上述各项指标，阳澄湖冬季硅藻占优势，春季绿藻占优势，夏秋季节蓝藻占优势，是一个轻—中富营养型湖泊。

　　3. 浮游动物

　　阳澄湖浮游动物88种，其中原生动物21种，占总种类的23.9%；轮虫45种，占总种类的51.1%；枝角类12种，占总种类的13.6%；桡足类10种，占总种类的11.4%。

　　阳澄湖的浮游动物大都属寄生性种类。阳澄湖中的浮游动物优势种为：原生动物有棘砂壳虫、尖顶砂壳虫、王氏似铃壳虫、草履虫、薄片漫游虫；轮虫有角突臂尾轮虫、螺形龟甲轮虫、曲腿龟甲轮虫、裂足臂尾轮虫、萼花臂尾轮虫、刺盖异尾轮虫、晶囊轮虫、无柄轮虫、长肢多肢轮虫、针族多肢轮虫、长三肢轮虫、独角聚花轮虫；枝角类有短尾秀体

溞、简弧象鼻溞、微型裸腹溞；桡足类有球状许水蚤、汤匙华哲水蚤、广布中剑水蚤、中华窄腹水蚤。此外还有无节幼体和桡足幼体。阳澄湖见到的浮游动物都属普生性种类。

阳澄湖浮游动物的平均密度年为12591.6个/L。其中原生动物的平均密度为10227.8个/L，占浮游动物总数量年平均的81.2%；轮虫的平均密度为2321.9个/L，占浮游动物总数量年平均的18.4%；枝角类的平均密度为13.6个/L，占浮游动物总数量年平均的0.1%；桡足类的平均密度为28.3个/L，占浮游动物总数量年平均的0.3%。数据反映，阳澄湖浮游动物的总数量是原生动物数量多寡决定，其次是轮虫的数量。阳澄湖浮游动物密度逐月变化如图3.8所示。

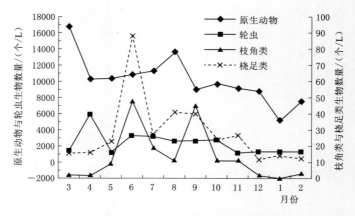

图3.8　阳澄湖浮游动物密度逐月变化图

阳澄湖浮游动物的年平均生物量为5.0607mg/L。其中原生动物的生物量为0.5121mg/L，占浮游动物的总生物量的7.1%；轮虫的生物量为5.8202mg/L，占浮游动物的总生物量的80.1%；枝角类的生物量为0.2402mg/L，占浮游动物的总生物量的3.3%；桡足类的生物量为0.6913mg/L，占浮游动物的总生物量的9.5%。虽然枝角类和桡足类的数量年平均总和占浮游动物总数量的0.4%，可它们的生物量却占到12.8%；原生动物的数量占浮游动物总数量年平均的81.2%，可它占浮游动物生物量的比例却为7.1%，小于枝角类和桡足类生物量所占的百分比。阳澄湖浮游动物生物量逐月变化如图3.9所示。

4. 底栖动物

阳澄湖底栖动物23种（属），其中摇蚊科幼虫种类最多，共10种；软体动物次之，共7种；其次为寡毛类，共3种，主要为寡毛纲颤蚓科的种类；蛭类1种，为扁舌蛭；多毛类1种，为沙蚕属。

阳澄湖底栖动物的年平均密度为326.2个/m²，年平均生物量为85.6g/m²。密度方面，寡毛类的霍甫水丝蚓，摇蚊科幼虫的中国长足摇蚊、红裸须摇蚊以及羽摇蚊优势度较高，分别占总密度的18.67%、

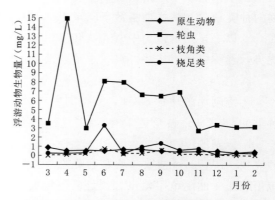

图3.9　阳澄湖浮游动物生物量逐月变化图

22.01%、53.65%和1.52%。生物量方面，由于软体动物个体较大，软体动物的环棱螺在总生物量上占据绝对优势，达到52.32%，红裸须摇蚊、中国长足摇蚊、霍甫水丝蚓以及苏氏尾鳃蚓所占比重次之，分别为28.23%、8.92%、4.26%以及3.86%。

在各个季度中，密度最高值大多数出现在阳澄湖的东湖以及中湖，西湖底栖动物密度较低，主要原因可能为阳澄西湖为开阔水域，湖中围网基本已拆除，人为渔业养殖较少，底栖动物作为鱼蟹类的主要食物来源，故西湖底栖动物密度控制在较低范围之内；而阳澄东湖以及中湖湖区分布大量围网，渔业养殖比较活跃，人为投放饲料会降低鱼蟹类对底栖动物的食物依赖性，所以阳澄中湖以及东湖底栖动物密度大于阳澄西湖。阳澄湖底栖动物生物量在各个季度的分布与密度不同，阳澄湖底栖动物生物量最高值采样点主要分布在阳澄西湖以及阳澄中湖的南部水域，主要以软体动物螺类为主，这可能与阳澄湖的地理特征有关，阳澄西湖以及阳澄中湖的南部湖水较深，比较适合软体动物的生长，特别是梨形环棱螺等螺类的生长繁殖，同时软体动物具有坚硬外壳，相对于寡毛类以及摇蚊幼虫，被摄食的可能性较低，软体动物个体较大，在生物量统计方面占优；由阳澄湖软体动物生物量在各个季度的变化趋势来看，软体动物生物量在夏季较其他季节稍低，主要原因可能为夏季阳澄湖湖面人为捕捞比较频繁，软体动物生物量有所下降。

密度方面，寡毛类和摇蚊幼虫主导了密度的空间分布状况，螺类所占比重相对较低；同时，随着向秋、冬季过渡，螺类所占比重逐渐提高，特别是生物量方面所占比重，这可能是螺类在冬、春季进入繁殖期，整体数量上升。总体而言，螺类以及寡毛类、摇蚊幼虫共同主导了阳澄湖底栖动物密度的空间分布格局。生物量方面，个体较大的螺类在各个季度均占据绝对优势，相比之下，寡毛类和摇蚊幼虫在阳澄东湖以及中湖北部水域对生物量贡献较高。阳澄湖底栖动物密度和生物量空间分布格局如图3.10所示。

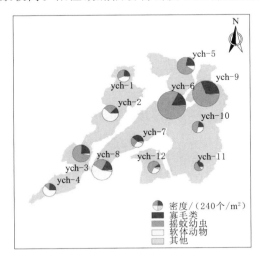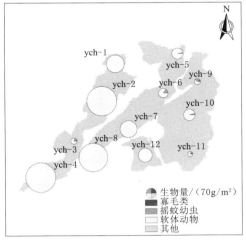

图 3.10　阳澄湖底栖动物密度和生物量空间分布格局

采用 Wright 指数，从寡毛类的密度来评价水体水质，认为密度低于 100 个/m² 时为无污染；100~999 个/m² 时为轻污染；1000~5000 个/m² 时为中度污染；而在 5000 个/m² 以上时为严重污染。各种生物指数评价标准见表 3.11。

$$\text{Goodnight 生物指数} = \frac{\text{颤蚓类个体数}}{\text{底栖动物总数}}$$

$$\text{BPI 生物学指数} = \frac{\lg(N_1 + 2)}{\lg(N_2 + 2) + \lg(N_3 + 2)}$$

式中：N_1 为寡毛类、蛭类和摇蚊幼虫个体数；N_2 为多毛类、甲壳类、除摇蚊幼虫以外其他的水生昆虫个体数；N_3 为软体动物个体数。

$$\text{Shannon - Wiener 指数} = -\sum_{i=1}^{n} \frac{n_i}{N} \times \ln \frac{n_i}{N}$$

式中：n_i 为第 i 个种的个体数目；N 为群落中所有种的个体总数。

表 3.11　　　　　　　　　　　　　各种生物指数评价标准

Goodnight 生物指数	BPI 生物学指数	Shannon - Wiener 指数
小于 0.6 为轻污染； [0.6, 0.8] 为中污染； (0.8, 1.0] 为重污染	小于 0.1 为清洁； [0.1, 0.5) 为轻污染； [0.5, 1.5) 为 β-中污染； [1.5, 5.0] 为 α-中污染； 大于 5.0 为重污染	[0, 1.0) 为重污染； [1.0, 3.0) 为中污染； 大于 3.0 为轻度污染至无污染

　　阳澄湖寡毛类平均密度为 16～214 个/m²，中湖以及东湖北部，紧邻旅游区莲花岛，人类生产生活对水体影响较大，此区域比较适合底栖动物的生长繁殖，特别是污染指示作用较强的寡毛类，水体富营养化程度要超过其他区域。Goodnight 生物指数均小于 0.4，整体处于轻污染状态。BPI 生物学指数均为 0.5～2.5，说明阳澄湖处于中污染状态，同时可以看出阳澄湖污染状态呈现地理区域特点，全湖基本为 β-中污染，紧邻莲花岛的采样点表现为 α-中污染。Shannon - Wiener 指数均为 2.0～3.5，说明阳澄湖水质整体处于轻污染—中污染过渡状态。四种指数评价结果显示阳澄湖现状态处于轻度—中度污染时期，同时有向全面中污染变化的趋势，属于富营养化过程的初期。

　　5. 鱼类资源

　　阳澄湖有鱼类 10 目 18 科 46 属 67 种，其中鲤科 39 种，银鱼科 4 种，鮨科、鳃科、塘鳢科、鳅科各 2 种，其余 12 科各 1 种。以定居性鱼类为主，如鲤、鲫、花鳍、翘嘴红鲌等；但也有一些江湖半洄游性鱼类，如青、草、鲢、鳙等，以及一些洄游性鱼类如鲈、鲴、鳗鲡等。20 世纪 50 年代前，湖中渔业生产系天然捕捞，鱼产量中以鲤、鲫、鳊、鳙、鳜为主，约占总年产量的 50%；青、草、鲢、鳙、翘嘴红鲌、蒙古红鲌等约占总产量的 30%；其他小型杂鱼约占 20%。70 年代后，湖内进行放养，主要经济鱼类有青、草、鲢、鳙、团头鲂、鲤、鲫、鳜、翘嘴红鲌、蒙古红鲌等 10 余种。全湖捕捞量五六十年代为 600～700t，70 年代产量逐渐上升，至 1979 年达 1045t。随着湖泊养殖业的发展，鱼产量又有提高。阳澄湖以产"清水大闸蟹"闻名中外，是我国著名的河蟹产地之一。该湖的湖螺资源也非常丰富，每年春节后至清明节前为捕捞湖螺的旺季。在此期间，所捕之湖螺运往苏州等地。据估算，近几年每年外运达 400 多 t。清明节以后，所捕的湖螺用于池塘喂养青鱼，估计年捕获量在 500t 左右。

近年来，阳澄湖围网养殖由于追求经济效益而进行单一养蟹，未从各种鱼类饵料结构、各种品种之间相互关系及饵料多次利用上考虑围网养殖的最佳饲养模式，甚至将土著经济鱼类的幼体作为河蟹饵料，使一些经济鱼类的产量直线下降。湖区一度出现了单一追求大量养蟹而打破了湖区鱼类生态平衡的局面。作为我国著名的河蟹产地之一的阳澄湖，苏州市政府为维护阳澄湖生态环境并肃清湖中航道，于 2008 年 5 月将养蟹网围缩减至 3.2 万亩。

3.6.1.5 阳澄湖的资源开发与利用

1. 供水

阳澄湖担负着苏州市区、昆山市及沿湖乡镇居民的饮用水供给任务，是苏州市重要饮水水源之一。

2. 养殖

阳澄湖以产"清水大闸蟹"闻名中外，是我国著名的河蟹产地之一。自 20 世纪 90 年代初开始，阳澄湖网围养蟹逐步扩大。2001 年达到了 78.27km^2，2002 年开始全面整治阳澄湖，2003 年阳澄湖实际养殖面积 32.67km^2。

3. 旅游

阳澄湖目前已形成唯亭阳澄湖旅游度假区和昆山阳澄湖旅游度假。根据《苏州沿阳澄湖地区控制规划》，阳澄湖地区将规划四大主题的旅游景区：一是以度假娱乐为主题的旅游风景区；二是以文化为主题的游览区；三是以水乡风情为主题的游览区；四是以生态功能为主题的游览区。

3.6.1.6 阳澄湖的湖泊保护

江苏省人民政府于 2005 年 2 月 26 日以苏政办发〔2005〕9 号文公布的《江苏省湖泊保护名录》中，将面积在 0.5km^2 以上的湖泊、城市市区内的湖泊、作为城市饮用水水源的湖泊列为保护对象，遵循统筹兼顾、科学利用、保护优先、协调发展的原则，重点管理和保护。条例明阳澄湖为省管湖泊。

为了保护阳澄湖水源水质，防治污染，保障饮用水源和战略备用饮用水源安全，维护生态平衡，促进经济社会可持续发展，1996 年 4 月 12 日江苏省第八届人民代表大会常务委员会第二十次会议批准了《苏州市阳澄湖水源水质保护条例》，该条例又分别于 2006 年和 2012 年进行了修订和修正。《苏州市阳澄湖水源水质保护条例》对阳澄湖保护区的划定、管理机构与职责、防止水源污染，以及违反本条例所承担的法律责任等作了规定。该条例明确指出，阳澄湖水源水质保护坚持环境保护优先原则，实行统一规划、综合整治、科学利用、协调发展的方针。苏州市和常熟市、昆山市、相城区、平江区人民政府以及苏州工业园区管委会应当将阳澄湖水源水质保护工作纳入国民经济和社会发展规划，加大保护资金投入，依靠科技进步提高水污染防治水平，改善阳澄湖水环境质量。苏州市人民政府应当组织编制阳澄湖保护区控制性规划，落实责任，加强监督检查。

阳澄湖作为太湖流域重要的淡水湖泊之一，被生态环境部列入《国家良好湖泊生态环境保护规划（2011—2020）》的湖泊。自《苏州市阳澄湖水源水质保护条例》颁布实施以来，阳澄湖周边环境明显改善，水质逐渐提高。为了贯彻落实《苏州市阳澄湖水源水质保

护条例》和《苏州市城乡规划若干强制性内容的暂行规定》，根据苏州市人大、市政府统一要求和部署，2004 年 7 月，苏州市规划局委托编制了《苏州沿阳澄湖地区控制规划》，2005 年 4 月 14 日，该规划方案通过专家论证，并征求了各市（区）政府、管委会意见。根据 2007 年 4 月 13 日市人大常委会第 1 号主任会议纪要及 2007 年 6 月 23 日市政府常务会议精神，苏州市规划局局对规划方案进一步进行了修改和完善，并将完善后的最终成果再次上报市政府，于 2007 年 8 月 3 日通过市政府审批。根据《苏州市阳澄湖水源水质保护条例》及《苏州沿阳澄湖地区控制规划》要求，沿阳澄湖地区必须要构建"绿色产业"结构，增强"绿色调控"能力。化工、印染、电镀等重污染生产企业，三年内必须淘汰或调整出保护区，要大力推进生态农业、生态旅游和节能环保产业发展。

《苏州沿阳澄湖地区控制规划》的总体控制要求：

（1）划定禁止建设区、建设引导区、控制建设区。

（2）禁止建设区。规划湿地保护区、傀儡湖饮用水源保护区及其沿岸 300m 纵深地区、傀儡湖周边地区、太平湾里饮用水源保护区及其周边地区、阳澄湖岛新开挖清水通道以南地区、阳澄湖沿湖纵深 300m（除规划风景游赏用地、已建和在建公共设施、旅游度假设施以外的地区）地区为禁止建设区。

（3）建设引导区。规划集中建设的城镇型住区、旅游度假区、集中的农村居民点作为建设引导区，引导居住用地、商业金融用地、旅游度假用地和教育科研用地等向这些区域集聚。

（4）控制建设区。为禁止建设区和建设引导区外的其他用地，包括风景游赏用地及控制区范围内必须保留的农业空间和生态开敞空间。

3.6.2　淀山湖

3.6.2.1　基本情况

1. 地理位置及地质地貌

淀山湖又名薛淀湖，地处太湖流域东南部，地理位置为东经 120°57′33″，北纬 31°08′49″。淀山湖行政区划分属江苏省和上海市，江苏省境内分属昆山市淀山湖镇、锦溪镇和张浦镇（简称"昆南三镇"）；上海市分属青浦区金泽镇和朱家角镇（简称"青西两镇"）。该省境内现有自由水域面积 17km²，占湖面总面积的 27.4%。

2. 形成及发育

淀山湖是由江水冲击和古潟湖淤积而成的天然淡水湖泊，属太湖水系。

3. 湖泊形态

现状淀山湖湖面略呈菱形，呈东北—西南方向，南宽北窄，形似葫芦，其长度 14.5km，最大宽度 8.1km，平均宽度 4.3km，水面面积约 62km²。淀山湖西以朱库港大桥、东以马家港为界，北部湖区属江苏省苏州昆山市、南部湖区属上海市青浦区。

4. 湖泊功能

淀山湖的主要功能为防洪调蓄、供水、生态、渔业、旅游。

5. 湖泊治理

省政府高度重视淀山湖保护工作，坚持问题导向，落实湖长制属地管理责任，淀山湖治理、管理与保护不断取得新成效。

省级领导担任湖长的淀山湖河湖长制组织体系已全面建立，淀山湖已纳入跨省湖泊协商议事范畴。2019 年建立太湖淀山湖湖长协作机制，统筹推进淀山湖及入湖河道和周边陆域的综合治理和管理保护，协调解决跨区域、跨部门的重大问题，确保淀山湖湖长制工作取得更大实效，为长三角一体化高质量发展提供了有力支撑和保障。

3.6.2.2 水文特征

1. 湖泊面积

江苏省境内淀山湖呈"凸"状，南北长 6.4km，东西长 8.9km，湖周全长 26.3km，湖泊水面约 14km²，约占全湖面积的 22%。江苏省淀山湖湖岸曲折多湾，湖床不甚平整，深浅悬殊较大，平均湖底高程 0.9m，湖泊东北部存在深坑，最低底高程-4.5m；湖底质较硬，大部分地区没有淤泥，平均淤泥厚 0.12m，最厚处达 1.06m，位于湖泊东部。

2. 湖泊出入湖河道

淀山湖出入湖河道现有 62 条，其中江苏省境内 28 条，东部和北部急水港、朱厍港、千灯浦等河道以入湖为主，下游地区主要出湖河道有淀浦河和拦路港等。

3. 降雨

淀山湖区域多年平均（1961—2020 年）降水量为 1086.40mm，降水多发生在 5—9月；最大年降水量为 1675.60mm（1999 年），最小年降水量为 592.60mm（1978 年）。

4. 泥沙特征

淀山湖底质较硬，大部分地区没有淤泥，平均淤泥厚 0.12m，最厚处达 1.06m，位于湖泊东部。

3.6.2.3 水质现状

1. 水质

淀山湖综合水质类别为Ⅳ～劣Ⅴ类，监测及评价结果详见表 3.12。现状评价的主要超标项目为总磷、总氮。为便于湖泊管理和保护工作的开展，在此对全湖区进行评价，重点分析主要超标项目水质变化情况。具体为：全湖区总磷浓度在第 3 季度达到最高值，其他 3 个季度浓度接近，第 1、2、4 季度水质类别为Ⅴ类，第 3 季度水质类别为劣Ⅴ类。总氮浓度第 1 季度达到最高值，第 3 季度降至最低值，第 1 季度水质类别为劣Ⅴ类，第 2、4 季度水质类别为Ⅴ类，第 3 季度水质类别为Ⅳ类。淀山湖全湖区主要超标项目浓度变化如图 3.11 所示。

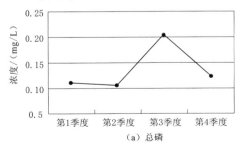 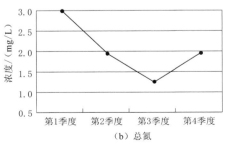

图 3.11 淀山湖全湖区主要超标项目浓度变化图

表 3.12 淀山湖水质监测成果表

序号	测站名称	监测月份	pH 值	溶解氧/(mg/L)	高锰酸盐指数/(mg/L)	化学需氧量/(mg/L)	五日生化需氧量/(mg/L)	总磷/(mg/L)	总氮/(mg/L)
1		1	7.66	9.47	2.9	<15.0	2.5	0.134	3.6
			I	I	II	I	I	V	劣V
2		2	8.23	11.17	3.9	<15.0	2.5	0.083	3.5
			I	I	II	I	I	IV	劣V
3		3	7.80	9.50	2.9	<15.0	2.1	0.109	1.9
			I	I	II	I	I	V	V
4		4	8.20	8.10	3.8	<15.0	1.6	0.121	2.3
			I	I	II	I	I	V	劣V
5		5	7.84	7.98	3.7	<15.0	0.8	0.071	1.9
			I	I	II	I	I	IV	V
6	淀山湖湖心	6	7.83	5.75	3.8	<15.0	0.8	0.121	1.6
			I	III	II	I	I	V	V
7		7	7.89	8.50	4.0	<15.0	2.0	0.127	1.1
			I	I	II	I	I	V	IV
8		8	8.21	7.20	4.9	15.0	3.2	0.298	1.3
			I	II	III	I	III	劣V	IV
9		9	8.12	5.81	3.5	17.5	1.5	0.194	1.4
			I	III	II	III	I	V	IV
10		10	8.20	7.12	3.2	<15.0	1.5	0.113	1.5
			I	II	II	I	I	V	IV
11		11	8.18	7.23	3.2	<15.0	1.1	0.126	1.8
			I	II	II	I	I	V	V
12		12	8.01	8.07	3.8	<15.0	2.0	0.136	2.6
			I	I	II	I	I	V	劣V

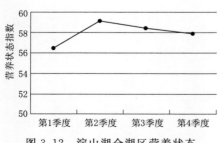

图 3.12 淀山湖全湖区营养状态
指数变化图

2. 营养状态评价

全湖区营养状态指数基本稳定，介于 56.0～
60.0，第 1～4 季度营养状态均为轻度富营养，评
价结果详见表 3.13。淀山湖全湖区营养状态指数
变化如图 3.12 所示。

3.6.2.4 水生态特征

1. 水生高等植物

淀山湖春季大型水生植物共计 3 种，分别隶
属于 3 科。按生活型计，挺水植物 2 种，沉水植

表 3.13   淀山湖营养状态指数（EI）评价表

序号	测站名称	月份	总磷		总氮		叶绿素 a		高锰酸盐指数		透明度		总评分值	评价结果
			浓度/(mg/L)	En 分值	浓度/(mg/L)	En 分值	浓度/(mg/L)	En 分值	浓度/(mg/L)	En 分值	数值/m	En 分值		
1	淀山湖湖心	1	0.134	63.4	3.57	73.9	0.00720	45.3	2.9	44.5	0.70	56.0	56.6	轻度富营养
2		2	0.083	56.6	3.51	73.8	0.00782	46.4	3.9	49.5	0.67	56.6	56.6	
3		3	0.109	60.9	1.85	68.5	0.00988	49.8	2.9	44.5	0.70	56.0	55.9	
4		4	0.121	62.1	2.31	70.8	0.01038	50.2	3.8	49.0	0.52	59.6	58.3	
5		5	0.071	54.2	1.89	68.9	0.01588	53.7	3.7	48.5	0.50	60.0	57.1	
6		6	0.121	62.1	1.58	65.8	0.01778	54.9	3.8	49.0	0.33	77.0	61.8	
7		7	0.127	62.7	1.12	61.2	0.01038	50.2	4.0	50.0	0.60	58.0	56.4	
8		8	0.298	72.4	1.28	62.8	0.01638	54.0	4.9	52.3	0.52	59.6	60.2	
9		9	0.194	69.4	1.37	63.7	0.01695	54.3	3.5	47.5	0.59	58.2	58.6	
10		10	0.113	61.3	1.48	64.8	0.01222	51.4	3.2	46.0	0.52	58.0	56.3	
11		11	0.126	62.6	1.84	68.4	0.00666	44.4	3.2	46.0	0.62	57.6	55.8	
12		12	0.136	63.6	2.55	71.4	0.00768	46.1	3.8	49.0	0.35	75.0	61.0	中度富营养

物 1 种，其中绝对优势种为沉水植物菹草。

淀山湖夏季大型水生植物共计 6 种，分别隶属于 5 科。按生活型计，挺水植物 3 种，沉水植物 1 种，浮叶植物 2 种，其中绝对优势种为漂浮植物凤眼莲、挺水植物空心莲子草和芦苇。淀山湖大型水生高等植物种类组成见表 3.14。

表 3.14   淀山湖大型水生高等植物种类组成

大型水生高等植物种类	春季	夏季	大型水生高等植物种类	春季	夏季
1. 槐叶苹科			菹草	√	√
槐叶苹		√	5. 禾本科		
2. 金鱼藻科			芦苇	√	√
金鱼藻	√		菱草	√	√
3. 苋科			6. 雨久花科		
空心莲子草	√	√	水葫芦		√
4. 眼子菜科					

大型水生植物在主要分布在淀山湖东南部，其中北部湖区水生植物盖度较低，水生植物主要生长在东南沿岸水域，湖心水域分布较少。全湖水生植物平均生物量为 0.45kg/m^2，春季平均生物量为 0.57kg/m^2，夏季平均生物量为 0.34kg/m^2。

2. 浮游植物

在淀山湖共观察到浮游植物 75 属 88 种。其中绿藻门的种类最多，有 25 属 32 种；其次硅藻门有 18 属 22 种，蓝藻门 16 属 17 种，裸藻门 6 属 5 种，金藻门 4 属 4 种，甲藻门

3属3种，隐藻门有1属3种，黄藻门2属2种。各个采样点浮游植物的优势种基本相同，主要优势种为绿藻门的衣藻属、月牙藻属，硅藻门的梅尼小环、变异直链藻，蓝藻门的阿氏颤藻、点形平裂藻、小席藻，隐藻门的卵形隐藻。

淀山湖浮游植物丰度变化如图 3.13 所示。全湖浮游植物的丰度均超过 10^6 个/L，年平均值为 $0.22 \times 10^6 \sim 42.46 \times 10^6$ 个/L，并表现出明显的差异。淀山湖北部区域，浮游植物平均丰度最大，超过了 28.15×10^6 个/L；淀山湖南部区域，浮游植物平均丰度最小（低于 7.7×10^6 个/L）。

淀山湖浮游植物平均丰度周年变化如图 3.14 所示。淀山湖浮游植物呈现出明显的季节变化的趋势。自7月开始，淀山湖浮游植物的丰度逐渐降低。冬季和春初气温较低，浮游植物的增殖也受到了抑制，浮游植物丰度明显低于其他月份。随着气温的回升，浮游植物的丰度呈阶梯状增加的趋势。

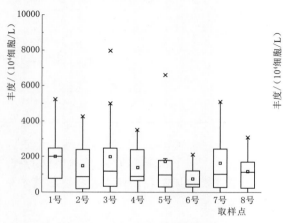

图 3.13　淀山湖浮游植物丰度变化图

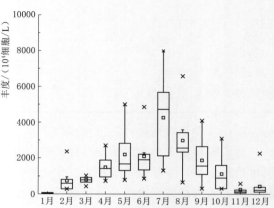

图 3.14　淀山湖浮游植物平均丰度周年变化图

3. 浮游动物

淀山湖浮游动物约72种，其中原生动物27种，占总种类的37.5%；轮虫26种，占36.1%；枝角类11种，占总种类的15.3%；桡足类8种，占总种类的11.1%。

淀山湖的浮游动物大都属寄生性种类。淀山湖中的浮游动物优势种为：原生动物有侠盗虫、长筒拟铃壳虫、江苏拟铃壳虫、王氏拟铃壳虫、筒壳虫、游仆虫、球砂壳虫、小单环栉毛虫；轮虫有螺形龟甲轮虫、曲腿龟甲轮虫、角突臂尾轮虫、针簇多肢轮虫、长肢多肢轮虫、裂痕龟纹轮虫、大肚须足轮虫、奇异巨腕轮虫、晶囊轮虫；枝角类有短尾秀体溞、脆弱象鼻溞、长额象鼻溞、多刺裸腹溞、角突网纹溞；桡足类有广布中剑水蚤、近邻剑水蚤、指状许水蚤、汤匙华哲水蚤。此外还有无节幼体。淀山湖见到的浮游动物基本都属普生性种类。

淀山湖浮游动物年平均密度为 6778.8 个/L。其中原生动物年平均密度为 5706.8 个/L，占浮游动物总密度年平均的 84.2%；轮虫年平均密度为 1017.1 个/L，占浮游动物总密度年平均的 15%；枝角类年平均密度为 29.6 个/L，占浮游动物总密度年平均的 0.4%；桡足类年平均密度为 24.8 个/L，占浮游动物总密度年平均的 0.4%。数据反映，淀山湖浮游动物的总数量由原生动物数量多寡决定，其次是轮虫的数量。淀山湖浮游动物密度逐月变化如图3.15所示。

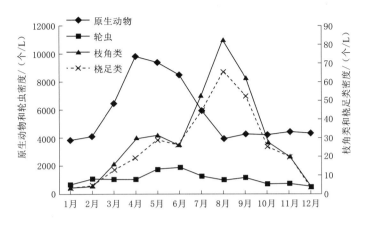

图 3.15　淀山湖浮游动物密度逐月变化图

淀山湖浮游动物年平均生物量为 3.36mg/L。其中原生动物的生物量为 0.59mg/L，占浮游动物总生物量的 17.6%；轮虫的生物量为 1.22mg/L，占浮游动物总生物量的 36.3%；枝角类的生物量为 0.91mg/L，占浮游动物总生物量的 27%；桡足类的生物量为 0.64mg/L，占浮游动物总生物量的 19.1%。虽然枝角类和桡足类的数量年平均总和占浮游动物总数量的 0.8%，可它们的生物量却占到 46.1%；原生动物的数量占浮游动物总数量年平均的 84.2%，可它占浮游动物生物量的比例却为 17.6%，小于枝角类和桡足类生物量所占的百分比。淀山湖浮游动物生物量逐月变化如图 3.16 所示。

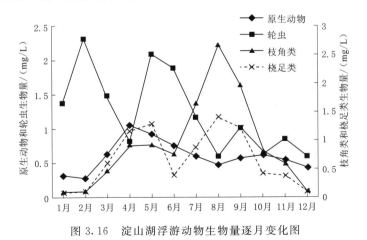

图 3.16　淀山湖浮游动物生物量逐月变化图

4. 底栖动物

淀山湖底栖动物 19 种（属），其中摇蚊科幼虫种类最多，共计 7 种；软体动物与寡毛类次之，均为 4 种，主要为寡毛纲颤蚓科的种类；其次为多毛类，共 2 种；其他还包括端足目 1 种以及口足目 1 种。

密度方面，寡毛类的克拉泊水丝蚓，摇蚊科幼虫的红裸须摇蚊和太湖裸须摇蚊，软体动物的梨形环棱螺和河蚬，以及多毛类寡鳃齿吻沙蚕，分别占总密度的 5.84％、23.0％、16.81％、6.91％、18.12％以及 5.96％。生物量方面，由于软体动物个体较大，软体动物在总生物量上占据绝对优势，占比远超其他种类，其中河蚬、梨形环棱螺和中华圆田螺占比分别达到 69.61％、25.85％和 3.17％。

在各个季度中，密度和生物量最高值均出现在淀山湖的北部以及南部等固定区域，生物量最高值也集中在这些区域，空间格局较为一致，而在湖区中南部区域，密度和生物量均较低，这种密度、生物量空间分布格局与淀山湖的地理位置以及周边环境有密切关系，淀山湖位于江苏省与上海市交界处，淀山湖北部水域紧邻居民区，人类生产生活加剧对淀山湖北部水域造成的生态环境恶化，对污染指示物种影响较大。而淀山湖中南部靠近上海市东方绿洲景区，污染较少，环境保护相对较好。

密度方面，在各个采样点中，摇蚊幼虫主导了密度的空间分布状况，寡毛类和软体动物所占比重相差不大；同时，随着时间向冬、春季过渡，摇蚊幼虫的密度在各采样点均有很大程度的增大，软体动物密度随季节变化不明显，其主要原因可能与不同种类底栖动物的生长习性相关，冬、春季为摇蚊幼虫在泥水界面的繁殖期，在密度方面占比较大；随着温度的升高，摇蚊幼虫逐渐羽化，密度占比降低。生物量方面，由于软体动物的特殊性，软体动物生物量所占比重较大，特别是夏、秋季。总体而言，寡毛类、摇蚊幼虫与软体动物共同主导了淀山湖底栖动物密度的空间分布格局；生物量方面，个体较大的软体动物在各个季度均占据绝对优势。淀山湖底栖动物密度和生物量空间分布格局如图 3.17 所示。

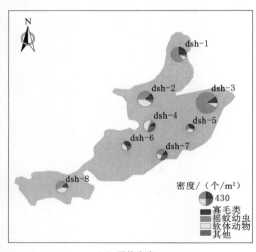
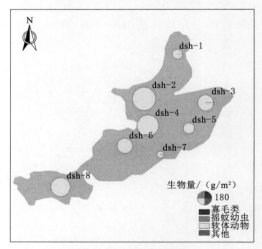

（a）平均密度　　　　　　　　　　　　　（b）全年平均生物量

图 3.17　淀山湖底栖动物密度和生物量空间分布格局

采用 Wright 指数，从寡毛类的密度来评价水体水质，认为密度低于 100 个/m² 时为无污染；100～999 个/m² 时为轻污染；1000～5000 个/m² 时为中度污染；而在 5000 个/m² 以上时为严重污染。各种生物指数评价标准见表 3.15。

表 3.15   各种生物指数评价标准

Goodnight 生物指数	BPI 生物学指数	Shannon – Wiener 指数
小于 0.6 为轻污染； [0.6，0.8] 为中污染； (0.8，1.0] 为重污染	小于 0.1 为清洁； [0.1，0.5) 为轻污染； [0.5，1.5) 为 β–中污染； [1.5，5.0) 为 α–中污染； 大于 5.0 为重污染	[0，1.0) 为重污染； [1.0，3.0] 为中污染 大于 3.0 为轻度污染至无污染

$$\text{Goodnight 生物指数} = \frac{\text{颤蚓类个体数}}{\text{底栖动物总数}}$$

$$\text{BPI 生物学指数} = \frac{\lg(N_1 + 2)}{\lg(N_2 + 2) + \lg(N_3 + 2)}$$

式中：N_1 为寡毛类、蛭类和摇蚊幼虫个体数；N_2 为多毛类、甲壳类、除摇蚊幼虫以外其他的水生昆虫个体数；N_3 为软体动物个体数。

$$\text{Shannon – Wiener 指数} = -\sum_{i=1}^{n} \frac{n_i}{N} \times \ln \frac{n_i}{N}$$

式中：n_i 为第 i 个种的个体数目；N 为群落中所有种的个体总数。

淀山湖寡毛类平均密度不高，均低于 100 个/m²。Goodnight 生物指数均小于 0.6，整体处于轻污染状态。BPI 生物学指数均高于 0.5，说明淀山湖全湖基本为 β–中污染，局部水域呈现轻污染。Shannon – Wiener 指数均为 1.0～3.0，说明淀山湖水质整体处于轻污染—中污染过渡状态。四种指数评价结果显示淀山湖现状态处于轻度—中度污染时期。

5. **鱼类资源**

淀山湖现有鱼类 18 科 35 属 41 种，其中鲤科 26 种。根据相关资料记载，1959 年调查有鱼类 60 属 75 种，1974 年调查有 47 属 61 种，1981—1982 年调查有 42 属 62 种，1982—1985 年调查有 44 属 55 种，1987—1988 年调查有 34 属 45 种，与历史上相比，种类有所下降。原有的青鱼、草鱼、鳊、鲌、花鱼等经济鱼种数量稀少。人工放养的鲢、鳙、鲫、鲤是当前主要的经济种类。

根据调查，淀山湖内从事渔业生产的渔民多为本地渔民，仅有少量渔民属于江苏昆山。目前在淀山湖区从事作业的专业渔民有 500 多人，分布在湖区周围的淀山湖一村、淀山湖二村等专业渔民村，以及塘北、网箱村、金泽、炼塘、朱家角等地方的渔农村，渔民具有丰富的捕捞生产经验，生产渔船为机动船，生产范围遍布整个湖区。自 2005 年取消了网箱养殖，渔民的生产方式由固定养殖改为流动捕捞，捕捞作业成为淀山湖唯一的生产方式。对在淀山湖内从事渔业生产的渔民发放《渔业捕捞许可证》和《内河船舶检验证书》。

3.6.2.5 淀山湖的资源开发与利用

现状淀山湖江苏段岸线开发利用程度较高，开发利用类型以房地产开发、旅游项目为主。目前岸线开发利用项目有 14 个，其中房地产开发项目 8 个、企业 2 个、事业单位 2 个，游艇码头 2 个等，占用岸线长度 8.92km，岸线利用率 35.7%。淀山湖周边地区用地现状构成统计见表 3.16。

用地类型名称	数量/个	占用岸线长度/km
房地产开发	8	6.83
村民住宅	—	—
企事业单位	4	0.77
游艇码头	2	1.32
旅游运动	—	—

表 3.16　　　　　　　　　　淀山湖周边地区用地现状构成统计

3.6.2.6　淀山湖的湖泊保护

2019 年 12 月 14 日，太湖淀山湖湖长协作会议在浙江长兴召开，来自江苏、浙江、上海的省市级太湖、淀山湖湖长，苏州、无锡、常州、湖州、青浦区市区级湖长以及两省一市相关部门负责人齐聚一堂，交流探讨跨区域河湖共建共治共享的新模式、新举措。会议审议通过了《太湖淀山湖湖长协作机制规则》。

4

太湖流域浦南区

4.1 基本情况

4.1.1 地理位置及地质地貌

浦南区是指太湖流域七大水利分区中杭嘉湖区太浦河以南江苏部分,该区均在江苏省苏州吴江市境内,面积约为 $564km^2$,湖泊面积 $43.46km^2$。浦南区位于杭嘉湖水利分区北部,东接上海市青浦区,南街浙江省嘉兴市和桐乡市,西临太湖,北靠太浦河,东南与浙江省嘉善县毗邻,西南与浙江省湖州市交界。地处东经 $120°21'4''\sim120°53'59''$,北纬 $30°45'36''\sim31°0'0''$ 之间。浦南区地势低平地面高程一般 $1.27\sim2.07$($3.20\sim4.00$)m(1985国家高程基准,括号中为吴淞高程基准,下同),最高处 3.57(5.50)m,极低处 -0.93(1.00)m 以下。区内河道纵横,湖荡棋布。区内属新生界第四系沉积层,全为土壤以壤土质的黄泥土和黏土质的青紫泥为主,其次为小粉土,还有少量的灰土和堆叠土地。

浦南区的湖泊主要包括北麻漾、长漾、金鱼漾、雪落漾、大龙漾、莺脰湖、蚬子兜、庄西漾、西下沙漾、杨家荡、桥北荡、东下沙荡、南湾荡、郎中荡、沈庄漾、徐家漾、北角漾、长田漾、连家漾、野河荡、普陀荡、蒋家漾、陆家荡、上下荡、荡白漾、东藏荡、汾湖、袁浪荡(邗上荡),其中汾湖、袁浪荡(邗上荡)为吴江区与浙江嘉善县交界的省级湖泊,有关资料暂略。按行政区划分属于吴江区盛泽镇、震泽镇、汾湖镇、平望镇、桃源镇、七都镇。

4.1.2 形成及发育

浦南区湖泊群是在太湖平原的成陆、开发过程中,由自然湖泊、河道及人为开挖河道两者组合而成的。浦南区湖群与淀泖湖群、阳澄湖群等均是伴随着古太湖堆积过程的发展以及湖水的逐渐淡化而分化出来的一系列小湖泊。

浦南地区湖泊系原始天然湖泊,湖泊周围无堤防。随着人类活动的加剧,为满足生产、生活需要,在湖泊周围局部段逐步兴建了圩堤。特别是 20 世纪 50—80 年代吴江市有关部门未解决水患,进行了一系列的措施,至此 80 年代后湖泊形状基本固定。

4.1.3 湖泊形态

浦南地区湖泊按湖盆的成因分,都为海成湖;按湖水补排情况来分,都为吞吐湖;按湖水矿化度分类以及湖水含盐的大小来分,都为淡水湖;按圩内圩外来分,徐家漾、普陀

漾、东藏荡、北角荡为圩内湖泊，其余的为圩外湖泊。

浦南地区湖泊大小、形状不一，面积普遍为 $0.5 \sim 9 km^2$，容积普遍为 100 万～3000 万 m^3。

4.1.4 湖泊功能

浦南地区湖泊主要有向太浦河排泄杭嘉湖区洪水、向周边地区供水、航运、渔业养殖及旅游等功能。功能归纳起来主要为防洪除涝、水资源供给、航运、渔业和旅游。

1. 防洪除涝

浦南地区湖泊作为杭嘉湖的北排通道，承担向流域防洪规划确定的向太浦河排泄杭嘉湖区洪水的任务。而作为区域内重要的调蓄湖泊，浦南地区湖泊根据区域防洪安排，承担区域防洪除涝任务，保障区域水安全。

2. 水资源供给

浦南地区湖泊作为周边地区生产生活的用水水源地，为周边农业、地区工矿企业提供了重要的水源保障，随着经济社会的发展，浦南湖泊必须承担更多的区域供水任务，以水资源的可持续供给，保障经济社会的可持续发展。

3. 渔业养殖

浦南地区湖泊水域利用的主要方式是渔业养殖，总面积 $11.45 km^2$。

4. 其他经济社会要求

在保证和维持上述功能的基础上，充分利用湖泊资源优势，发展水道运输以及旅游休闲等产业，促进区域经济发展，改善人民物质和文化生活质量。

4.2 水文特征

4.2.1 湖泊流域面积及汇水面积

浦南区内湖泊总面积为 $43.46 km^2$，其中北麻漾湖泊面积最大，占湖泊总面积的 22.5%。

面积为 $5 \sim 10 km^2$ 的湖泊有 2 个，分别为北麻漾、长漾，总面积为 $15.4 km^2$，占总面积的 35.5%。

面积为 $1 \sim 5 km^2$ 的湖泊有 6 个，分别为金鱼漾、雪落漾、大龙荡、鸢脰湖、汾湖、袁浪荡，面积合计为 $15.23 km^2$，占总面积的 35%。

面积为 $0.5 \sim 1 km^2$ 的湖泊有 20 个，如蚬子兜、庄西漾、西下沙荡、杨家荡、桥北荡、东下沙荡等，面积合计为 $12.83 km^2$，仅占总面积的 29.5%。

4.2.2 湖泊进、出湖河道

浦南地区属杭嘉湖水网区，京杭运河贯穿南北。浦南地区河网纵横交错、四通八达，总的流向为西南向东北。区内主要水源有两路，以頔塘、澜溪塘为干流。頔塘西受浙江湖州东苕溪分流之水及西太湖出水。澜溪塘南受浙江乌镇市河和横泾塘来水。两河之源同出于天目湖山区，共汇于平望鸢脰湖。一股由运河南行至大坝港东泄，一股由翁沙路、雪湖、杨家荡入太浦河，一股由运河北行至太浦河。

按河网内主要干流河势，浦南区河网分为四条水路，简称南北横塘水路、頔塘水路、双休塘水路、练市塘、新市塘水路。

（1）南北横塘水路。水路自浙江省南北横塘二支河流入江苏金鱼漾，经金鱼漾连接桥下水漾、蒋家漾、汪鸭漾、家漾后分两支，一支经横路港进入蚂蚁漾，另一支经荡白漾、长漾、雪落漾入太浦河。

（2）颋塘水路。颋塘是长（兴）、湖（州）、申（沪）航线中段，经浙江东迁、江苏震泽、草荡至平望接新运河进太浦河，是本区的主要排水通道之一。

（3）双休塘水路。双林塘水路支河众多，进入江苏后汇于沈庄漾，而后又分成两支。一支经总善桥港，下接北麻漾、南万荡、庄西漾、草荡、莺脰湖，经雪河、杨家荡进入太浦河；另一支经青云新开河、划船港、晨彩桥港、麻溪西段进入澜溪塘，经莺脰湖、雪河、杨家荡入太浦河。

（4）练市塘、新市塘水路。练市塘、新市塘水路进过江苏省界流入紫荇塘和澜溪塘。紫荇塘向北流入双林塘水路。澜溪塘水由麻溪东段及盛南盛北圩间水路蚬子兜、乌桥港、桥北荡流入苏嘉运河，向北经大坝水路入陆家荡，又分别向北和向东汇入太浦河。

4.2.3 降雨、蒸发及水位水深

浦南地区年平均降雨量为 1050～1150mm。年平均降雨日数 134～144 天，降雨量主要集中在 4—9 月，占全年降雨量的 65%～70%，5—7 月梅雨季节雨量多，往往形成涝灾。7—8 月天气炎热干燥，7—9 月受台风边缘或台风倒槽影响，平均每年 2 次，往往产生狂风暴雨，形成风灾与洪涝灾害。降雪天数平均每年 5～7 天。平均年最大风速 15.7m/s，历年最大风速 20.7m/s。年平均水面蒸发量 1300～1400mm。

区域内东下沙荡平均水深最大，为 3.62m；杨家荡平均水深最小，为 2.07m。平均水深 3.00m 以上的湖泊有 8 个，占湖泊总数的 28.57%；平均水深 2.00～2.50m 湖泊有 13 个，占湖泊总数的 46.43%；平均水深小于 2.50m 的湖泊有 7 个，占湖泊总数的 25%。区域内 71.43% 湖泊的平均水深小于 3.00m，即区域内的湖泊绝大多数为浅水湖泊，而平均水深大于 3.00m 的湖泊大部分是因为取土而加深，北麻漾、长漾、汾湖最大水深分别达到 7.38m、6.25m、6.83m。

浦南地区各湖泊特征水位基本相似，死水位普遍为 -0.26～0.35（1.67～2.28）m，正常蓄水位为 0.77～1.37（2.7～3.3）m，设计洪水位为 2.57～3.07（4.5～5）m，个别圩内湖泊设计水位为 1.57（3.5）m。湖泊与外界河网连通，大部分均有建筑物控制。

4.3 水质特征

根据 2017—2019 年汾湖及周边水质监测资料，内、外汾湖和周边水域 24 个点位溶解氧年均值均达到Ⅱ类水标准（≥6mg/L）。溶解氧年均值最高为 8.55mg/L，出现在内汾湖；年均值最低为 6mg/L，出现在内汾湖南侧支流东漾浜内。内汾湖总体优于外汾湖，内汾湖中心优于周边。溶解氧年均值最低 4 个点位为东漾浜内、南胜运河桥、西浒港桥、内汾湖东。

高锰酸盐指数年均值除汾湖周边的南胜运河桥和东港口桥两个点位略超Ⅲ类水标准（≤6mg/L）外，基本达到Ⅲ类水标准，外汾湖略低于内汾湖，内汾湖中心略低于周边。

氨氮年均值均达到Ⅲ类水标准（≤1mg/L），但不同点位间差异较大，浓度最高的 4

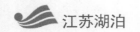

个点位为汾湖周边的北胜村桥右、南胜运河桥、西浒港桥及内汾湖的东漾浜。内汾湖低于外汾湖，内汾湖中心低于周边。

总磷年均值除内汾湖的东漾浜1个点位超Ⅲ类水标准（≤0.2mg/L）外，基本达到Ⅲ类水标准，内汾湖低于外汾湖，内汾湖中心略低于周边，浓度最高的3个点位为内汾湖的东漾浜内，以及汾湖周边的芦墟大桥、南胜运河桥。

4.4 资源与开发利用

浦南地区湖泊利用开发可追溯到唐代以前，当时由于该地区人烟稀少，湖荡面积大，一部分人在广阔的湖面的局部地区围湖造田。到南宋以后，围湖造田更为厉害，常常侵夺濒湖浅滩，或涸湖为田，或包占草滩水荡。元、明、清以来，由于当时的政府意识到围湖造田带来的危害性，因此多次下禁令禁止围湖造田，但盲目围垦，仍时有发生。新中国成立以来，吴江县各级领导已充分认识到围垦湖荡、与水争地的危害性，特别是1978年后采取了还湖养鱼或退垦开鱼池等一系列措施，至此湖泊开发利用方式基本固定。

根据浦南各湖泊湖面利用调查，养殖方式以围网养殖和围栏养鱼为主。用于养殖的面积32.55km²，占湖泊总面积的83%，实际养殖面积11.45km²，占养殖湖泊面积的29%。

4.5 典型湖泊——汾湖

汾湖位于江苏省吴江市汾湖镇与浙江省嘉善县交界处，地理位置大致在东经120°48′21″，北纬31°00′38″，属太湖流域浦南区。

汾湖由海湾和潟湖演化而来，属古太湖湖泊群的一部分。

汾湖为浅水湖泊，一般湖底高程−2.31（−0.38）m，平均水深3.38m，最大水深6.83m。死水位−0.26（1.67）m，相应库容为836.4万m³；正常蓄水位1.07（3.00）m，相应库容为1379万m³；设计洪水位2.76（4.69）m，相应库容为2068.56万m³。湖泊面积4.08km²，周长约7.3km。进出湖河道：东西港、东琢港和西大港等3条。

汾湖的湖泊主要功能为防洪调蓄、供水。

作为吴文化的发祥地之一，汾湖文化可以追溯到2500年前。早在春秋战国时期，分湖就是吴、越的界河，乃兵家必争之地，留下了"胥滩古渡"的千古绝唱。原黎里和芦墟两大古镇至今文化古迹随手可拾，石桥流水，亭阁流芳，古宅流彩，千古流传的文化余音在这块土地上绵绵不绝。

汾湖的文化，体现了江南水乡的特色。清扬淳朴的芦墟山歌，是民间传唱的歌谣，属于吴歌的重要支脉，再现了吴地文化的韵味。柳亚子曾感慨："芦墟是文学的渊源"，文化的渊源非常深远。黎里则曾是南社诗人们活动的中心，众多南社诗歌在这里诞生。文化在这块"水乡泽国"里繁衍生息，诞生了许许多多的精彩篇章。

自古文化积厚的地方，自然人才辈出。古代名人如西晋著名文学家张翰、明朝水利专家袁黄、清朝巡抚陆耀、工部尚书周元理，近现代代表人物如民主主义战士、爱国诗人柳亚子，国际大法官倪征燠等，可谓地灵人杰。

5 太湖流域湖西及武澄锡虞区

5.1 基本情况

5.1.1 地理位置及地质地貌

湖西区为太湖流域上游的一个水利分区，位于太湖西北部，大部分在江苏省境内，局部在安徽郎溪。湖西区总面积为 7896.51km²，有 21 个湖泊，湖泊面积为 257.77km²。行政区划分属江苏省镇江市的丹阳市、丹徒区的大部分和句容市的部分地区，常州市的金坛区、溧阳市和武进区的大部及常州市区小部，无锡市的宜兴市，及南京市的高淳区、安徽省郎溪县的小部分地区。

湖西区地形复杂，西、南部分别为茅山山区、宜溧山区，东依太湖，北倚长江，地势总的呈西北高，东南低，周边高，腹部低，逐渐向太湖倾斜的趋势。腹部低洼中又有高地，高低交错，圩区间隔其间。根据地形与水系，湖西区（除滨江自排区）又可分为运河平原区、洮滆平原区、茅山山区、宜溧山区四片，面积分别为 1211.8km²、3856.1km²、1306.3km²、1195.4km²。

茅山山区为湖西西部 8.07（10.00）m（1985 国家高程基准，括号中为吴淞高程基准，下同）等高线以上的区域；宜溧山区为南部 8.07（10.00）m 等高线以上区域，其分界线为南渡—庆丰—上沛—流域边界。茅山山区呈南北向延伸，一般山峰海拔在 200m 以上，丫髻山海拔最高，为 410m，其外围有大片黄土岗地，高程大多为 20.00～40.00m。宜溧山区中部山地海拔大多在 400～500m，最高峰为苏皖交界的黄塔顶，海拔 610 多 m；山地延伸的丘陵，海拔一般在 200～300m，山麓地带有零星红土岗发育，海拔为 20～30m。湖西北部为运河平原区，运河以南、宜溧山区以北为洮滆平原区，它与运河平原区的分界线为自丹徒区宝埝镇通济河起、沿胜利河接香草河南岸至丹阳市南转沿丹金溧漕河西岸至金坛区界，再向东沿鹤溪河和夏溪河的自然分水岭穿扁担河至常州市南运河。运河平原区地面高程一般为 4.07～8.07（6.00～10.00）m，洮滆平原地面高程为 2.57～3.57（4.50～5.50）m，局部洼地面高程为 1.57～2.07（3.50～4.00）m。平原地区水系发达，河网纵横。

根据《江苏省湖泊保护条例》，湖西区列入《江苏省湖泊保护名录》的湖泊共有 21 个湖泊，分别为：滆湖、长荡湖、东氿、西氿、团氿、钱资荡、阳山荡、钱墅荡、徐家荡、莲花荡、临津荡、横塘湖、澄湘湖、前湖、上下湖、洋湖、中后湖、塔影湖、蛟塘湖、西荷花塘、孟家湾湖。按行政区划分属于常州市的金坛、武进，无锡市的宜兴，镇江市的丹徒、丹阳。

武澄锡虞地区是长江下游太湖流域北部的一片低洼平原，北临长江，依赖长江大堤抵御长江洪水，南滨太湖，依靠环太湖大堤阻挡太湖高水，西部以武澄锡西控制线为界，与太湖湖西地区接壤；东部至望虞河东岸，自望虞河江边枢纽起沿望虞河东岸线直至太湖边沙墩港口止。区域总面积为 3615km²（含沙洲自排区 416km²），耕地面积为 1653km²（沙洲自排区 214km²），水域面积为 248km²。有湖泊 6 个，分别为五里湖、鹅真荡、宛山荡、嘉菱荡、官塘、暨阳湖，湖泊面积为 17.3km²。行政区划分属江苏省常州市大部分主城区、无锡市主城区和江阴市，以及苏州市的张家港市。其中鹅真荡、嘉菱荡地处太湖流域武澄锡虞区和阳澄淀泖区结合部，本书将这两个湖泊纳入武澄锡虞区进行资料整编[13]。

武澄锡虞区又分为武澄锡低片及澄锡虞高片。两片之间设有白屈港东控制线，以阻挡望虞河和澄锡虞高片洪水进入低片。其控制线走向为：自白屈港入江口沿白屈港东侧向南，经云亭、长寿、祝塘、文林、八士、坊前等地至大运河，再沿大运河至望亭立交工程转沿望虞河接太湖堤。控制线西侧武澄锡低洼平原面积为 1768km²；东侧为澄锡虞高片，面积为 1431km²。

武澄锡虞区属平原水网地区，地形一般较平坦，其中平原地区地面高程一般在 3.07～4.07（5.00～6.00）m；低洼圩区主要分布在锡澄运河、直湖港及北塘河、三山港和采菱港等地区，地面高程一般在 1.57～2.57（3.50～4.50）m，南端无锡市区及附近一带地面高程最低，仅 0.87～1.57（2.80～3.50）m。大部分地区地面高程均在江、湖高水位和低水位之间，汛期外河水位高于田面。为解决汛期外洪内涝的威胁，低洼地区均建成圩区。

5.1.2　形成及发育

湖西地区湖泊形成发育不尽相同，其中滆湖、长荡湖、东氿、西氿、团氿、钱资荡、阳山荡、钱墅荡、徐家荡、莲花荡、临津荡由潟湖演变所形成，属于古太湖地区的一部分。太湖地区因第三纪以来的地层运动，形成凹陷，凹陷由于海水浸入，成为嵌入陆地的浅海湾。大约在公元前 3600 年，长江尚在镇江一带入海，钱塘江在杭州一带入海，随着这两条大河所携带的大量泥沙在河口地区的堆积，形成冲积沙嘴、三角洲。与此同时，海流和波浪携带着泥沙，又在不断成长的三角洲的沿岸海湾地区堆积成沙堤、沙坝，由于沙嘴、沙坝的逐渐扩大延伸，最终衔接起来。被长江南岸沙嘴和钱塘江北岸沙嘴以及海岸沙堤合围下的太湖区，从最初的海湾形态逐渐封淤形成湖的形式。潟湖形成之初与海洋是相通的，海水仍可经通道进入潟湖。后来由于泥沙的继续堆积和沙嘴的持续扩大，在碟形洼地进一步发展过程中，最后将潟湖封闭，残留于三角洲平原，经逐渐淡化，形成和海洋完全隔离的古太湖。古太湖在形成过程中及其形成以后，湖底地形略有起伏，在后期的堆积过程中，存在着堆积量在地区分布上的差异，从而使大碟形洼地发生地貌分化现象，分别形成几个小碟形洼地，在这些小碟形洼地中，形成了汇水的湖群。至此，滆湖、长荡湖、东氿、西氿、团氿、钱资荡、阳山荡、钱墅荡、徐家荡、莲花荡、临津荡等从古太湖中分离出来，形成了一个个独立的湖泊。

镇江境内的横塘湖、澄湘湖、前湖、上下湖、洋湖、中后湖是上游山区来水汇流冲积而成，塔影湖、孟家湾湖为人工湖泊，蛟塘湖、西荷花塘形成原因不详。

五里湖是梅梁湖伸入无锡市区的一部分，犊山防洪枢纽工程建成后，五里湖与外太湖隔开。鹅真荡、宛山荡、嘉菱荡、官塘属于古太湖地区的一部分，形成与演变同太湖及其周边的众多湖荡一样，是由海湾—潟湖演化而来。暨阳湖是人工湖泊，是 2000 年利用修建沿江高速公路集中取土而形成。张家港市委、市政府为进一步做大、做强城市规模，提升城市品位，改善生态环境，利用人工湖、环湖造景造势，开发暨阳湖生态化园区。

5.1.3 湖泊形态

1. 滆湖

浅草型湖泊，湖底平坦无明显起伏，湖底平均高程为 0.30（2.23）m，最低高程为 −0.10（1.83）m。平均水深 1.08m。

2. 长荡湖

浅草型湖泊，形状如梨形，平均水深为 1.00m，最大水深为 1.21m，蓄水量为 0.82 亿 m³。湖盆地形平坦，无显著起伏，北半部湖盆水深稍大，南半部水浅，多沼泽性芦苇浅滩，淤积严重。

阳山荡湖底平均高程为 −0.80（1.13）m、钱墅荡湖底平均高程为 −0.80（1.13）m、徐家荡湖底平均高程为 −0.40（1.53）m、莲花荡湖底平均高程为 −0.40（1.53）m、临津荡湖底平均高程为 −0.40（1.53）m。

3. 东氿、西氿、团氿

东氿、西氿、团氿简称三氿，三氿彼此连通，呈串珠状东西延伸，西氿湖底平均高程为 −0.90（1.03）m，东氿湖底平均高程为 −0.40（1.53）m，团氿湖底平均高程为 −0.60（1.33）m，三氿最低处高程为 −3.99（−2.06）m。

4. 钱资荡

浅草型湖泊，形状如扁锤形，湖区地势呈西高东低，湖盆地形平坦，无显著起伏，北半部湖盆水深稍大，南半部水浅，多沼泽性芦苇浅滩，淤积严重。湖底平均高程为 −0.40（1.53）m，最低处高程为 −1.88（0.05）m，水位为 1.60（3.53）m 时，长约为 5.2km，宽约为 1.0km，相应水面面积为 4.95km²，最大水深为 3.53m，平均水深为 1.12m，蓄水量约为 0.088 亿 m³。

5. 澄湘湖

浅草型湖泊，湖区地势呈西高东低，湖底平均高程为 0.90（2.83）m，最低高程为 −0.50（1.43）m。

6. 横塘湖

浅草型湖泊，湖区地势呈西北高南低，大小湖湖底平均高程分别为 1.60（3.53）m、1.20（3.13）m，最低高程分别为 1.40（3.33）m、0.60（2.53）m。

7. 前湖

浅草型湖泊，湖区地势呈西高东低，湖底平均高程为 0.10（2.03）m，最低高程为 −0.90（1.03）m。

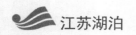

8. 上下湖

浅草型湖泊，湖区地势呈长带形，湖底平均高程为 4.63（6.56）m，最低高程为 4.03（5.96）m。

9. 洋湖

浅草型湖泊，湖区地势呈西高东低，湖底平均高程为 0.60（2.53）m，最低高程为 −0.90（1.03）m。

10. 中后湖

浅草型湖泊，湖区地势呈西高东低，湖底平均高程为 0.10（2.03）m，最低高程为 −0.90（1.03）m。

11. 蛟塘湖

浅草型湖泊，盆底高程为 0.07（2.00）m，形如锅底。

12. 塔影湖

浅草型湖泊，湖底高程为 2.00（3.93）m 左右。

13. 西荷花塘

浅草型湖泊，湖底高程为 3.00（4.93）m 左右。

14. 五里湖

湖泊湖底高程为 −1.43～−0.43（0.50～1.50）m，平均高程为 −0.63（0.80）m，最低高程为 −1.43（0.50）m；湖泊东西长约 6.0km，南北宽 0.3～1.8km，形如葫芦状。

15. 鹅真荡

鹅真荡湖泊形状如鹅肫，故名鹅真荡。湖泊南北长约 3.0km，东西平均宽约 2.9km，平均湖底高程为 −1.18（0.75）m，最低处高程为 −2.68（−0.75）m。

16. 嘉菱荡

湖泊平均长度 3.00km，湖泊平均宽度 2.90km，嘉菱荡湖底地形十分平坦，湖底高程为 −1.40（0.53）m，最低处高程为 −2.90（−0.97）m。

17. 宛山荡

湖底高程为 −2.00～−1.50（−0.07～0.43）m，最低处高程为 −2.50（−0.57）m，湖岸地面高程在 2.62（4.55）m 左右。湖泊东西长约 4.90km，南北最宽处 718m，最窄处 107m。

18. 官塘

湖底高程一般为 −1.90（0.03）m。

19. 暨阳湖

湖底平均高程为 0.00（1.93）m。

5.2　水文特征

5.2.1　湖泊流域面积及汇水面积

湖西区内 21 个湖泊总面积为 257.77km²。其中滆湖面积最大，为 144.1km²，占总面积的 55.92％；长荡湖次之，为 81.97km²，占总面积的 31.81％；西氿第三，为 8.5km²，占总面积的 3.3%。

面积为 5～10km² 的湖泊有 2 个，分别为东氿、西氿，面积总计为 16.1km²，占总面积的 6.24%。

面积为 1～5km² 的湖泊有 4 个，有徐家荡、临津荡、团氿、钱资荡，面积合计为 10.15km²，占总面积的 3.93%。

面积为 0.5～1km² 的湖泊有 13 个，有阳山荡、钱墅荡、莲花荡、前湖等，面积合计为 5.45km²，仅占总面积的 2.1%。

超过 10km² 的 2 个大湖面积占湖西区湖泊总面积的 87.73%，2 个 5.00～10.00km² 湖泊面积占总面积的 6.24%，17 个 5km² 以下湖泊占总面积的 6.03%。

武澄锡虞区内 6 个湖泊总面积为 17.3km²。其中五里湖面积最大，为 7.8km²，占总面积的 45.1%；鹅真荡次之，为 5.4km²，占总面积的 31.2%；宛山荡面积为 1.68km²，占总面积的 9.7%。

面积大于 5km² 的湖泊为五里湖和鹅真荡，面积总计 13.2km²，占总面积的 76.3%；面积为 1～5km² 的湖泊有嘉菱荡和宛山荡，面积总计 2.82km²，占总面积的 16.3%；面积为 0.5～1km² 的湖泊有官塘和暨阳湖，面积总计 1.28km²，占总面积的 7.4%。

5.2.2　湖泊进、出湖河道

根据地形与水系，湖西区（除滨江自排区）又可分为运河平原区、洮滆平原区、茅山山区、宜溧山区四片，面积分别为 1211.8km²、3856.1km²、1306.3km²、1195.4km²。

湖西区有洮湖、滆湖和东、西氿等大中型天然湖泊，通江、入湖及内部调节主要河道几十条，这些湖泊和河道组成了湖西区河湖相连、纵横交错的河网水系。根据地形及水流情况，可分为三大水系：

（1）北部运河水系，以大运河为骨干河道，经大运河、九曲河、新孟河、德胜河入江。

（2）中部洮滆水系，主要由胜利河、通济河等山区河道承接西部茅山及丹阳、金坛一带高地来水，经由湟里河、北干河、中干部等河道入洮湖、滆湖调节，经太滆运河、殷村港、烧香港及湛渎港等河道入太湖。洮湖和滆湖面积分别为 81.9km² 和 144.1km²。

（3）南部南河水系，古称荆溪，发源于宜溧山区和茅山山区，以南河为干流包括南河、中河、北河及其支流，经溧阳、宜兴汇集两岸来水经西氿、东氿、团氿，由城东港及附近诸港入太湖。三大水系间有南北向河道丹金溧漕河、越渎河、扁担河、武宜运河等联结，形成南北东西相通的平原水网。

此外茅山山区及宜溧山区有沙河、大溪、横山 3 个库容在 1 亿 m³ 以上的大型水库和众多的中小型水库塘坝，起着一定的洪水调蓄和灌溉作用。

三氿受溧阳、金坛和长荡湖、滆湖来水，由西氿经团氿至宜城镇 6 条河（城南河、升溪河、南虹河、长桥河、太滆河、宜北河）汇大溪河入东氿，再经大浦港、城东港、洪巷港入太湖。三氿南为铜官山，西面与北面河网纵横，水系发达，主要有邮芳河、屺溪河、桃溪河、梅家渎港、红星河、吴家渎港、老湛渎港、横塘河、蠡河、施荡河等河流汇入。

莲花荡上接分洪河、北连蠡河、下泄太湖；临津荡上接北溪河、北连孟津河、下入西氿；钱墅荡南濒东氿、北临东湛渎港、由官渎港与太湖相通；徐家荡北临永安河、下由漕桥河与太湖相通；阳山荡承接周边河网来水，由洋溪港连通太湖。

澄湘湖主要入湖河道为山区零散河沟等，入湖水源来自海底水库及西阳、荣炳降水径流；主要出湖河道有凡石桥圩内支沟，入通济河。

武澄锡虞区内河网密布，大体可分为入江、入太湖和内部调节河道三类。入江河道主要有白屈港、锡澄运河、新夏港、新沟河、澡港等；入太湖河道有梁溪河、曹王泾、直湖港、武进港等；东西向有锡北运河、九里河、伯渎港、应天河等调节河道，以及北塘河、三山港和采菱港等内部引排河道。苏南运河自西向东经常州、无锡两市区贯穿本区，并连接上述诸多河道，形成纵横交错、四通八达的河网，自然水资源、水运条件较好，为区域防洪除涝和干旱年保证区域内的工农业生产和居民生活用水、改善航运条件和河道水质提供了基础。

五里湖西侧建有犊山工程与外太湖隔开，东有曹王泾、骂蠡港与大运河相通，北有蠡溪河、小渲港、陆典桥港等河道与梁溪河沟通，南通长广溪。五里湖沿线进出湖河道及支浜共有 45 条，总长 56.22km。其中规模相对较大的主要河道有小渲港、陆典桥浜、高车渡河（陈大河）、蠡溪河、骂蠡港、张湾里河、曹王泾、张庄巷河、板桥港、长广溪等 10 条，合计长 35.17km。为防止污水入湖，随着五里湖水环境综合整治工程的实施，连通河道上目前大多建有控制水闸，部分筑坝。

宛山荡地处大运河以东，望虞河以西，太湖、伯渎港以北，锡北运河以南，是太湖流域武澄锡虞区区域性排洪通道之一。湖两岸河流纵横交错，较大的入湖河道有九里河、芙蓉塘、界河、横泾桥河、定心低河、过长桥河等。下游为嘉菱荡、望虞河。入湖水源主要来自九里河、芙蓉塘（潘墅塘、盛塘河汇入）和降雨径流补给。

望虞河作为太湖洪水主要出路之一，自南向北从嘉菱荡穿过。望虞河穿嘉菱荡段，是望虞河断面中以宽代深的河段，具有利用嘉菱荡湖面排泄太湖洪水或向太湖送长江水的特殊性。嘉菱荡出入湖河道除望虞河外，西侧有入湖河道对浜、九里河；东侧有出湖河道庙泾河、薛家浜等。西侧对浜入湖口和东侧出湖河口均建有节制闸。

望虞河自南向北从鹅真荡穿过。望虞河穿鹅真荡段是望虞河断面中以宽代深的河段，具有利用鹅真荡湖面排泄太湖洪水或向太湖送长江水的特殊性。鹅真荡出入湖河道除望虞河外，西侧入湖河道有杨安桥河、张塘河等，入湖河口均敞开；东侧出湖河道有黄沙港、寺乔港、冶长泾等，出湖河口均建有节制闸。

5.2.3　降雨

湖西区雨量充沛，年平均降水量 1107.9mm，降水主要分布在梅汛期和台汛期。

梅汛期是一年中连续降水日最多的时期，春末夏初副热带高压逐渐加强，与北方冷空气相会，静止锋徘徊，造成长时间连绵阴雨高湿天气。该区入梅时间一般为 6 月中下旬，平均历时 24 天。梅雨期降水量约占全年总降水量的 1/3。年际梅雨天数及梅雨量变化较大，溧阳站 1991 年梅雨期历时 58 天，降雨量为 885.8mm，而 1958 年和 1978 年为空梅。

夏秋季节因太平洋上台风和热带风暴易影响该区，其携带的大量水汽遇冷空气常造成短历时大暴雨，此期俗称为台汛期。

水量因受季风强弱变化的影响，降水量的年际变化较大，如 1954 年湖西区全年降水量为 1500mm，而 1978 年全年降水量仅为 550mm。降水量的年内分布不均匀，汛期雨量占全年降水量的 51.5%。降水量的空间分布一般山丘区略大于平原，南部略大于北部。局部短历时暴雨不均匀情况明显，如 1957 年 7 月 1—4 日宜兴降水量为 473mm，而丹阳同期降水量仅为125.5mm；1969年7月3—18日宜兴降水量为240mm，而丹阳同期降水量为342.4mm。各主要雨量站各月平均降水量统计见表5.1。

<table>
<tr><td colspan="2">表5.1</td><td colspan="10" align="center">主要雨量站各月平均降水量</td><td colspan="2" align="right">单位：mm</td></tr>
<tr><td>站名</td><td>1月</td><td>2月</td><td>3月</td><td>4月</td><td>5月</td><td>6月</td><td>7月</td><td>8月</td><td>9月</td><td>10月</td><td>11月</td><td>12月</td><td>全年</td></tr>
<tr><td>溧阳</td><td>43.1</td><td>59.9</td><td>87.1</td><td>102.4</td><td>112.4</td><td>183.0</td><td>165.1</td><td>128.9</td><td>106.4</td><td>64.6</td><td>56.9</td><td>39.8</td><td>1149.6</td></tr>
<tr><td>金坛</td><td>35.6</td><td>53.5</td><td>77.0</td><td>92.9</td><td>102.9</td><td>164.9</td><td>170.1</td><td>123.8</td><td>93.7</td><td>58.3</td><td>53.6</td><td>32.1</td><td>1058.3</td></tr>
<tr><td>常州</td><td>39.9</td><td>57.3</td><td>75.4</td><td>90.5</td><td>100.4</td><td>170.6</td><td>170.4</td><td>124.4</td><td>97.4</td><td>57.5</td><td>50.8</td><td>38.2</td><td>1072.9</td></tr>
<tr><td>丹阳</td><td>38.1</td><td>52.9</td><td>75.6</td><td>85.2</td><td>95.3</td><td>152.3</td><td>168.9</td><td>129.6</td><td>98.8</td><td>54.2</td><td>50.2</td><td>34.8</td><td>1035.9</td></tr>
</table>

该区灾害性降水主要有两种类型：一种是历时较长、连绵不断的梅雨型降水，如1954年、1991年型降水；另一种是历时较短、强度较大的热带风暴雨型，如1957年、1969年型降水。

区域多年平均降水量为1050mm，但降水年际之间变化较大，如江阴青阳站1954年全年降水量达1457mm，而1978年全年仅降水554mm；降水年内分布也不均匀，5—9月平均降水量为680mm，约占全年总量的65%左右，如无锡南门站，1991年5—9月降水量达1225mm，而1994年5—9月仅降水399mm。武澄锡虞区年平均水面蒸发量为935mm；陆地蒸发量为756mm。

5.3 水质特征

5.3.1 水质状况评价

1. 滆湖

根据滆湖2008—2019年水质监测资料，2008—2019年总氮浓度介于2.48～4.11mg/L，从2008—2010年有一个缓慢上升趋势，随后至2016年又逐渐降低，2017—2019年略有升高，单项水质类别均为劣V类。2008—2019年总磷浓度介于0.124～0.233mg/L，从2008—2010年有一个缓慢上升趋势，随后至2016年又逐渐降低，2010年水质类别为劣V类，其余年份水质类别为V类，单项水质类别为V～劣V类。2008—2019年滆湖全湖区主要水质指标变化如图5.1所示。

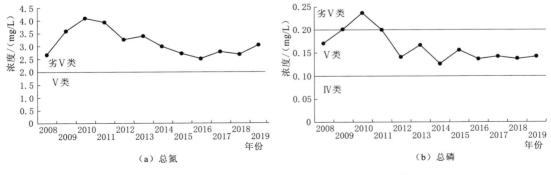

图5.1 2008—2019年滆湖全湖区主要水质指标变化图

2. 长荡湖

根据长荡湖 2008—2019 年水质监测资料，2008—2019 年总氮浓度介于 1.56～3.10mg/L，从 2008—2011 年有一个显著上升趋势，随后至 2012 年又显著降低，2013—2019 年又有所升高，单项水质类别为 V～劣 V 类。2008—2019 年总磷浓度介于 0.073～0.222mg/L，总体呈下降趋势，从 2008—2009 年有一个显著上升趋势，随后至 2012 年又显著降低，2013—2019 年在 0.100mg/L 左右波动，单项水质类别为 Ⅳ～劣 V 类。2008—2019 年长荡湖全湖区主要水质指标变化如图 5.2 所示。

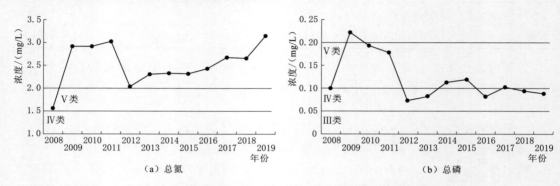

（a）总氮　　　　　　　　　　　　　　　（b）总磷

图 5.2　2008—2019 年长荡湖全湖区主要水质指标变化图

5.3.2　营养状态评价

1. 滆湖

滆湖 2008—2019 年营养状态指数均值为 65.7，介于 63.2～70.5，2008—2019 年营养状态均属于中度富营养。从历年变化趋势上看，自 2009 年开始，滆湖营养状态指数有下降趋势，即营养状态有转好态势。2008—2019 年滆湖全湖营养状态指数变化如图 5.3 所示。

2. 长荡湖

长荡湖 2008—2019 年营养状态指数均值为 63.9，介于 59.9～68.7，除 2008 年低于60，营养状态属于轻度富营养外，其他年份均处于中度富营养。从历年变化趋势上看，自 2011 年开始，长荡湖营养状态指数有下降趋势，即营养状态有好转态势。2008—2019 年长荡湖全湖营养状态指数变化如图 5.4 所示。

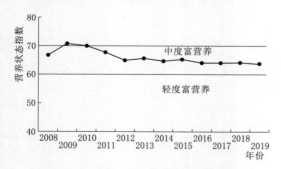

图 5.3　2008—2019 滆湖全湖营养状态
指数变化图

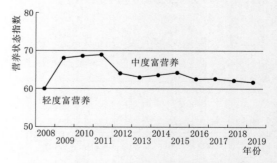

图 5.4　2008—2019 年长荡湖全湖营养状态
指数变化图

5.4 水生态特征

5.4.1 浮游植物

在太湖流域西及武澄锡虞区共观察到浮游植物85属120种。其中绿藻门的种类最多，有39属59种；其次是硅藻门，有17属22种；蓝藻门13属20种；裸藻门5属6种；金藻门5属6种；甲藻门3属3种；隐藻门2属3种；黄藻门1属1种。优势种有绿藻门的栅藻、小球藻、纤维藻；硅藻门的舟形藻、小环藻、针杆藻、桥弯藻、直链藻；蓝藻门的微囊藻、平裂藻、颤藻和假鱼腥藻；隐藻门的啮蚀隐藻和蓝隐藻。

全域浮游植物的丰度均超过10^6个/L，年平均值为$8.50 \times 10^6 \sim 9.0 \times 10^7$个/L，并表现出明显季节及区域性差异。季节上表现为夏季浮游植物丰度最高、冬季浮游植物丰度最低，在空间分布上，表现为区域中部（尤其是太滆运河附近）最高，原因可能是湟里河带到长荡湖的营养物质，水产养殖及人类活动的影响，导致该区域水体中营养物质含量较高，因此浮游植物尤其是蓝藻大量增殖，甚至在8月，形成零星可见的水华。全域浮游植物香农多样性指数（SHDI）均值范围为$1.0 \sim 2.0$。

5.4.2 浮游动物

在太湖流域西及武澄锡虞区共镜检到浮游动物的种类共有89种，其中原生动物29种，占总种类的32.6%；轮虫36种，占总种类的40.4%；枝角类15种，占总种类的16.9%；桡足类9种，占总种类的10.1%。年平均浮游动物的总数量范围为$1153.89 \sim 2432.87$个/L。浮游动物的总生物量年平均范围为$1.66 \sim 3.93$mg/L。全域优势种原生动物为球砂壳虫、瓶砂壳虫、侠盗虫；轮虫为萼花臂尾轮虫、螺形龟甲轮虫、曲腿龟甲轮虫、针簇多肢轮虫；枝角类为简弧象鼻溞；桡足类为广布中剑水蚤、无节幼体、桡足幼体。

5.4.3 底栖动物

在太湖流域西及武澄锡虞区共鉴定出底栖动物20种（属），其中摇蚊科幼虫种类最多，共计11种；寡毛类次之，采集到8种；软体动物种类最少，为1种。底栖动物年均密度和年均生物量范围分别为$160 \sim 850$个/m^2和$0.5 \sim 28.0$g/m^2。全域优势种为苏氏尾鳃蚓、克拉泊水丝蚓、黄色羽摇蚊、红裸须摇蚊、颤蚓以及梨形环棱螺。底栖动物密度和生物量分布比较均匀，南部区域略高于北部区域，底栖动物密度和生物量呈现水域沿岸带较高。

5.4.4 水生高等植物

在太湖流域西及武澄锡虞区水域有水生植物共计19种。其中有漂浮植物6种，为槐叶苹、凤眼莲、水花生、浮萍、紫萍和水鳖；挺水植物10种，为芦苇、茭白、菰、莲等；浮叶植物2种，分别为荇菜、欧菱；沉水植物1种，为菹草。其中，挺水植物芦苇、菰、沉水植物菹草和浮叶植物荇菜是该水域的主要优势种。低透明度是导致该水域水生植物种类、生物量、覆盖度持续降低的主要原因。

5.4.5 鱼类

太湖流域西及武澄锡虞区水域营养盐丰富，螺蚬众多，饵料丰富，鱼类品种多。据调查，现有鱼类60余种，常见的有30余种，主要经济鱼类10余种，其中天然鱼类占

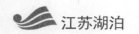

70%，主要有青、草、鲢、鳙、鲤、鲫、鳊、鳜鱼、乌鳢、黄颡鱼、红鳍白、青虾、蟹等，这些鱼类中鲫鱼数量最多。另外，20世纪60—80年代初盛产的银鱼、蒙古红鲌等，现在已十分少见。该区域原渔业生产纯系天然捕捞是农村经济发展和致富渔农民的支柱产业。

5.5 资源与开发利用

5.5.1 水资源开发利用情况

区域内目前作为供水水源的湖泊为滆湖、长荡湖、钱资荡、三氿、临津荡、钱墅荡、阳山荡。

临津荡作为天然的水源地，都山自来水厂自临津荡取水。

钱墅荡沿岸新庄镇直接从该荡取水，取水量为30t/d。

阳山荡沿岸有许多工厂、生产企业直接从阳山荡取水。

五里湖北线有中桥水厂1座，原从五里湖取水，但随着水厂新系统的建设，已改为从梅梁湖小湾里取水。目前，随着五里湖水环境综合整治工程的实施，五里湖沿湖已无取水口。

望虞河引长江水期间，鹅真荡、宛山荡、嘉菱荡具有辅助向太湖送水的功能，同时又是向周边地区补水的水源地。根据《省政府关于江苏省地表水环境功能区划的批复》（苏政复〔2003〕29号）的有关精神，鹅真荡、嘉菱荡湖体为望虞河江苏保护区。在望虞河非引长江水期间，保护区水质达到Ⅲ类。

5.5.2 水域利用情况

5.5.2.1 太湖流域湖西区域

1. 航运

湖西区内河湖连接成网，为水运交通提供了水利条件。其中，芜申线航道穿三氿，航道按四级航道标准设计，规划三级航道。临津荡为五级航道。

2. 渔业养殖

（1）阳山荡：阳山荡保护范围面积为0.70km²，保护范围内围网面积为0.07km²。

（2）钱墅荡：钱墅荡保护范围面积为0.78km²，围网养殖面积为0.18km²、鱼塘面积为0.01km²。

（3）徐家荡：徐家荡保护范围面积为4.75km²，保护范围内圈圩养鱼面积为3.37km²，剩余水域面积为围网养殖。

（4）临津荡：临津荡保护范围面积为1.49km²，保护范围内围网面积为0.41km²，鱼塘面积为0.22km²。

（5）钱资荡：钱资荡保护范围内开发利用方式以渔业养殖为主，新中国成立初期，钱资荡原有水面为8.27km²。1966年，当地政府在钱资荡西端围水面0.6km²，名立新圩，安排渔民陆上定居；1981年原岸头乡建养殖场，围水面0.35km²；加上零星围占，到20世纪80年代初，共围去水面2.33km²，现有水面5.67km²左右。钱资荡为江苏省放养较早的湖泊之一，1956年成立国营养殖场，1963年后改由渔民集体放养。目前，附近居民在钱资荡滩地围垦养殖。20世纪70年代以后，环钱资荡地区社会经济发展较快，居民增多。环湖居民围垦了部分湖区，湖区的开发利用程度高。目前，周边地区开发利用方式以耕种为主。

（6）澄湘湖：渔业养殖为人工放养，养殖品种有草鱼、青鱼、花鲢、鲫鱼、虾等，年产量10万kg。

（7）横塘湖：横塘湖水产场养殖面积为$1.0km^2$，主要养殖品种有鱼、虾、蟹等，年产量40万kg。

（8）前湖：前湖养殖水面积为$0.533km^2$，主要养殖品种有鱼、虾等，年产量25万kg。

（9）上下湖：养殖面积为$0.597km^2$，上湖养鱼面积为$0.147km^2$，下湖湿地、浅滩已改造成鱼池$0.45km^2$。

（10）洋湖：洋湖水产场1978年圈圩$0.333km^2$，圩堤长2000m，堤顶高4.8m，宽3m，位于湖区西南。1978—2000年，周边村庄圈圩$0.53km^2$，用于养殖，主要养殖品种有虾、蟹、鱼等，年产量40万kg。

（11）中后湖：中后湖养殖水面积为$0.533km^2$，主要养殖品种有鱼、虾等，年产量25万kg。

（12）蛟塘湖：蛟塘湖养殖水面积为$0.4km^2$，主要养殖品种有草鱼、鳊鱼，年产量0.5万kg，鲢鱼、鳙鱼年产量1.5万kg，其他年产量0.1万kg左右。

5.5.2.2 武澄锡虞区域

1. 航运

武澄锡虞区内河湖连接成网，为水运交通提供了水利条件。区内具有航道功能的主要湖泊情况统计见表5.2。

表5.2 武澄锡虞区航运型湖泊情况统计

序号	航道名称	湖泊	现状等级	规划等级
1	望虞河	鹅真荡	五	五
2	望虞河	嘉菱荡	五	五
3	锡虞线航道	宛山荡	六	五
4	太湖风景线	五里湖	参照七级	参照七级
5	锡南线	五里湖	参照七级	参照七级

2. 渔业养殖

武澄锡虞区6个湖泊，有渔业养殖的湖泊有5个，以网围养蟹和网栏养鱼为主要养殖方式。其中无锡市为保护水环境，境内围网养殖与近年已经全部清除，其余养殖区均分布在苏州市常熟境内。

官塘湖区内东、北片为围网养殖区面积100亩，主要养殖鲢、鳙、草、青"四大家鱼"，余下700余亩水面散养鲢、鳊、鲫等鱼类。

3. 旅游开发

五里湖现状开发利用方式主要是围绕五里湖建设自然山水风光带，发展旅游产业。其中，在五里湖岸线的 100～300m 湖畔宽度内，主要是以人为本建设连片成串的开敞式公共绿地和有创意的多梯级亲水防洪设施、休闲娱乐服务设施、多主题景区景观设施，显山露水，增绿于民，还景于民，造福于民。

在总体布局上，环湖地区实行梯度开发强度建设：环湖 500m 内以绿带公园和少量游乐辅助设施为主，500～1000m 内建设一些文化设施等，1000m 以外则建设商务区、行政区、别墅区等。对五里湖地区的开发利用中，有对前人基础的继承，但更多的是对既成格局现状的调整和创新发展。

五里湖周边岸线大部分格局已定，目前正结合地块开发进行岸线调整的区域主要在金城湾地区，分为北线和东南线：

（1）北线：蠡湖隧道—金城湾。主要结合山水湖滨（原泰德花园）在老岸线南侧建设蜿蜒曲折的湿地景观。

（2）东南线：蠡湖大桥—金城湾。其中蠡湖大桥—蠡湖隧道之间主要结合太湖国际社区房地产开发，建设沿湖景观娱乐设施，包括金色港湾、大戏院等；蠡湖隧道—金城湾之间主要结合地块开发重点建设金城湾公园等景观娱乐设施，规划岸线略有南移。

5.6 典型湖泊

5.6.1 滆湖

扁舟夜泛滆湖东，一片清秋月满空。

映水桥圆双破镜，侧风帆挩半开弓。

雁更欲唤蒹葭白，蟹信将催稻秫红。

贪听吴歌忘坐久，满身衣湿露濛濛。

——清·赵翼《舟夜》

5.6.1.1 基本情况

1. 地理位置及地质地貌

滆湖又名西滆子湖、西太湖（图 5.5），地跨无锡、常州两市，处于东经 119°44′～119°53′，北纬 31°29′～31°42′，是一个集防洪、供水、生态、旅游、养殖等多功能为一体的中型浅水型湖泊，也是市太湖流域第二大湖泊[14-16]。

2. 形成及发育

滆湖古称富陵湖，原为淮河两岸分散的浅水小湖群，1194 年黄河决口南流入淮，淮河失去入海水道，在盱眙以东蓄水，使原来的小湖群连成一体，扩大为滆湖。

图 5.5　滆湖风光

滆湖的形成具有三大因素：①地壳断裂形成的凹陷，是滆湖形成的自然因素；②黄河夺淮是形成滆湖雏形的客观因素；③为保漕运，筑高滆湖东部堤防是滆湖形成的人为因素，也是决定性因素。滆湖是古太湖经长期演变被不断分化缩小了的残留湖泊之一，因此，它在成因上与太湖有着相辅相成的联系。湖区地形单调，除西部和西北部一带有切割破碎的黄土低丘以平缓的角度向滨湖倾伏之外，其余皆为低洼的平原圩区。近几十年来，由于围垦等人类活动的影响，滆湖的面积大大缩小。

3. 湖泊形态

滆湖是太湖流域第二大湖，湖面形状犹如一长茄形，湖岸圆滑整齐，湖盆地形平坦，无显著起伏。平均湖底高程1.63m，平均水深1.26m。滆湖位于太湖的上游，受茅山丘陵区洪水影响，湖泊水位变幅比较大，水位绝对变幅达3～3.5m。滆湖形态特征见表5.3。

表5.3   滆 湖 形 态 特 征

特征	水位/m	面积/km²	容积/亿 m³	湖底高程/m	最大水深/m	平均水深/m	长度/km	最大宽度/km
参数	3.27	146.00	2.10	1.63	1.64	1.26	22.00	9.00

近几十年来，由于围垦等人类活动的影响，滆湖的面积大大缩小，如在20世纪60年代时，围垦面积为23km²；至70年代，围垦面积扩大到84km²。

4. 湖泊功能

滆湖具有蓄洪、行水通道、供水、生态、渔业、旅游六大功能。其中蓄洪、新孟河行水通道、供水、生态为公益性功能，渔业和旅游为开发利用功能[17]。

（1）蓄洪、行水通道功能。滆湖作为太湖流域湖泊群的重要组成部分，西接洮湖，北通长江，东临太湖，南连东氿、西氿。区域水系发达，沿湖河港纵横，水网交错，可以接纳和调蓄西部洮湖来水、夏溪河区域降雨径流以及北部京杭大运河通过扁担河来水，并由东部及南部的太滆运河、漕桥河、殷村港、集义渎及高渎港等河道排入太湖。因此，滆湖在太湖湖西水系中起着调蓄降水径流和接纳运河来水的作用，一方面能够缓解太湖湖西地区降水径流对环滆地区防洪压力，另一方面可在区域内调节江、湖、河之间的水源分配，在太湖湖西区域防洪中，具有较大的作用和较高的地位。新孟河规划实施后，滆湖将成为向太湖输送长江清洁水源的过水通道，同时，新孟河规划工程将增强洮滆间涝水北排长江的能力，减轻太湖湖西防洪压力。

（2）供水功能。滆湖可以直接为环滆湖地区提供较为丰富的水资源，用于农业灌溉、工业用水、渔业用水，河道生态环境用水，饮用水等。

（3）生态功能。湖泊作为一种重要的自然资源，不仅具有调蓄、供给水资源的功能，还是生物栖息地，具有维护生物多样性、净化水质、调节气候、维持区域生态平衡的功能，在整个自然界物质循环过程和经济社会持续发展中起着重要的作用。

（4）渔业功能。滆湖渔业资源十分丰富，有各种鱼虾类60余种，近年出产的品种主要有鲤鱼、鲫鱼、草鱼、青鱼、鲢鱼、鲂鱼、鳊鱼以及青虾、白虾、河蟹、螺、河蚌等。渔业养殖是滆湖开发利用湖泊功能的最主要方式之一。

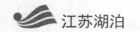

（5）旅游功能。滆湖具有良好的自然生景资源，滆湖具有离常州市武进城区较近的区位优势，并与武进的春秋淹城遗址公园相邻，具备发展观光、旅游休闲的良好条件。

5. 湖泊治理

新中国成立初，滆湖湖泊面积为 187km²，出入河港 78 条，人类开发活动极少。目前，滆湖开发利用形式主要为围垦养殖和围网养殖，另有少量的水上休闲旅游。围垦始自 20 世纪 50 年代中期，在湖周高滩地与农田交界处，为扩展种粮面积形成少量围田。此类开发利用活动延续到 60 年代末，属无组织、自发性的小规模开发利用活动，据不完全统计，滆湖宜兴境内围垦了 8.32km²、滆湖武进境内围垦了 1.56km²。大规模有组织的围垦活动始于 70 年代，滆湖宜兴境内围垦了 34.98km²（包括徐家大荡的 1.51km²），其中 1970 年围垦面积为 20.51km²，1971 年围垦面积为 1.1km²，1976—1978 年围垦面积为 13.37km²；滆湖武进境内围垦了 33.42km²，其中 1971 年围垦面积为 20.84km²，其余面积于 1975—1980 年逐年围垦而成。滆湖宜兴境内自 1979 年停止围垦开发，滆湖武进境内自 1981 年停止围垦开发。新中国成立以来，滆湖共围垦了 78.28km²。滆湖自然演变和人类活动影响至今，湖盆形态如一长茄形。

滆湖大规模围垦的主要利用方式是放养"三水"（水葫芦、水浮莲、水花生）和粮食生产，80 年代开始调整产业结构，发展特种水产养殖。目前，围垦区均为鱼塘。80 年代以来，滆湖水面围网养殖面积从不足 2677hm²（4 万亩）逐年扩大到 4667hm²（7 万亩）。目前，滆湖开发利用方式主要是渔业养殖，包括围垦养殖和围网养殖。保护范围内围垦区总面积为 35.17km²（不含 1971 年形成的武进农业开发区 20.00km²），净围网养殖面积为 47.08km²。滆湖迎水面堤肩线内面积为 146.78km²，水域面积为 144.74km²（相对于 1.5m 的水面高程，含围网），净水域面积为 97.66km²，淤滩（芦苇滩地）面积为 1.73km²，其他河道、堤坡的面积为 1.62km²。

2007 年，常州市委、市政府组织编制了《滆湖（武进）退田（渔）还湖专项规划》，同年 9 月 28 日，省政府办公厅原则同意《退田还湖规划》，批复意见考虑该地区经济社会发展和工程实施需要，同意提出的退圩还湖方案，实施清淤为主的退田（渔）还湖，可以恢复滆湖调蓄能力，改善滆湖水环境，促进太湖水环境综合治理。

5.6.1.2 水文特征

1. 湖泊面积

滆湖为草型浅水湖泊，湖泊东西最宽处约 9.5km，南北长约 23km，湖底平坦无明显起伏。滆湖蓄水面积为 144.10km²。

2. 湖泊出入湖河道

滆湖湖水依赖地表径流和湖面降水补给，主要的入湖河道为位于西部的加泽港、塘门港、安欢溇、横溇港、新溇港、北溇港、北干河、尧溇港、周家港、北溇港、丰义港、元村港、大嘴溇、庄家溇、五七农场东河等 15 条河道。

出水河道位于东南部，主要有太滆运河、漕桥河、殷村港、高睦港、管溇河、西庄村河、副溇、集义溇、吴家溇、塘溇港、富溇港、太平河、油车港、大洪港、十五洞桥河等 15 条出湖河道。

3. 水文要素

（1）降水。滆湖位于苏南平原，是太湖流域的重要组成部分。滆湖多年平均降水量为 1010mm，年降水量过程为双峰值，6 月和 9 月分别为峰值，最低值绝大多数出现在 12 月。滆湖湖区 6 月、7 月的降水主要来自梅雨锋系造成的天气过程，8 月、9 月台风天气过程引起的降水占有很大的比例。7 月上中旬梅雨告终后，副热带高压北进，其脊线控制长江中下游地区，降水量逐渐减少，9 月初除受台风影响外，还受冷空气入侵的影响，降水有增多。

（2）蒸发。滆湖区多年平均年水面蒸发量在 1000mm 左右。由于气温、水温和水汽压有明显的日变化过程，因而水面蒸发量也有相应的日变化过程，日内最大蒸发量发生在 14—18 时，最小蒸发量发生在 6—8 时。湖泊水面蒸发量的年内变化取决于年内温度及相对湿度的变化、降水量的大小与雨日的多少等。滆湖蒸发量年内变化呈单峰形，1—2 月蒸发量最小，7—8 月蒸发量最大；就季蒸发量而言，冬季 3 个月的蒸发量最小，夏季 3 个月的蒸发量最大。

（3）出入湖径流。年入湖径流量为 7.10 亿 m^3，湖面降水量为 1.48 亿 m^3，合计年入湖水量为 8.58 亿 m^3；出湖径流量为 7.64 亿 m^3，湖面蒸发量为 1.46 亿 m^3，合计年出湖水量为 9.10 亿 m^3。蓄水变量为 0.52 亿 m^3。多年平均水位 3.29m，历年最高水位 5.36m（1954 年 7 月 24 日），最低水位 2.44m（1979 年 1 月 30 日），绝对变幅 2.92m。年最低水位平均值 2.71m，最大年变幅 2.23m（1970 年），最小年变幅 0.59m（1978 年）。年内水位 3 月起涨，7 月达最高值，10 月以后下降，至次年 1—2 月达最低值。进、出滆湖的水量年内分配极不均匀。进出湖水量集中于汛期，汛期水量又集中于 7 月、8 月两月，每年 7 月、8 月两月进、出水量占全年进出水量的 60%～75%。滆湖湖泊水量补给系数（流域积水面积/湖泊面积）为 123.5。

（4）水位。湖泊水位的变化主要取决于湖泊水量平衡各要素之间的变化，此外，湖面条件的变化对水位也有一定的影响。滆湖地处苏南平原，属于苏南水网区湖泊，由于水网区有巨大的河网调蓄容量，湖泊水位的变化呈现出缓涨缓落的特征。日水位变化不大，年内变幅亦小，湖泊水位随流域降水所产生的径流量多寡变化。根据丰义水位资料统计，3 月以后，春雨普降，入湖径流增加，湖水水位开始上涨，进入梅雨季节后水位上升显著，7—8 月达最高；10 月以后水位下降，至次年 1—2 月最低。滆湖多年平均水位 3.27m，历年最高水位 5.19m（1954 年），历年最低水位 2.30m（1956 年），水位年内变幅为 0.96～2.23m。

（5）水温。水温是引起湖水各种理化过程和动力现象的主要因素，也是湖泊生物的一项重要生存条件。滆湖表层最高水温常出现在每天的 14—16 时，最低水温多出现在 4—8 时，水温日变幅为 0.4～3.4℃；滆湖各月平均水温的最高值出现在 7 月、8 月，最低值出现在 1 月。

（6）冰情。湖泊的冰情与湖区气候，湖水深浅，水流快慢，水质条件和湖盆形态等因素有密切关系。一般年份的冬季，滆湖湖水水温多在 0℃以上，基本上不会出现全湖封冻的现象。但在严寒的冬季，当北方冷空气南下，气温低于 0℃时，表层湖水将发生冷却。当水温达到 0℃时，湖湾和沿岸浅水先开始出现薄冰，如温度继续下降，岸冰的宽度和厚

度也不断增长，有时出现冰冻封湖现象。滆湖属于苏南湖泊，结冻期为几天至一个月，厚度一般较薄。

（7）湖流。湖流是河湖水量交换及湖面气象因素作用而产生的一种湖水的前进运动，并促进湖水的混合。滆湖属于中型浅水湖泊，由于湖泊调蓄容量较大，吞吐水量的影响相对较小，吞吐流影响主要表现在进出河口的沿岸带，在湖的开敞部分，由于湖底平坦，水域辽阔，在风力的作用下，湖水能形成风生流。滆湖的湖流以风生流为主要形式。湖流在平面分布上，具有湖心大、沿岸小的特点。

4. 泥沙特征

泥沙来源主要为入湖河道水土流失，滆湖北部水域泥沙含量高，淤积严重。滆湖含少量东南部湖区较小，西北部湖区较大，东南部湖区含沙量变化为 $0.01\sim0.032\mathrm{kg/m^3}$，西北湖区含沙量变化为 $0.042\sim0.072\mathrm{kg/m^3}$，扁担河入湖口一带最大含沙量可达 $0.24\mathrm{kg/m^3}$。

5.6.1.3 水质现状

1. 水质

滆湖各站点综合水质类别为Ⅴ～劣Ⅴ类，评价结果详见表 5.4。经分析，现状评价的主要超标项目为总磷、总氮、五日生化需氧量、化学需氧量。为便于湖泊管理和保护工作的开展，在此分别对全湖区和各生态功能分区进行评价，重点分析主要超标项目水质变化情况。具体如下：

表 5.4 滆湖水质监测成果评价表

序号	测站名称	监测月份	综合评价	pH值	溶解氧	高锰酸盐指数	化学需氧量	五日生化需氧量	总磷	总氮
1		1	劣Ⅴ	Ⅰ	Ⅰ	Ⅱ	Ⅲ	Ⅲ	Ⅳ	劣Ⅴ
2		2	劣Ⅴ	Ⅰ	Ⅰ	Ⅲ	Ⅲ	Ⅳ	劣Ⅴ	劣Ⅴ
3		3	劣Ⅴ	Ⅰ	Ⅰ	Ⅲ	Ⅲ	Ⅳ	劣Ⅴ	劣Ⅴ
4		4	Ⅴ	Ⅰ	Ⅰ	Ⅱ	Ⅲ	Ⅲ	Ⅴ	Ⅴ
5		5	Ⅴ	Ⅰ	Ⅰ	Ⅲ	Ⅲ	Ⅳ	Ⅴ	Ⅴ
6	滆湖3	6	Ⅴ	Ⅰ	Ⅱ	Ⅱ	Ⅲ	Ⅲ	劣Ⅴ	劣Ⅴ
7		7	Ⅴ	Ⅰ	Ⅰ	Ⅲ	Ⅲ	Ⅲ	Ⅴ	Ⅴ
8		8	Ⅴ	Ⅰ	Ⅰ	Ⅲ	Ⅲ	Ⅳ	劣Ⅴ	劣Ⅴ
9		9	Ⅴ	Ⅰ	Ⅰ	Ⅲ	Ⅳ	Ⅳ	劣Ⅴ	劣Ⅴ
10		10	Ⅴ	Ⅰ	Ⅱ	Ⅲ	Ⅲ	Ⅳ	劣Ⅴ	Ⅴ
11		11	Ⅴ	Ⅰ	Ⅰ	Ⅲ	Ⅳ	Ⅳ	Ⅴ	Ⅴ
12		12	劣Ⅴ	Ⅰ	Ⅰ	Ⅲ	Ⅳ	Ⅳ	劣Ⅴ	Ⅴ
13		1	劣Ⅴ	Ⅰ	Ⅰ	Ⅱ	Ⅲ	Ⅲ	Ⅳ	劣Ⅴ
14	滆湖2	2	劣Ⅴ	Ⅰ	Ⅰ	Ⅲ	Ⅳ	Ⅳ	劣Ⅴ	劣Ⅴ
15		3	劣Ⅴ	Ⅰ	Ⅰ	Ⅲ	Ⅳ	Ⅳ	劣Ⅴ	劣Ⅴ
16		4	劣Ⅴ	Ⅰ	Ⅰ	Ⅲ	Ⅳ	Ⅳ	Ⅴ	Ⅴ

序号	测站名称	监测月份	综合评价	pH 值	溶解氧	高锰酸盐指数	化学需氧量	五日生化需氧量	总磷	总氮
17	滆湖2	5	V	I	I	III	III	IV	V	V
18		6	劣V	I	II	II	III	III	劣V	劣V
19		7	V	I	I	III	IV	IV	V	V
20		8	劣V	I	II	III	IV	IV	劣V	劣V
21		9	V	I	I	III	IV	IV	劣V	劣V
22		10	V	I	I	III	III	IV	V	V
23		11	V	I	I	III	IV	IV	V	V
24		12	劣V	I	I	III	IV	IV	劣V	V
25	滆湖1	1	劣V	I	I	II	III	I	V	劣V
26		2	劣V	I	I	III	IV	IV	劣V	劣V
27		3	劣V	I	I	II	III	III	V	劣V
28		4	V	I	I	III	III	IV	V	V
29		5	V	I	I	III	III	IV	V	V
30		6	V	I	II	II	III	III	劣V	劣V
31		7	V	I	I	II	III	IV	V	V
32		8	V	I	II	III	IV	IV	劣V	劣V
33		9	劣V	I	I	III	IV	IV	V	V
34		10	V	I	I	III	IV	IV	V	V
35		11	V	I	I	III	IV	IV	V	V
36		12	劣V	I	I	III	IV	IV	劣V	V
37	滆湖8	2	劣V	I	II	III	III	IV	IV	劣V
38		5	劣V	I	II	III	III	IV	IV	劣V
39		8	劣V	I	II	III	III	IV	IV	劣V
40		11	劣V	I	II	III	III	III	IV	劣V
41	滆湖4	2	劣V	I	II	III	IV	IV	IV	劣V
42		5	劣V	I	II	III	III	IV	IV	劣V
43		8	劣V	I	II	IV	III	IV	IV	劣V
44		11	劣V	I	II	III	III	IV	IV	劣V
45	滆湖中	1	劣V	I	I	II	I	III	V	劣V
46		2	劣V	I	I	III	III	IV	V	劣V
47		3	劣V	I	I	III	I	IV	V	劣V
48		4	劣V	I	I	III	I	IV	V	劣V
49		5	劣V	I	I	III	I	IV	IV	劣V
50		6	劣V	I	I	III	III	IV	V	劣V

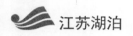

序号	测站名称	监测月份	综合评价	pH 值	溶解氧	高锰酸盐指数	化学需氧量	五日生化需氧量	总磷	总氮
51		7	劣Ⅴ	Ⅰ	Ⅰ	Ⅲ	Ⅲ	Ⅰ	Ⅳ	劣Ⅴ
52		8	劣Ⅴ	Ⅰ	Ⅱ	Ⅲ	Ⅳ	Ⅲ	Ⅴ	劣Ⅴ
53	滆湖中	9	劣Ⅴ	Ⅰ	Ⅰ	Ⅲ	Ⅲ	Ⅳ	Ⅴ	劣Ⅴ
54		10	劣Ⅴ	Ⅰ	Ⅰ	Ⅲ	Ⅲ	Ⅲ	Ⅳ	劣Ⅴ
55		11	劣Ⅴ	Ⅰ	Ⅰ	Ⅲ	Ⅲ	Ⅲ	Ⅳ	劣Ⅴ
56		12	劣Ⅴ	Ⅰ	Ⅰ	Ⅲ	Ⅲ	Ⅳ	Ⅳ	劣Ⅴ
57		2	劣Ⅴ	Ⅰ	Ⅱ	Ⅲ	Ⅳ	Ⅳ	Ⅳ	劣Ⅴ
58	滆湖9	5	劣Ⅴ	Ⅰ	Ⅱ	Ⅲ	Ⅲ	Ⅳ	Ⅳ	劣Ⅴ
59		8	劣Ⅴ	Ⅰ	Ⅱ	Ⅲ	Ⅲ	Ⅳ	Ⅳ	劣Ⅴ
60		11	劣Ⅴ	Ⅰ	Ⅱ	Ⅲ	Ⅲ	Ⅲ	Ⅳ	劣Ⅴ
61		2	劣Ⅴ	Ⅰ	Ⅱ	Ⅲ	Ⅲ	Ⅳ	Ⅳ	劣Ⅴ
62	滆湖7	5	劣Ⅴ	Ⅰ	Ⅱ	Ⅲ	Ⅲ	Ⅳ	Ⅳ	劣Ⅴ
63		8	劣Ⅴ	Ⅰ	Ⅱ	Ⅲ	Ⅲ	Ⅳ	Ⅳ	劣Ⅴ
64		11	劣Ⅴ	Ⅰ	Ⅱ	Ⅲ	Ⅲ	Ⅰ	Ⅳ	劣Ⅴ
65		2	劣Ⅴ	Ⅰ	Ⅰ	Ⅲ	Ⅲ	Ⅳ	Ⅳ	劣Ⅴ
66	滆湖6	5	劣Ⅴ	Ⅰ	Ⅱ	Ⅲ	Ⅲ	Ⅳ	Ⅳ	劣Ⅴ
67		8	Ⅴ	Ⅰ	Ⅱ	Ⅲ	Ⅲ	Ⅳ	Ⅳ	劣Ⅴ
68		11	劣Ⅴ	Ⅰ	Ⅱ	Ⅲ	Ⅲ	Ⅲ	Ⅳ	劣Ⅴ
69		2	劣Ⅴ	Ⅰ	Ⅱ	Ⅲ	Ⅳ	Ⅳ	Ⅳ	劣Ⅴ
70	滆湖5	5	劣Ⅴ	Ⅰ	Ⅱ	Ⅲ	Ⅲ	Ⅳ	Ⅳ	劣Ⅴ
71		8	Ⅴ	Ⅰ	Ⅱ	Ⅳ	Ⅲ	Ⅳ	Ⅳ	劣Ⅴ
72		11	劣Ⅴ	Ⅰ	Ⅰ	Ⅲ	Ⅲ	Ⅰ	Ⅳ	劣Ⅴ
73		1	劣Ⅴ	Ⅰ	Ⅰ	Ⅲ	Ⅰ	Ⅲ	Ⅳ	劣Ⅴ
74		2	劣Ⅴ	Ⅰ	Ⅰ	Ⅲ	Ⅲ	Ⅲ	Ⅳ	劣Ⅴ
75		3	劣Ⅴ	Ⅰ	Ⅰ	Ⅲ	Ⅰ	Ⅲ	Ⅳ	劣Ⅴ
76		4	劣Ⅴ	Ⅰ	Ⅰ	Ⅲ	Ⅰ	Ⅲ	Ⅳ	劣Ⅴ
77		5	劣Ⅴ	Ⅰ	Ⅰ	Ⅲ	Ⅳ	Ⅳ	Ⅳ	劣Ⅴ
78	滆湖北	6	劣Ⅴ	Ⅰ	Ⅰ	Ⅱ	Ⅲ	Ⅳ	Ⅳ	劣Ⅴ
79		7	劣Ⅴ	Ⅰ	Ⅰ	Ⅲ	Ⅳ	Ⅲ	Ⅳ	劣Ⅴ
80		8	劣Ⅴ	Ⅰ	Ⅰ	Ⅲ	Ⅳ	Ⅳ	Ⅳ	劣Ⅴ
81		9	劣Ⅴ	Ⅰ	Ⅰ	Ⅲ	Ⅳ	Ⅳ	Ⅳ	劣Ⅴ
82		10	劣Ⅴ	Ⅰ	Ⅰ	Ⅲ	Ⅳ	Ⅲ	Ⅳ	劣Ⅴ
83		11	劣Ⅴ	Ⅰ	Ⅰ	Ⅲ	Ⅲ	Ⅲ	Ⅳ	劣Ⅴ
84		12	劣Ⅴ	Ⅰ	Ⅰ	Ⅲ	Ⅲ	Ⅲ	Ⅳ	劣Ⅴ

（1）全湖区。总氮浓度呈下降趋势，各季度水质类别均为劣Ⅴ类；总磷浓度呈上升趋势，第3季度最高，第4季度略有下降，各季度水质类别均为Ⅴ类；化学需氧量浓度呈上升趋势，各季度水质类别均为Ⅲ类；五日生化需氧量浓度在4.0~4.5mg/L之间波动，变化较为稳定，第1、4季度水质类别为Ⅲ类，第2、3季度水质类别为Ⅳ类。滆湖全湖区主要超标项目浓度变化如图5.6所示。

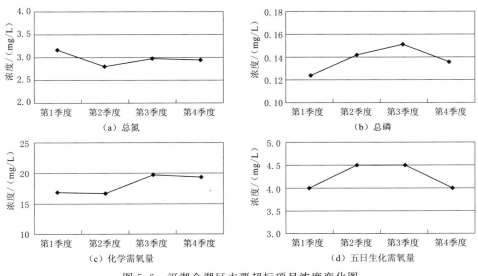

图5.6　滆湖全湖区主要超标项目浓度变化图

（2）核心区。总氮浓度呈下降趋势，水质类别均为劣Ⅴ类；总磷浓度呈上升趋势，第4季度略有下降，各季度水质类别均为Ⅴ类；化学需氧量浓度呈上升趋势，第1、2、4季度水质类别均为Ⅲ类，4个季度水质类别为Ⅳ类；五日生化需氧量浓度呈上升趋势，第1季度水质类别为Ⅲ类，第2~4季度水质类别为Ⅳ类。滆湖核心区主要超标项目浓度变化如图5.7所示。

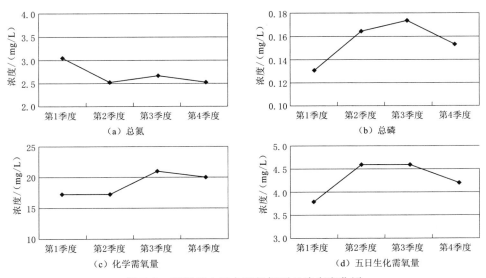

图5.7　滆湖核心区主要超标项目浓度变化图

（3）缓冲区。总氮浓度呈上升趋势，水质类别均为劣Ⅴ类；总磷浓度呈下降趋势，水质类别均为Ⅳ类；化学需氧量浓度呈下降趋势，水质类别为Ⅲ类；五日生化需氧量浓度总体呈上升趋势，第1~3季度水质类别为Ⅳ类，第4季度下降趋势较明显，水质类别为Ⅰ类。滆湖缓冲区主要超标项目浓度变化如图5.8所示。

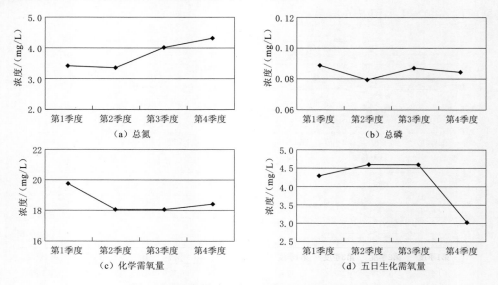

图5.8　滆湖缓冲区主要超标项目浓度变化图

（4）开发控制利用区。总氮浓度呈下降趋势，水质类别均为劣Ⅴ类；总磷浓度第1~3季度呈上升趋势，第4季度略有下降，水质类别均为Ⅴ类；化学需氧量浓度上升趋势明显，水质类别从Ⅰ类变为Ⅲ类；五日生化需氧量浓度较为稳定，第1季度水质类别为Ⅲ类，第2~4季度水质类别均为Ⅳ类。滆湖开发控制利用区主要超标项目浓度变化如图5.9所示。

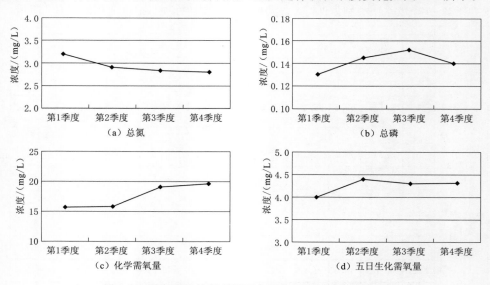

图5.9　滆湖开发控制利用区主要超标项目浓度变化图

2. 营养状态评价

全湖及各生态分区营养状态指数较为稳定，介于 $60.0 \sim 70.0$，第 3 季度营养状态指数最高，营养状态为中度富营养，评价结果见表 5.5。滆湖全湖及各生态功能分区的营养状态指数变化如图 5.10 所示。

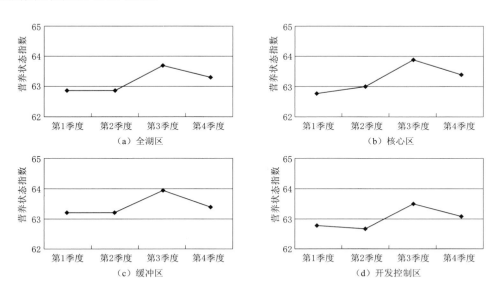

图 5.10 滆湖全湖及各生态功能分区营养状态指数变化图

表 5.5 滆湖营养状态指数（EI）评价表

| 序号 | 测站名称 | 月份 | 总磷 | | 总氮 | | 叶绿素 a | | 高锰酸盐指数 | | 透明度 | | 总评分值 | 评价结果 |
			浓度/(mg/L)	En分值	浓度/(mg/L)	En分值	浓度/(mg/L)	En分值	浓度/(mg/L)	En分值	数值/m	En分值		
1		1	0.093	58.6	2.08	70.2	0.0104	50.2	3.8	49.0	0.32	78	61.2	
2		2	0.241	71.0	2.93	72.3	0.0119	51.2	4.8	52.0	0.35	75	64.3	
3		3	0.170	67.0	3.35	73.4	0.0115	50.9	4.5	51.2	0.33	77	63.9	
4		4	0.196	69.6	1.95	69.5	0.0118	51.1	4.0	50.0	0.34	76	63.2	
5		5	0.188	68.8	1.82	68.2	0.0103	50.2	5.3	53.2	0.31	79	63.9	
6	滆湖 3	6	0.260	71.5	2.22	70.6	0.0144	52.7	3.9	49.5	0.33	77	64.3	中度富营养
7		7	0.161	66.1	1.98	69.8	0.0120	51.3	4.5	51.2	0.32	78	63.3	
8		8	0.242	71.0	2.30	70.7	0.0142	52.6	5.5	53.8	0.28	82	66.0	
9		9	0.246	71.1	2.05	70.1	0.0115	50.9	5.3	53.2	0.35	75	64.1	
10		10	0.212	70.3	1.94	69.4	0.0135	52.2	4.9	52.3	0.30	80	64.8	
11		11	0.188	68.8	1.91	69.1	0.0107	50.4	5.0	52.5	0.35	75	63.2	
12		12	0.218	70.4	1.95	69.5	0.0100	50.0	5.2	53.0	0.29	81	64.8	

续表

序号	测站名称	月份	总磷 浓度/(mg/L)	总磷 En分值	总氮 浓度/(mg/L)	总氮 En分值	叶绿素a 浓度/(mg/L)	叶绿素a En分值	高锰酸盐指数 浓度/(mg/L)	高锰酸盐指数 En分值	透明度 数值/m	透明度 En分值	总评分值	评价结果
13		1	0.106	60.6	2.38	70.9	0.0102	50.1	3.7	48.5	0.35	75	61.0	
14		2	0.206	70.1	2.79	72.0	0.0103	50.2	5.9	54.8	0.35	75	64.4	
15		3	0.184	68.4	3.30	73.2	0.0114	50.9	5.5	53.8	0.32	78	64.9	
16		4	0.181	68.1	1.89	68.9	0.0113	50.8	5.4	53.5	0.32	78	63.9	
17		5	0.197	69.7	1.91	69.1	0.0104	50.2	5.2	53.0	0.30	80	64.4	
18	漷湖2	6	0.265	71.6	2.13	70.3	0.0127	51.7	3.8	49.0	0.32	78	64.1	中度富营养
19		7	0.176	67.6	1.99	69.9	0.0112	50.7	4.3	50.7	0.31	79	63.6	
20		8	0.238	70.9	2.24	70.6	0.0125	51.6	5.4	54.5	0.30	80	65.5	
21		9	0.250	71.2	2.01	70.0	0.0120	51.3	5.4	53.5	0.34	76	64.4	
22		10	0.191	69.1	1.89	68.9	0.0122	51.4	4.8	52.0	0.35	75	63.3	
23		11	0.184	68.4	1.90	69.0	0.0107	50.4	5.4	53.5	0.35	75	63.3	
24		12	0.221	70.5	1.86	68.6	0.0099	49.8	4.6	51.5	0.27	83	64.7	
25		1	0.105	60.5	2.28	70.7	0.0108	50.5	3.5	47.5	0.35	75	60.8	
26		2	0.220	70.5	2.90	72.2	0.0114	50.9	4.6	51.5	0.35	75	64.0	
27		3	0.118	61.8	3.11	72.8	0.0108	50.5	3.9	49.5	0.33	77	62.3	
28		4	0.181	68.1	1.88	68.8	0.0121	51.3	5.4	54.5	0.31	79	64.3	
29		5	0.190	69.0	1.85	68.5	0.0104	50.2	5.3	53.2	0.32	78	63.8	
30	漷湖1	6	0.270	71.8	2.15	70.4	0.0130	51.9	4.0	50.0	0.31	79	64.6	中度富营养
31		7	0.173	67.3	1.98	69.8	0.0116	51.0	4.0	50.0	0.33	77	63.0	
32		8	0.245	71.1	2.39	71.0	0.0130	51.9	5.6	54.0	0.25	85	66.6	
33		9	0.291	72.3	2.26	70.6	0.0116	51.0	5.6	54.0	0.32	78	65.2	
34		10	0.187	68.7	1.86	68.6	0.0139	52.4	5.0	52.5	0.35	75	63.4	
35		11	0.193	69.3	1.86	68.6	0.0112	50.7	5.6	54.0	0.35	75	63.5	
36		12	0.206	70.1	1.94	69.4	0.0097	49.5	4.8	52.0	0.28	82	64.6	
37		2	0.085	57.0	3.57	73.9	0.0214	57.1	5.3	53.2	0.34	76	63.4	
38	漷湖8	5	0.077	55.4	3.37	73.4	0.0262	60.1	5.2	52.5	0.35	75	63.3	中度富营养
39		8	0.086	57.2	3.72	74.3	0.0278	60.5	5.1	52.7	0.35	75	63.9	
40		11	0.085	57.0	4.46	76.1	0.0199	56.2	4.2	50.5	0.36	74	62.8	
41		2	0.094	58.8	3.64	74.1	0.0202	56.4	4.7	51.8	0.35	75	63.2	
42	漷湖4	5	0.082	56.4	3.70	74.3	0.0225	57.8	4.3	50.7	0.32	78	63.4	中度富营养
43		8	0.096	59.2	4.14	75.3	0.0219	57.4	6.5	56.2	0.37	73	64.2	
44		11	0.087	57.4	4.11	75.3	0.0205	56.6	5.3	53.2	0.31	79	64.3	

续表

序号	测站名称	月份	总磷		总氮		叶绿素 a		高锰酸盐指数		透明度		总评分值	评价结果
			浓度/(mg/L)	En分值	浓度/(mg/L)	En分值	浓度/(mg/L)	En分值	浓度/(mg/L)	En分值	数值/m	En分值		
45		1	0.112	61.2	3.32	73.3	0.0204	56.5	3.5	47.5	0.40	70	61.7	
46		2	0.103	60.3	4.13	75.3	0.0220	57.5	4.8	52.1	0.36	74	63.7	
47		3	0.110	61.0	3.14	72.9	0.0209	56.8	4.5	51.2	0.45	65	61.4	
48		4	0.106	60.6	3.40	73.5	0.0210	56.9	4.1	50.2	0.46	64	61.0	
49		5	0.085	56.9	4.14	75.4	0.0242	58.9	4.2	50.4	0.38	73	62.8	
50	滆湖中	6	0.103	60.3	3.78	74.4	0.0212	57.0	4.3	50.7	0.58	58	60.2	中度富营养
51		7	0.100	60.0	3.40	73.5	0.0229	58.1	4.1	50.2	0.49	61	60.6	
52		8	0.102	60.2	3.73	74.3	0.0258	59.8	5.0	52.5	0.34	76	64.5	
53		9	0.128	62.8	2.99	72.5	0.0283	60.6	4.1	50.7	0.46	64	62.0	
54		10	0.089	57.8	2.58	71.5	0.0288	60.7	4.2	50.5	0.45	65	61.1	
55		11	0.090	58.1	3.48	73.7	0.0223	57.7	4.4	51.0	0.39	72	62.4	
56		12	0.092	58.4	3.64	74.1	0.0212	57.0	4.2	50.5	0.41	69	61.8	
57		2	0.091	58.2	3.49	73.7	0.0230	58.1	5.0	52.5	0.36	74	63.3	
58	滆湖9	5	0.080	56.0	3.16	72.9	0.0248	59.3	4.8	52.0	0.34	76	63.2	中度富营养
59		8	0.088	57.6	3.44	73.6	0.0268	60.2	5.5	53.8	0.36	74	63.8	
60		11	0.088	57.6	4.09	75.2	0.0208	56.7	5.2	53.0	0.35	75	63.5	
61		2	0.093	58.6	3.21	73.0	0.0229	58.1	5.1	52.7	0.34	76	63.7	
62	滆湖7	5	0.079	55.8	3.38	73.4	0.0237	58.6	5.2	53.0	0.37	73	62.8	中度富营养
63		8	0.084	56.8	3.99	75.0	0.0252	59.5	5.3	53.2	0.36	74	63.7	
64		11	0.083	56.6	4.28	75.7	0.0204	56.5	4.5	51.2	0.35	75	63.0	
65		2	0.088	57.6	3.49	73.7	0.0199	56.2	4.8	52.0	0.35	75	62.9	
66	滆湖6	5	0.081	56.2	3.14	72.9	0.0249	59.3	4.5	51.2	0.31	79	63.7	中度富营养
67		8	0.089	57.8	4.30	75.7	0.0249	59.3	5.8	54.5	0.37	73	64.1	
68		11	0.086	57.2	4.35	75.9	0.0206	56.6	4.6	51.5	0.33	77	63.6	
69		2	0.091	58.2	3.42	73.5	0.0204	56.5	5.0	52.5	0.37	73	62.7	
70	滆湖5	5	0.078	55.6	3.49	73.7	0.0242	58.9	4.8	52.0	0.35	75	63.0	中度富营养
71		8	0.088	57.6	4.02	75.0	0.0235	58.4	6.1	55.2	0.36	74	64.0	
72		11	0.084	56.8	4.02	75.0	0.0212	57.0	5.2	53.0	0.32	78	64.0	
73		1	0.092	58.4	3.56	73.9	0.0197	56.1	4.5	51.2	0.36	74	62.6	
74		2	0.093	58.6	3.58	73.9	0.0213	57.0	5.0	52.4	0.38	73	62.9	
75	滆湖北	3	0.092	58.5	3.11	72.8	0.0210	56.8	4.2	50.4	0.41	70	61.6	中度富营养
76		4	0.089	57.8	3.00	72.5	0.0211	56.9	4.0	50.1	0.44	66	60.7	
77		5	0.086	57.3	3.58	74.0	0.0245	59.1	4.2	50.4	0.44	66	61.4	

序号	测站名称	月份	总磷		总氮		叶绿素 a		高锰酸盐指数		透明度		总评分值	评价结果
			浓度/(mg/L)	En分值	浓度/(mg/L)	En分值	浓度/(mg/L)	En分值	浓度/(mg/L)	En分值	数值/m	En分值		
78	滆湖北	6	0.095	59.0	3.29	73.2	0.0223	57.7	4.0	50.0	0.51	60	59.9	中度富营养
79		7	0.082	56.3	3.33	73.3	0.0246	59.1	4.2	50.5	0.47	64	60.5	
80		8	0.086	57.3	3.19	73.0	0.0265	60.1	4.6	51.4	0.38	72	62.8	
81		9	0.090	58.1	3.18	73.0	0.0275	60.4	4.2	50.5	0.38	72	62.8	
82		10	0.085	57.0	2.74	71.9	0.0323	61.7	5.3	53.4	0.39	72	63.1	
83		11	0.087	57.3	3.74	74.3	0.0225	57.8	4.7	51.8	0.41	69	62.0	
84		12	0.089	57.8	3.58	74.0	0.0204	56.5	4.3	50.9	0.41	70	61.7	

5.6.1.4 水生态特征

1. 水生高等植物

对滆湖水生高等植物调查显示，滆湖水生植物共计 19 种，分别隶属于 15 科 18 属。其中，芦苇、菰、莲等挺水植物 10 种，占总物水生植物种数的 52.63%；沉水植物 3 种，分别为金鱼藻、穗花狐尾藻、菹草，占总种数的 15.79%；浮叶植物 2 种，分别为荇菜、欧菱，占总种数的 10.53%；漂浮植物 4 种，分别为槐叶苹、紫萍、浮萍和水鳖，占总种数的 21.05%。其中，挺水植物芦苇、菰、沉水植物菹草和浮叶植物荇菜是湖区的主要优势种。滆湖水生植物物种组成及生活型见表 5.6。滆湖大型水生高等植物生物量空间分布如图 5.11 所示。

表 5.6　　　　　　　　滆湖大型水生高等植物种类组成及生活型

序号	大型水生高等植物种类	6 月	8 月	生活型
1	槐叶苹科			
	槐叶苹		√	漂浮
2	睡莲科			
	莲	√		挺水
3	金鱼藻科			
	金鱼藻	√		沉水
4	菱科			
	欧菱	√	√	浮叶
5	柳叶菜科			
	黄花水龙		√	挺水
	毛草龙		√	挺水
6	小二仙草科			
	穗花狐尾藻	√	√	沉水
7	龙胆科			
	荇菜	√	√	浮叶
8	眼子菜科			

续表

序号	大型水生高等植物种类	6 月	8 月	生活型
	菹草	√		沉水
9	水鳖科			
	水鳖	√	√	漂浮
10	禾本科			
	芦苇	√	√	挺水
	菰	√	√	挺水
	双穗雀稗		√	挺水
11	浮萍科			
	浮萍	√	√	漂浮
	紫萍	√	√	漂浮
12	葫芦科			
	盒子草		√	挺水
13	香蒲科			
	狭叶香蒲	√		挺水
14	菊科			
	鳢肠	√		挺水
15	苋科			
	喜旱莲子草	√	√	挺水

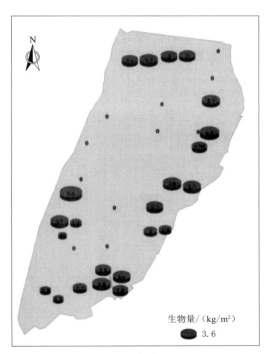

（a）春季　　　　　　　　　　　（b）夏季

图 5.11　滆湖大型水生高等植物生物量空间分布图

漏湖的水生高等植物主要分布在漏湖的沿岸带点位，湖心区点位植物较少。春季和夏季漏湖水生高等植物的平均生物量分别为 $1.98kg/m^2$ 和 $2.08kg/m^2$。

2. 浮游植物

在漏湖共观察到浮游植物 71 属 117 种，其中绿藻门的种类最多，有 25 属 53 种；其次是硅藻门，有 18 属 19 种；蓝藻门 13 属 17 种；裸藻门 5 属 17 种；金藻门 3 属 3 种；隐藻门 2 属 3 种；甲藻门 3 属 3 种；黄藻门 2 属 2 种。主要优势种为铜绿微囊藻、链状伪鱼腥藻、细小平裂藻、颗粒直链藻极狭变种螺旋变型、小球藻、四尾栅藻、梅尼小环藻、颤藻、颗粒直链藻极狭变种、啮蚀隐藻和蓝隐藻。

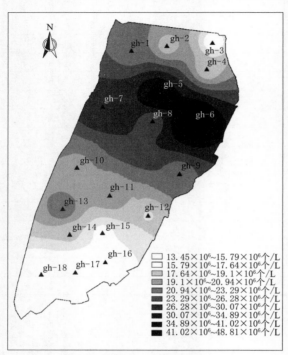

图 5.12　漏湖浮游植物丰度分布图

□ $13.45×10^6～15.79×10^6$ 个/L
$15.79×10^6～17.64×10^6$ 个/L
$17.64×10^6～19.1×10^6$ 个/L
$19.1×10^6～20.94×10^6$ 个/L
$20.94×10^6～23.29×10^6$ 个/L
$23.29×10^6～26.28×10^6$ 个/L
$26.28×10^6～30.07×10^6$ 个/L
$30.07×10^6～34.89×10^6$ 个/L
$34.89×10^6～41.02×10^6$ 个/L
$41.02×10^6～48.81×10^6$ 个/L

全湖浮游植物的丰度均超过 10^6 个/L，年平均值为 $13.4×10^6～48.8×10^6$ 个/L，并表现出明显的差异。漏湖中部区域，浮游植物平均丰度最大，超过了 $44.0×10^6$ 个/L；漏湖北区和南部水草区，浮游植物平均丰度最小（低于 $16.4×10^6$ 个/L）。漏湖浮游植物丰度分布如图 5.12 所示。

漏湖浮游植物丰度呈现明显的季节变化，夏季最高，秋季次之，冬季最低。冬、春季节，漏湖各区域浮游植物丰度差别不大；夏秋季节，中部区域浮游植物的丰度显著高于其他区域。自 10 月开始，漏湖浮游植物的丰度逐渐降低。1 月、2 月气温最低，浮游植物的增值也受到了抑制，浮游植物丰度明显低于其他月份。随着气温的回升，浮游植物的丰度呈逐渐。至 5 月，浮游植物的丰度增加了 8.8 倍。8 月浮游植物的丰度最大，比 1 月增加了 32.7 倍。漏湖浮游植物平均丰度的周年变化如图 5.13 所示。

应用 Pantle - Buck 方法计算污染指数，对漏湖的水质进行评价，公式如下：

$$SI = \sum(s×h)/\sum h$$

式中：SI 为污染指数；s 为藻类污染指示等级（其中 $s=1$，寡营养指示种类；$s=2$，中营养指示种类；$s=3$，富营养

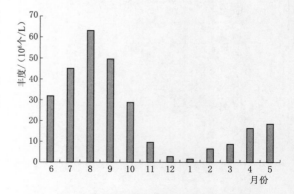

图 5.13　漏湖浮游植物平均丰度的周年变化图

指示种类；$s=4$，超富营养指示种类）；h 为该种藻类的估算数量分级（偶尔存在时，$h=$ 1；存在量多时，$h=2$；存在量非常多时，$h=3$）。

根据国内外已报道的水体污染指示藻种及其指示污染等级，漏湖对水体污染指示种类共有 103 种，见表 5.7。其中寡营养指示种类有 5 种（属），中营养指示种类有 32 种（属），中—富营养指示种类有 38 种（属），富营养指示种类有 28 种（属），甚至出现了 2 种指示超富营养水平的藻类——鱼形裸藻和节旋藻。但是多数藻类的指示作用并不是唯一的，即并非一种藻类对应一种污染状况。统计漏湖的平均污染指数约为 2.2，说明漏湖整体处于中—富营养（中度污染）状态。其中中部区域的污染指数最高，均超过 2.5，达到了富营养水平（重度污染）；北部疏浚区和南部水草区污染指数比较低，说明该区域水质相对较好。

表 5.7　　　　　　　　　　　　　**漏湖浮游植物营养指示种名录**

营养状况	指示种	营养状况	指示种
os	曲壳藻	β－ms	线形双菱藻
os	羽纹藻	β－ms	粗壮双菱藻华美变种
os	球色金藻	β－ms	梭形裸藻
os	卵形金杯藻	β－ms	洁净裸藻
os	多甲藻	β－ms	鳞孔藻
β－ms	集星藻	β－ms	扁裸藻
β－ms	镰形纤维藻	β－ms	尖尾扁裸藻
β－ms	卷曲纤维藻	β－ms	弯曲扁裸藻
β－ms	针形纤维藻	β－ms	长尾扁裸藻
β－ms	纤维藻	β－ms	扭曲扁裸藻
β－ms	鼓藻	β－ms	尾棘囊裸藻短棘变种
β－ms	拟新月藻	β－ms	囊裸藻
β－ms	胶网藻	α～β－ms	卵形衣藻
β－ms	二角盘星藻	α～β－ms	衣藻
β－ms	单角盘星藻	α～β－ms	纤细新月藻
β－ms	四角盘星藻	α～β－ms	卵囊藻
β－ms	纤细月牙藻	α～β－ms	弓形藻
β－ms	小型月牙藻	α～β－ms	分叉弓形藻
β－ms	角星鼓藻	α～β－ms	硬弓形藻
β－ms	美丽星杆藻	α～β－ms	螺旋弓形藻
β－ms	桥弯藻	α～β－ms	丰富栅藻
β－ms	长等片藻	α～β－ms	尖细栅藻
β－ms	卵圆双壁藻	α～β－ms	弯曲栅藻
β－ms	脆杆藻	α～β－ms	被甲栅藻
β－ms	窄双菱藻	α～β－ms	双对栅藻

营养状况	指示种	营养状况	指示种
α～β－ms	龙骨栅藻	α－ms	十字藻
α～β－ms	齿牙栅藻	α－ms	四角十字藻
α～β－ms	二形栅藻	α－ms	四足十字藻
α～β－ms	爪哇栅藻	α－ms	单棘四星藻
α～β－ms	斜生栅藻	α－ms	短刺四星藻
α～β－ms	扁盘栅藻	α－ms	粗刺四棘藻
α～β－ms	四尾栅藻	α－ms	卵形隐藻
α～β－ms	微小四角藻	α－ms	啮蚀隐藻
α～β－ms	三角四角藻	α－ms	绿色裸藻
α～β－ms	三角四角藻小型变种	α－ms	裸藻
α～β－ms	梅尼小环藻	α－ms	飞燕角甲藻
α～β－ms	具星小环藻	α－ms	卷曲鱼腥藻
α～β－ms	缢缩异极藻头状变种	α－ms	鱼腥藻
α～β－ms	纤细异极藻	α－ms	柔细束丝藻
α～β－ms	橄榄形异极藻	α－ms	依沙束丝藻
α～β－ms	异极藻	α－ms	色球藻
α～β－ms	尖布纹藻	α－ms	拉式拟柱孢藻
α～β－ms	颗粒直链藻	α－ms	细小平裂藻
α～β－ms	颗粒直链藻极狭变种	α－ms	优美平裂藻
α～β－ms	颗粒直链藻极狭变种螺旋变形	α－ms	点形平裂藻
α～β－ms	舟形藻	α－ms	铜绿微囊藻
α～β－ms	菱形藻	α－ms	惠氏微囊藻
α～β－ms	尖针杆藻	α－ms	链状假鱼腥藻
α～β－ms	肘状针杆藻	α－ms	浮鞘丝藻
α～β－ms	细小隐球藻	α－ms	席藻
α－ms	小球藻	ps	鱼形裸藻
α－ms	四刺顶棘藻	ps	节旋藻
α－ms	小空星藻		

注　os 为寡营养，β－ms 为中营养，α～β－ms 为中—富营养，α－ms 为富营养，ps 为超富营养。

另外，通过计算滆湖浮游植物的多样性指数，年平均值约 2.11，从多样性指数可以判断该水体属于中—富营养型。从浮游植物的均匀度来看，年平均值超过 0.7，指示该为中营养（轻度污染）水体。同时，铜绿微囊藻作为富营养化水体的指示藻类，在滆湖部分区域出现，形成蓝藻水华，说明滆湖水体部分区域发生富营养化。综合各项指标，滆湖是一个蓝藻占优势的中—富营养型湖泊。

3. 浮游动物

滆湖共镜检到浮游动物的种类共 89 种，其中原生动物 29 种，占总种类的 32.6%；轮虫 36 种，占总种类的 40.4%；枝角类 15 种，占总种类的 16.9%；桡足类 9 种，占总种类的 10.1%。

滆湖的浮游动物大都属寄生性种类。滆湖中的浮游动物优势种中，原生动物有球形砂壳虫、瓶砂壳虫、尖顶砂壳虫、侠盗虫、太阳虫、钟形虫、王氏似铃壳虫；轮虫有螺形龟甲轮虫、曲腿龟甲轮虫、角突臂尾轮虫、裂足臂尾轮虫、萼花臂尾轮虫、刺盖异尾轮虫、对棘同尾轮虫、长三肢轮虫、针簇多肢轮虫、长肢多肢轮虫；枝角类有长肢秀体溞、简弧象鼻溞、微型裸腹溞、角突网纹溞；桡足类有广布中剑水蚤、近邻剑水蚤、汤匙华哲水蚤。此外还有无节幼体和桡足幼体。滆湖见到的浮游动物都属普生性种类。

滆湖的浮游动物年平均密度为 6731.6 个/L。其中原生动物的年平均密度为 4716.2 个/L，占浮游动物总密度年平均的 70.1%；轮虫的年平均密度为 1961.1 个/L，占浮游动物总密度年平均的 29.1%；枝角类的年平均密度为 28.6 个/L，占浮游动物总密度年平均的 0.4%；桡足类的年平均密度为 25.7 个/L，占浮游动物总密度年平均的 0.4%。数据反映，滆湖浮游动物的总密度是由原生动物密度多寡决定，其次是轮虫的密度；枝角类和桡足类的密度较少，占总密度的 0.8%。滆湖浮游动物密度逐月变化如图 5.14 所示。

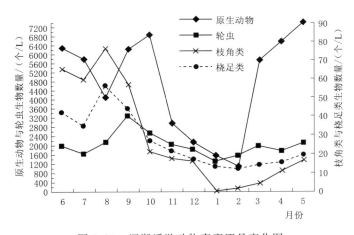

图 5.14　滆湖浮游动物密度逐月变化图

滆湖的浮游动物年平均生物量为 5.0607mg/L。其中原生动物的生物量为 0.2361mg/L，占浮游动物总生物量的 4.7%；轮虫的生物量为 3.4637mg/L，占浮游动物总生物量的 68.4%；枝角类的生物量为 0.6903mg/L，占浮游动物总生物量的 13.6%；桡足类的生物量为 0.6706mg/L，占浮游动物总生物量的 13.3%。原生动物与轮虫的生物量周年变化与它们的密度周年变化趋势相似。但枝角类与桡足类的生物量周年变化特征与它们的密度周年变化有些不同。虽然枝角类与桡足类的密度年平均总和占浮游动物总密度的 0.8%，可它们的生物量却占到 26.9%；枝角类与桡足类组成的浮游甲壳类生物量的大起大落是滆湖浮游动物生物量变化的一个特点。滆湖浮游动物生物量逐月变化如图 5.15 所示。

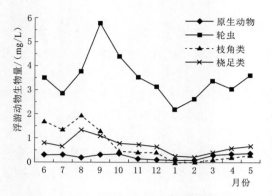

图 5.15　滆湖浮游动物生物量逐月变化图

4. 底栖动物

滆湖共鉴定出底栖动物 20 种（属），其中摇蚊科幼虫种类最多，共计 11 种；寡毛类次之，采集到 8 种；软体动物种类最少，为 1 种。

滆湖底栖动物平均密度和生物量分别为 843.2 个/m² 和 8.6g/m²。密度方面，寡毛类的霍甫水丝蚓，摇蚊科幼虫的中国长足摇蚊、红裸须摇蚊以及羽摇蚊优势度较高，分别占总密度的 18.67%、22.01%、53.65% 和 1.52%。生物量方面，由于软体动物个体较大，软体动物的环棱螺在总生物量上占据绝对优势，达到 52.32%，红裸须摇蚊、中国长足摇蚊、霍甫水丝蚓以及苏氏尾鳃蚓所占比重次之，分别为 28.23%、8.92%、4.26% 以及 3.86%。

在各个季度中，密度和生物量最高值均出现在滆湖中南部的沿岸带等固定区域，空间分布格局较为一致，而在滆湖湖区北部区域，密度和生物量均较低，这种密度、生物量空间分布格局与滆湖的地理位置以及功能区划有密切关系，滆湖中南部与北部由滆湖大桥相间隔，可自由连通的水面相对较少，影响了底栖动物的迁移以及种群之间的交换。

随着时间向春、夏季过渡，寡毛类、摇蚊幼虫的密度有很大程度的增大，软体动物密度随季节变化不明显，其主要原因可能与不同种类底栖动物的生长习性相关。随着温度的升高，春、夏季为摇蚊幼虫在泥水界面的繁殖期，在密度方面占比较大；生物量方面，由于软体动物的特殊性，软体动物生物量所占比重较大，特别是夏、秋季。总体而言，寡毛类、摇蚊幼虫共同主导了滆湖底栖动物密度的空间分布格局；生物量方面，个体较大的软体动物在各个季度均占据绝对优势。滆湖底栖动物密度和生物量空间分布格局如图 5.16 所示。各种生物指数评价标准见表 5.8。

表 5.8　　　　　　　　　各种生物指数评价标准

Goodnight 生物指数	BPI 生物学指数	Shannon-Wiener 指数
小于 0.6 为轻污染；[0.6, 0.8] 为中污染；(0.8, 1.0] 为重污染	小于 0.1 为清洁；[0.1, 0.5) 为轻污染；[0.5, 1.5) 为 β-中污染；[1.5, 5.0] 为 α-中污染；大于 5.0 为重污染	[0, 1.0) 为重污染；[1.0, 3.0] 为中污染；大于 3.0 为轻度污染至无污染

采用 Wright 指数，从寡毛类的密度来评价水体水质，认为密度低于 100 个/m² 时无污染；100~999 个/m² 时为轻污染；1000~5000 个/m² 时为中度污染；而在 5000 个/m² 以上时为严重污染。

$$\text{Goodnight 生物指数} = \frac{\text{颤蚓类个体数}}{\text{底栖动物总数}}$$

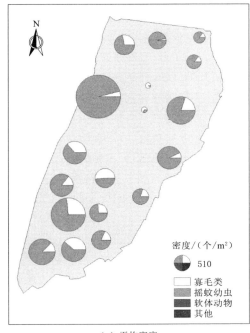

（a）平均密度

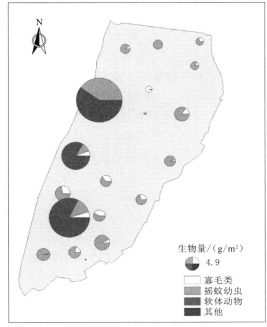

（b）全年平均生物量

图 5.16 滆湖底栖动物密度和生物量空间分布格局

$$BPI\,生物学指数 = \frac{\lg(N_1 + 2)}{\lg(N_2 + 2) + \lg(N_3 + 2)}$$

式中：N_1 为寡毛类、蛭类和摇蚊幼虫个体数；N_2 为多毛类、甲壳类、除摇蚊幼虫以外其他的水生昆虫个体数；N_3 为软体动物个体数。

$$Shannon - Wiener\,指数 = -\sum_{i=1}^{n} \frac{n_i}{N} \times \ln \frac{n_i}{N}$$

式中：n_i 为第 i 个种的个体数目；N 为群落中所有种的个体总数。

滆湖寡毛类平均密度为 24～492 个/m²，呈现由北向南递增的趋势，全湖平均密度为176 个/m²，指示水体为轻污染；Goodnight 生物指数为 0.04～0.89，整体处于轻偏中等污染状态，其中滆湖中部区域处于相对重污染状态。BPI 生物学指数均介于 1.5～4，属于 α-中污染。Shannon - Wiener 指数均在 1～2 之间波动，说明水质处于中污染状态。可以发现，四种指数评价结果均显示滆湖水质处于中度污染状态。

5. 鱼类资源

滆湖湖水营养盐丰富，螺蚬众多，饵料丰富，鱼类品种多。据调查，滆湖现有鱼类60 余种，常见的有 30 余种，主要经济鱼类 10 余种，其中天然鱼类占 70%，主要有青鱼、草鱼、鲢鱼、鳙鱼、鲤鱼、鲫鱼、鳊鱼、鳜鱼、乌鳢、黄颡鱼、红鳍白、青虾、蟹等，这些鱼类中鲫鱼数量最多。另外，20 世纪 60—80 年代初盛产的银鱼、蒙古红鲌等，现在已十分少见。

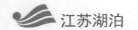

滆湖早在 1967 年，就开始在湖区放养草鱼、鲢鱼、鳙鱼、鳊鱼、鳜鱼、黑鱼、鲶鱼等，并在滆湖划定了常年繁殖保护区，制定了封湖禁捕管理制度，为滆湖定居型鱼类以及放流鱼类等营造栖息、摄食和繁育环境，稳定和提升渔业资源量。在滆湖的杂食性鱼类中，鲢鱼、鲫鱼、鲤鱼等在渔产量中占有重要的地位。2007 年，江苏省人民政府批准实施《滆湖（武进）退田（渔）还湖专项规划》，在滆湖开展了退渔还湖工作，使得滆湖的围网养殖面积缩小。近年来卫星资料显示，滆湖水域围网养殖分布面积 26108 亩。

5.6.1.5 资源开发与利用

滆湖湖泊的主要功能有公益性功能和开发性功能。公益性功能主要是指蓄洪滞涝、行水通道、水资源供给以及维护湖泊生态健康；开发性功能主要是旅游、渔业等。

20 世纪 50—80 年代，社会对粮食产量的需求增大，受此影响，滆湖在 60 年代围垦 23km^2，70 年代围垦 84km^2。滆湖农场原是滆湖的一部分，1971 年因围湖造田才变成旱地。

滆湖自然资源丰富，捕捞历史悠久，渔业生产发达，是重要的商品鱼基地。现状滆湖有鱼类 60 余种，分属 12 个目 21 科 50 属，常见的 30 余种，主要经济鱼类 10 余种，其中天然鱼类占 70%；水生植物 13 科 19 种；浮游植物 5 门 67 属 115 种；浮游动物 71 属 125 种。这些动物、植物资源是滆湖渔业生产的主要利用对象。

滆湖除了具有丰富的自然资源外，还存在大量的文化资源，包括历史传说、红色文化、军事文化、产业文化等。《常州市城市总体规划》（2011—2020）把滆湖定位为滆湖旅游休闲区。《江苏武进经济开发区总体规划》依托环滆湖地区保护开发，将建设融环保型工业、高档住宅、休闲旅游为一体的多元化经济开发区。

滆湖保护范围内湖岸线长 65.78km，其中武进区境内 42.74km，宜兴市境内 23.04km。滆湖岸线堤防大部分为渔业圩区堤防，部分地段设有人工堤防，其余依地势变化形成挡水面。滆湖内岸线项目开发利用主要有常州武进西太湖生态休闲区揽月湾、滆湖大桥。

5.6.1.6 湖泊保护

2004 年 8 月 20 日，江苏省十届人大常委会第十一次会议通过了《江苏省湖泊保护条例》。条例将面积在 0.5km^2 以上的湖泊、城市市区内的湖泊、作为城市饮用水水源的湖泊列为保护对象，遵循统筹兼顾、科学利用、保护优先、协调发展的原则，重点管理和保护。条例明确滆湖为省管湖泊。

按照《江苏省湖泊保护条例》要求，江苏省在全国率先按照一湖一规划要求，编制完成湖泊保护规划，《滆湖保护规划》已于 2006 年获省政府批准实施，该规划的定位是滆湖管理、保护、开发、利用、治理的专项总体规划，规划划定了行水通道、水功能区、生态功能区等各类功能保护区，协调了各类功能间的关系，提出公益性功能保护意见、开发利用控制指导意见、湖泊管理意见及规划实施意见，对规范滆湖管理保护发挥了重要作用。

2007 年，江苏省人民政府批准《滆湖（武进）退田（渔）还湖专项规划》（以下简称《专项规划》）。批复意见为"考虑该地区经济社会发展和工程实施需要，同意《专项规划》提出的退圩还湖 17km^2、保留 6.96km^2 作为排泥区的方案"，批复意见同时指出："实施清淤为主的退田（渔）还湖，可以恢复滆湖调蓄能力，改善滆湖水环境，促进太湖水环境综合治理，充分发挥工程效益"。根据省政府指示精神，为推进太湖流域水环境综合治理，武进区启动了滆湖退田（渔）还湖工程，按计划分年度组织实施《规划》提出了滆湖退田（渔）还湖的目标、布局、措施和实施方案。

2011年8月10日，江苏省成立了滆湖长荡湖管理与保护联席会议。联席会议制度是完善湖泊管理与保护体制机制、加强湖泊管理与保护的重要制度创新。在不打破有关地区现有湖泊管理体制，不改变有关部门涉湖管理职能前提下，将各地区和各部门涉湖管理职能整合在一起，共同推动湖泊管理与保护工作。滆湖长荡湖联席会议下设办公室，负责联席会议的日常工作。联席会议办公室设在省太湖地区水利工程管理处。2015年滆湖长荡湖管理与保护联席会议部分成员单位主要包括省水利厅、无锡市人民政府、常州市人民政府、省发展和改革委员会、省财政厅农业处、省环保厅流域处、省海洋与渔业局、省林业局、省滆湖渔业管理委员会办公室、宜兴市人民政府、金坛市人民政府、溧阳市人民政府、常州市武进区人民政府、无锡市水利局、无锡市发展和改革委员会、无锡市农业委员会、无锡市环保局、常州市水利局、常州市发展和改革委员会、常州市农业委员会、常州市环保局、宜兴市水利农机局、宜兴市发展和改革委员会、宜兴市规划局、宜兴市国土资源局、宜兴市农林局、宜兴市环保局、金坛市水利局、金坛市发展和改革委员会、金坛市规划局、金坛市国土资源局、金坛市农林局、金坛市环保局、金坛市长荡湖旅游度假区管委会、溧阳市水利（水务）局、溧阳市发展和改革委员会、溧阳市规划局、溧阳市国土资源局、溧阳市农林局、溧阳市环保局、常州市武进区水利（水务）、常州市武进区发展和改革委员会、常州市规划局武进分局、常州市国土资源局武进分局、常州市武进区农业局、常州市武进区环保局、常州市武进西太湖科技产业园、省太湖地区水利工程管理处等。

5.6.2　长荡湖

湖以澄蓝为底色，湖内片片渔帆，苇叶萧萧，芳草萋萋，景色秀丽。

5.6.2.1　基本情况

长荡湖又名洮湖（图5.17），是江苏省十大淡水湖之一，位于太湖流域上游，东经$119°30'\sim119°40'$，北纬$31°30'\sim31°40'$，地跨金坛、溧阳两市，既是两市重要的水产基地，也是该地区的水源地，还且具有调节洪涝等功能。

长荡湖的成因与太湖有密切联系。远古时代，太湖及其周围的湖群曾是个古湖。大约在6000年以前，出现的高海面曾抵达今日太湖平原以西的山麓。随后由于长江泥沙的沉积以及沿岸流、波浪和合成风向等的作用，造成了长江南岸沙咀和杭州湾北岸沙咀作钳形合抱，因而围成了古太湖。后由于泥沙的逐渐淤积，将太湖和西部的洮滆湖群分隔开来，进一步发展分离出长荡湖。长荡湖原有面积110.0余km^2，20世纪60—80年代湖泊滩地被大量围垦，

图5.17　长荡湖美景

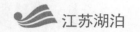

建圩 22 座，圩区面积 22.46km²，其中 60 年代围垦 1km²，70 年代围垦 20km²，80 年代围垦 2km²，使湖泊面积急剧缩小。现湖似长茄形，水位 3.40m，长 16.0km，最大宽 8.0km，平均宽 5.6km，面积 89.0km²，最大水深 1.31m，平均水深 1.10m，蓄水量 0.98 亿 m³。

5.6.2.2　水文特征

长荡湖的水量主要依赖地表径流和湖面降水补给，计有大小进出河港 44 条。丹金溧漕河是主要补给源，较大的入湖河港有大浦港、新开河（即丹金溧漕河）、温绿港、方荡港、荷花港、白石港及土山港等，其中除新开河直接引大运河及长江之水源外，其余多源自湖西部之茅山、方山、香草等。较大的出湖河流有湟里、北干、中干及南河等，湖水东入滆湖，转注太湖。

长荡湖属浅水型湖泊。平水年（1980 年）通过河道进出长荡湖的水量约 6.6 亿 m³，换水周期为 55.5 天。长荡湖年平均气温为 15.4℃。湖泊多年平均水位为 3.46m，历年最高水位为 5.66m（出现在 1969 年 7 月），历年最低水位为 2.12m（出现在 1958 年 7 月），年最大变幅 3.11m，年最小变幅 1.20m。

湖水的水色号为 14～16，呈红绿色，中部湖区透明度为 0.45～0.65m，西北部湖区透明度为 0.35m，东部一带水域透明度为 0.80m。pH 值为 8.0，总硬度 4.3（德国度），矿化度 156.24mg/L，属重碳酸盐类钙组Ⅰ型水。其他营养元素：DO 10.93mg/L，COD 3.38mg/L，$NH_4^+ - N$ 0.71mg/L，$NO_2^- - N$ 0.05mg/L，$PO_4^{3-} - P$ 0.025mg/L。

湖区属北亚热带湿润型气候，年均气温 15.4℃，1 月平均气温 2.1℃，极端最低气温 −17.0℃，7 月平均气温 28.7℃，极端最高气温 39.2℃。多年平均无霜期 241 天，降水量 1100mm，蒸发量 1058mm。多年平均水位 3.46m，历年最高水位为 5.66m（1969 年 7 月 18 日），最低水位为 2.12m（1958 年 7 月 31 日），绝对变幅为 3.11m（1969 年），最小变幅为 1.20m。湖流以风生流为主，流速为 0.17～3.00cm/s。

5.6.2.3　水质现状

1. 水质

长荡湖各站点综合水质类别为Ⅴ～劣Ⅴ类，监测成果评价详见表 5.9。经分析，现状评价的主要超标项目为总氮、总磷、五日生化需氧量、化学需氧量。为便于湖泊管理和保护工作的开展，在此分别对全湖区和各生态功能分区进行评价，重点分析主要超标项目水质变化情况。具体如下：

（1）全湖区。总氮浓度呈持续上升趋势，各季度水质类别均为劣Ⅴ类；总磷浓度呈缓慢上升趋势，水质类别均为Ⅳ类；化学需氧量浓度呈波动上升趋势，水质类别由Ⅰ类转为Ⅲ类；五日生化需氧量浓度趋势平稳，水质类别为Ⅲ～Ⅳ类。长荡湖全湖区主要超标项目浓度变化如图 5.18 所示。

（2）核心区。总氮浓度总体呈先降后升趋势，各季度水质类别均为劣Ⅴ类；总磷浓度变化较为平稳，各季度水质类别均为Ⅳ类；化学需氧量浓度呈缓慢下降趋势，各季度水质类别均为Ⅲ类；五日生化需氧量浓度变化较大，呈先降后升趋势，第 2 季度水质类别为Ⅰ类，第 1、3、4 季度为Ⅲ～Ⅳ类。长荡湖核心区主要超标项目浓度变化如图 5.19 所示。

表 5.9　　　　　　　　　　　　长荡湖水质监测成果评价表

序号	测站名称	监测月份	综合评价	pH值	溶解氧	高锰酸盐指数	化学需氧量	五日生化需氧量	总磷	总氮
1	北湖头	1	劣V	I	I	II	I	IV	III	劣V
2		2	劣V	I	I	III	III	IV	IV	劣V
3		3	V	I	I	III	I	III	IV	V
4		4	劣V	I	I	III	I	IV	IV	劣V
5		5	劣V	I	I	III	III	IV	IV	劣V
6		6	劣V	I	II	II	III	III	V	劣V
7		7	劣V	I	I	III	III	IV	IV	劣V
8		8	劣V	I	II	III	III	III	IV	劣V
9		9	劣V	I	II	III	III	IV	IV	劣V
10		10	劣V	I	I	III	III	III	V	劣V
11		11	劣V	I	I	III	III	IV	IV	劣V
12		12	劣V	I	I	III	III	IV	IV	劣V
13	洮湖4	2	劣V	I	I	III	III	IV	V	劣V
14		5	劣V	I	II	III	I	III	IV	
15		8	劣V	I	II	III	III	IV	IV	
16		11	劣V	I	II	III	III	I	IV	
17	洮湖3	2	劣V	I	I	III	III	IV	IV	劣V
18		5	劣V	I	I	III	III	I	IV	
19		8	劣V	I	II	IV	III	IV	IV	
20		11	劣V	I	II	III	I	IV	IV	
21	洮湖1	2	劣V	I	II	III	III	III	IV	劣V
22		5	劣V	I	I	III	III	I	III	
23		8	劣V	I	II	III	III	IV	IV	
24		11	劣V	I	II	III	III	IV	IV	
25	洮湖2	2	劣V	I	II	III	III	III	IV	劣V
26		5	劣V	I	I	III	III	I	IV	
27		8	劣V	I	II	III	III	III	IV	
28		11	劣V	I	II	III	III	III	IV	
29	洮湖（水北）	1	劣V	I	I	II	I	IV	III	劣V
30		2	劣V	I	I	III	III	IV	IV	
31		3	劣V	I	I	II	I	III	III	
32		4	劣V	I	I	II	I	IV	IV	
33		5	劣V	I	I	III	I	IV	IV	
34		6	劣V	I	II	III	III	IV	IV	
35		7	劣V	I	I	III	IV	I	IV	

序号	测站名称	监测月份	综合评价	pH 值	溶解氧	高锰酸盐指数	化学需氧量	五日生化需氧量	总磷	总氮
36	洮湖（水北）	8	劣 V	I	II	III	III	IV	IV	劣 V
37		9	劣 V	I	I	III	IV	IV	IV	
38		10	劣 V	I	I	III	III	III	IV	
39		11	劣 V	I	I	III	III	III	IV	
40		12	劣 V	I	I	III	III	IV	IV	

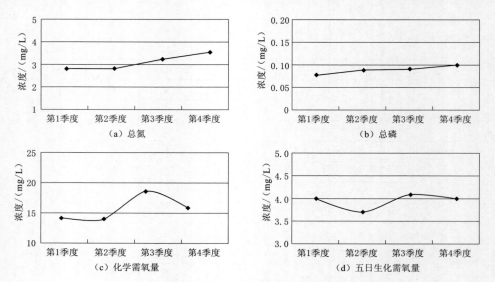

图 5.18　长荡湖全湖区主要超标项目浓度变化图

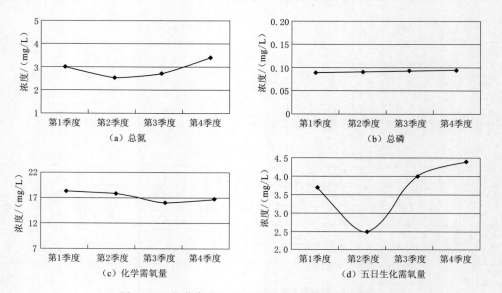

图 5.19　长荡湖核心区主要超标项目浓度变化图

（3）缓冲区。总氮浓度呈持续上升趋势，各季度水质类别均为劣Ⅴ类；总磷浓度变化较为平稳，各季度水质类别均为Ⅳ类；化学需氧量浓度呈波动上升趋势，第3季度水质类别为Ⅲ类，其他季度水质类别为Ⅰ类；五日生化需氧量浓度在4.0mg/L左右波动，水质类别为Ⅲ～Ⅳ类。长荡湖缓冲区主要超标项目浓度变化如图5.20所示。

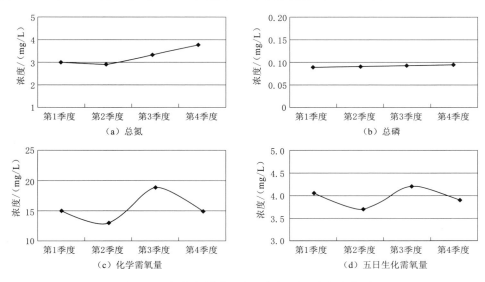

图5.20　长荡湖缓冲区主要超标项目浓度变化图

（4）开发控制利用区。总氮浓度呈上升趋势，各季度水质类别均为劣Ⅴ类；总磷浓度呈上升趋势，水质类别为Ⅳ～Ⅴ类；化学需氧量浓度呈上升趋势，水质类别由Ⅰ类转为Ⅲ类；五日生化需氧量浓度在4.0mg/L左右波动，水质类别为Ⅲ～Ⅳ类。长荡湖开发控制利用区主要超标项目浓度变化如图5.21所示。

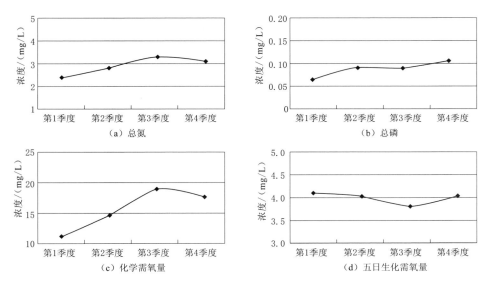

图5.21　长荡湖开发控制利用区主要超标项目浓度变化图

2. 营养状态评价

全湖及各生态分区营养状态指数基本稳定，介于 60.0～70.0，全湖及各生态分区营养状态均为中度富营养，核心区营养状态指数较为平稳；全湖区和缓冲区营养状态指数变化趋势一致，第 1、2 季度平稳，第 3、4 季度呈上升趋势；开发利用控制区营养状态指数年内呈明显上升趋势，评价结果详见表 5.10。长荡湖全湖及各生态功能分区的营养状态指数变化如图 5.22 所示。

表 5.10　　　　　　　　　　　　长荡湖营养状态指数（EI）评价表

序号	测站名称	月份	总磷		总氮		叶绿素 a		高锰酸盐指数		透明度		总评分值	评价结果
			浓度/(mg/L)	En 分值	浓度/(mg/L)	En 分值	浓度/(mg/L)	En 分值	浓度/(mg/L)	En 分值	数值/m	En 分值		
1	北湖头	1	0.041	46.4	2.14	70.4	0.0185	55.3	4.4	49.0	0.35	75.0	59.2	轻度富营养
2		2	0.070	54.1	3.17	72.9	0.0196	56.0	4.9	51.5	0.36	73.5	61.6	中度富营养
3		3	0.077	55.4	1.91	69.1	0.0206	56.6	4.1	51.0	0.45	65.0	59.4	轻度富营养
4		4	0.091	58.2	3.19	73.0	0.0212	57.0	5.5	51.0	0.60	58.0	59.4	轻度富营养
5		5	0.080	56.0	2.15	70.4	0.0215	57.2	5.6	50.1	0.40	70.5	60.8	中度富营养
6		6	0.102	60.2	3.09	72.7	0.0203	56.4	6.8	49.0	0.38	72.0	62.1	中度富营养
7		7	0.086	57.2	3.14	72.9	0.0221	57.6	3.9	51.2	0.39	71.0	62.0	中度富营养
8		8	0.089	57.8	3.45	73.6	0.0231	58.2	6.0	50.7	0.40	70.5	62.2	中度富营养
9		9	0.091	58.2	3.28	73.2	0.0267	60.2	4.6	51.0	0.62	57.6	60.0	轻度富营养
10		10	0.136	63.6	3.37	73.4	0.0254	59.6	4.5	51.8	0.32	78.0	65.3	中度富营养
11		11	0.089	57.9	3.27	73.2	0.0214	57.1	4.2	50.9	0.41	68.5	61.5	中度富营养
12		12	0.088	57.6	2.60	71.5	0.0202	56.4	4.1	51.0	0.48	62.0	59.7	轻度富营养
13	洮湖 4	2	0.103	60.3	3.10	72.8	0.0195	55.9	5.0	53.2	0.33	77.0	63.8	中度富营养
14		5	0.083	56.6	2.88	72.2	0.0187	55.4	5.4	50.5	0.36	74.0	61.7	中度富营养

序号	测站名称	月份	总磷		总氮		叶绿素 a		高锰酸盐指数		透明度		总评分值	评价结果
			浓度/(mg/L)	En分值	浓度/(mg/L)	En分值	浓度/(mg/L)	En分值	浓度/(mg/L)	En分值	数值/m	En分值		
15	洮湖4	8	0.089	57.8	3.22	73.1	0.0191	55.7	4.4	54.0	0.37	73.0	62.7	中度富营养
16		11	0.096	59.2	3.50	73.8	0.0183	55.2	4.7	53.0	0.33	77.0	63.6	中度富营养
17	洮湖3	2	0.091	58.2	3.04	72.6	0.0189	55.6	4.7	52.0	0.37	73.0	62.3	中度富营养
18		5	0.080	56.0	2.17	70.4	0.0203	56.4	5.1	51.2	0.38	72.0	61.2	中度富营养
19		8	0.087	57.4	2.72	71.8	0.0228	58.0	6.6	55.5	0.38	72.0	62.9	中度富营养
20		11	0.088	57.6	3.42	73.5	0.0182	55.1	5.2	53.5	0.37	73.0	62.5	中度富营养
21	洮湖2	2	0.087	57.4	2.99	72.5	0.0182	55.1	4.9	52.0	0.35	75.0	62.4	中度富营养
22		5	0.084	56.8	2.51	71.3	0.0185	55.3	5.5	52.0	0.35	75.0	62.1	中度富营养
23		8	0.088	57.6	2.61	71.5	0.0209	56.8	5.0	52.3	0.37	73.0	62.2	中度富营养
24		11	0.091	58.2	3.66	74.2	0.0182	55.1	4.9	52.0	0.36	74.0	62.7	中度富营养
25	洮湖1	2	0.089	57.8	3.02	72.6	0.0194	55.9	5.0	53.0	0.38	72.0	62.3	中度富营养
26		5	0.091	58.2	2.53	71.3	0.0198	56.1	5.2	52.3	0.37	73.0	62.2	中度富营养
27		8	0.092	58.4	2.68	71.7	0.0214	57.1	4.9	52.7	0.39	71.0	62.2	中度富营养
28		11	0.094	58.8	3.38	73.4	0.0184	55.3	4.6	52.0	0.38	72.0	62.3	中度富营养
29	洮湖（水北）	1	0.043	47.2	2.06	70.2	0.0164	54.0	4.6	49.0	0.41	69.0	57.9	轻度富营养
30		2	0.087	57.4	3.49	73.7	0.0190	55.6	4.7	52.2	0.41	69.0	61.6	中度富营养
31		3	0.095	59.0	3.33	73.3	0.0193	55.8	4.9	49.5	0.57	58.5	59.2	轻度富营养
32		4	0.091	58.2	3.48	73.7	0.0193	55.8	5.4	49.8	0.58	58.4	59.2	轻度富营养
33		5	0.082	56.5	3.04	72.6	0.0193	55.8	5.5	50.2	0.46	64.3	59.9	轻度富营养

| 序号 | 测站名称 | 月份 | 总磷 | | 总氮 | | 叶绿素a | | 高锰酸盐指数 | | 透明度 | | 总评分值 | 评价结果 |
			浓度/(mg/L)	En分值	浓度/(mg/L)	En分值	浓度/(mg/L)	En分值	浓度/(mg/L)	En分值	数值/m	En分值		
34	洮湖（水北）	6	0.094	58.8	3.32	73.3	0.0192	55.7	6.3	50.7	0.45	65.5	60.8	中度富营养
35		7	0.089	57.8	4.04	75.1	0.0198	56.1	4.4	50.5	0.54	59.2	59.7	轻度富营养
36		8	0.093	58.5	3.36	73.4	0.0200	56.3	4.8	50.7	0.47	63.3	60.4	中度富营养
37		9	0.089	57.9	3.90	74.7	0.0225	57.8	4.7	50.6	0.45	65.0	61.2	中度富营养
38		10	0.095	59.0	3.75	74.4	0.0200	56.3	5.4	53.0	0.38	72.0	62.9	中度富营养
39		11	0.093	58.7	3.80	74.5	0.0204	56.5	5.0	50.5	0.43	66.7	61.4	中度富营养
40		12	0.090	58.1	4.39	76.0	0.0196	56.0	3.6	51.0	0.49	60.5	60.3	中度富营养

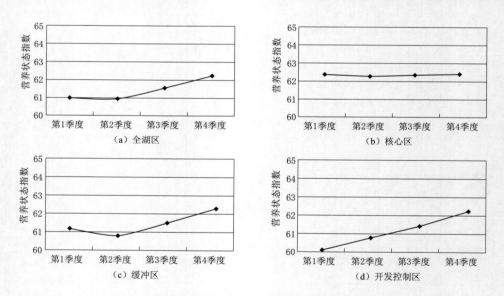

图5.22 长荡湖全湖及各生态功能分区营养状态指数变化图

5.6.2.4 水生态特征

1. 高等水生植物

长荡湖水生高等植物共计10种，分别隶属于8科。按生活型计，挺水植物4种，沉水植物4种，浮叶植物2种，其中绝对优势种为挺水植物芦苇、浮叶植物荇菜和欧菱。具体见表5.11。

表 5.11 长荡湖大型水生高等植物种类组成及生活型

序号	大型水生高等植物种类	4 月	8 月	生活型
1	金鱼藻科			
	金鱼藻	√	√	沉水
2	菱科			
	欧菱	√	√	浮叶
3	莼菜科			
	水盾草	√	√	沉水
4	小二仙草科			
	穗花狐尾藻	√	√	沉水
5	龙胆科			
	荇菜	√	√	浮叶
6	眼子菜科			
	菹草	√		沉水
	竹叶眼子菜		√	沉水
7	水鳖科			
	黑藻	√		沉水
	伊乐藻	√		沉水
8	禾本科			
	芦苇	√	√	挺水
	菱草	√	√	挺水
	稗		√	挺水
9	浮萍科			
	浮萍	√		漂浮
10	香蒲科			
	狭叶香蒲	√		挺水
11	苋科			
	喜旱莲子草	√	√	挺水

　　长荡湖调查数据显示芦苇出现频度最高，达到 55%，其他植物频度为 5%~35%。

　　长荡湖 4 月 20 个样点水生植物平均生物量为 2.12kg/m²，其中西北部单位面积生物总量最高，为 6.00kg/m²；长荡湖 8 月 20 个样点水生植物平均生物量为 1.02kg/m²，其中西北部部分位置单位面积生物总量最高，为 2.8kg/m²。

　　近 30 年来，水生植物种类数减少虽然不多，但在其生长区域的生物量急剧地下降。长荡湖平均生物量分别为 2.67kg/m² 和 2.5kg/m²。

　　2. 浮游植物

　　长荡湖共观察到浮游植物 85 属 111 种，其中绿藻门的种类最多，有 39 属 56 种；其次硅藻门，有 17 属 20 种；蓝藻门 13 属 16 种；裸藻门 5 属 6 种；金藻门 5 属 6 种；甲藻

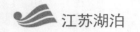

门3属3种；隐藻门2属3种；黄藻门1属1种。

长荡湖浮游植物优势种随时间出现明显变化，其中长荡湖春季浮游植物优势种为纤维藻、四尾栅藻、啮蚀隐藻、细小平裂藻、颤藻、伪鱼腥藻、维盖拉鱼腥藻、鱼腥藻；夏季浮游植物优势种为颗粒直链藻、水华束丝藻、颤藻、伪鱼腥藻、维盖拉鱼腥藻、鱼腥藻、卷曲鱼腥藻、隐球藻；秋季浮游植物优势种为颗粒直链藻、颗粒直链藻极狭变种、尖尾蓝隐藻、水华束丝藻、细小平裂藻、微囊藻、颤藻、伪鱼腥藻、鱼腥藻、卷曲鱼腥藻；冬季浮游植物优势种为纤维藻、衣藻、四尾栅藻、小环藻、颗粒直链藻极狭变种、变异直链藻、色金藻、啮蚀隐藻、尖尾蓝隐藻、细小平裂藻、伪鱼腥藻。

长荡湖各样点浮游植物丰度以夏季最高，其次是秋季，冬季时浮游植物的平均丰度处于最低值（图5.23）。春季浮游植物平均丰度为1.73×10^7个/L；夏季平均丰度为8.44×10^7个/L；秋季平均丰度为4.36×10^7个/L；冬季平均丰度为8.51×10^6个/L。这主要是因为长荡湖夏季主要优势种硅藻门颗粒直链藻和蓝藻门的伪鱼腥藻细胞丰度的增加；秋季主要优势种蓝藻门的细小平裂藻、微囊藻和伪鱼腥藻细胞丰度的增加。长荡湖四个季节各采样点浮游植物的平均丰度如图5.25所示。

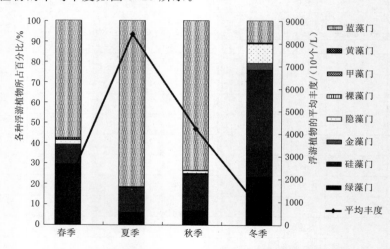

图5.23 长荡湖四个季节各采样点浮游植物的平均丰度

图5.24反映了长荡湖各采样点浮游植物丰度的时间变化：2月长荡湖各点浮游植物平均丰度为全年最低值只有3.16×10^6个/L，随着月份的增长，浮游植物平均丰度值逐渐增大，在8月达到全年最高值1.29×10^7个/L，进入9月以后浮游植物平均丰度逐渐减小。

利用Pantle-Buck污染指数对长荡湖的水体状况进行评价，长荡湖的平均污染指数约为2.87，说明长荡湖整体处于富营养（重度污染）状态。另外，通过计算长荡湖浮游植物的多样性指数，年平均值为3.34，从多样性指数可以判断该水体属于贫营养。从浮游植物的均匀度来看，各样点的年平均值为0.31，指示该为中营养（轻度污染）水体。综合上述各项指标，长荡湖是一个冬季硅藻占优势，其他季节蓝藻占优势的中—富营养型湖泊。

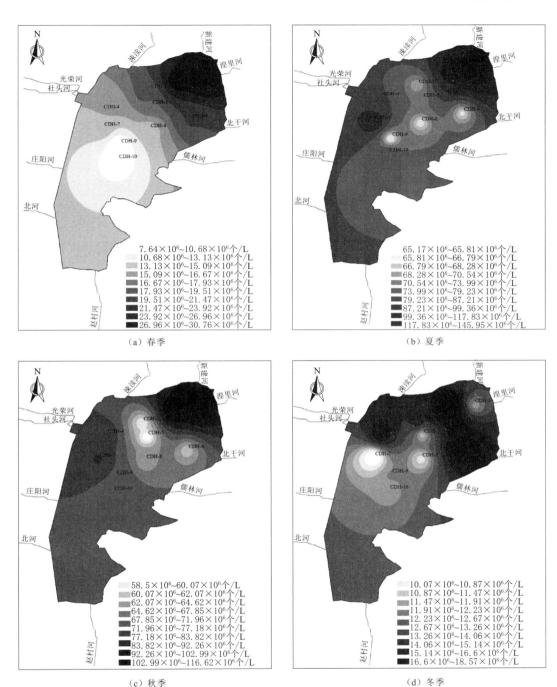

图 5.24 不同季节长荡湖浮游植物丰度空间分布差异

3. 浮游动物

长荡湖水样镜检测到的浮游动物种类共有 74 种（含桡足类的无节幼体和桡足幼体），其中原生动物 23 种，占总种类的 31.1%；轮虫 30 种，占总种类的 40.5%；枝角类 10

种，占总种类的 13.5％；桡足类 11 种，占总种类的 14.9％。

长荡湖的浮游动物大都属寄生性种类。长荡湖中的浮游动物优势种，原生动物有钟形虫、侠盗虫、球形砂壳虫、瓶砂壳虫、尖顶砂壳虫、巢居法帽虫、王氏似铃壳虫；轮虫有：螺形龟甲轮虫、曲腿龟甲轮虫、角突臂尾轮虫、萼花臂尾轮虫、针簇多肢轮虫、长肢多肢轮虫；枝角类有长肢秀体溞、简弧象鼻溞、卵形盘肠溞、角突网纹溞；桡足类有广布中剑水蚤、近邻剑水蚤。此外还有无节幼体和桡足幼体。长荡湖见到的浮游动物都属普生性种类。

长荡湖周年浮游动物的总数量年平均为 2653.6 个/L。其中原生动物的总数量年平均为 1026.7 个/L，占浮游动物总数量年平均的 38.7％；轮虫的总数量年平均为 1591.7 个/L，占浮游动物总数量年平均的 60.0％；枝角类的总数量年平均为 18.6 个/L，占浮游动物总数量年平均的 0.7％；桡足类的总数量年平均为 16.6 个/L，占浮游动物总数量年平均的 0.6％。数据反映，长荡湖浮游动物的总数量是由轮虫数量多寡决定的，其次是原生动物的数量；枝角类和桡足类的数量较少，占总数量的 1.3％。长荡湖浮游动物各种类数量的逐月变化如图 5.25 所示。

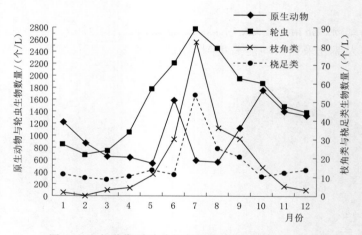

图 5.25 长荡湖浮游动物各种类数量的逐月变化图

长荡湖浮游动物的总生物量年平均为 3.7027mg/L。其中原生动物的生物量为 0.0513mg/L，占浮游动物总生物量的 1.4％；轮虫的生物量为 2.7058mg/L，占浮游动物总生物量的 73.1％；枝角类的生物量为 0.4098mg/L，占浮游动物总生物量的 11.1％；桡足类的生物量为 0.5358mg/L，占浮游动物总生物量的 14.4％。原生动物与轮虫的生物量周年变化与它们的数量周年变化趋势相似，但枝角类与桡足类的生物量周年变化特征与它们的数量周年变化有些不同。虽然枝角类与桡足类的数量年均总和占浮游动物总数量的 1.3％，可它们的生物量却占到 25.5％；枝角类与桡足类组成的浮游甲壳类生物量的大起大落是长荡湖浮游动物生物量变化的一个特点。长荡湖浮游动物各种类生物量的逐月变化如图 5.26 所示。长荡湖浮游动物年平均密度和生物量空间分布如图 5.27 所示。

由图 5.27（a）可知，长荡湖浮游动物各采样点年均生物密度空间差异不显著，其变化范围为 2150.4～3484.2 个/L。

4. 底栖动物

长荡湖共鉴定出底栖动物 19 种（属），其中摇蚊科幼虫种类最多，共计 8 种；寡毛类次之，共 6 种，主要为寡毛纲颤蚓科的种类；其次为软体动物，共 3 种；其他包括蛭类 1 种（扁舌蛭）以及多毛类沙蚕 1 种。

长荡湖底栖动物密度和生物量被少数种类所主导。密度方面，寡毛类的苏氏尾鳃蚓和霍甫水丝蚓，摇蚊科幼虫的中国长

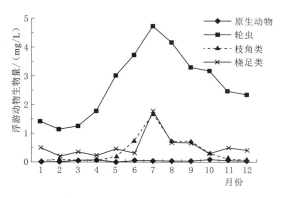

图 5.26 长荡湖浮游动物各种类生物量的逐月变化图

足摇蚊、半折摇蚊以及雕翅摇蚊，分别占总密度的 9.05％、7.81％、60.59％、5.95％和 3.72％。生物量方面，由于软体动物个体较大，软体动物的环棱螺在总生物量上占据绝对优势，达到 60.31％，纹沼螺、长角涵螺、苏氏尾鳃蚓、中国长足摇蚊以及半折摇蚊所占比重次之，分别为 22.28％、1.91％、13.72％、9.75％和 4.58％。从 19 个物种的出现频率来看，苏氏尾鳃蚓、霍甫水丝蚓、中国长足摇蚊以及半折摇蚊等几个种类是长荡湖最常见的种类，其在大部分采样点均能采集到。综合底栖动物的密度、生物量以及各物种在

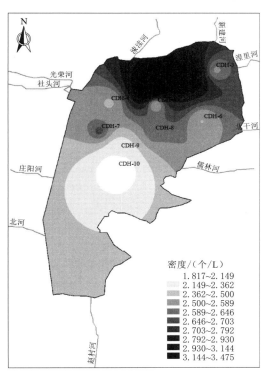

（a）全年平均密度

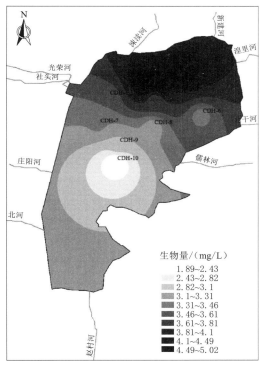

（b）全年平均生物量

图 5.27 长荡湖浮游动物年平均密度和生物量空间分布

10 个采样点的出现频率，利用优势度指数确定优势种类，结果表明长荡湖现阶段的底栖动物优势种主要为中国长足摇蚊、苏氏尾鳃蚓、环棱螺以及霍甫水丝蚓。

与以往相比，长荡湖底栖动物在种类、密度以及生物量等三个方面变化趋势如下：

（1）种类方面，长荡湖生态监测检出的底栖动物共 19 种（属），包括寡毛类、摇蚊幼虫、软体动物以及其他 4 大类，与以往相类似，种类均为 19 种（属），其中摇蚊幼虫减少 1 种、软体动物减少 1 种、扁舌蛭以及多毛类沙蚕各增加 1 种。

（2）密度方面，以往长荡湖底栖动物优势种中国长足摇蚊、苏氏尾鳃蚓以及霍甫水丝蚓的密度分别为 35.7 个/m²、14.1 个/m²、14.3 个/m²，目前中国长足摇蚊、苏氏尾鳃蚓以及霍甫水丝蚓的密度分别为 194.05 个/m²、25.00 个/m²、28.97 个/m²，底栖动物优势种密度均有大幅的升高，中国长足摇蚊、苏氏尾鳃蚓以及霍甫水丝蚓分别升高了 4.44 倍、0.77 倍和 1.03 倍。

（3）生物量方面，以往中国长足摇蚊、苏氏尾鳃蚓以及霍甫水丝蚓的生物量分别为 1.385g/m²、6.831g/m²、0.231g/m²，目前中国长足摇蚊、苏氏尾鳃蚓以及霍甫水丝蚓的生物量分别为 9.750g/m²、13.720g/m²、0.860g/m²，中国长足摇蚊、苏氏尾鳃蚓以及霍甫水丝蚓分别升高了 6.04 倍、1.01 倍和 2.72 倍。

长荡湖底栖动物全年平均密度和生物量空间分布格局如图 5.28 所示。总体而言，生物量较密度空间差异更大。从图 5.28（a）可以看出，在全年平均中各采样点空间密度分布相对均匀，底栖动物密度较高的采样点主要分布在长荡湖的北部以及西部区域，这些区域正好处于长荡湖生态净化与恢复区，说明湖泊生态净化与恢复对长荡湖底栖动物密度贡

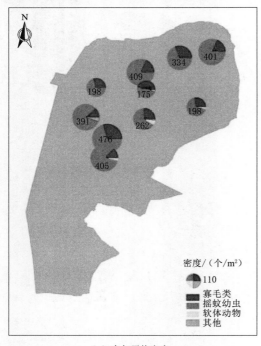

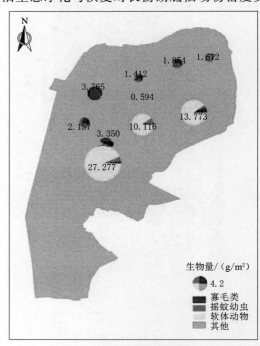

（a）全年平均密度　　　　　　　　　　　　　（b）全年平均生物量

图 5.28　长荡湖底栖动物年平均密度和生物量空间分布格局

献较大，长荡湖底栖动物最大密度出现在南部采样点，最大值为 476 个/m²；底栖动物密度较低的采样点主要分布在长荡湖的中部区域，大部分分布在长荡湖资源保留区以及渔业资源自然繁殖保护区，长荡湖底栖动物最小密度出现在湖心区采样点，最小值为 175 个/m²，正好位于渔业资源自然繁殖保护区。而底栖动物生物量方面，从图 5.28（b）可以看出，区域分布特征更加明显，生物量较大的采样点主要分布在长荡湖的东南部，主要位于长荡湖资源保护区和生态养殖与景观娱乐区附近区域，其中软体动物占据绝对主导地位。长荡湖底栖动物最大生物量出现在南部采样点，最大值为 27.277g/m²；最小生物量出现在湖心区采样点，最小值为 0.594g/m²。位于渔业资源自然繁殖保护区的湖心区采样点底栖动物密度及生物量均表现出最低值，说明长荡湖渔业资源自然繁殖保护区的区域功能性作用明显。长荡湖底栖动物呈现区域特性主要原因可能由于长荡湖近几年养殖围网的拆除，底栖动物作为鱼类的优良饵料，缺少了天敌，有利于底栖动物的生长繁殖。

5. 鱼类

长荡湖计有鱼类 60 余种，主要经济鱼类有鲤、鲫、鳊、鲌、鳜、乌鳢、黄颡等。原渔业生产纯系天然捕捞。20 世纪 70 年代初期，开始少量投放青、草、鲢、鳙、团头鲂、鲤等鱼种，初见成效。1983 年起，在湖中建起网围养殖 0.63hm² 的试验区，大显成效，迄至 1987 年，全湖围网养殖面积发展到 1200hm²，养殖产量由 3250.8kg 猛增到 165 万 kg。到 1989 年，全湖渔业总产量 324 万 kg，其中网围养殖产量 184 万 kg。

近几十年来，长荡湖由于人类活动的干扰，如围垦、围网养殖、超标污水排放、水草的滥采滥收等，使得原先的生态系统遭到破坏，生态结构有较大的变化，产生湖泊水质急剧恶化、水草资源严重衰退、湖泊富营养化和沼泽化加速等严重的生态问题，直接威胁到湖泊的存亡，影响到当地的经济发展和人民的生命健康，以下是长荡湖存在的主要生态问题：

（1）湖水水质较差。随着区域经济的快速发展和小城镇建设进程的加快，大量生活污水和工业废水直接或间接进入湖体、农业生产中化肥和农药过量投入，加之密度过大的网围水产养殖，长荡湖自然生态系统遭受严重破坏，水体富营养化问题十分突出，水环境压力不断增大。

丹金溧漕河是长荡湖的主要补给源，上游来水污染负荷较重。据历年监测，丹金溧漕河入境断面黄埝桥的高锰酸盐指数为 416～514mg/L。同时，丹金溧漕河也是金坛市的主要纳污河流，该市 70% 以上区域人口的农业面源、水产养殖、生活污水和工业废水都排入丹金溧漕河。由于入湖水质较差，必然会对长荡湖水质产生重要影响。集水域工业废水、城市污水、垃圾淋滤和农田施肥降水径流以及畜禽、水产养殖污染物经河道进入长荡湖；而且境外上游来水中污染物浓度较高，使流入长荡湖的污染物总量居高不下。集水域点源、面源排放进入水体的污染物和境外上游来水中的污染物自净降解后约有 56% 经河道流入长荡湖。

（2）网围养殖密度过大。据统计，长荡湖的网围养殖面积达 3907hm²，占全湖可利用水面的 58.6%，过大面积的养殖既削弱了湖泊调控能力，又大量消耗了各类水生生物和植物资源，破坏了湖体生态平衡，加快了水质的恶化。另外因水产养殖每年要向湖中投放 600 多万 kg 水产饲料，湖泊富营养化进程加快。据调查，全湖网围养殖区水草覆盖率

仅 30%。

(3) 水草资源衰退。新中国成立初期，长荡湖水生植被覆盖率为 90% 左右。20 世纪 60—80 年代，由于围湖造田，使湖周大片湿地和芦苇滩变成了农田和鱼池，长荡湖面积缩小到目前的 89km²；而 80 年代后的大面积高密度网围养殖，更打乱了湖中水生植被的自然演变过程，遍布湖区的杂乱无章的竹桩及网围，不仅使原先的优美湖光黯然失色，而且阻碍了湖流和风浪，影响水体的交换，造成低等水生植物大量繁殖，水体透明度降低，网围内水底植被因得不到光照而死亡。

目前长荡湖水草覆盖率已下降到 53%，养殖区水草覆盖率更下降到 10%~30%。由于水草对藻类繁殖的抑制作用大大削弱，藻类（特别是蓝藻）暴发的可能性大大增加。由于水底植被覆盖率和水草生物量大大减少，从而减少了水草对氮、磷等营养物质的吸收利用和水体对污染物的降解、净化能力，而且使底泥中污染物的释放再悬浮大大增加。另外，湖流弱、湖水交替周期短，受下游高水位顶托和倒流影响，主体自净能力下降，污染加重，同时也影响水草的生长，而水草腐烂，更进一步加剧水体污染。

(4) 下游水位持高不下。太湖流域雨季长且雨量大，再加上太湖下游泄洪闸——太浦闸持续关闭，长江及太湖水位居高不下，不但不能顺利泄洪，反而产生倒流。这样不仅额外增加了新的污染源，而且使得长荡湖由原先的过水湖变成了屯水湖。换水周期延长，湖水自净能力下降，加剧了湖水水质的恶化。

(5) 湖中底泥淤积过深。由于长年累积，长荡湖底泥平均厚度已达 0.5m，经常出现鱼群"漂头"现象。由于底泥的存在，即使污染物的输入降到最低水平，但由于原有污染物在底泥和生物体内的积累，加之湖中近年来藻类种群结构的逐步改变和其生长繁殖周期短等特点，湖体富营养化也难以得到有效控制。长荡湖的百年沉积速度平均为 0.24cm/a，但近几十年来，特别是 20 世纪 70—80 年代以来的沉积速度明显加快，使得湖底淤泥加厚，湖泊寿命缩短。

5.6.2.5 资源开发与利用

控制河道入湖污染物总量，扩大湖底植被覆盖率，逐步压缩水产养殖面积并调整养殖布局，恢复水草生长并中位收割。

5.6.3 东氿、西氿及团氿

西氿、团氿、东氿（以下简称"三氿"）位于江苏省宜兴市境内，由西而东穿城而过。三氿地处太湖以西、滆湖以南、铜官山北麓、宜城镇两侧，沿岸涉及宜兴市 3 个镇、3 个街道、1 个环科园、1 个经济园区、24 个行政村、若干社区。西氿地理位置大致在东经 119°43′56″，北纬 31°23′48″；团氿大致在东经 119°47′56″，北纬 31°22′25″；东氿大致在东经 119°52′7″，北纬 31°21′7″。三氿属太湖流域湖西区。

三氿系潟湖演变所形成，属古太湖湖泊群的一部分。

三氿彼此连通，呈串珠状东西延伸，为浅水湖泊。西氿一般湖底高程-0.90 (1.03)m，平均水深 2.3m，正常蓄水位 1.40 (3.33)m，对应蓄水量 0.19550 亿 m³；湖泊面积为 8.5km²，周长约 19km。团氿一般湖底高程-0.60 (1.33)m，平均水深 2.00m，正常蓄水位 1.40 (3.33)m，对应蓄水量 0.05600 亿 m³；湖泊面积为 2.8km²，周长约 8.37km。东氿一般湖底高程-0.40 (1.53)m，平均水深 1.80m，正常蓄水位 1.40 (3.33)m，对应蓄水量 0.13680 亿 m³；湖泊面积为 7.6km²，周长约 23.91km。

三氿历史最高水位 3.37（5.70）m（1991 年 7 月 13 日）；最低水位 0.34（2.27）m（1978 年 9 月 9 日）；多年平均水位 1.3（3.23）m；多年平均高水位 2.23（4.16）m；多年平均低水位 0.78（2.71）m，警戒水位 2.27（4.20）m。

进出湖河道为三氿受溧阳、金坛和长荡湖、滆湖来水，由西氿经团氿至宜城镇 6 条河（城南河、升溪河、南虹河、长桥河、太滆河、宜北河）汇大溪河入东氿，再经大浦港、城东港、洪巷港入太湖。三氿南为铜官山，西面与北面河网纵横，水系发达，主要有邮芳河、屋溪河、桃溪河、梅家渎港、红星河、吴家渎港、老湛渎港、横塘河、蠡河、施荡河等河流汇入。

三氿的主要功能为防洪调蓄、供水、航运、渔业养殖、旅游。

6

秦淮河流域及青弋江、水阳江流域

6.1 基本情况

6.1.1 地理位置及地质地貌

秦淮河流域位于长江下游，江苏省西南部，长宽各约 50km，总面积 2631km²。地形四面环山，中间低平，成一完整的山间盆地。四周山地海拔 248.00～448.00 (249.93～449.93)m (1985 国家高程基准，括号中为吴淞高程基准，下同)，北为宁镇山地，南为横山和东庐山，西面为牛首山、云台山，东到句容市茅山。山地内侧分布大片黄土岗地，海拔 18.00～58.00 (19.93～59.93)m；沿秦淮河两侧是低平的河谷平原，海拔 3.00～8.00 (4.93～9.93)m；素有"五山一水四分田"之称。流域涉及南京、镇江两市及所辖溧水、句容两县（市），其中句容占 33.4%，溧水占 17.9%，南京市（区）占 48.7%，流域内丘陵山区的面积占总面积的 78%，其余为低洼圩区和湖河水面。

根据《江苏省湖泊保护条例》，秦淮河流域列入《江苏省湖泊保护名录》的湖泊有 8 个，分别为赤山湖、葛仙湖、玄武湖、莫愁湖、百家湖、前湖、紫霞湖、月牙湖，湖泊面积为 12.875km²。按行政区划分属于镇江市的句容市，南京市的玄武区、鼓楼区、建邺区、白下区、秦淮区、江宁区。

6.1.2 形成及发育

1. 赤山湖

赤山湖处于秦淮河水系上游，为秦淮河的源头之一。最初赤山湖是由局部洼地形成的天然湖荡，承接江宁、溧水、句容等上游汇水，湖面极为广阔。自三国吴赤乌二年（239年）筑赤山塘，赤山湖已有 1700 多年的修浚史。历史上赤山湖湖区范围变化很大，湖面极为广阔，后因上游的泥沙淤积及人为围垦，导致湖面面积萎缩。从南北朝时期至民国末期，赤山湖共经历了 12 次较大范围的修浚工作。早在唐宋时期，赤山湖就已拥有完备的湖泊管理体系，通过设置水则等水利设施，制定严格的湖条（湖泊管理制度），通过湖长、堰长进行管理，保障周边地区的农田灌溉需求。近现代，赤山湖的主要功能为蓄洪减峰、蓄水抗旱。20 世纪 70 年代，赤山湖面积进一步缩小，湖内沿河加筑内堤圈筑鱼池。2009 年赤山湖仅剩 2.3km² 环河，湖泊蓄滞洪功能丧失殆尽。为恢复湖区的水利功能，2010 年正式启动退渔还湖综合治理工程。经过几年建设，共开挖土方 1500 万 m^3，赤山湖地区原有万亩精养鱼塘全部退还为湖泊。赤山湖由原来的 $2.3km^2$ 扩大至 $10.3km^2$，形成环河行洪、内湖区滞洪、白水荡分洪三位一体的全新格局。防洪标准提高至 50 年一遇，有效地保障了周边地区和下游地区的安全。

2. 葛仙湖

葛仙湖原系自然湖泊，形成原因不详，随着人类生产活动和自然淤积不断演变，葛仙湖已被城市包围，成为城区的一部分。目前葛仙湖已开发成为句容市城区西部的城市公园。

3. 玄武湖

一般认为玄武湖系构造湖，经地质学家对湖畔地质、地貌特征的周密研究，又分析了湖底打出来的岩芯样品以后发现，沿紫金山北坡经富贵山、九华山、北极阁诸山的北麓，曾有一条发生在几千万年甚至一亿多年以前的古老而较大的断层，而位于玄武湖以北的小红山南麓，也有一条呈东西向延展的较小断层，就好像在南京城北的大地上砍过两刀，两刀之间的中生代沉积地层曾发生过地堑式的整体下陷，再加之"刀痕"所经之处，岩石较为软弱，极易风化，在经历了万年的长期风化侵蚀以后，渐渐被溶蚀成一处低洼积水的湖泊，湖水向四周浪击侵蚀，扩大水域，终于孕育成玄武湖。玄武湖古名桑泊。秦时称秣陵湖，汉末改称蒋陵湖；东吴宝鼎二年（267 年），开凿北渠引玄武湖水入内秦淮河，湖名改称后湖；东晋太兴二年（319 年），沿玄武湖南岸筑长堤，以壅北山之水训练水军。因玄武湖在金陵城北，故又更名北湖；南朝宋元嘉二十三年（446 年），因出于都城"四神布局"的需要，湖名改称玄武，宋文帝对玄武湖进行了一次大规模的整治，将湖底的淤泥堆积在一起，成了露出水面的小岛，其中最大的为"蓬莱""方丈""瀛洲"三岛，为今天玄武湖中梁洲、环洲和樱洲的前身。南朝时玄武湖还有昆明池、饮马塘、练湖、习武湖、练武湖等名称。陈太建十一年（579 年），在玄武湖内训练的水兵达十万人，战船 500 艘。当时，玄武湖水面极为辽阔，"北至红山，西限卢龙"，面积是今天的 4 倍，且与长江相通。北宋熙宁八年（1075 年），为了解决荒年平民的生活问题，神宗皇帝批准王安石奏议，将玄武湖泄水为田，玄武湖几乎消失。元大德五年（1301 年）至正三年（1343 年），为解决城市水涝问题，重新疏浚改田为湖，湖的面积大为缩小，废湖为田的时间长达 268 年。明朝洪武四年（1371 年），明太祖朱元璋兴建南京城墙时将玄武湖南侧的城墙位置向北推移，西侧城墙把西家大塘部分划入城内，又在太平门外筑太平堤，把湖水约束在堤西，玄武湖湖面明显缩小，约为六朝时的三分之一。明洪武十四年（1381 年），明太祖将所造黄册（人口统计册）、鱼鳞册（田亩统计册）储于后湖，因此又称"黄册库"。玄武湖从此成为一代禁地，与外界隔绝了 260 多年。清朝后期，玄武湖逐渐开放，进行水面养殖，清宣统元年（1909 年），玄武湖成为公园。民国 17 年（1928 年），国民党政府把玄武湖改名为"五洲公园"，玄武湖面积进一步萎缩，但周长仍有 12km。新中国成立后，南京市人民政府为了给市民一个游玩闲憩的好去处，大力整治玄武湖。20 世纪 50 年代，增开解放门，建成连接菱洲的台菱长堤，使进出玄武湖的城门由玄武门一个变成两个。在《江苏省湖泊保护条例》（2004 年）发布以前，侵占玄武湖湖面的现象时有

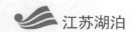
发生，自 1986 年开始，水上运动学校占湖 2 万 m²；高尔夫球馆填湖 460m²；玄武门广场侵湖 800m²；2002 年建沿湖新景点填湖 1600m²；花博会填湖 1.24 万 m²；莲花广场填湖 1000m²。

4. 莫愁湖

一般认为莫愁湖系河成湖，由长江古河道的遗留部分演变而成。现在倾向于第二种说法：六朝时期，长江自西向东沿着南京城的两侧流过，与东来的秦淮河之水在石头城下交融汇合，逐渐淤积成一片片沙滩。后来长江改道西移，淤积的沙滩又逐渐扩展，其秦淮河的出口处也向西北方向逐渐推移，在这里留下了一些湖泊池塘。莫愁湖就是位于当时秦淮河和长江交汇处废河道上的一个湖泊，南唐时称横塘。因其傍依古石头城，故又称"石城湖"。明初，莫愁湖进行了大规模开发建设，沿湖畔筑楼台 10 余座，一时热闹非凡，被誉为"金陵第一名胜""第一名湖"。后随着战乱，政权更迭，几度兴衰。1929 年莫愁湖辟为公园。1952 年前后，党和政府对其中的胜棋楼、郁金堂、赏荷厅、回廊、方厅，粤军烈士墓等进行了整理修缮，1958 年开始浚湖，放干湖水进行全面疏浚，湖面由原来的 0.18km² 扩大到 0.33km²，湖底挖深到标高 2.57（4.5）m，共挖土方 23 万 m³，在湖中造湖心岛 2600m²，新建成湖心亭、水榭、长廊、六角亭等。在陆地上堆山筑路，广植树木，于 1959 年 10 月 1 日正式对游人开放。

5. 百家湖

百家湖原为一个天然小湖泊，形成原因不详，古时曾为牧马场所，曾名马牧湖（或称马牧浦），后因灌溉周围的百家农田，更名为百家湖。以农用为主，主要用于养鱼和农业灌溉。湖区建有水产养殖场。随着江宁区城市化进程的加快，这里已经变成国家级经济开发区。1995 年，江宁开发区管委会征收后，组织人工开挖扩大成人工湖，现在这里已经成为江宁开发区的景观中心地带。

6. 前湖

一般认为前湖系构造湖，是一个和钟山湖基本同时形成的自然沉陷的湖泊。前湖为古燕雀湖的一部分，是燕雀湖于明初被填后留下的残迹，因位于明城墙以外得以保留。燕雀湖自古有之，因在紫金山南，故称前湖，玄武湖在山北，原称后湖。燕雀湖面积很大，东临钟山脚下，南到今明故宫午朝门附近，西抵今黄埔路，北至后宰门，周长约 15km，沟通青溪和秦淮河。六朝以前，人口密度小，人类生活及生产活动对大自然破坏程度低，南京地区雨水多，钟山地区森林茂密，前湖水源多，面积大，丰富的水量使青溪成了六朝时期南京城东的最大河流。前湖也担当着古代南京城内水道网的主要水源补地，造福于南京市民。青溪两岸，前湖周围也成了南京当时首选的风水宝地，是贵族的园林、别墅集中地。六朝以后，随着南唐和明代两次大规模建城，青溪水源大部分被隔绝，逐渐淤塞不通。1366 年，朱元璋征用军民工匠 20 万人，填燕雀湖"改筑新城"。工程历时一年建成，午朝门内的举天殿、华盖殿、瑾身殿等，都是建于湖中，故民间有"迁三山以填燕雀"之说。今湖面仅为留下的一小部分，前湖水通过月牙湖泄入护城河中。清朝中后期以来，钟山地区连年战火，加之人工砍伐破坏，钟山水土流失严重，湖面逐渐淤塞萎缩成前湖、琵琶湖两个小水洼，几乎全部干涸。中山陵建成以来，经过 70 多年重新植树造林护林，钟山才得以恢复成今日满山郁郁葱葱的美丽风光，前湖、琵琶湖也从几近干涸消亡的边缘重发勃勃生机。

7. 紫霞湖

紫霞湖系人工湖泊，1926 年动工修造中山陵时，为解决建陵的大量用水问题，南洋爱国华侨胡文虎独资捐献巨款，在明孝陵东侧山谷中修建大坝，截住山涧之水，形成一个人工湖泊。工程于 1936 年动工，一年后因抗战暴发，被迫停工，抗战胜利后，由胡文虎继续捐款完成。湖泊紧邻紫霞洞，因此得名紫霞湖。

8. 月牙湖

月牙湖系人工湖泊，是明城墙的东南护城河，其北通玄武湖，南接秦淮河，为当时重要的城防设施和水运通道。20 世纪 70 年代后期，大批居民在月牙湖边搭违建居住。整个环湖地区污水横流，杂草丛生，临河违建密密匝匝。直到 20 世纪 90 年代末才因对岸居住区的兴起而对该河段进行疏浚治理，因其形状像月牙，而更名为月牙湖，东侧中山门至后标营为新建的月牙湖公园。

6.1.3 湖泊形态

1. 赤山湖

赤山湖湖底高程 3.57（5.50)m，正常蓄水位 6.47（8.40)m，湖泊面积为 7.8km²。

2. 葛仙湖

葛仙湖湖底高程 10.07（12.00）m，正常蓄水位 12.77（14.70）m，湖泊面积为 0.07km²。

3. 玄武湖

玄武湖属于浅水湖泊，湖岸呈菱形，湖面呈芒果状，湖内有环、樱、梁、翠、菱五块绿洲（五洲总面积 1.05km²），把湖面分成四大片，各岛之间有桥或堤相通，便于游览，是全市最大的综合性文化娱乐休闲公园。东西向最长约 2.55km，南北向最宽约 2.96km，总周长约 9.25km，湖泊面积 3.50km²。湖底标高 6.37～7.27（8.30～9.20)m，当湖水位为 8.27（10.20)m 时，蓄水量 552 万 m³。

4. 莫愁湖

莫愁湖形似三角形，东西向最长约 0.77km，南北向最宽约 0.69km，总周长约 2.64km，水陆面积约 0.60km²，湖面面积约 0.33km²，湖底标高 2.57（4.50)m，常年水位控制在 3.57～4.07（5.50～6.00)m，常年平均水深在 1.10～1.30m。

5. 百家湖

湖泊形似一只展翅欲飞的大鸟，东西向最长约 1.35km，南北向最长约 1.38km，总周长约 8.36km，湖泊面积 0.69km²。湖面高程 5.57（7.50)m，平均水深 2.80m，最大水深 4.30m。

6. 前湖

前湖湖面呈不规则四边形状，东西向最长约 0.48km，南北向最宽约 0.53km，总周长约 1.59km，湖泊面积 0.12km²，是钟山风景区内最大的水源地，前湖湖底标高 12.07（14.00)m。

7. 紫霞湖

紫霞湖离湖畔 2m 内的水域，水深几乎都不超过 2m，且湖底均为岩石和坚硬的土质。

湖西南角水塔与湖心亭之间较深，最深处 8.23m，平均水深 7m；而湖西南侧湖水也较深，平均水深 5.5m。湖水表面没有较大的温差，但湖面与湖底的水温相差 15℃。山水顺着东西两条大沟冲下来，汇入湖中。湖西岸从北到南是山水直接冲刷形成的大沟，水都很深；湖的西南端是水闸和溢洪道；湖东的来水沿着北岸冲入湖西的大沟，因而湖的北边也很深。只有湖东是一片浅滩。湖底标高为 70.00～76.00（71.93～77.93）m，湖泊面积为 0.025km²。

8. 月牙湖

月牙湖全长 6.46km，湖面宽 80～90m，最宽处达 300m，湖底标高 5.57～7.07（7.50～9.00）m，水面面积 0.34km²。

6.1.4 湖泊功能

秦淮河流域 8 个湖泊中，赤山湖在流域中地位最为重要，承担流域防洪调蓄任务，同时具有旅游景观、渔业养殖功能。其余湖泊主要功能为城市景观，玄武湖、月牙湖具有调蓄和行洪。

6.2 水文特征

6.2.1 湖泊流域面积及汇水面积

流域内 8 个湖泊总面积为 12.875km²。其中湖面积最大为赤山湖，为 7.8km²，占总面积的 60.58%；玄武湖次之，为 3.5km²，占总面积的 27.18%。

区域内除赤山湖和玄武湖两湖面积大于 1km²，占总面积的 87.76%，其余 6 个湖泊面积均在 1km² 内，占总面积的 12.24%。

南京市区湖泊面积占湖泊总面积 38.87%，镇江市句容湖泊面积占湖泊总面积 61.13%。

6.2.2 湖泊进、出湖河道

秦淮河上游有溧水河、句容河两源。溧水河出自溧水区东庐山、横山，通过天生桥河与石臼湖、固城湖相通。句容河出自句容市宝华山和茅山，两源在江宁区西北村汇合为干流，并有云台山河、牛首山河、响水河、运粮河、友谊河及南河汇入，至东山分为两支，北支过通济门外与护城河汇流，绕城南、城西至三汊河入长江，长 34km，设计排洪能力 600m³/s；西支秦淮新河，经南京西善桥至金胜村入长江，长 16.8km，设计排洪能力 800m³/s。

6.2.3 降雨、蒸发

多年平均降雨量 1027.5mm，但降雨量年际变化大，以流域内句容站为例，年最大降雨量达 2056mm（1991 年），是年平均降雨量的 2 倍；年最小降雨量为 489.7mm（1978 年），仅为年平均降雨量的 46.2%。年内分布也不均匀，汛期 6—9 月约占全年降雨量的 55%，汛期雨量又集中在 6—7 月，雨量占汛期的 63%。由于梅雨期长，雨量集中，面广量大，历次暴雨洪水多在此段时期发生。多年平均蒸发量在 1000mm 左右，6—9 月蒸发量占总蒸发量的一半左右。年际变化也较大，从多年资料分析，该区年蒸发量略小于降雨量。

6.3　水质特征

6.3.1　水质状况评价

1. 石臼湖

根据石臼湖 2008—2019 年水质监测资料，2008—2019 年总氮浓度介于 0.92～2.24mg/L，从 2009—2012 年逐渐下降趋势，随后至 2013—2014 年又逐渐上升，2015—2019 年又逐渐降低，单项水质类别为Ⅲ～劣Ⅴ类。2008—2019 年总磷浓度介于 0.053～0.110mg/L，从 2008—2012 年趋势平稳，2003—2015 年逐年上升趋势，2016—2019 年逐渐下降趋势，慢慢趋于平稳，单项水质类别均为Ⅳ～Ⅴ类。2008—2019 年石臼湖全湖主要水质指标变化如图 6.1 所示。

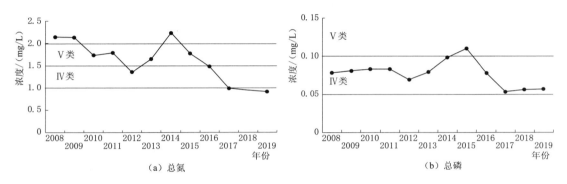

图 6.1　2008—2019 年石臼湖全湖区主要水质指标变化图

2. 固城湖

根据固城湖 2008—2019 年水质监测资料，2008—2019 年总氮浓度介于 0.88～1.52mg/L，从 2008—2010 年呈逐渐上升趋势，随后至 2014 年又逐渐降低，2015—2019 年较为平稳，单项水质类别为Ⅲ～Ⅴ类。2008—2019 年总磷浓度介于 0.038～0.063mg/L，波动较小，最高值出现在 2015 年，单项水质类别为Ⅲ～Ⅳ类。2008—2019 年固城湖全湖主要水质指标变化如图 6.2 所示。

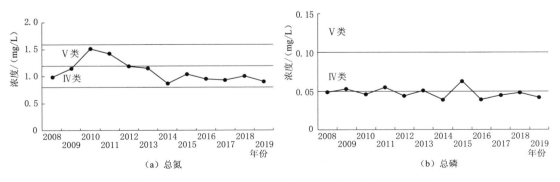

图 6.2　2008—2019 年固城湖全湖区主要水质指标变化图

6.3.2 营养状态评价

1. 石臼湖

石臼湖 2008—2019 年营养状态指数均值为 55.3，介于 52.1～58.3，从 2008—2019 年均处于轻度富营养。从历年变化趋势上看，自 2008 年开始，石臼湖营养状态指数趋势处于较平稳态势。2008—2019 年石臼湖营养状态指数变化如图 6.3 所示。

2. 固城湖

固城湖 2008—2019 年营养状态指数均值为 51.5，介于 48.6～54.5，除 2016—2018 年低于 50，营养状态属于中营养外，其他年份均处于轻度富营养。从历年变化趋势上看，自 2015 年开始，固城湖营养状态指数有下降趋势，即营养状态有转好态势。2008—2019 年固城湖全湖营养状态指数变化如图 6.4 所示。

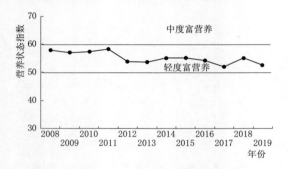

图 6.3 2008—2019 年石臼湖全湖营养状态指数变化图

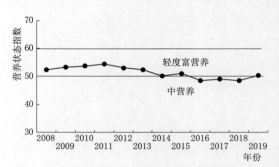

图 6.4 2008—2019 年固城湖全湖营养状态指数变化图

6.4 水生态特征

6.4.1 浮游植物

秦淮河流域及青弋江、水阳江流域浮游植物共计 8 门 106 属 152 种。其中绿藻门种类数最多，为 34 属 57 种；其次硅藻门 27 属 33 种、蓝藻门 22 属 31 种、裸藻门 7 属 12 种、金藻门 4 属 6 种、甲藻门 5 属 5 种、隐藻门 4 属 5 种、黄藻门 3 属 3 种。常见种主要有绿藻门的栅藻、小球藻、纤维藻、衣藻属；硅藻门的舟形藻、小环藻、颗粒直链藻、针杆藻；蓝藻门的微囊藻、席藻、颤藻、假鱼腥藻；隐藻门的啮蚀隐藻、卵形隐藻和蓝隐藻。

6.4.2 浮游动物

秦淮河流域及青弋江、水阳江流域浮游动物共计检出 82 种。其中原生动物 27 种，占总种类的 32.9%；轮虫 34 种，占总种类的 41.5%；枝角类 11 种，占总种类的 13.4%；桡足类 10 种，占总种类的 12.2%。该流域主要常见种中，原生动物有侠盗虫、拟铃壳虫、砂壳虫，轮虫有萼花臂尾轮虫、螺形龟甲轮虫、曲腿龟甲轮虫、角突臂尾轮虫、针簇多肢轮虫，枝角类有简弧象鼻溞、角突网纹溞，桡足类有广布中剑水蚤、汤匙华哲水蚤，此外还有无节幼体和桡足幼体，都属于普生性种类浮游动物。

6.4.3 底栖动物

秦淮河流域及青弋江、水阳江流域底栖动物共检出 25 种属，其中昆虫纲种类最多，为 11 种，占总物种数的 37.9%；腹足纲为 7 种，占总种数的 24.1%；寡毛纲和双壳纲为 4 种，各占总种数的 13.8%；甲壳纲和多毛纲为 2 种，各占总种数的 6.9%；蛭纲仅 1 种，占总种数的 3.4%。主要常见种有红裸须摇蚊、黄色羽裸须摇蚊和霍甫水丝蚓、铜锈环棱螺等，优势类群为摇蚊幼虫和寡毛类。

6.4.4　水生高等植物

秦淮河流域及青弋江、水阳江流域中水生高等植物隶属 18 科 27 属，计 38 种。其中挺水植物 14 种、沉水植物 11 种、浮叶植物 7 种、漂浮植物 6 种，均有分布。主要植被包括大片的荇菜、芦苇、芦竹、茭笋、芡实、乌菱、四角菱及细果野菱及水草沼泽。其他常见的水生植物包括莲、竹叶、眼子菜、小叶眼子菜、狐尾藻、轮叶黑藻及苦草等。

6.4.5　鱼类

秦淮河流域及青弋江、水阳江流域鱼类丰富，种类繁多，达 70 余种，常见 30 余种，主要经济鱼类 10 余种，以鲤科鱼类为主。常见种主要包括鲤鱼、鲫鱼、草鱼、青鱼、赤眼鳟、鳘条、长春鳊、翘嘴红鲌、细鳞斜颌鲴、鲢鱼、鳙、鲶、黄颡鱼、鳜、乌鳢、九鲮及大银鱼等，其中鰕虎、雪花金鲃鱼、石斑鱼、司氏䱗、似鳉、马口鱼、鳚等稀有品种均有分布。

6.4.6　鸟类

秦淮河流域及青弋江、水阳江流域是多种鸟类生活栖息地，以及多种水禽的重要繁殖地、越冬地和驿站。已记录的共 78 种。繁殖鸟包括池鹭、白鹭、中白鹭、棉凫、斑嘴鸭，秧鸡包括董鸡、水雉和彩鹬。水禽以绿翅鸭、绿头鸭、斑嘴鸭和针尾鸭等鸭类为优势种，数量较少的有赤麻鸭、翘鼻麻鸭、鸳鸯、罗纹鸭、花脸鸭、琵嘴鸭、凤头潜鸭和普通秋沙鸭。其他常见的越冬鸟包括大白鹭、白鹳、灰鹤、白骨顶、凤头麦鸡、金眶鸻、鹤鹬、扇尾沙锥、红嘴鸥和银鸥。

国家级重点保护的有 26 种，其中丹顶鹤、大鸨、斑嘴鹈鹕、白琵鹭、海南虎斑鸠等均属国家一级保护动物，被国际湿地公约列为濒危种，小天鹅、灰鹤、鸿雁、鸳鸯等雁鸭类，鸢、毛脚鵟、灰背隼、雕鸮、草鸮等猛禽均属国家二级保护动物，白鹭、牛背鹭等鹳形目的涉禽被誉为环境监测鸟。

6.5　资源与开发利用

秦淮河流域湖泊较少，大多湖泊位于城区，主要利用湖泊景观资源，建设城市公园，实施旅游开发。

6.6　典型湖泊

6.6.1　石臼湖

> 湖与元气运，烟波浩难止。龟游莲叶上，鱼戏芦花里。
>
> ——唐·李白《游石臼湖》节选

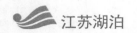

6.6.1.1　基本情况

1. 地理位置及地质地貌

石臼湖（图 6.5）位于当涂县东部，与江苏省溧水、高淳二县相连，其区域为北亚热

图 6.5　石臼湖美景图

带湿润区，季风气候显著。湖水水面宽阔，湖面长 22km，最大宽度 15.5km，总面积有 210km²，平均水深 1.67m，蓄水量 3.4 亿 m³。湖盆呈碟形，湖底平缓，平均底坡仅为 2/10000，一般湖底高程 3.50m，最低为 3.00m，岸线平直。西侧、南侧有大面积圩田，东侧湖岸有海拔 50m 上下的火成岩丘陵紧逼湖滨。湖水可通天生河套闸与秦淮河沟通，补给秦淮河水量。

2. 形成与发育

石臼湖是由湖盆地壳构造运动所形成的，在大地构造单元上属于南京凹陷的边缘地带。由于中生代燕山运动后期的断裂作用，溧高背斜西北翼断裂下沉，产生了包括固城湖、石臼湖、丹阳湖以及其西部圩田区的大片洼地，奠定了湖盆的基本雏形。断裂构造的遗迹在地图上清晰可见，在石臼湖的东南面原始湖岸几乎成一直线。构造洼地形成之后，该地区仍一直处于缓慢下沉的过程之中，为后来周围的大量物质堆积创造了条件。这一巨大洼地并非一个完全封闭的盆地，而是有缺口，且与长江连通，水阳江、青弋江也可汇入石臼湖。石臼湖从湖盆成因上看属于构造型湖泊，从湖水含盐度上看属于淡水湖，从湖水营养物质分类上看属于中富营养湖泊。

6.6.1.2　水文特征

湖泊面积石臼湖湖水量依赖地表径流和湖面降水补给。主要入湖河流起源于皖南山区的水阳江、青弋江、漳河和溧水县境的新桥河、天生桥河等，集水面积 1.86 万 km²，补给系数 88.4，换水周期 41 天。

湖泊出入湖河道在水阳江、青弋江与漳河三大水系之间，除有彼此通连的水量交换关系外，还有由鲁港、芜湖及当涂三口直接与长江相通的水道。由于流域地形呈南高北低之势，南及东南的黄山、天目山的海拔分别达 1841m 和 1587m，北部的圩区高程仅 7~8m。因此，入湖水情具有陡涨陡落的山溪河流特性，若遇长江高水位顶托，河湖水位则出现暴涨缓落特点。多年平均入湖水量 75.95 亿 m³，湖面降水量 2.47 亿 m³，合计年入湖水量 78.42 亿 m³；出湖水量 76.44 亿 m³，湖面蒸发量 1.98 亿 m³，蓄水变量 4.8 亿 m³，合计年出湖水量 78.42 亿 m³，水量收支基本平衡。

石臼湖水量的交换系数 10.4，水量交换较快，提高了水质自净的能力，同时减轻了水体富营养化带来的不利影响。进、出石臼湖的水量年内分配极不均匀。进出湖水量集中在汛期，汛期水量又集中于 7 月、8 月两月，各年 7 月、8 月两月进、出水量占全年进出水量的 60%~75%。

石臼湖多年平均降水量 1046mm。每年一般有 3 个雨季，即春雨（4—5 月）、梅雨（6—7 月）和秋雨（9 月）。由于受到不稳定季风气候影响，石臼湖湖区年、月降水变率较大。当长江下游受到副热带高压控制时，夏秋两季降水稀少；春末、夏初在静止锋影响下，湖区常形成梅雨。

石臼湖年蒸发量为 1106.1mm，一般夏季湖面蒸发量最大，春季和秋季湖面蒸发量较为接近，冬季湖面蒸发量最小。

石臼湖属于山丘区湖泊，湖泊水位变化主要受流域来水和长江水位变化的影响。石臼湖承受源自皖南山区的河流补给，山区河流暴涨暴落的特性影响到湖泊水位的高低。湖泊尾闾通畅与否，也影响到湖泊水位的变化。6 月以前，长江水位低，石臼湖水位主要受流域来水的影响；6 月后，长江水位逐渐涨高，湖泊尾闾不畅，即使流域来水不多，湖泊水位仍然较高。石臼湖多年平均水位 6.92m，最高水位一般出现在每年的 6—7 月，最低水位出现在每年的 12 月至次年 3 月，水位变幅在 2.5～6.8m。

石臼湖的来水主要源自皖南山区，流域暴雨频繁，降雨集中，地表侵蚀比较严重。湖区地表侵蚀严重，山区土壤侵蚀模数为 $400～900\text{m}^3/\text{km}^2$，丘陵区土壤侵蚀模数为 $200\text{m}^3/\text{km}^2$，流域年平均侵蚀量 900 万 m^3。泥沙除部分直接入江外，大部在中下游河床和湖盆内沉积下来。长江汛期随江水泥沙倒灌入湖，因倒灌水量有限，历时不长，沙量甚微。如 1954 年 7 月倒灌沙量为 1.55 万 m^3，仅占同期入湖沙量的 2%，一般年份仅 0.61 万 m^3。湖盆淤积主要发生在汛期，约占年淤积量的 84%；洪水年份淤积量远大于枯水年份，如洪水年的 1954 年淤积量达 262.5 万 m^3，枯水年的 1960 年仅 37.8 万 m^3。

石臼湖表层湖水最高水温常出现在每天的 14—17 时，最低水温多出现在 4—8 时。最低水温出现的时间随季节的变化而变化。水温和气温在年内有着相近的变化趋势，最高水温多出现在 7—8 月，最低水温常出现在 1 月。

一般年份的冬季，石臼湖湖水水温多在 0℃ 以上，基本上不会出现全湖封冻的现象。但在严寒的冬季，当北方冷空气南下，气温低于 0℃ 时，表层湖水将发生冷却。当水温达到 0℃ 时，湖湾和沿岸浅水先开始出现薄冰，如温度继续下降，岸冰的宽度和厚度也不断增长，有时出现冰冻封湖现象。石臼湖属于苏南湖泊，结冻期为几天至 1 个月，厚度一般较薄。

石臼湖湖水平均透明度为 0.20～0.60m，水色号为 14～16。

湖流石臼湖面积较小，在正常情况下，湖流以吞吐流为主。引起吞吐流的主要原因是进出湖泊的河流在吞吐水量时，产生了湖面的倾斜而引起的一种湖水运动。吞吐流受河川水情的影响，具有明显的季节性变化，最大吞吐水量多发生在汛期，汛期湖水流动明显，枯季水流动稍微缓慢。以吞吐流为主的湖流，在平面分布上的一般特征是：湖边，尤以进出河港附近的表层较大，越向湖心表层流越小。石臼湖来源于山区，湖流稍大，表层湖流一般为 0.02～0.13m/s。

6.6.1.3　水质现状

1. 水质

石臼湖各站点综合水质类别为 Ⅱ～劣 Ⅴ 类，评价结果详见表 6.1。经分析，现状

评价的主要超标项目为总磷、总氮。为便于湖泊管理和保护工作的开展，在此分别对全湖区和各生态功能分区进行评价，重点分析主要超标项目水质变化情况。具体如下：

（1）全湖区。全湖区主要超标项目为总磷、总氮。总磷浓度呈上升趋势，第1~3季度水质类为Ⅲ类，第4季度为Ⅴ类；总氮浓度呈平稳趋势，第1、4季度水质类别为Ⅳ类，第2、3季度为Ⅲ类。石臼湖全湖区主要超标项目浓度变化如图6.6所示。

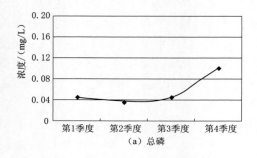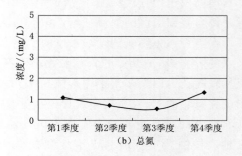

图6.6　石臼湖全湖区主要超标项目浓度变化图

（2）核心区。核心区主要超标项目为总磷、总氮。总磷浓度呈平稳上升趋势，第1~3季度为Ⅲ类，第4季度为Ⅳ类。总氮浓度变化呈U形趋势，第1、4季度水质类分别为Ⅳ类、Ⅴ类；第2、3季度水质类分别为Ⅱ类、Ⅲ类。石臼湖核心区主要超标项目浓度变化如图6.7所示。

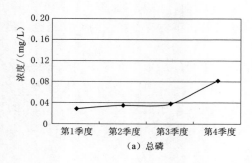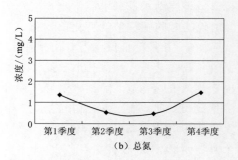

图6.7　石臼湖核心区主要超标项目浓度变化图

（3）缓冲区。缓冲区主要超标项目为总磷、总氮。总磷浓度呈平稳上升趋势，第1、2季度水质类别均为Ⅲ类；第3、4季度水质类别均为Ⅳ类；总氮浓度呈平稳趋势，第1~3季度水质类别为Ⅲ类，第4季度水质类别为Ⅳ类。石臼湖缓冲区主要超标项目浓度变化如图6.8所示。

（4）开发控制利用区。开发控制利用区主要超标项目为总磷、总氮。总磷浓度呈陡然上升趋势，第2、3季度水质类别为Ⅲ类，第4季度水质类别为Ⅴ类；总氮浓度呈U形趋势，第1、4季度水质类别均为Ⅳ类，第2、3季度水质类别分别为Ⅲ类、Ⅱ类，具体如图6.9所示。

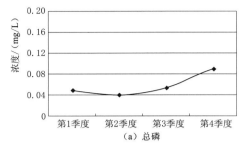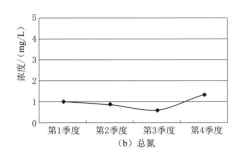

图 6.8　石臼湖缓冲区主要超标项目浓度变化图

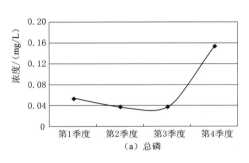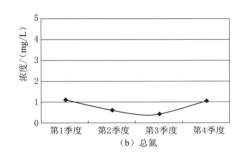

图 6.9　石臼湖开发控制利用区主要超标项目浓度变化图

2. 营养状态评价

全湖及各生态分区营养状态指数基本稳定，介于 42.0～60.8，营养状态为中营养、轻度富营养和中度富营养，评价结果详见表 6.2。石臼湖全湖及各生态功能分区的营养状态指数变化如图 6.10 所示。

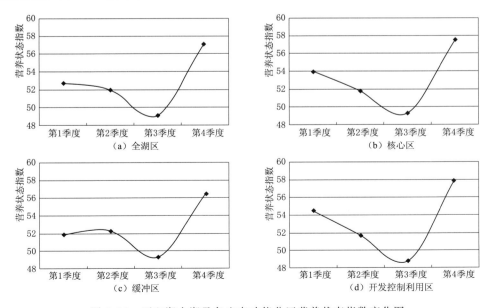

图 6.10　石臼湖全湖及各生态功能分区营养状态指数变化图

江苏湖泊

表 6.1   石臼湖水质类别评价表

序号	测站名称	监测月份	综合水质类别	pH 值	溶解氧	高锰酸盐指数	化学需氧量	五日生化需氧量	总磷	总氮
1	石臼湖 C1	1	Ⅲ	Ⅰ	Ⅰ	Ⅱ	Ⅰ	Ⅰ	Ⅲ	Ⅲ
2		2	Ⅲ	Ⅰ	Ⅰ	Ⅱ	Ⅰ	Ⅰ	Ⅱ	Ⅲ
3		3	Ⅳ	Ⅰ	Ⅰ	Ⅱ	Ⅰ	Ⅰ	Ⅲ	Ⅳ
4		4	Ⅲ	Ⅰ	Ⅰ	Ⅱ	Ⅰ	Ⅰ	Ⅲ	Ⅲ
5		5	Ⅳ	Ⅰ	Ⅰ	Ⅱ	Ⅰ	Ⅰ	Ⅲ	Ⅳ
6		6	Ⅳ	Ⅰ	Ⅰ	Ⅱ	Ⅰ	Ⅰ	Ⅲ	Ⅳ
7		7	Ⅳ	Ⅰ	Ⅰ	Ⅱ	Ⅰ	Ⅰ	Ⅲ	Ⅳ
8		8	Ⅲ	Ⅰ	Ⅰ	Ⅱ	Ⅰ	Ⅰ	Ⅲ	Ⅲ
9		9	Ⅲ	Ⅰ	Ⅱ	Ⅱ	Ⅰ	Ⅰ	Ⅲ	Ⅲ
10		10	Ⅲ	Ⅰ	Ⅰ	Ⅱ	Ⅰ	Ⅰ	Ⅲ	Ⅲ
11		11	Ⅲ	Ⅰ	Ⅰ	Ⅱ	Ⅰ	Ⅰ	Ⅲ	Ⅲ
12		12	Ⅲ	Ⅰ	Ⅰ	Ⅱ	Ⅰ	Ⅰ	Ⅲ	Ⅲ
13	石臼湖 A1	1	Ⅲ	Ⅰ	Ⅰ	Ⅱ	Ⅰ	Ⅰ	Ⅲ	Ⅲ
14		2	Ⅴ	Ⅰ	Ⅰ	Ⅱ	Ⅰ	Ⅰ	Ⅳ	Ⅴ
15		3	Ⅳ	Ⅰ	Ⅰ	Ⅱ	Ⅰ	Ⅰ	Ⅲ	Ⅳ
16		4	Ⅳ	Ⅰ	Ⅰ	Ⅱ	Ⅰ	Ⅰ	Ⅳ	Ⅲ
17		5	Ⅳ	Ⅰ	Ⅰ	Ⅱ	Ⅰ	Ⅰ	Ⅲ	Ⅳ
18		6	Ⅳ	Ⅰ	Ⅰ	Ⅱ	Ⅰ	Ⅰ	Ⅳ	Ⅲ
19		7	Ⅲ	Ⅰ	Ⅰ	Ⅱ	Ⅰ	Ⅰ	Ⅱ	Ⅲ
20		8	Ⅳ	Ⅰ	Ⅰ	Ⅱ	Ⅰ	Ⅰ	Ⅳ	Ⅱ
21		9	Ⅲ	Ⅰ	Ⅰ	Ⅱ	Ⅰ	Ⅰ	Ⅲ	Ⅲ
22		10	Ⅳ	Ⅰ	Ⅰ	Ⅱ	Ⅰ	Ⅰ	Ⅱ	Ⅳ
23		11	Ⅲ	Ⅰ	Ⅰ	Ⅱ	Ⅰ	Ⅰ	Ⅲ	Ⅲ
24		12	Ⅲ	Ⅰ	Ⅰ	Ⅱ	Ⅰ	Ⅰ	Ⅲ	Ⅲ
25	蛇山	1	Ⅲ	Ⅰ	Ⅰ	Ⅱ	Ⅰ	Ⅰ	Ⅲ	Ⅲ
26		2	Ⅲ	Ⅰ	Ⅰ	Ⅱ	Ⅰ	Ⅰ	Ⅲ	Ⅲ
27		3	Ⅳ	Ⅰ	Ⅰ	Ⅱ	Ⅰ	Ⅰ	Ⅱ	Ⅳ
28		4	Ⅲ	Ⅰ	Ⅰ	Ⅱ	Ⅰ	Ⅰ	Ⅲ	Ⅲ
29		5	Ⅳ	Ⅰ	Ⅰ	Ⅱ	Ⅰ	Ⅰ	Ⅳ	Ⅲ
30		6	Ⅲ	Ⅰ	Ⅰ	Ⅱ	Ⅰ	Ⅰ	Ⅱ	Ⅲ
31		7	Ⅳ	Ⅰ	Ⅰ	Ⅱ	Ⅰ	Ⅰ	Ⅳ	Ⅲ
32		8	Ⅳ	Ⅰ	Ⅰ	Ⅱ	Ⅰ	Ⅰ	Ⅲ	Ⅳ
33		9	Ⅳ	Ⅰ	Ⅱ	Ⅱ	Ⅰ	Ⅰ	Ⅳ	Ⅲ
34		10	Ⅲ	Ⅰ	Ⅰ	Ⅱ	Ⅰ	Ⅰ	Ⅲ	Ⅲ
35		11	Ⅲ	Ⅰ	Ⅰ	Ⅱ	Ⅰ	Ⅰ	Ⅲ	Ⅲ
36		12	Ⅲ	Ⅰ	Ⅰ	Ⅱ	Ⅰ	Ⅰ	Ⅲ	Ⅲ

序号	测站名称	监测月份	综合水质类别	pH值	溶解氧	高锰酸盐指数	化学需氧量	五日生化需氧量	总磷	总氮
37	渔歌	1	IV	I	I	II	I	I	IV	III
38		2	IV	I	I	II	I	I	III	IV
39		3	III	I	I	II	I	I	III	III
40		4	V	I	II	II	I	I	V	II
41		5	IV	I	II	II	I	I	III	IV
42		6	V	I	I	II	I	I	V	IV
43		7	V	I	I	II	I	III	III	V
44		8	IV	I	I	II	I	I	IV	III
45		9	III	I	I	II	I	I	II	III
46		10	III	I	I	II	I	I	II	III
47		11	III	I	I	II	I	I	II	III
48		12	IV	I	I	II	I	I	III	IV
49	石臼湖湖心	1	III	I	I	II	I	I	II	III
50		2	IV	I	I	II	I	I	III	IV
51		3	IV	I	I	II	I	I	III	IV
52		4	III	I	I	II	I	I	III	III
53		5	IV	I	I	II	I	I	IV	II
54		6	III	I	I	II	I	I	II	III
55		7	IV	I	I	II	I	I	IV	III
56		8	V	I	I	II	I	I	III	V
57		9	IV	I	II	II	I	I	IV	III
58		10	III	I	I	II	I	I	II	III
59		11	III	I	I	II	I	I	II	III
60		12	III	I	I	II	I	I	II	III

表 6.2　　　　　　　　石臼湖营养状态指数（EI）评价表

序号	测站名称	月份	总磷		总氮		叶绿素 a		高锰酸盐指数		透明度		总评分值	评价结果
			浓度/(mg/L)	En分值	浓度/(mg/L)	En分值	浓度/(mg/L)	En分值	浓度/(mg/L)	En分值	数值/m	En分值		
1	石臼湖C1	1	0.031	42.4	1.71	67.1	0.012	51.4	3.2	46.0	0.4	70	55.4	轻度富营养
2		2	0.106	60.6	0.70	54.0	0.013	51.6	3.2	46.0	0.4	70	56.4	轻度富营养
3		3	0.019	36.0	0.94	58.8	0.009	47.5	3.0	45.0	0.4	70	51.5	轻度富营养
4		4	0.018	35.3	0.83	56.6	0.012	51.1	2.9	44.5	0.4	70	51.5	轻度富营养
5		5	0.056	51.2	0.49	49.5	0.012	51.5	3.0	45.0	0.4	70	53.4	轻度富营养
6		6	0.032	42.8	0.44	47.0	0.010	50.3	3.9	49.5	0.5	60	49.9	中营养
7		7	0.046	48.4	0.52	50.4	0.001	24.0	3.5	47.5	0.5	60	46.1	中营养

序号	测站名称	月份	总磷 浓度/(mg/L)	总磷 En分值	总氮 浓度/(mg/L)	总氮 En分值	叶绿素a 浓度/(mg/L)	叶绿素a En分值	高锰酸盐指数 浓度/(mg/L)	高锰酸盐指数 En分值	透明度 数值/m	透明度 En分值	总评分值	评价结果
8	石臼湖 C1	8	0.015	33.3	0.21	35.5	0.014	52.6	3.9	49.5	0.5	60	46.2	中营养
9		9	0.049	49.6	0.47	48.5	0.013	51.6	4.0	50.0	0.4	70	53.9	轻度富营养
10		10	0.275	71.9	1.05	60.5	0.013	51.6	3.6	48.0	0.4	70	60.4	中度富营养
11		11	0.034	43.6	0.77	55.4	0.012	51.4	3.4	47.0	0.4	70	53.5	轻度富营养
12		12	0.152	65.2	1.47	64.7	0.013	52.1	3.8	49.0	0.4	70	60.2	中度富营养
13	石臼湖 A1	1	0.026	40.4	1.57	65.7	0.012	51.1	3.1	45.5	0.4	70	54.5	轻度富营养
14		2	0.044	47.6	1.52	65.2	0.014	52.4	3.1	45.5	0.4	70	56.1	轻度富营养
15		3	0.014	32.7	1.04	60.4	0.009	48.5	2.9	44.5	0.4	70	51.2	轻度富营养
16		4	0.017	34.7	0.76	55.2	0.012	51.1	3.0	46.0	0.4	70	51.4	轻度富营养
17		5	0.054	50.8	0.49	49.5	0.013	51.9	3.0	45.0	0.4	70	53.4	轻度富营养
18		6	0.035	44.0	0.44	47.0	0.012	51.4	3.9	49.5	0.5	60	50.4	轻度富营养
19		7	0.039	45.6	0.36	43.0	0.001	22.0	3.6	48.0	0.5	60	43.7	中营养
20		8	0.032	42.8	0.46	48.0	0.013	52.0	3.9	49.0	0.5	60	50.4	轻度富营养
21		9	0.043	47.2	0.50	50.0	0.013	51.9	3.8	49.0	0.4	70	53.6	轻度富营养
22		10	0.095	59.0	0.95	59.0	0.013	51.6	3.5	47.5	0.4	70	57.4	轻度富营养
23		11	0.036	44.4	1.01	60.1	0.013	51.9	3.3	46.5	0.4	70	54.6	轻度富营养
24		12	0.114	61.4	2.61	71.5	0.013	52.2	3.8	49.0	0.4	70	60.8	中度富营养
25	蛇山	1	0.051	50.2	0.93	58.6	0.012	51.3	3.4	47.0	1.0	50	51.4	轻度富营养
26		2	0.064	52.8	1.31	63.1	0.013	51.8	3.6	48.0	1.0	50	53.1	轻度富营养
27		3	0.018	35.3	1.74	67.4	0.012	51.4	3.3	46.5	1.0	50	50.1	轻度富营养
28		4	0.046	48.4	1.14	61.4	0.008	47.3	2.6	43.0	1.0	50	50.0	中营养
29		5	0.059	51.8	0.55	51.0	0.014	52.8	3.5	47.5	0.7	56	51.8	轻度富营养
30		6	0.011	30.7	1.09	60.9	0.020	56.5	3.2	46.0	0.7	56	50.0	中营养
31		7	0.080	56.0	1.09	60.9	0.001	24.0	3.5	47.5	0.8	54	48.6	中营养
32		8	0.048	49.2	1.12	61.2	0.015	53.0	3.8	49.0	0.7	56	53.7	轻度富营养
33		9	0.090	58.0	0.78	55.6	0.012	51.1	3.5	47.5	1.2	46	51.6	轻度富营养
34		10	0.203	70.1	1.49	64.9	0.016	53.6	2.9	44.5	0.8	54	57.4	轻度富营养
35		11	0.121	62.1	1.13	61.3	0.015	52.9	3.8	49.0	0.8	54	55.9	轻度富营养
36		12	0.145	64.5	1.00	60.0	0.017	54.3	3.3	46.5	0.4	68	58.7	轻度富营养
37	渔歌	1	0.016	34.0	0.27	38.5	0.012	51.3	3.3	46.5	0.4	70	48.1	中营养
38		2	0.168	66.8	0.43	46.5	0.013	52.2	3.1	45.5	0.4	70	56.2	轻度富营养
39		3	0.051	50.2	1.87	68.7	0.009	49.2	3.1	45.5	0.4	70	56.7	轻度富营养
40		4	0.031	42.4	1.18	61.8	0.012	52.3	3.1	45.5	0.4	70	54.4	轻度富营养
41		5	0.072	54.4	0.96	59.2	0.013	51.8	3.0	45.0	0.4	70	56.1	轻度富营养

序号	测站名称	月份	总磷		总氮		叶绿素a		高锰酸盐指数		透明度		总评分值	评价结果
			浓度/(mg/L)	En分值	浓度/(mg/L)	En分值	浓度/(mg/L)	En分值	浓度/(mg/L)	En分值	数值/m	En分值		
42	渔歌	6	0.039	45.6	0.60	52.0	0.011	50.9	3.9	49.5	0.5	60	51.6	轻度富营养
43		7	0.027	40.8	0.28	39.0	0.001	22.0	3.6	48.0	0.5	60	42.0	中营养
44		8	0.021	37.3	0.39	44.5	0.014	52.3	4.0	50.0	0.5	60	48.8	中营养
45		9	0.036	44.4	0.49	49.5	0.012	51.2	3.8	49.0	0.4	70	52.8	轻度富营养
46		10	0.061	52.2	1.10	61.0	0.012	51.4	3.5	47.5	0.4	70	56.4	轻度富营养
47		11	0.028	41.4	0.86	57.2	0.012	51.4	3.2	46.0	0.4	70	53.2	轻度富营养
48		12	0.059	51.8	3.06	72.7	0.013	52.0	3.8	49.0	0.4	70	59.1	轻度富营养
49	石臼湖湖心	1	0.014	32.7	0.63	52.6	0.013	51.6	3.3	46.5	0.5	60	48.7	中营养
50		2	0.025	40.0	0.65	53.0	0.014	52.4	3.0	45.0	0.4	70	52.1	轻度富营养
51		3	0.020	36.7	0.98	59.6	0.008	46.5	2.9	44.5	0.5	60	49.5	中营养
52		4	0.019	36.0	0.85	57.0	0.013	52.9	3.0	45.0	0.4	70	52.2	轻度富营养
53		5	0.059	51.8	0.50	50.0	0.013	52.0	2.9	44.5	0.4	70	53.7	轻度富营养
54		6	0.029	41.6	0.47	48.5	0.012	51.0	3.9	49.5	0.4	70	50.1	轻度富营养
55		7	0.041	46.4	0.42	46.0	0.001	21.0	3.5	47.5	0.5	60	44.2	中营养
56		8	0.041	46.4	0.40	45.0	0.012	51.7	3.9	49.5	0.5	60	50.5	轻度富营养
57		9	0.033	43.2	0.47	48.5	0.011	50.4	3.9	49.5	0.5	60	50.3	轻度富营养
58		10	0.133	63.3	1.66	66.6	0.013	51.9	3.5	47.5	0.4	70	59.9	轻度富营养
59		11	0.025	40.0	0.67	53.4	0.014	52.3	3.3	46.5	0.4	70	52.4	轻度富营养
60		12	0.046	48.4	1.06	60.6	0.013	52.3	3.6	48.0	0.4	70	55.9	轻度富营养

6.6.1.4 水生态特征

1. 植物资源

（1）浮游植物。根据对石臼湖浮游植物调查表明，石臼湖浮游植物有7门，分别为蓝藻门、绿藻门、硅藻门、甲藻门、裸藻门、金藻门、黄藻门。其中，绿藻门含量最高，占湖泊浮游植物总量的50.59%；其次为裸藻门，占湖泊浮游植物总量的35.62%；甲藻门占湖泊浮游植物总量的6.27%；硅藻门占湖泊浮游植物总量的4.80%；蓝藻门占湖泊浮游植物总量的2.48%；金藻门占湖泊浮游植物总量的0.23%；黄藻门含量最低，占湖泊浮游植物总量的0.01%。

（2）水生植物。组成石臼湖地区水生植被的植物种类，隶属28科48属，共计57种（含蕨类植物3科3属3种）。典型水生植物主要为眼子菜科、水鳖科、金鱼藻科、睡莲科、浮萍科、槐叶苹科、满江红科及菱科等。

2. 动物资源

（1）浮游动物。石臼湖浮游动物有4类，共计63种，其中原生动物19种，轮虫24种，枝角类14种，桡足类6种。全湖平均数量6982个/L。其中，原生动物含量最高，占

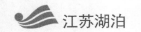

湖泊浮游动物总量的99.50%；其次为桡足类，占湖泊浮游动物总量的0.35%；轮虫占湖泊浮游动物总量的0.1%；枝角类含量最低，占湖泊浮游动物总量的0.05%。

（2）底栖动物。石臼湖湖区共采集到底栖动物15种，其中昆虫纲摇蚊幼虫7种，寡毛纲4种，蛭纲1种，软体动物门3种，优势种主要有红裸须摇蚊、黄色羽裸须摇蚊和颤蚓等，优势类群为摇蚊幼虫和寡毛类。生物量高值主要在石臼湖南部石固河附近水域，低值在石臼湖中部水域，生物量较高的点位为软体动物和蛭纲所主导，而生物量较低的点位则被摇蚊幼虫和寡毛纲共同主导。

（3）鱼类。有鱼类60余种，以鲤、鲫、草、鲢、鳊、三角鲂、翘嘴红鲌、大银鱼和刀鲚为主要经济鱼类。

（4）鸟类。水鸟有11目48科179种，国家级重点保护的有26种，其中丹顶鹤、大鸨、斑嘴鹈鹕、白琵鹭、海南虎斑鸠等均属国家一级保护动物，被国际湿地公约列为濒危种，小天鹅、灰鹤、鸿雁、鸳鸯等雁鸭类，鸢、毛脚鵟、白肩雕、灰背隼、雕鸮、草鸮等猛禽均属国家二级保护动物，白鹭、牛背鹭等鹳形目的涉禽被誉为环境监测鸟。

3. 湖泊存在的生态问题

石臼湖由于近几十年来人类的不断开发，使得其生态环境、生态结构、水质状况都有很大的变化，其中主要问题是：湖泊水质变坏、生物种群破坏，种类单一。具体如下：

（1）生物多样性减少，水生生态系统平衡被打破。由于石臼湖地区经济不断发展，人口急剧增长，加之围垦、开垦、人为因素对石臼湖自然环境的干扰不断升级，导致湿地环境趋于恶化，湖泊生物种类不断减少，生物种群单一，水生植被覆盖率越来越少，给越冬及繁殖的水禽造成诸多不利影响。现在来石臼湖越冬及繁殖的珍稀水禽种类及数量逐年减少，保护区范围内的生物资源逐渐遭破坏，有些生物种类濒于灭迹，水生态系统遭到破坏，生态系统平衡被打破。

（2）水位落差大，对生态系统结构稳定有较大的影响。石臼湖是一通江湖泊，高水位受长江水位的顶托，与枯水位的落差大，最高水位的6—7月与最低水位的1—3月落差达2.5~6.8m。巨大的季节水位落差对生态系统结构稳定有较大的影响。同样由于季节性水位落差使得湖区洪灾频繁，300年来出现大小洪灾200多次，尤其是近40余年，受灾面积在20万hm²以上的就有10余次，平均2~3年1次，对农业生产造成极大损失。石臼湖可通航，但因水位涨落幅度较大，河道淤积严重，故以季节性通航为主，通航里程300km，全年性通航里程仅75km。

（3）入湖污染较大，水质有恶化趋势。石臼湖周边生活污水处理设施建设十分薄弱，大部分城镇生活污水及所有的农村居民生活污水直接排入相关水体是造成石臼湖水体水质受污染的最主要的原因；农民大量使用化肥，施肥结构不合理，肥料利用率低，氮磷流失严重及含磷洗衣粉的使用是造成石臼湖水体富营养化的主要原因之一；长期以来，湖体和入湖河道淤积严重，湖内污染物沉积量不断增多，加速了石臼湖水质的污染及富营养化进程。沿湖地区部分乡镇工业污水排放也是石臼湖水质恶化的原因之一。

（4）围网养殖面积过大，缺乏统一管理。石臼湖隶属二省三县，各自为政，对湖泊的开发利用以及保护缺乏统一规划和管理，目前石臼湖的围网养殖面积已达10万余亩，以超过整个湖泊面积的30%，大面积的围网改变和破坏了原有的湖泊生态系统结构，同时围网养殖大量的投饵，使得湖泊水质急剧恶化，加剧了湖泊水体的富营养化。

6.6.1.5　资源开发与利用

1. 控制入湖污染物，实现达标排放

巩固工业污染源达标排放成果，加强对乡镇工业污染、生活污水的控制，入湖污水排放必须达标。要控制石臼湖的富营养化水平，污染源控制和生态修复必须并重。

2. 恢复湿地生态系统，实现生态净化

建立湖滨湿地保护区，恢复健康的湖泊生态系统，使湖泊湿地生态系统有一定的净化能力，对入湖河流进行拦截和净化，使整个湖泊进入良性的循环系统。

3. 调整农业产业结构，减少农业面源污染

调整产业结构，发展生态农业。石臼湖周边建设生态农业示范区，调整施肥结构和方法，减少化肥和农药用量，建设无公害、绿色、有机农产品基地，减少农业面源污染。石臼湖周边全部实施生态化种植或养殖。

4. 控制湖面水产养殖面积，发展生态养殖

严格禁止湖泊滩地围垦，压缩围网养殖面积，控制在全湖面积的 6%～8%，投饵系数在 2 以内。大力发展生态养殖，推广轮牧养殖制度，最大限度减少养殖对水质的影响。

5. 全湖统一管理，实现环境综合整治

由于石臼湖隶属二省三县，管理上各自为政，造成湖泊生态环境得不到切实的保证，因此，建立全湖统一的管理机构和管理措施，避免多头多方多样管理，实现全流域综合整治，使石臼湖的湖泊生态系统得到有效的保护。

通过管理措施的实施石臼湖可望取得生态、社会和经济三方面的效益。

（1）生态效益。

1）生态系统的恢复，生态系统多样性保护。管理措施实施后，可促进石臼湖生态系统恢复，建立健康的生态系统，将大大提高湖泊水质的自净能力，遏制湖泊富营养化进程，并恢复和改善鱼类和其他水生生物的生存和繁育环境，维护生态系统的平衡和生物多样性，对区域和流域生态系统具有极其重要的作用。

2）促进湖泊生物资源库的建立。石臼湖生态环境的恢复，对湖泊生物的繁育有不可低估的作用，尤其是石臼湖作为长江下游唯一的通江湖泊，使其成为长江下游重要的水生生物物种库。湖泊生物资源库的建立，将对石臼湖的生态地位的提高有重要作用。

3）区域自然环境的改善。通过对石臼湖的保护将改善和修复湖泊的生态结构，促进整个石臼湖的区域自然环境的改善，使得区域生态进入健康的态势。

（2）社会效益。

1）提供可持续生产环境。石臼湖是当地重要的水源地，生态恢复与保护措施实施后，将为石臼湖工、农、渔业生产创造一个良性循环的生态与环境条件，促使区域进行产业结构调整，提供可持续发展的动力。而良好的生产环境，对湖区抗洪防灾也有重要的现实意义。

2）改善人居环境，提高健康水平。通过工程建设，可从根本上改变湖区的生态与环境，良好的绿化及清冽的水质，可为周围城市及郊区人民提供良好的休闲场所，提高生活质量，并直接促进旅游业的发展，成为经济发展的动力。而良好的环境可直接促进招商引

资工作的进行，促进地区经济的发展。

3）宣传教育，提高公民湖泊生态与环境保护意识。湖泊生态保护建设工程是公益性的社会事业，通过湖泊生态的保护工程的实施，将极大地宣传湖泊生态与人类的密切关系，提高公民的自然保护意识和科学认知水平，增加科学修养。

（3）经济效益。保护与开发，在相当多的情况下有一定的冲突，但在科学指导下也能实现两者利益的一致，甚至能够相互促进。湖泊生态保护措施的实施不仅有间接的社会与生态效益，尤其在净化、美化环境及提供野生动植物生存环境等方面，同时也可产生相当的直接经济利益。主要有：①美化环境，促进旅游业发展。石臼湖生态系统的保护及保护区的建成将大大改善湖区生态环境，使石臼湖增加旅游价值，促进环湖餐饮旅游业的发展。②生态农业和生态养殖业。通过产业结构调整，生态农业和生态养殖的实施，使得农副业产品的质量提高，实现农副产品的增产增值；水产由于湖泊生态环境的改善使得产品的价值大大提高，尤其是高品质的有机水产品将带来巨大的经济效益。③水生生物物种资源及相关产品。鱼类繁育基地的建立，不仅改变了生态环境，同时鱼类的种苗也可提供相当可观的经济收益，同时作为水草种苗基地，也会带来重大的经济效益。

6.6.2　固城湖

时作白纻词，放歌丹阳湖。水色傲溟渤，川光秀菇蒲。

——唐·李白《赠丹阳横山周处士惟长》节选

6.6.2.1　基本情况

固城湖又名小南湖（图6.11），位于江苏南京市高淳区境内，东经31°8′～31°10′，北纬118°31′～118°34′。

图6.11　固城湖美景图

固城湖是由湖盆地壳构造运动所形成的，在大地构造单元上属于南京凹陷的边缘地带。由于中生代燕山运动后期的断裂作用，溧高背斜西北翼断裂下沉，产生了包括固城湖、石臼湖、丹阳湖以及其西部圩田区的一片广大洼地，奠定了湖盆的基本雏形。构造洼地形成之后，该地区仍一直处于缓慢下沉过程，这就为以后来自周围大量物质的堆积创造了条件。这片洼地不是一个严格封闭的盆地，而是有缺口，且与长江连通。固城湖发源于皖南山地的水阳江、青弋江，直接注入洼地，然后再通过洼地缺口归泄于长江。同时，当长江在洪水时期，江水位仍可高于洼地的基面，引起江水倒灌。这样由于江河泥沙堆积，在洼地西部形成三角洲。三角洲的逐渐发展，将缺口淤塞，洼地因为缺口受淤，泄流不畅，遂潴积成湖，称古丹阳湖。

古丹阳湖形成之后，仍然继续受到来自水阳江、青弋江和长江泥沙的淤积。当携带大量泥沙的水阳江和青弋江由江口进入湖泊时，因为流速锐减，所带泥沙在江口地区大量沉积，日积月累，便在江口附近形成新的三角洲。三角洲的发展，使湖泊日益淤积，湖面缩小分化。由于水阳江三角洲向古丹阳湖推进，将其南缘封淤，分化形成固城湖。

固城湖从古丹阳湖解体成湖大约是在春秋时期起始之前，距今约 3000 年，当时面积约 221km²。期间固城湖主要经历以下 4 个变化时期：

（1）春秋末期，吴王采用伍子胥的计策，开挖胥溪河，使原先属水阳江、青弋江水系的固城湖转变为太湖水系，湖水大量东泄太湖，湖面剧烈缩小，为围垦创造了有利条件，相国圩便是固城湖最早的围垦，面积为 32.5km²。

（2）南宋时期，三国至五代时期，由于胥溪河的筑堰，湖水东泄受阻，围垦困难，这是湖面相对稳定的时期，至宋代特别是南宋时期，战争不断，北方人口大量南迁，固城湖进入围垦鼎盛时期，也是历史时期湖泊演变最迅速的时期。如永丰圩，面积为 58.5km²，北宋政和五年（1115 年）建；保胜圩，面积为 13.1km²，南宋绍兴年间（1131—1162 年）建。该时期总围垦面积达 105.1km²，几乎占原湖面积的 1/2。

（3）明代时期，在元代固城湖没有显著的变化，明弘治二年（1489 年）在永丰圩旁筑南宕圩，面积为 18.4km²，但随后由于东坝的正式建成，湖水不复东流，水位升高，不仅没有新的围垦，原有的圩田也遭水淹，这时固城湖湖面基本没有变化，在这期间，除对圩田采取工程恢复措施外，还封湖禁草，春禁秋开，以搪风浪。

（4）20 世纪 60—80 年代，在"以粮为纲"的片面方针指导下，不顾生态环境，盲目围垦，使固城湖湖面急剧缩小，该时期围垦建圩面积就达 40.5km²，主要有永胜圩、永联圩和跃进圩，面积缩小至今天的 24.5km²。固城湖 1960 年和 1980 年的形态变化见表 6.3。

表 6.3　　　　　　　　固城湖 1960 年和 1980 年的形态变化

年份	湖长 /km	湖宽 /km	平均宽 /km	周长 /km	面积 /km²	容积 /亿 m³	平均水深 /m	最大水深 /m
1960	12.30	8.30	5.56	36.60	65.00	1.12	1.77	6.85
1980	9.50	4.92	2.56	27.10	24.50	0.40	1.56	4.40

固城湖历代演变如图 6.12 所示。

6.6.2.2　水文特征

固城湖正常水位时湖泊面积为 24.5km²。当水位 8.00m 时，湖泊长为 9.5km，最大宽 4.9km，平均宽 2.56km，最大水深 4.40m，平均水深 1.56m，蓄水量 0.38 亿 m³。

固城湖属于中生代燕山运动后期断陷构造盆地成湖，为古丹阳湖经解体分化的残留湖之一，属青弋江、水阳江水系的一过水性湖泊。湖区属北亚热带季风气候，年平均气温 15.5℃，1 月平均气温 2.4℃，7 月平均气温 27.1℃；多年平均日照时数 2090h，无霜期 241 天，年降雨量 1105mm，蒸发量 940.7mm。湖滨为岗丘区和平原圩区组成，岗丘区植被为马尾松和青冈栎针阔叶混交林，土壤为红黄壤；平原圩为水稻土。固城湖来水主要是源自皖南山区的河流补给，其次是长江高水位时倒灌和湖区周围山地丘陵的地表径流，主要入湖河流有港口河、胥河、漆桥河和横溪河等。固城湖的集水面积为 248km²（不包括牛儿港涵闸以上水阳江流域面积），补给系数 10.1。固城湖湖岸平直，水位易陡涨陡落，目前湖岸四周筑有人工防洪石堤，通湖河道建有节制闸调节湖区库容，固城湖已由过水型湖泊转变为相对封闭的水库型湖泊。

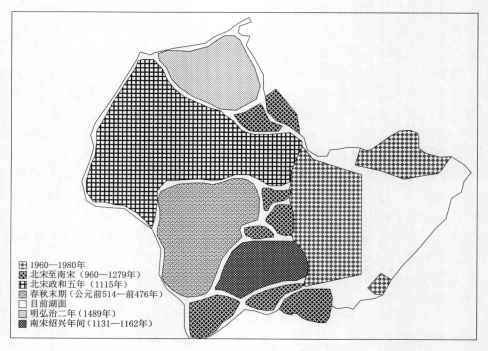

图 6.12　固城湖历代的演变

进出固城湖的主要河道有 4 条：官溪河、港口河、胥河和漆桥河。其中官溪河位于湖的西北部，是湖泊的主要排水河道；港口河位于湖的西南部，上接水碧桥河，承纳皖南山区客水，是固城湖的主要补给河流；胥河位于湖的东部，雨季淳东地区径流经此河排入湖内，灌溉季节又经此河引湖水至淳东各农田，但进出湖泊水量均不大；漆桥河位于湖的东北部，它对湖泊的补给作用十分有限。

6.6.2.3　水质现状

1. 水质

固城湖各站点综合水质类别为Ⅲ～Ⅴ类，评价结果详见表 6.4。经分析，现状评价的主要超标项目为总氮、总磷。为便于湖泊管理和保护工作的开展，在此分别对全湖区和各生态功能分区进行评价，重点分析主要超标项目水质变化情况。具体如下：

表 6.4　　　　　　　　　　　　　固城湖水质类别评价表

序号	测站名称	监测月份	综合水质类别	pH 值	溶解氧	高锰酸盐指数	化学需氧量	五日生化需氧量	总磷	总氮
1	红砂嘴	1	Ⅲ	Ⅰ	Ⅰ	Ⅱ	Ⅰ	Ⅰ	Ⅲ	Ⅲ
2		2	Ⅲ	Ⅰ	Ⅰ	Ⅱ	Ⅰ	Ⅰ	Ⅱ	Ⅲ
3		3	Ⅳ	Ⅰ	Ⅰ	Ⅱ	Ⅰ	Ⅰ	Ⅲ	Ⅳ
4		4	Ⅲ	Ⅰ	Ⅰ	Ⅱ	Ⅰ	Ⅰ	Ⅲ	Ⅲ
5		5	Ⅳ	Ⅰ	Ⅰ	Ⅱ	Ⅰ	Ⅰ	Ⅲ	Ⅳ
6		6	Ⅳ	Ⅰ	Ⅰ	Ⅱ	Ⅰ	Ⅰ	Ⅲ	Ⅳ

续表

序号	测站名称	监测月份	综合水质类别	pH 值	溶解氧	高锰酸盐指数	化学需氧量	五日生化需氧量	总磷	总氮
7	红砂嘴	7	IV	I	I	II	I	I	III	IV
8		8	III	I	I	II	I	I	III	III
9		9	III	I	II	II	I	I	III	III
10		10	III	I	I	II	I	I	III	III
11		11	III	I	I	II	I	I	III	III
12		12	III	I	I	II	I	I	III	III
13	固城湖大湖区	1	III	I	I	II	I	I	III	III
14		2	III	I	I	II	I	I	III	III
15		3	IV	I	I	II	I	I	II	IV
16		4	III	I	I	II	I	I	III	III
17		5	IV	I	I	II	I	I	IV	III
18		6	III	I	I	II	I	I	II	III
19		7	IV	I	I	II	I	I	IV	III
20		8	IV	I	I	II	I	I	III	IV
21		9	IV	I	II	II	I	I	IV	III
22		10	III	I	I	II	I	I	III	III
23		11	III	I	I	II	I	I	III	III
24		12	III	I	I	II	I	I	III	III
25	迎湖桃源	1	III	I	I	II	I	I	III	III
26		2	III	I	I	II	I	I	III	III
27		3	IV	I	I	II	I	I	II	IV
28		4	III	I	I	II	I	I	III	III
29		5	IV	I	I	II	I	I	IV	II
30		6	III	I	I	II	I	I	II	III
31		7	IV	I	I	II	I	I	IV	III
32		8	IV	I	I	II	I	I	III	IV
33		9	IV	I	I	II	I	I	IV	III
34		10	IV	I	I	II	I	I	III	IV
35		11	V	I	I	II	I	I	IV	V
36		12	III	I	I	II	I	I	III	III
37	固城湖小湖区	1	IV	I	I	II	I	I	III	IV
38		2	III	I	I	II	I	I	III	III
39		3	III	I	I	II	I	I	II	III
40		4	III	I	I	II	I	I	III	III
41		5	IV	I	I	II	I	I	IV	III

序号	测站名称	监测月份	综合水质类别	pH 值	溶解氧	高锰酸盐指数	化学需氧量	五日生化需氧量	总磷	总氮
42	固城湖小湖区	6	V	I	I	Ⅱ	I	Ⅲ	Ⅲ	V
43		7	V	I	I	Ⅱ	I	I	V	Ⅳ
44		8	Ⅳ	I	Ⅱ	Ⅱ	I	I	Ⅲ	Ⅳ
45		9	V	I	I	Ⅱ	I	I	V	Ⅱ
46		10	Ⅲ	I	I	Ⅱ	I	I	Ⅲ	Ⅲ
47		11	Ⅳ	I	I	Ⅱ	I	I	Ⅲ	Ⅳ
48		12	Ⅳ	I	I	Ⅱ	I	I	Ⅳ	Ⅲ
49	固城湖 C1	1	Ⅲ	I	I	Ⅱ	I	I	Ⅱ	Ⅲ
50		2	Ⅳ	I	I	Ⅱ	I	I	Ⅲ	Ⅳ
51		3	Ⅳ	I	I	Ⅱ	I	I	Ⅲ	Ⅳ
52		4	Ⅲ	I	I	Ⅱ	I	I	Ⅲ	Ⅲ
53		5	Ⅳ	I	I	Ⅱ	I	I	Ⅳ	Ⅱ
54		6	Ⅲ	I	I	Ⅱ	I	I	Ⅱ	Ⅲ
55		7	Ⅳ	I	I	Ⅱ	I	I	Ⅳ	Ⅱ
56		8	V	I	I	Ⅱ	I	I	Ⅲ	V
57		9	Ⅳ	I	Ⅱ	Ⅱ	I	I	Ⅳ	Ⅲ
58		10	Ⅲ	I	I	Ⅱ	I	I	Ⅲ	Ⅲ
59		11	Ⅲ	I	I	Ⅱ	I	I	Ⅲ	Ⅲ
60		12	Ⅲ	I	I	Ⅱ	I	I	Ⅱ	Ⅲ

（1）全湖区。全湖区总磷浓度除第 3 季度水质类别为Ⅳ类，其余季度均为Ⅲ类；总氮浓度保持稳定，均为Ⅲ类。固城湖全湖区主要超标项目浓度变化如图 6.13 所示。

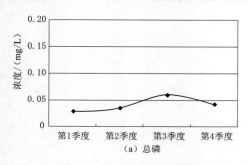

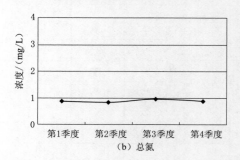

图 6.13　固城湖全湖区主要超标项目浓度变化图

（2）核心区。核心区总磷浓度保持稳定，均为Ⅲ类；总氮浓度保持稳定，均为Ⅲ类。固城湖核心区主要超标项目浓度变化如图 6.14 所示。

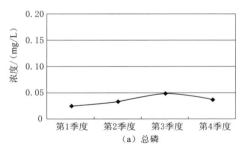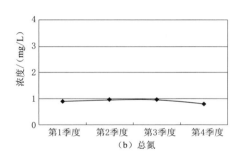

图 6.14　固城湖核心区主要超标项目浓度变化图

（3）缓冲区。缓冲区总磷浓度除第 1 季度水质类别为Ⅱ类，第 3 季度水质类别为Ⅳ类，其余季度均为Ⅲ类；总氮浓度除第 3 季度水质类别为Ⅱ类，第 4 季度水质类别为Ⅳ类，其余季度水质类别均为Ⅲ类。固城湖缓冲区主要超标项目浓度变化如图 6.15 所示。

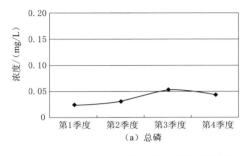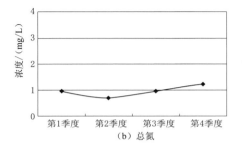

图 6.15　固城湖缓冲区主要超标项目浓度变化图

（4）开发控制利用区。开发控制利用区总磷浓度除第 3 季度水质类别为Ⅳ类，其余季度均为Ⅲ类；总氮浓度除第 3 季度水质类别为Ⅳ类，其余季度均为Ⅲ类。固城湖开发控制利用区主要超标项目浓度变化如图 6.16 所示。

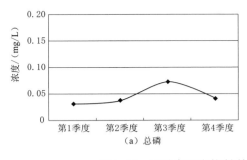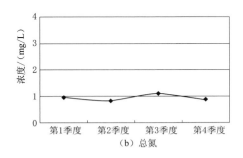

图 6.16　固城湖开发控制利用区主要超标项目浓度变化图

2. 营养状态评价

全湖及各生态分区营养状态指数基本稳定，介于 42.1～55.9，呈中营养—轻度富营养状态。评价结果详见表 6.5。固城湖全湖及各生态功能分区营养状态指数变化如图 6.17 所示。

表 6.5 固城湖营养状态指数（EI）评价表

序号	测站名称	月份	总磷		总氮		叶绿素 a		高锰酸盐指数		透明度		总评分值	评价结果
			浓度/(mg/L)	En分值	浓度/(mg/L)	En分值	浓度/(mg/L)	En分值	浓度/(mg/L)	En分值	数值/m	En分值		
1	红砂嘴	1	0.030	42.2	0.66	53.2	0.006	44.2	3.0	45.0	0.9	52	47.3	中营养
2		2	0.022	38.3	0.87	57.4	0.006	43.5	2.9	44.5	0.9	52	47.1	中营养
3		3	0.029	41.8	1.02	60.2	0.004	38.5	2.5	42.5	1.0	50	46.6	中营养
4		4	0.033	43.2	0.85	57.0	0.008	46.3	2.6	43.3	0.9	53	48.6	中营养
5		5	0.043	47.4	1.05	60.5	0.006	44.2	2.4	41.8	0.7	56	50.0	中营养
6		6	0.035	44.0	1.30	63.0	0.006	44.2	2.8	43.8	0.6	55	50.0	中营养
7		7	0.049	49.6	1.01	60.1	0.004	40.3	2.9	44.3	0.8	54	49.7	中营养
8		8	0.033	43.2	0.84	56.6	0.005	42.2	3.0	45.0	0.7	56	48.6	中营养
9		9	0.036	44.4	0.79	55.8	0.001	14.0	2.9	44.5	0.9	52	42.1	中营养
10		10	0.035	44.2	0.67	53.4	0.007	45.7	3.0	44.8	0.7	57	49.0	中营养
11		11	0.028	41.2	0.91	58.2	0.007	44.7	3.0	44.8	0.6	58	49.4	中营养
12		12	0.034	43.6	0.77	55.4	0.007	45.7	3.4	47.0	0.5	60	50.3	轻度富营养
13	固城湖大湖区	1	0.030	42.0	0.84	56.8	0.012	51.4	3.3	46.5	1.0	50	49.3	中营养
14		2	0.032	42.8	0.83	56.6	0.013	52.1	3.5	47.5	1.0	50	49.8	中营养
15		3	0.013	32.0	1.08	60.8	0.013	52.0	3.5	47.5	1.0	50	48.5	中营养
16		4	0.034	43.6	0.72	54.4	0.009	48.0	2.6	43.0	1.0	50	47.7	中营养
17		5	0.058	51.6	0.88	57.0	0.016	53.5	3.6	48.0	0.7	56	53.3	轻度富营养
18		6	0.011	30.7	0.78	55.6	0.021	56.9	3.5	47.5	0.7	56	49.3	中营养
19		7	0.066	53.2	0.84	56.8	0.001	24.0	3.4	47.0	0.8	54	47.0	中营养
20		8	0.033	43.2	1.36	63.6	0.016	53.8	3.7	48.5	0.7	56	53.0	轻度富营养
21		9	0.080	56.0	0.84	56.8	0.011	50.6	3.6	48.0	1.0	50	52.3	轻度富营养
22		10	0.043	47.2	0.86	57.2	0.015	53.3	2.8	44.0	0.8	54	51.1	轻度富营养
23		11	0.049	49.6	0.83	56.6	0.014	52.3	3.7	48.5	0.6	58	53.0	轻度富营养
24		12	0.050	50.0	0.67	53.4	0.018	54.8	3.5	47.5	0.4	70	55.1	轻度富营养
25	迎湖桃源	1	0.027	40.8	0.93	58.6	0.011	50.9	3.4	46.5	1.0	50	49.4	中营养
26		2	0.026	40.4	0.82	56.4	0.013	51.8	3.6	48.0	1.0	50	49.3	中营养
27		3	0.018	35.3	1.11	61.1	0.013	51.7	3.4	47.0	1.0	50	49.0	中营养
28		4	0.034	43.6	0.69	53.8	0.008	46.8	2.7	43.5	1.0	50	47.5	中营养
29		5	0.051	50.2	0.49	49.5	0.014	52.7	3.7	48.5	0.7	56	51.4	轻度富营养
30		6	0.013	32.0	0.87	57.4	0.020	56.1	3.4	47.0	0.7	56	49.7	中营养
31		7	0.065	53.0	0.98	59.7	0.002	25.0	3.6	48.0	0.9	52	47.5	中营养
32		8	0.034	43.6	1.28	62.8	0.015	53.1	3.8	49.0	0.7	56	52.9	轻度富营养
33		9	0.064	52.8	0.57	51.4	0.012	51.1	3.3	46.5	1.0	50	50.4	轻度富营养
34		10	0.047	48.8	1.08	60.8	0.018	54.9	2.9	44.5	0.8	54	52.6	轻度富营养

序号	测站名称	月份	总磷		总氮		叶绿素a		高锰酸盐指数		透明度		总评分值	评价结果
			浓度/(mg/L)	En分值	浓度/(mg/L)	En分值	浓度/(mg/L)	En分值	浓度/(mg/L)	En分值	数值/m	En分值		
35	迎湖桃源	11	0.058	51.6	1.95	69.5	0.014	52.3	3.6	48.0	0.6	58	55.9	轻度富营养
36		12	0.033	43.2	0.65	53.0	0.020	56.1	3.6	48.0	0.4	70	54.1	轻度富营养
37		1	0.037	44.8	1.11	61.1	0.012	51.1	3.4	47.0	1.0	50	50.8	轻度富营养
38		2	0.029	41.6	0.85	57.0	0.014	52.3	3.6	48.0	1.0	50	49.8	中营养
39		3	0.016	34.0	1.00	60.0	0.013	51.9	3.5	47.5	1.0	50	48.7	中营养
40		4	0.033	43.2	0.81	56.2	0.008	47.2	2.6	43.0	1.0	50	47.9	中营养
41		5	0.055	51.0	0.58	51.6	0.014	52.4	3.6	48.0	0.7	56	51.8	轻度富营养
42	固城湖小湖区	6	0.032	42.8	1.63	66.3	0.024	58.4	3.2	46.0	0.7	56	53.9	轻度富营养
43		7	0.107	60.7	1.34	63.4	0.002	25.0	3.5	47.5	0.9	53	49.9	中营养
44		8	0.048	49.2	1.26	62.6	0.017	54.4	3.8	49.0	0.7	56	54.2	轻度富营养
45		9	0.101	60.1	0.41	45.5	0.013	51.9	3.5	47.5	1.0	50	51.0	轻度富营养
46		10	0.043	47.2	0.96	59.2	0.016	53.9	2.7	43.5	0.8	54	51.6	轻度富营养
47		11	0.047	48.8	1.02	60.2	0.014	52.6	3.6	49.0	0.6	58	53.7	轻度富营养
48		12	0.054	50.8	0.83	56.6	0.016	53.8	3.5	47.5	0.4	70	55.7	轻度富营养
49		1	0.022	38.0	0.63	52.6	0.012	51.5	3.3	46.5	1.0	50	47.7	中营养
50		2	0.039	45.6	1.02	60.2	0.013	51.8	3.4	47.0	1.0	50	50.9	轻度富营养
51		3	0.048	49.2	1.04	60.4	0.013	51.6	3.6	48.0	1.0	50	51.8	轻度富营养
52		4	0.035	44.0	0.86	57.2	0.010	49.7	2.5	42.5	1.0	50	48.7	中营养
53		5	0.052	50.4	0.43	46.5	0.014	52.8	3.6	48.0	0.7	56	50.7	轻度富营养
54	固城湖C1	6	0.021	37.3	0.62	52.4	0.021	56.8	3.2	46.0	0.7	56	49.7	中营养
55		7	0.077	55.4	0.92	58.4	0.001	24.0	3.7	48.5	0.8	54	48.1	中营养
56		8	0.032	42.8	1.54	65.4	0.016	53.6	3.8	49.0	0.8	54	53.0	轻度富营养
57		9	0.067	53.4	1.00	60.0	0.013	51.8	3.5	47.5	1.0	50	52.5	轻度富营养
58		10	0.044	47.6	0.88	57.6	0.017	54.1	2.9	44.5	0.8	54	51.6	轻度富营养
59		11	0.034	43.6	0.65	53.0	0.014	52.5	3.7	48.5	0.6	58	51.1	轻度富营养
60		12	0.024	39.3	0.71	54.2	0.019	55.7	3.5	47.5	0.4	70	53.3	轻度富营养

6.6.2.4　水生态特征

1. 水生植物

根据监测，固城湖湖区有大型水生植物 9 科 13 种，其中挺水植物 5 种，沉水植物 5 种，浮叶植物 3 种。水生植物优势种主要有菹草和芦苇。以沉水植物占优势，沉水植物主要分布在湖心区内。

2. 浮游植物

湖区共采集到浮游植物 95 属 135 种。从年均密度来看，密度高值主要出现固城湖南

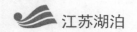

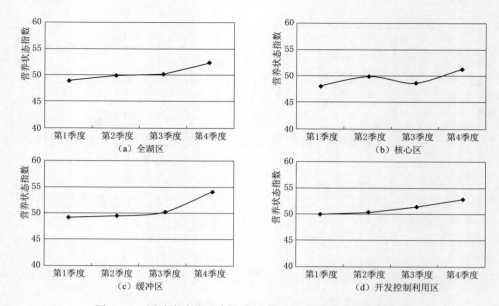

图 6.17　固城湖全湖及各生态功能分区营养状态指数变化图

部水域，生物量高值出现湖的西北部水域。在空间分布上，浮游植物生物量呈现由西北向东北西逐渐减少的趋势。

3. 浮游动物

固城湖浮游动物 61 种。密度和生物量空间分布不均匀，整体上呈现出由南向北逐渐减少的趋势。生物密度高值主要出现在固城湖的南部水域，其次是北部官溪河附近，而北部水域中心密度最低。生物量最高值出现在固城湖南部水域，其次是中南部水域，最低值出现在北部水域。浮游动物多样性呈现显著时空变化，空间上低值出现在固城湖南部水域，而在湖中心敞水区多样性较高。时间上，2—5 月呈下降趋势，此后开始上升，至 9月达最高值。

4. 底栖动物

固城湖湖区底栖动物共有 17 种，其中昆虫纲摇蚊幼虫 7 种、寡毛纲 4 种、蛭纲 2 种、软体动物门 4 种，优势种主要有黄色羽摇蚊、红裸须摇蚊、梨形环棱螺和颤蚓，优势类群为摇蚊幼虫类、软体动物类和寡毛类。生物量最高值主要在固城湖西北沿岸和东南沿岸附近水域，低值在固城湖中部水域，生物量较高的点位被软体动物和摇蚊幼虫所主导，而生物量较低的点位则为摇蚊幼虫主导。

5. 湖泊存在的生态问题

固城湖是一过水湖泊，近几十年来人类活动的加剧，使得湖泊的水质状况、生态环境和生态结构等都发生了很大的改变，目前存在许多生态问题，最重要的问题是湖泊生态环境单一，植物种群组成向简单化演替，造成固城湖沼泽化严重，湖水水质变差，有富营养化的趋势。目前主要存在的生态问题如下：

（1）围垦导致湖面缩小，湖泊生态环境改变。固城湖是由古丹阳湖解体分化而来，据研究在固城湖成湖之初，面积曾达 $221km^2$。后来由于人类的大规模围垦和湖泊的不断淤积，使得湖面不断缩小。至解放初，湖泊面积为 $81km^2$。1954 年特大洪水，固城湖沿湖筑建人工护堤，同时湖底平均淤积了 0.5m，湖面减少到 $66km^2$，生物资源急剧衰退。1977 年湖区围湖造田，固城湖湖面减少一半，至 1978 年湖面仅为 $30.95km^2$，目前湖泊面积为 $24.5km^2$，仅为解放初期的 30% 左右。湖面的大幅度缩小，特别是湖岸人工护堤和通湖河流闸坝的筑建，使得固城湖已由过水型湖泊转变为相对封闭的水库型湖泊，破坏了湖泊的生态平衡和生物多样性，使湖泊生态环境单一，植物种群组成向简单化演替，其直接后果是生物资源特别是水草优势群落发生了演变，目前微齿眼子菜为全湖绝对优势种，固城湖沼泽化严重。

（2）沿湖和入湖污染加剧。近几十年来，沿湖地区人类活动不断加强，经济不断发展，使得湖泊的水污染也不断加剧。据调查和研究，固城湖的污染源主要如下：

1）工矿企业废水。1997 年高淳县工业的四大支柱产业是化工、机械、陶瓷和服装，工业产值为 1.3 亿元，各厂矿的分布基本在东起胥河，西至官溪河沿线。工矿企业废水基本都排入固城湖，按用水指标较好的南京工矿企业万元产值用水量 186t/万元计算，1997 年排入固城湖的工业废水为 2172 万 t。按允许的工业废水排放标准，取化学需氧量的平均浓度 200mg/L，SS（悬浮物）的平均浓度 150mg/L，氨氮的平均浓度 10mg/L，计算 1997 年入湖的工业废水携带的污染物为：化学需氧量 4344t，SS（悬浮物）3258t，氨氮 217t。

2）生活废水。湖周有淳溪固城镇沧溪镇等，有 21 万左右人口，据计算，生活废水排入湖中的污染物为化学需氧量 617t。

3）大气降水。固城湖大部分湖岸都是人工围堤构成，从湖岸基本没有随降雨产生的地表径流进入湖区。因此随降雨带来的污染主要在湖泊表面范围。按年降雨量 1070mm 计，每年因降雨带来的化学需氧量 82t，氨氮 23t。

4）农田废水。按湖区径流 $1.156\times10^8m^3$，化学需氧量浓度 10.0mg/L 计算，每年排入湖中的化学需氧量为 1156t。

因此总入湖化学需氧量每年约为 6199t，而且污染负荷主要集中在官溪河和小湖区两大区域，所接受的化学需氧量占全年排入湖区总量的 96%；从来源上来看，固城湖的主要污染源为工业废水和城镇生活废水，它们分别占化学需氧量总污染负荷的 70% 和 19%。按已有的研究计算固城湖化学需氧量的水环境容量为 4022t/a，1997 年化学需氧量就超出水环境容量的 50%，如继续发展下去，必将破坏固城湖水体的生态系统的物质循环平衡，使水质急剧恶化，特别是小湖区和官溪河已受到化学需氧量的严重污染，急需采取措施。

（3）湖泊生物种群单一，生态系统脆弱。由于人类活动的加强，使得固城湖的生态环境发生了很大的改变，生物群落和结构也随之发生变化，如水生植物从 20 世纪 50 年代末的 14 种，下降到 90 年代的 7 种，挺水植物几乎消失，水生植物群落演化为微齿眼子菜为绝对优势种，其生物量占全湖总生物量的 96%；浮游植物也是种类减少，群落生物量急剧上升，生物群落趋于小型化，生物个体小型化，这种生物种群的单一化，使整个湖泊生态系统极易受到破坏，一旦生态结构受环境影响而改变，湖泊将逆向转化急剧，固城湖将难以恢复水草丰富、水质清洁的健康湖泊生态类型。目前已造成固城湖水质下降、沼泽化严重，并严重影响到渔业生产和沿岸的社会经济发展。

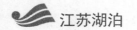

（4）水草大量腐烂，影响水质。固城湖水生植被的覆盖率达 95％，全湖总生物量 5 月就达 80935t。而且种群单一，渔业利用率相对较低，同时由于固城湖夏季水位变幅较大，水生植物在高水位期因无光合作用腐烂死亡，释放大量的磷、氮等污染物，也严重影响固城湖的水质。

6.6.2.5 退圩还湖

从 2017 年开始，为减缓固城湖水生态环境恶化趋势，高淳区政府实施固城湖退圩还湖工程，结合滨湖科技新城建设，选择靠近城区且易于实施的固城湖北侧永联圩作为退圩还湖实施范围。通过清退圩区，恢复固城湖水域面积和湖泊容积，提高流域、区域防洪调蓄能力和抗旱保灌能力，改善湖泊流动性；调整取水口位置，避免航道与水源地保护区冲突，提高城市供水安全保障能力；修建生态修复带及实施平圩清淤，改善湖泊水质，修复改善水生态环境、提升生态系统功能；合理布置沿湖岸线和景观生态，打造生态宜居环境，提升城市形象。

具体工程方案如下：

（1）新建堤防工程。在退圩区北侧边界新建 6.2km 堤防，与东西两侧老堤顺接，形成新的防洪闭合圈，防洪标准为 50 年一遇；新堤建成后，拆除退圩区老堤，使永联圩恢复自由水面。

（2）取水设施改建工程。将现状取水口南移 600m、取水泵站改建至红沙嘴、重新布置输水管道，保证供水安全。

（3）平圩清淤工程。通过清除圩区蟹塘和小湖区底泥，将清除土方在退圩区聚泥成岛，减小蟹塘和湖区底泥对湖区水体污染。

（4）水生态修复工程。在湖区沿线硬质护岸前建设 12.3km 生态修复带、退圩区建设 6 处人工地以及沿新建堤防在迎水侧新建 6.2km 景观带，改善固城湖生境和景观。

工程实施后，一方面，将恢复蓄水面积 $6.11km^2$，可以有效增加湖泊水环境容量，促进水体的流动与交换；另一方面，固城湖北部永联圩得到了退让，减少了直接排入湖体的蟹塘养殖废水，有利于改善水质。

工程配套建设的人工湿地以及近岸带生态修复带，将塑造适合水生植物及动物栖息生长的环境，可以为浮游动物、底栖动物、鱼类提供营养物质，为水生动物尤其是湿地鸟类提供栖息场所，增强生态价值，可有效降低湖泊污染负荷，有利于水体水质净化、增加湖泊景观效果，形成层次丰富的水景观。

此外，固城湖退圩还湖带来的有效防洪库容的增加，可缓解由此产生的紧张形势，减少每年汛期防汛的人力、物力、财力消耗，提高城区防灾、抗灾能力。通过退圩还湖，可以大幅提高固城湖区域人民的防洪安全。

固城湖早期的围垦给湖泊水生态环境造成了极为不利的影响，退圩还湖的实施对固城湖的水生态环境改善具有重要作用，为区域可持续发展奠定了良好的基础。退圩还湖工程在恢复湖泊水域的基础上，配套实施相关生态环境治理和城市建设工程，实现了还地于湖、水岸共治，是湖泊治理一次新的尝试，改变了以往治标不治本的治理模式，是新时代生态文明建设的一次生动实践。

7 里下河腹部地区

7.1 基本情况

7.1.1 地理位置及地质地貌

里下河腹部地区湖泊湖荡（简称里下河湖区）位于江苏省里下河腹部低洼地区，东经 119°20′～120°5′，北纬 32°30′～33°33′之间，为浅水湖泊。行政隶属 4 市 8 县（市、区）54 个乡镇，包括扬州的高邮市、宝应县、淮安的楚州区、泰州的姜堰区、兴化市、盐城的盐都区、建湖县、阜宁县。湖区面积 695km²，由 41 个零散湖群组成，主要有射阳湖、大纵湖、蜈蚣湖、郭正湖、得胜湖、广洋湖、平旺湖、官垛荡、乌巾荡、癞子荡、南荡等。里下河湖区与里下河地区骨干河网相串联，湖区部分已圈圩建有进退水闸、滚水坝等设施。

里下河腹部湖泊湖荡地区地势较平坦、低洼，自西向东、自北向南地势渐低，一般地面高程多为 1.83～3.83（2.00～4.00）m（1985 国家高程基准，括号中为废黄河高程基准，下同），地形坡度小于 1/6000。区内沟、河纵横交错，湖荡星罗棋布。在地貌分区上属里下河浅洼平原区，地貌类型为古潟湖堆积平原。在晚更新世末期，海水西侵达江苏省西部山前地带，淮河河口在淮阴一带，由于河流上游的大量泥沙被携带至海口外侧，使沙洲不断向黄海伸展，并与海中沙洲堤逐步连接，经大气降水逐渐淡化，并继续接受淮河、长江填积，形成如今地貌。古潟湖堆积平原以沼泽洼地平原为主，中间分布部分湖滩地和少量垛田。

里下河腹部地区位于扬子准地台东部，在新构造分区中属华北平原沉降区中的苏北中、新生代断陷盆地强烈持续沉降区。区内有高邮凹陷、东荡凸起、柳堡低凸起等晚白垩世至现代华夏式构造，沿线无大规模断裂通过。区域地质资料显示，第三纪以来的新构造运动以持续缓慢沉降为主，区域稳定性相对较好。场地处于扬铜地震带北部，周围 100km 范围内地震活动不强。场地地震主要受构造活动控制，多集中在南部，具有震中原地重复等特征。此外，场地周围地区小级别地震多有发生，地震活动序列以主震-余震型为主。里下河腹部地区在 50m 深度范围内土层以 Q_3 及其以前的沉积层为主，在高程 −6～−10m 以 Q_3 黏性土分布为一个基本特征，西部等地方埋藏较浅，可抬高至 −4.00m 甚至 −3.00m 左右，受诸多因素影响，局部古河槽最大冲切深度达 −18m，河槽内沉积厚度巨大的砂性土或淤泥质黏性土。

7.1.2 形成及发育

里下河地区在大地构造单元上是属于苏北凹陷的一部分，这一凹陷从第三纪以来，一

直处于沉降运动的过程，并接受了深厚的松散沉积物。至第四纪的晚更新时期，该区已处于滨海环境，成为长江三角洲北侧的一个浅海海湾，长期的泥沙淤积作用，造成海岸带以平缓的坡度伸向海底。大约在2000年前，淮河尚在淮阴附近注入北海湾。由于波浪作用，在滨海浅滩地区造成了岸外沙堤的发育。因沙堤的形成和长江北岸古沙嘴的伸展，使得里下河地区成为潟湖地带。

潟湖经后来泥沙的继续封淤，在逐渐淡化的过程中退居内陆，转变成为淡水湖泊，称为古射阳湖。现今的大纵湖、蜈蚣湖、得胜湖、平旺湖、郭正湖、广洋湖等湖荡，在古射阳湖形成之初期，均为其统一湖体的组成部分。后来由于来自湖区本身的泥沙和生物残体的沉积，尤其是来自黄河和淮河泛滥所注入的大量泥沙沉积，加速了这一古湖泊的衰亡过程，使其逐渐变小、解体，分化为许多大小不一的湖荡。明代以前，里下河多半为沼泽地带，自然港汊纵横分歧，芦苇草滩一望无际。在清初以前，里下河湖区水面积达60%。

湖泊由于被大量泥沙所沉积，湖盆日见淤浅，湖泊迅速发展到了衰老的阶段，普遍进入沼泽化过程。20世纪50年代开始，随着沿海浚港建闸，里下河湖区水位控制降低，湖面也越来越小。湖滩地是一项良好的土地资源，由于湖滩地的发育，滩地出露水面，使围垦种植和兴建台田（习惯上称为垛田）种植成为可能，这一方式在相当长的时期里是里下河地区湖泊湖荡利用的主要方式。近20年来，在经济利益的驱动下，圈圩养殖迅猛发展，成为开发利用的主要方式。随着围垦种植和圈圩养殖规模的逐步扩大与发展，又进一步加剧了湖泊的缩小和衰亡过程，并不断改变湖盆的形态。

20世纪中期，里下河腹部地区湖泊湖荡0.5km^{2}以上的湖荡有51处，有湖荡滩地1300km^{2}以上，60年代中期尚有湖荡滩地1073.1km^2，主要有射阳湖、绿洋湖、大纵湖、蜈蚣湖、郭正湖、绿草荡、乌巾荡、广洋湖、平旺湖、喜鹊湖等，到2005年仅有湖荡滩地58.1km^2，仅占1965年湖荡总面积的5.4%，部分湖泊湖荡已经消失。

7.1.3 湖泊形态

里下河腹部地区湖泊湖荡属浅水型湖泊。湖泊湖荡勘界面积693.348km^2，由约40个零散湖群组成，主要有射阳湖、大纵湖、蜈蚣湖、郭正湖、得胜湖、广洋湖、平旺湖、喜鹊湖、绿洋湖、林湖、洋汊荡、官垛荡、九里荡、王庄荡、乌巾荡、癞子荡、绿草荡、獐狮荡、沙沟南荡、东荡、兰亭荡、菜花荡、白马荡等。荡滩高程一般为0.53～0.73（0.70～0.90）m，湖底高程一般为−0.17（0.00）m左右。

里下河腹部地区湖泊湖荡发育在冲积—淤积平原区，湖盆呈浅碟形，岸坡平缓，大部分湖泊地势由湖岸向湖心缓慢倾斜，湖底相当平坦，平均坡度一般为0.01%～0.05%。湖荡全属浅水湖，湖泊的平均水深不到2m，大部分湖荡的平均水深不到1m，汛期水深一般在2m左右，枯水期水深一般小于0.8m，其中由于大纵湖湖盆地势较低，承受郭正湖、蜈蚣湖和得胜湖三个湖荡的来水，因此水深稍大。

7.1.4 湖泊功能

里下河湖泊湖荡以其固有的调蓄水量能力和丰富的水生物等各种湖泊湖荡资源，发挥滞蓄洪涝、引排水、湿地生态、交通航运、渔业养殖、农业生产、旅游休闲等各项功能。

里下河腹部地区地处平原低洼区，其中心地带距自排入海出口超过150km，而水位差不足2m，比降极缓，下泄困难。利用湖泊湖荡拦截径流，削减洪峰，蓄水兴利，是历次里下河地区水利综合治理规划主要工程措施之一。

里下河地区是平原河网地区，引排水都通过纵横交错的河网，湖泊湖荡的行水通道是区域引排的骨干河道。行水通道引排水功能不仅是湖泊湖荡地区防洪保安、水资源供给、生态、交通航运、开发利用等功能正常发挥的保障，也是里下河地区经济社会发展、生态健康的保障。

里下河水网地区的沼泽湿地是江苏省自然生态系统多样性的重要组成，里下河腹部湖泊湖荡生态系统，具有丰富的生物资源和巨大的生态功能和效益，在保护生物多样性、维持生态平衡、调节湖区气候、降解污染物等方面发挥着重要作用。

自春秋时期开邗沟，里下河腹部地区湖泊湖荡即有交通航运功能。随着盐运、漕运的发展，其交通航运功能也日渐重要，成为本区域主要运输方式。目前，里下河地区陆路交通已十分发达，但水运仍然是本地区生产、生活物资运输的主要方式。

里下河腹部地区湖泊湖荡水系发达，众多湖泊相连，环湖港汊较多，湖岸曲折，岸线发展系数较大，一般在 1.5 左右，为湖泊鱼类养殖和水生植物种植提供便利条件。

里下河腹部湖泊湖荡区生态系统完整，生物品种丰富，自然景观优美，具有极高的景观开发价值，湖区已建成拥有大纵湖、得胜湖、乌巾荡、九龙口等湖泊湖荡风景旅游区。

7.2 水文特征

7.2.1 湖泊流域面积及汇水面积

里下河地区地处长江、淮河两大流域之间，涉及 5 个地级市，总流域面积约 20000km²。

7.2.2 湖泊进、出湖河道

里下河腹部地区湖泊湖荡是淮河流域里下河腹部地区主要调蓄性湖泊群。里下河腹部地区外排主要通过河网及区域骨干河道汇入射阳河、黄沙港、新洋港、斗龙港（简称四大港）自排入海和江都站、高港站、宝应站等抽排；里下河地区供水布局是由新通扬运河、泰州引江河引水，三阳河—射阳河、卤汀河—黄沙港、泰东河—通榆河三线输水，通过内部河网及湖泊湖荡供全区工农业生产及人畜用水。

区域骨干河道是里下河地区水利规划的"六纵六横"骨干河网，"六纵"包括：①三阳河接大三王河、蔷薇河、戛粮河至射阳河；②泰州引江河接卤汀河、下官河、沙黄河至黄沙港；③卤汀河的港口接茅山河、西塘港、东涡河至新洋港龙岗；④新通扬运河姜墩接姜溱河、盐靖河、冈沟河至新洋港龙岗；⑤泰东河接通榆河；⑥海堤河串通沿海各港。"六横"包括：①白马湖下游引河穿射阳湖荡区经杨集河、潮河接射阳河；②宝射河接黄沙港；③潼河穿大纵湖接蟒蛇河、新洋港；④兴盐界河接斗龙港；⑤北澄子河接车路河、川东港；⑥新通扬运河接拼茶运河。

里下河腹部地区出入湖区有众多河道，并与里下河地区骨干河网相连。主要有属于"六纵六横"骨干河网的三阳河、大三王河、蔷薇河、戛粮河、卤汀河、下官河、上官河、沙黄河、西塘河、西塘港、盐靖河、泰东河、白马湖下游引河、杨集河、潮河、宝射河、大潼河、蟒蛇河、北澄子河、车路河等20条河道，穿越射阳湖、绿草荡、獐狮荡、广洋

湖、郭正湖、大纵湖、平旺湖、洋汊荡、乌巾荡、东荡、得胜湖、官垛荡等25个湖荡，长141.8km；还有市县级骨干河道的东平河、横泾河、新六安河、子婴河、芦范河、宝应大河、营沙河、向阳河、杨家河、大溪河、海沟河、池沟、横塘河、盐河、白涂河、头溪河、大官河、新涧河、塘河、獐狮河、李中河、鲤鱼河、渭水河、兴姜河等42条河道，穿越射阳湖、獐狮荡、夏家荡、九里荡、刘家荡、兰亭荡、东荡、蜈蚣湖、广洋湖、白马荡、崔印荡、癫子荡、平旺湖、洋汊荡、得胜湖、官垛荡、绿洋湖、龙溪港等25个湖荡，长271.5km。

7.2.3　降雨、蒸发

里下河地区气候处于亚热带和温暖带的过渡地带，具有明显的季风气候特征，日照充足，四季分明。年平均气温14～15℃，无霜期210～220天。区内平均降雨量为1000mm，汛期降雨量集中，6—9月降雨量占全年降雨量的65％左右，同时，降雨量年际变化也较大。年平均蒸发量为960mm左右。

7.2.4　泥沙特征

里下河湖荡地势低平，河流流速缓慢，水流携带泥沙较少，湖流较小，泥沙含量较低。

7.3　水质特征

7.3.1　水质状况评价

根据大纵湖2008—2019年水质监测资料，2008—2019年总氮浓度介于0.70～2.98mg/L，相比于2008年，总氮浓度总体呈现上升趋势，2008—2016年上下来回波动，2017—2019年浓度逐步下降。总氮水质类别为Ⅲ～劣Ⅴ类，2011年水质类别为Ⅴ类，2012—2015年水质类别有所改善，均为Ⅳ类；2016—2019年水质类别较差，为Ⅴ～劣Ⅴ类。

2008—2019年总磷浓度介于0.040～0.071mg/L，浓度总体变化不大；2010—2013年总磷浓度基本稳定；2014年浓度有所下降；2015—2019年呈现逐步上升趋势。全湖区总磷水质类别在Ⅲ～Ⅳ类间来回波动，2010—2013年水质类别均为Ⅳ类，2014—2015年水质类别为Ⅲ类，2016—2019年水质类别为Ⅳ类。

2008—2019年大纵湖全湖主要水质指标变化如图7.1所示。

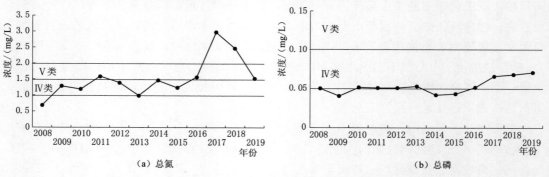

（a）总氮　　　　　　　　　　　　　　（b）总磷

图7.1　2008—2019年大纵湖全湖主要水质指标变化图

7.3.2　营养状态评价

　　大纵湖 2008—2019 年营养状态指数均值为 52.8，介于 47.6～55.7，除 2011 年、2015 年低于 50.0，营养状态属于中营养外，其他年份均处于轻度富营养。从历年变化趋势上看，自 2010 年开始，大纵湖营养状态指数呈"W"形变化趋势。2008—2019 年大纵湖营养状态指数变化如图 7.2 所示。

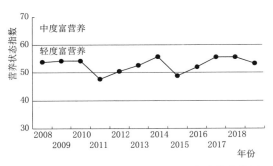

图 7.2　2008—2019 年大纵湖营养状态指数变化图

7.4　水生态特征

7.4.1　浮游植物

　　里下河湖荡中的藻类种类繁多，以蓝藻门、硅藻门、绿藻门为主。其中，蓝藻门中以蓝球藻、隐球藻、微胞藻、片藻、林氏藻等属较为常见。蓝藻喜高温，春季开始出现或繁殖，夏季达繁殖盛期，入秋之后逐渐衰落。硅藻门中以小环藻、直链藻、脆杆藻、舟形藻、月形藻、桥弯藻、双菱藻、菱形藻和等片藻等属最为常见。春、秋两季硅藻繁殖旺盛。绿藻门中以空球藻、实球藻、小球藻、盘星藻、腔星藻、四球藻等属较为常见，大多在温暖季节出现，一般春秋两季生长旺盛。

7.4.2　浮游动物

　　1. 原生动物

　　原生动物包括棘砂壳虫、普通表壳虫、表壳圆壳虫、钟形虫、巢居法帽虫、褐砂壳虫、球形砂壳虫、瓶砂壳虫、尖顶砂壳虫、王氏似铃壳虫、胡梨壳虫、薄片漫游虫、太阳虫、侠盗虫、急游虫。优势种为：棘砂壳虫、普通表壳虫、尖顶砂壳虫、褐砂壳虫、球形砂壳、王氏似铃壳虫。

　　2. 轮虫

　　轮虫包括螺形龟甲轮虫、矩形龟甲轮虫、缘板龟甲轮虫、曲腿龟甲轮虫、裂足臂尾轮虫、萼花臂尾轮虫、矩形臂尾轮虫、方形臂尾轮虫、浦达臂尾轮虫、角突臂尾轮虫、长刺异尾轮虫、刺盖异尾轮虫、暗小异尾轮虫、韦氏异尾轮虫、圆筒异尾轮虫、月形单趾轮虫、长三肢轮虫、跃进三趾轮虫、迈氏三肢轮虫、针簇多肢轮虫、长肢多肢轮虫、小多肢轮虫、晶囊轮虫、无柄轮虫、对棘同尾轮虫、独角聚花轮虫、多突囊足轮虫、盘状鞍甲轮虫、唇形叶轮虫、蹄形腔轮虫、懒轮虫、真足哈林轮虫。优势种为：螺形龟甲轮虫、曲腿龟甲轮虫、萼花臂尾轮虫、角突臂尾轮虫、针簇多肢轮虫、长肢多肢轮虫、跃进三肢轮虫、独角聚花轮虫、唇形叶轮虫。

　　3. 枝角类

　　枝角类包括长肢秀体溞、短尾秀体溞、简弧象鼻溞、长刺溞、微型裸腹溞、角突网纹溞、透明薄皮溞。优势种为：简弧象鼻溞、微型裸腹溞。

4. 桡足类

桡足类包括近邻剑水蚤、汤匙华哲水蚤、台湾温剑水蚤、广布中剑水蚤、中华窄腹水蚤、桡足幼体、无节幼体。优势种为：近邻剑水蚤、汤匙华哲水蚤、广布中剑水蚤、桡足幼体、无节幼体。

7.4.3　底栖动物

里下河湖荡中的底栖动物种类比较丰富，以寡毛类、摇蚊幼虫、软体动物以及蛭类为主。其中，寡毛类中以苏氏尾鳃蚓、中华河蚓以及霍甫水丝蚓等种类较为常见。摇蚊幼虫以粗腹摇蚊、大红摇蚊、红裸须摇蚊、盐生摇蚊、羽摇蚊、内摇蚊以及半折摇蚊等种类最为常见。其中盐生摇蚊在春季出现比较集中，盐生摇蚊一般生活在盐分很高的水体中，说明在春季里下河湖荡中的盐分较高，其原因可能为枯水期工农业生产中的营养物质排放到湖荡中，湖荡中盐分升高，盐生摇蚊的生长繁殖加剧。软体动物主要以螺类、蚌类以及蚬类为主。螺类主要包括环棱螺、纹沼螺、长角涵螺以及大沼螺；蚌类主要包括楔蚌、背角无齿蚌以及舟型无齿蚌；蚬类为拉氏蚬。里下河湖荡中大量生长水生高等植物，特别是沉水植物，为软体动物提供了优良的生长环境。蛭类主要以扁舌蛭为主，里下河湖荡少量采样点采集到扁舌蛭，扁舌蛭取食生活在有机污染带或亚污染带里的螺类和其他底栖动物，因此扁舌蛭可作为有机污染的指示物种，说明少量采样点区域处于有机污染带或亚污染带。

7.4.4　水生高等植物

里下河湖荡原有水生植物主要有篦齿眼子菜、聚草、黑藻、狸藻、苦草等，在各个湖泊分布区域不同，数量也存在着差异。芦苇、蒲草只有零星生长，多分布于南岸一带，菱、藕也十分普遍，但后来养殖规模逐渐扩大，水生植物逐年减少。大纵湖水生植被原来多分布于湖的西部，北部有范围较广的芦苇滩地，目前由于养殖，只能在航道中见到水草分布；蜈蚣湖水生植物较为稀少，多分布于淤泥质黏土地带，芦苇集中分布于湖泊南部近岸地带；得胜湖水生植物与其他湖荡类似。

7.4.5　鱼类

里下河湖区的主要鱼类有鲤科、鲍科、鳅科等。鳗科、银鱼科、鲤科、鲶科等鱼类是养殖、捕捞对象，其中鲤、鲫、草、青、鲢、鳙、鲂鱼等占有较大比例。目前，大面积的围网养殖是主要的渔业养殖模式，主要种类为"四大家鱼"、虾、蟹、鳗鲡、黄鳝、黄颡鱼、鳜鱼等。

7.5　资源与开发利用

7.5.1　水资源开发利用情况

里下河腹部地区湖泊湖荡勘界面积为 693.348km²，其中保留的湖泊湖荡面积为 216.702km²，三批滞洪圩区面积为 476.646km²。现状可自然调蓄的湖泊湖荡面积为 58.1km²，其余在不同水位时分批滞洪滞涝。

里下河腹部地区湖泊湖荡经历了 20 世纪 70 年代以农业围垦为主和 80 年代以养殖为主的两次大规模开发。目前湖泊湖荡圩区以经营副业为主，整个湖泊湖荡年净收入在 7 亿元以上。已建圩中混养鱼、虾、蟹、藕的水产副业圩 294 个，面积 432.5km²，农业副业混合圩 64 个，面积 135.6km²，单一品种的农业圩 16 个，面积 28.8km²，还有部分水域围网养殖。

目前，部分湖区已开始退田还水、退渔还水，依托湖区周边建设风景区和休闲娱乐中心，已建有建湖九龙口风景旅游区、盐都大纵湖风景旅游区、兴化乌巾荡风景区等。

经过历年建设，特别是 2003 年淮河流域灾后重建工程，湖泊湖荡部分已圈圩建有进退水闸 273 座、滚水坝 540 座，折算长度 11073m 等进退水口门设施。为保证安全滞洪滞涝，还需继续完善滞洪（涝）圩的进退水口门设施建设。里下河腹部地区湖泊湖荡圩区规模较小，经营开发无序，管理模式分散，基本上以村组及个人承包为主，没有统一的管理机构。

里下河腹部地区航运线路四通八达，湖泊湖荡行水通道均承担着周边地区的水路运输功能，除江苏省干道航线网中规划的高等级航道外，还有众多航道等级从等外级到五级的区域骨干航道。根据《江苏省干线航道网规划（2017—2035 年）》，干线航道网由"两纵四横"组成，穿越本规划区的连申线（连云港至上海）是其中一纵，区域内的泰东线、建口线、盐邵线、兴东线、盐宝线等是该航线的重要组成，有属泰东线的泰东河，属建口线的卤汀河、下官河、沙黄河、西塘河，属盐邵线的上官河，属兴东线的车路河，属盐宝线的盐河、宝射河，属射阳河线的夏粮河。规划航道等级为三至四级。

7.5.2 渔业养殖

目前，大面积的围网养殖是主要的渔业养殖模式，主要种类为"四大家鱼"、虾、蟹、鳗鲡、黄鳝、黄颡鱼、鳜鱼等。

7.5.3 旅游资源开发情况

区内现有溱湖（喜鹊湖）省级湿地公园和建湖九龙口、盐都大纵湖两处县级自然保护区。已建有建湖九龙口风景旅游区、盐都大纵湖风景旅游区、兴化乌巾荡风景区等。

7.6 典型湖泊

> 沙鸥点点轻波远，荻港萧萧白昼寒，高歌一曲斜阳晚，
>
> 一霎时，波摇金影，蓦抬头，月上东山。
>
> ——清·郑板桥《道情十首 其一》节选

里下河湖荡地区风光如图 7.3 所示。

图 7.3　里下河湖荡地区风光

7.6.1　射阳湖

渺渺指平湖，烟波极望初。

纵横皆钓者，何处得嘉鱼。

——宋·范仲淹《射阳湖》

射阳湖因古射阳城得名，汉时称射陂，位于江苏省扬州市宝应县、淮安市淮安区及盐城市建湖县、阜宁县交界处，南北宽约28km，东西长约20km（图7.4）。早全新世因受海侵影响，该区是里下河浅水海湾的一部分；中全新世时，由于西冈等岸外砂堤的形成，该区成为古潟湖，后因海岸东迁，淡水冲灌，古潟湖逐渐演变为淡水湖。1128年黄河夺淮后，大量泥沙进入湖区，湖区淤积迅速，成为沼泽型湖泊，加之人类活动因素的显著影响，射阳湖逐渐演变为里下河平原的一部分。射阳湖为浅

图 7.4　射阳湖风光

水型湖泊，具有调蓄洪水、行洪和向下游地区供水、渔业养殖、生态环境、旅游等综合功能。

7.6.1.1　水生态特征

1. 水生高等植物

射阳湖水生高等植物共计17种，分别隶属于12科。按生活型计，挺水植物8种，沉水植物5种，浮叶植物1种，漂浮植物3种，优势种为挺水植物芦苇、菰和喜旱莲子草。

2. 浮游植物

射阳湖共观察到浮游植物50属71种，其中绿藻门的种类最多，有19属35种；其次硅藻门，有14属17种；蓝藻门10属10种；裸藻门4属6种；金藻门1属1种；甲藻门1属1种；隐藻门1属1种。优势种为细小平裂藻、啮噬隐藻、惠氏微囊藻、颤藻、水华束丝藻、小环藻、被甲栅藻、项圈假鱼腥藻、二形栅藻和浮游泽丝藻，蓝藻门种类较多。此外，秋季浮游植物的种类最多，共54种；冬季的种类相对较少，共29种。

3. 浮游动物

射阳湖浮游动物种类不少，优势种的数目很多，包括桡足类的无节幼体和桡足幼体。全年浮游动物水样镜检见到浮游动物的种类共有62种，其中原生动物21种，占总种类的33.9%；轮虫25种，占总种类的40.3%；枝角类8种，占总种类的12.9%；桡足类8种，占总种类的12.9%。

射阳湖见到的浮游动物大都属季生性种类。射阳湖中的浮游动物优势种，原生动物有普通表壳虫、侠盗虫、球形砂壳虫、尖顶砂壳虫；轮虫有螺形龟甲轮虫、萼花臂尾轮虫、角突臂尾轮虫、针簇多肢轮虫、长肢多肢轮虫、独角聚花轮虫；枝角类有长肢秀体溞、简弧象鼻溞、微型裸腹溞、角突网纹溞；桡足类有广布中剑水蚤、汤匙华哲水蚤。此外还有无节幼体和桡足幼体。射阳湖见到的浮游动物都属普生性种类。

4. 底栖动物

射阳湖共鉴定出底栖动物 14 种（属）。其中摇蚊幼虫种类 5 种；软体动物 3 种；寡毛类 4 种，主要为寡毛纲颤蚓科的种类；其余为蛭类，共 2 种。

射阳湖底栖动物密度和生物量被少数种类所主导。密度方面，寡毛类的苏氏尾鳃蚓和霍甫水丝蚓，摇蚊科幼虫的羽摇蚊，软体动物的环棱螺以及长角涵螺优势度较高，分别占总密度的 20.20%、20.71%、34.34%、7.58% 和 4.55%。生物量方面，由于软体动物个体较大，软体动物的环棱螺在总生物量上占据绝对优势，达到 86.43%，苏氏尾鳃蚓、长角涵螺所占比重次之，分别为 5.22%、4.50%。从 14 个物种的出现频率来看，环棱螺等共 4 个种类是射阳湖最常见的种类，其在大部分采样点均能采集到。综合底栖动物的密度、生物量以及各物种在 5 个采样点的出现频率，利用优势度指数确定优势种类，结果表明射阳湖现阶段的底栖动物优势种主要为苏氏尾鳃蚓、霍甫水丝蚓、羽摇蚊和环棱螺。

5. 鱼类资源

射阳湖主要鱼类有鲤科、鲴科、鳅科等。鳗科、银鱼科、鲤科、鲶科等，其中鲤、鲫、草、青、鲢、鳙、鲂鱼等占有较大比例。

7.6.1.2　资源开发与利用

射阳湖地区主要为农业围垦，沿湖周边圩区密布。

7.6.1.3　湖泊保护

根据 2004 年颁布的《江苏省湖泊保护条例》，2006 年省水利厅会同涉湖相关部门及地方政府制订了《江苏省里下河腹部地区湖泊湖荡保护规划》，并于 2006 年报经省政府批准实施，该规划是加强洪泽湖保护、管理、开发、利用的专项总体规划。为加强里下河湖区的管理与保护，相关部门还制定了《里下河地区水利治理规划》《江苏省干线航道网规划（2017—2035 年)》等涉湖专项规划。

2010 年 8 月，为深入贯彻落实《江苏省湖泊保护条例》和《江苏省省管湖泊保护规划》，依法加强里下河腹部地区湖泊湖荡的管理与保护工作，8 月 13 日，省水利厅牵头在泰州召开里下河腹部地区湖泊湖荡管理与保护联席会议成立会议。此举将有利于统筹规划里下河地区湖泊湖荡的保护和利用，促进部门协调和配合，形成合力，共同促进里下河地区生态保护，维护里下河地区生态系统的健康稳定，保障周边社会经济的持续稳定发展。

2017 年，省政府针对《宝应县省管湖泊退圩还湖专项规划》进行批复：原则同意《宝应县省管湖泊退圩还湖专项规划》提出的退圩还湖整治方案。退圩还湖对象为宝应县境内白马湖、宝应湖、高邮湖、绿草荡、射阳湖、獐狮荡、内荡、大凹子圩、兰亭荡、广洋湖等 10 个湖泊湖荡，规划总面积 187.45km²，主要实施内容为历史圩区圩堤清除、圩区内清淤等，设置排泥场面积 45.98km²。《宝应县省管湖泊退圩还湖专项规划》实施后，宝应县境内省管湖泊恢复自由水面 141.47km²。

7.6.2　大纵湖

大纵湖隶属于江苏省盐城市盐都区、泰州市兴化市。地理坐标：东经 119°49′43.83″、北纬 33°9′1.41″。蓄水面积 36.783km²。一般湖底高程 0.03～0.13m（1985 国家高程，下同）。最低湖底高程－1.67m。正常蓄水位 0.83m，相应库容 0.302 亿 m³。设计洪水位 2.83m，相应库容 0.99 亿 m³。

自古以来，大纵湖就是盐城的名胜（图 7.5）。"平湖秋月"为古盐城八景之冠。平湖，指的是大纵湖。秋夜眺望湖面，明月清光，天水一色，风景如画。清代诗人高岑题《平湖秋月》诗云：

> 扁舟一棹泛秋湖，月色平铺似画图。
> 红蓼花疏波滚雪，白苹叶细露凝酥。
> 一天星斗凉如洗，两岸人烟泼欲无。
> 最是夜深风浪涌，水晶盘里走龙珠。

图 7.5　大纵湖美景图

大纵湖又名大湖，位于江苏省盐城西南 37km，与兴化市交界，地理坐标为东经 119°43′～119°50′，北纬 33°7′～33°13′，是"过水型"小湖泊，约形成于南宋以前，由古潟湖演变而来，距今近 900 年的历史，是苏北里下河地区诸湖中最大、最深的湖泊。大纵湖湖面呈椭圆形，东西最长 9km，南北最大宽度 6km，总面积约 30km²，平均水深 1m 左右。

7.6.2.1　水质现状

1. 水质

里下河腹部地区湖泊湖荡各站点综合水质类别为Ⅳ～Ⅴ类，评价结果详见表 7.1。经分析，现状评价的主要超标项目为总磷、总氮。为便于湖泊管理和保护工作的开展，下面对全湖区进行评价，重点分析主要超标项目水质变化情况。

表 7.1　　　　　　　　　　里下河腹部地区湖泊湖荡水质监测成果及评价表

序号	测站名称	月份	综合水质类别	pH 值	溶解氧/(mg/L)	高锰酸盐指数/(mg/L)	化学需氧量/(mg/L)	五日生化需氧量/(mg/L)	总磷/(mg/L)	总氮/(mg/L)
1	大纵湖（出）	1	Ⅴ	8.1	11.2	4.2	<15.0	1.9	0.054	1.68
				Ⅰ	Ⅰ	Ⅲ	Ⅰ	Ⅰ	Ⅳ	Ⅴ
2		5	Ⅴ	8.3	7.5	3.2	<15.0	2.2	0.037	1.64
				Ⅰ	Ⅰ	Ⅱ	Ⅰ	Ⅰ	Ⅲ	Ⅴ
3		7	Ⅴ	7.7	8.0	4.2	<15.0	2.2	0.043	1.54
				Ⅰ	Ⅰ	Ⅲ	Ⅰ	Ⅰ	Ⅲ	Ⅴ
4		11	Ⅴ	8.0	10.8	3.2	<15.0	2.4	0.142	1.41
				Ⅰ	Ⅰ	Ⅱ	Ⅰ	Ⅰ	Ⅴ	Ⅳ

序号	测站名称	月份	综合水质类别	pH值	溶解氧/(mg/L)	高锰酸盐指数/(mg/L)	化学需氧量/(mg/L)	五日生化需氧量/(mg/L)	总磷/(mg/L)	总氮/(mg/L)
5		1	V	8.0	11.0	4.1	<15.0	1.8	0.052	1.65
				I	I	III	I	I	IV	V
6		5	V	8.1	7.1	3.0	<15.0	2.3	0.049	1.54
	大纵湖（入）			I	II	II	I	I	III	V
7		7	IV	7.5	8.6	4.3	<15.0	2.5	0.052	1.44
				I	I	III	I	I	IV	IV
8		11	V	7.9	10.6	3.7	<15.0	2.3	0.138	1.36
				I	I	II	I	I	V	IV

全湖区总磷浓度总体呈先缓慢下降后显著上升的趋势，由第1季度的Ⅳ类水上升为第2、3季度的Ⅲ类水，最后降为第4季度的Ⅴ类水。总氮浓度总体呈下降趋势，第1、2季度水质类别均为Ⅴ类，第3、4季度水质类别均为Ⅳ类。全湖区主要超标项目浓度变化如图7.6所示。

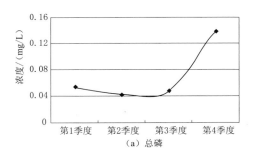
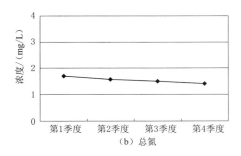

图7.6　全湖区主要超标项目浓度变化图

2. 营养状态评价

全湖区营养状态指数波动不大，介于51.9~55.2之间，第1~4季度营养状态均为轻度富营养，评价结果详见表7.2。全湖区营养状态指数变化如图7.7所示。

表7.2　　　　　　　　　　　里下河腹部地区营养状态指数（EI）评价表

序号	测站名称	月份	总磷		总氮		叶绿素a		高锰酸盐指数		透明度		总评分值	评价结果
			浓度/(mg/L)	En分值	浓度/(mg/L)	En分值	浓度/(mg/L)	En分值	浓度/(mg/L)	En分值	数值/m	En分值		
1		1	0.054	50.8	1.68	66.8	0.0050	41.7	4.2	50.5	1.05	49.0	51.8	轻度富营养
2	大纵湖（出）	5	0.037	44.8	1.64	66.4	0.0133	52.1	3.2	46.0	0.98	50.4	51.9	轻度富营养
3		7	0.043	47.2	1.54	65.4	0.0213	57.1	4.2	50.5	0.78	54.4	54.9	轻度富营养
4		11	0.142	64.2	1.41	64.1	0.0030	35.0	3.2	46.0	0.70	56.0	53.1	轻度富营养

序号	测站名称	月份	总磷		总氮		叶绿素a		高锰酸盐指数		透明度		总评分值	评价结果
			浓度/(mg/L)	En分值	浓度/(mg/L)	En分值	浓度/(mg/L)	En分值	浓度/(mg/L)	En分值	数值/m	En分值		
5	大纵湖（人）	1	0.052	50.4	1.65	66.5	0.0046	41.0	4.1	50.2	0.90	52.0	52.0	轻度富营养
6		5	0.049	49.6	1.54	65.4	0.0118	51.1	3.0	45.0	0.92	51.6	52.5	轻度富营养
7		7	0.052	50.4	1.44	64.4	0.0200	56.3	4.3	50.7	0.70	56.0	55.6	轻度富营养
8		11	0.138	63.8	1.36	63.6	0.0050	41.7	3.7	48.5	0.65	57.0	54.9	轻度富营养

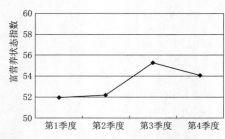

图 7.7 全湖区营养状态指数变化图

7.6.2.2 水生态特征

1. 水生高等植物

大纵湖水生高等植物共计 16 种，分别隶属于 12 科。按生活型计，挺水植物 6 种，沉水植物 5 种，浮叶植物 2 种，漂浮植物 3 种，其中绝对优势种为挺水植物芦苇、菰和喜旱莲子草。

2. 浮游植物

大纵湖共观察到浮游植物 67 属 101 种，其中绿藻门的种类最多，有 27 属 52 种；其次是硅藻门，有 14 属 17 种；蓝藻门 13 属 15 种；裸藻门 4 属 7 种；甲藻门 4 属 4 种；隐藻门 2 属 3 种；金藻门 2 属 2 种；黄藻门 1 属 1 种。各个采样点浮游植物的优势种基本相同，主要优势种为硅藻门的小环藻属 1 种和颗粒直链藻极狭变种；绿藻门的小球藻属 1 种和四尾栅藻；隐藻门的啮蚀隐藻和蓝隐藻属 1 种；蓝藻门的链状伪鱼腥藻、颤藻属 1 种、细小平裂藻及依沙束丝藻。此外，大纵湖浮游植物冬季最少，春季逐渐增多，夏季最多。

3. 浮游动物

大纵湖浮游动物种类不少，优势种的数目很多，包括桡足类的无节幼体和桡足幼体。全年浮游动物水样镜检见到浮游动物的种类共有 64 种，其中原生动物 19 种，占总种类的 29.7%；轮虫 25 种，占总种类的 39.1%；枝角类 10 种，占总种类的 15.6%；桡足类 10 种，占总种类的 15.6%。

浮游动物周年行踪可见的种类不多。大纵湖见到的浮游动物大都属寄生性种类。大纵湖中的浮游动物优势种，原生动物有普通表壳虫、侠盗虫、瓶砂壳虫、球形砂壳虫、尖顶砂壳虫、王氏似铃壳虫；轮虫有螺形龟甲轮虫、曲腿龟甲轮虫、裂足臂尾轮虫、萼花臂尾轮虫、角突臂尾轮虫、针簇多肢轮虫、长肢多肢轮虫、刺盖异尾轮虫；枝角类有长肢秀体溞、短尾秀体溞、简弧象鼻溞、微型裸腹溞；桡足类有广布中剑水蚤、汤匙华哲水蚤。此外还有无节幼体和桡足幼体。大纵湖见到的浮游动物都属普生性种类。

4. 底栖动物

大纵湖共鉴定出底栖动物 10 种（属），其中摇蚊科幼虫种类最多，共计 4 种；寡毛类次之，共 3 种，主要为寡毛纲颤蚓科的种类；其次为软体动物，共 2 种；蛭类 1 种，为扁舌蛭。

大纵湖底栖动物密度和生物量被少数种类所主导。密度方面，寡毛类的苏氏尾鳃蚓和霍甫水丝蚓、摇蚊科幼虫的中国长足摇蚊和羽摇蚊、软体动物的环棱螺优势度较高，分别占总密度的 12.40％、25.62％、15.70％、9.09％和 24.79％。生物量方面，由于软体动物个体较大，软体动物的环棱螺在总生物量上占据绝对优势，达到 98.05％，圆顶珠蚌、苏氏尾鳃蚓所占比重次之，分别为 0.69％、0.73％。从 10 个物种的出现频率来看，苏氏尾鳃蚓等共 5 个种类是大纵湖最常见的种类，其在大部分采样点均能采集到。综合底栖动物的密度、生物量以及各物种在 3 个采样点的出现频率，利用优势度指数确定优势种类，结果表明大纵湖现阶段的底栖动物优势种主要为苏氏尾鳃蚓、霍甫水丝蚓、中国长足摇蚊和环棱螺。

5. 鱼类资源

大纵湖有鱼类 22 科 60 余种，以鲤科为主，主要经济鱼类有鲤、鲫、鳊、鲌、鳜、乌、黄颡鱼等。湖中亦产青虾、白虾、罗氏沼虾等。渔业除天然捕捞外，养殖生产发展较快，各类养殖面积已达 6.72km²。养殖种类以草团头鲂、鲢、鳙、鲫、鲤和河蟹为主。

7.6.2.3 资源开发与利用

大纵湖地区主要为农业围垦，沿湖周边圩区密布。由于大纵湖之西无工业重镇，多为湖荡湿地，水质清澈透明，大纵湖水向东入蟒蛇河，是盐城市区近百万人口的水源。此外，大纵湖自古为盐城名胜，"纵湖秋色"列入盐城新十景之一。

7.6.2.4 湖泊保护

2012 年 2 月 15 日，《盐城市大纵湖退圩（围）还湖综合整治规划》通过盐城市水利局组织的专家组的初步审查，4 月通过了省水利厅组织的技术审查，10 月 18 日省政府办公厅正式发函（苏政办函〔2011〕140 号）批准实施，工程总投资预算约 10 亿元。按照使传统的防洪功能更具亲水性、更具生态性、更具有文化内涵与品位、更具有地域特色及审美功能的要求，通过打造水环境、挖掘水文化，力求让"翠柳披堤河湖塘，碧水环抱盐都美，清流荡漾鱼米乡，游人相约观湖光"的美丽景色呈现在市民面前。

8

淮河干流区(含天岗湖及瘦西湖)

8.1 基本情况

8.1.1 地理位置

淮河干流发源于河南省桐柏山，向东流经豫、鄂、皖、苏四省，在三江营入长江，全长 1000km，总落差 200m，平均比降约 0.2‰。洪河口以上为上游，流域面积 3.06 万 km²，长 360km，地面落差 178m，平均比降约万分之五；洪河口以下至洪泽湖出口中渡为中游，长 490km，地面落差 16m，平均比降约万分之零点三，中渡以上流域面积 15.8 万 km²；中渡以下为下游入江水道，长 150km，地面落差约 6m，平均比降约万分之零点四，三江营以上流域面积为 16.46 万 km²。洪泽湖以下淮河的排水出路，除入江水道之外，还有苏北灌溉总渠、废黄河和向新沂河相机分洪的淮沭河。

流域内代表性的湖泊包括洪泽湖、白马湖、宝应湖、高邮湖、邵伯湖、瘦西湖、天岗湖。洪泽湖是我国四大淡水湖之一，是目前我国最大的人工平原湖之一，同时也是淮河流域内最大的湖泊。洪泽湖每年承接淮河上中游的来水约为 16 万 km³，最大入湖流量高达 19800m³/s。

8.1.2 形成及发育

1. 宝应湖

宝应湖及白马湖古代是一片低洼湖泊，有 30 多个小湖，春秋末期吴王夫差筑邗沟时，因势利导在这些小湖之间开挖水道，连通而成古运河。南宋绍熙五年（1194 年），黄河夺淮，由于"黄强淮弱"，逐步潴蓄成为淮南的"南四湖"，即宝应湖、白马湖、高邮湖、邵伯湖。在 1957 年之前，宝应湖上承白马湖下接高邮湖，是天然淮河入江水道的重要组成部分；1970 年随着白马湖隔堤、新三河、金沟改道、淮南圩及大汕子隔堤等工程的兴建，白马湖、宝应湖相继成为内湖，不再承泄淮河洪水。

2. 瘦西湖

原名炮山河，亦名保障河、保障湖，又名长春湖。隋唐时期由蜀冈山的水与其他水系汇合流入大运河的一段自然河道，又为唐罗城、宋大城的护城河。经历代整修，在清代以前已成为扬州城西北有名的风景区。清乾隆时，因"河绕长春岭而北"而改称长春湖。后来，以湖在扬州城之西，又有西湖之称。由于它和杭州西湖相比，另有一种清瘦秀丽的特色，因称瘦西湖。清乾隆时诗人汪沆有诗云："垂杨不断接残芜，雁齿红桥俨画图。也是销金一锅子，故应唤作瘦西湖。"从此，"瘦西湖"之名被流传至今。

3. 天岗湖

天岗湖原名天井湖，位于淮河左岸，湖区主属五河县，跨江苏省泗洪县一隅，东经117°56′39″，北纬33°14′45″。天岗湖为古潼河下游洼地，因河口段淤积扩展成湖。北纳石梁河（即古潼河），南经潼河石山南入淮（称潼河口），1951年堵塞潼河口，改经漴潼河入洪泽湖。

8.1.3 湖泊形态

1. 宝应湖

由于淮河入江水道改道、截弯取直，使宝应湖变成了内湖，由狭长湖面（长20.7km，最宽处1.6km，最窄处仅0.8km，平均1.2km）和与之贯通的大汕子河、南公司河、北公司河、金宝航道、三河等深泓河道及圩外滩面所组成，水深较浅，水草丛生。按湖泊的形成该湖属于河成型湖泊；按湖泊的形态该湖属于草型浅水湖泊。湖底平均高程4.83（5.00）m（1985国家高程基准，括号内为废黄河口高程，下同），最低高程4.13（4.30）m。

2. 瘦西湖

瘦西湖为封闭浅水小型湖泊，由宽窄不等、多湾多汊河道组成。总面积1.037km²，其中水面面积0.14km²。湖的范围为：南自虹桥，北至平山堂蜀岗下，长近5km，湖水与城河、潮河相接，通大运河，湖面清瘦狭长，水面长约4km，最宽的地方为200m，最窄的地方为20m。湖底高程1.83（2.00）～2.83（3.00）m，水面高程4.83（5.00）～5.03（5.20）m。

3. 天岗湖

天岗湖从安徽省五河县双庙区的界沟起至泗洪县的张嘴，湖长约15km，宽1.5～2.0km，湖底高程10.33（10.50）m。

天岗湖水位为12.33（12.5）m时，湖区总水面积为20.50km²，其中泗洪县水面积10.50km²；水位为12.83（13.00）m时，湖区总水面积为28.08km²，容积0.38亿m³。20世纪50年代初，受淮水顶托倒灌，湖区总水面积最大为91.51km²，容积2.66亿m³。

8.1.4 湖泊功能

1. 宝应湖

宝应湖具有蓄水滞涝、供水、生态、航运、渔业养殖以及景观旅游等多种功能。宝应湖设计洪水位7.33（7.50）m等高线以下至死水位5.13（5.30）m等高线以上容积规划为蓄水滞涝功能。宝应湖是农业用水地，南部金宝航道是南水北调东线第一期工程规划输水通道。宝应湖保护范围内生物容量大，有丰富的生物多样性，且远离城镇，人类活动影响较小，有明显的边界，生态系统相对封闭，便于保护与管理，该功能为公益性功能。宝应湖水质较好，湖内有各种鱼虾类60多种，可为湖区提供丰富的渔业资源。宝应湖有较大的水体，又为浅水草型湖泊，为湖区提供了人工养殖的条件。

2. 瘦西湖

瘦西湖为城市湖泊，具有景观、旅游、生态湿地功能。

3. 天岗湖

天岗湖具有防洪调蓄、灌溉、渔业养殖等功能。

8.2 水文特征

8.2.1 湖泊入、出湖河道

1. 宝应湖

宝应湖属淮河流域高宝湖区淮河入江水道水系，东邻京杭大运河，南接高邮湖，西侧为淮河入江水道，北连白马湖。主要入湖河道：老三河、中港河、阮桥河、军民河、主排河、东（西）中心排河、洪金排涝河、南运西闸引河；主要出湖河道：涂沟河、南运西闸引河、石港抽水站引河。其中，规模较大的河道有：老三河、军民河、西中心排河、东中心排河、洪金排涝河、阮桥河等。各河情况分述如下：

（1）老三河，西自洪泽湖大堤脚，东至金湖县吕良镇同太圩拐，下接军民河，长38km，集水面积249.6km²。1969年兴建淮河入江水道，宝应湖成为内湖，老三河遂成为洪泽、金湖两县的排涝河道。

（2）军民河，1971年春开挖，自老三河尾间同太圩拐往东到西部大汕河入宝应湖。

（3）西中心排河，系淮南圩区灌溉、排涝、航运骨干河道之一，北至金宝航道，南至闵桥河，全长17.2km，受益面积67.3km²，设计引排流量58.3m³/s。

（4）东中心排河，系淮南圩区灌溉、排涝、航运骨干河道之一，北至金宝航道东中心河闸，南至范坝河，全长14.8km，受益面积62.6km²，设计引排流量26.3m³/s。

（5）洪金排涝河，距淮河入江水道三河北堤50m，西起洪泽县共和乡刘尖，东至石港引江洞东侧，全长14km，排涝面积52.98km²，为洪泽县共和乡、金湖县陈桥乡和金北乡的排涝河道，设计排涝流量23.2m³/s，达10年一遇标准。

（6）阮桥河，是连接白马湖和宝应湖的排涝河道，将白马湖的涝水相机排入宝应湖。

2. 瘦西湖

湖水与城河、潮河相接，通大运河。

3. 天岗湖

主要进出天岗湖河道有大周引河、郑集北引河、郑集南引河3条。

8.2.2 水文气象

淮河流域地处我国南北气候过渡带，淮河以北属暖温带区，淮河以南属北亚热带区，气候温和，年平均气温为11～16℃。气温变化由北向南，由沿海向内陆递增。极端最高气温达44.5℃，极端最低气温达−24.1℃。蒸发量南小北大，年平均水面蒸发量为900～1500mm，无霜期200～240天。自古以来，淮河就是中国南北方的自然分界线。

8.2.3 泥沙特征

随径流挟带入湖的泥沙是洪泽湖泥沙的主要来源，同时在风和湖流的动力作用下，湖底的黏土、沙质土和粉质沙土随风浪、水流掀起，使湖水中泥沙含量增加。据采样调查资料分析表明，湖体中部泥沙含量较大，为0.25kg/m³。在空间分布上，南部比北部低，西部因水生植物茂盛而泥沙含量为全湖最小。一般来说，洪泽湖泥沙含量6—7月最多，最

大月平均含量为 $0.4 \sim 0.5 \text{kg/m}^3$，汛后则明显减少。湖区多年平均年入湖沙量为 1168 万 m^3，出湖沙量 688 万 m^3，年淤积量为 480 万 m^3，占入湖沙量的 41.1%。

8.3 水质特征

8.3.1 水质状况评价

1. 洪泽湖

根据洪泽湖 2008—2019 年水质监测资料，2008—2019 年总氮浓度介于 $1.35 \sim 2.02 \text{mg/L}$，从 2009—2012 年有一个缓慢上升趋势，随后至 2015 年又逐渐降低，2016—2018 年又有所升高，2019 年有所下降，单项水质类别为 Ⅳ～Ⅴ 类。2008—2019 年总磷浓度介于 $0.072 \sim 0.101 \text{mg/L}$，波动较小；2008—2013 年水质类别均为 Ⅳ 类，2014 年水质类别为 Ⅴ 类，2015—2019 年水质类别为 Ⅳ 类，单项水质类别为 Ⅳ 类。2008—2019 年洪泽湖全湖区主要水质指标变化如图 8.1 所示。

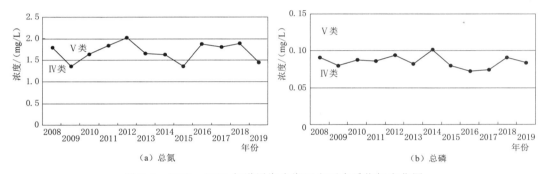

图 8.1 2008—2019 年洪泽湖全湖区主要水质指标变化图

2. 白马湖

根据白马湖 2008—2019 年水质监测资料，2008—2019 年总氮浓度介于 $1.22 \sim 1.90 \text{mg/L}$，从 2008—2012 年有一个缓慢上升趋势，随后有所降低趋于稳定，单项水质类别为 Ⅳ～Ⅴ 类。2008—2019 年总磷浓度介于 $0.042 \sim 0.066 \text{mg/L}$，2014 年之前水质类别基本为 Ⅲ 类，之后水质类别基本为 Ⅳ 类，波动较小，单项水质类别为 Ⅲ～Ⅳ 类。2008—2019 年白马湖全湖区主要水质指标变化如图 8.2 所示。

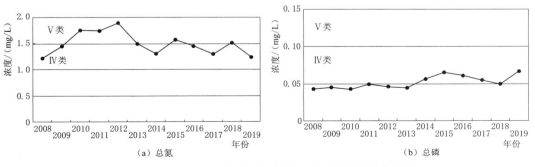

图 8.2 2008—2019 年白马湖全湖区主要水质指标变化图

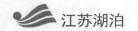

3. 宝应湖

根据宝应湖 2008—2019 年水质监测资料，全湖区总氮浓度 2008 年最低，2008—2010 年有一个明显的上升过程，2010—2014 年则呈下降趋势，2015 年后又有一个下降过程，目前水质类别基本控制在Ⅳ类。2008—2019 年总磷浓度介于 0.042～0.065mg/L，2008—2013 年全湖区总磷浓度基本保持稳定，水质类别维持在Ⅲ类；2013—2015 年总磷浓度有一个上升过程；2015—2018 年则呈连续下降趋势；2019 年略有上升。2008—2019 年宝应湖全湖区主要水质指标变化如图 8.3 所示。

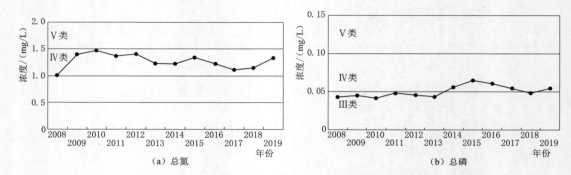

图 8.3　2008—2019 年宝应湖全湖区主要水质指标变化图

4. 高邮湖

根据高邮湖 2008—2019 年水质监测资料，2008—2019 年总氮浓度介于 0.86～1.38mg/L，从 2009 年开始下降，2009—2013 年波动幅度较小，水质类别均为Ⅲ类，2008 年、2014 年、2016—2018 年水质类别为Ⅳ类，2015 年、2019 年水质类别为Ⅲ类，单项水质类别为Ⅲ～Ⅳ类。2008—2019 年总磷浓度介于 0.038～0.075mg/L，波动较小，2008 年和 2014 年水质类别为Ⅲ类，其他年份均为Ⅳ类，单项水质类别为Ⅲ～Ⅳ类。2008—2019 年高邮湖全湖区主要水质指标变化如图 8.4 所示。

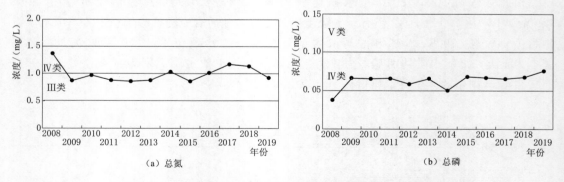

图 8.4　2008—2019 年高邮湖全湖区主要水质指标变化图

5. 邵伯湖

根据邵伯湖 2008—2019 年水质监测资料，2008—2019 年总氮浓度介于 0.87～1.75mg/L，从 2008—2010 年有一个上升趋势，并在 2011 年浓度下降后大体趋于稳定，其中 2008 年、2014—2016 年水质类别为Ⅲ类，2010 年水质类别为Ⅴ类，其余年份水质类别均为Ⅳ类。2008—2019 年总磷浓度介于 0.030～0.101mg/L，浓度总体均呈先升后降又上升的变化趋势，2008 年、2010 年、2014—2016 年水质类别为Ⅲ类，2011 年水质类别为Ⅴ类，其余年份水质类别均为Ⅳ类。2008—2019 年邵伯湖全湖区主要水质指标变化如图 8.5 所示。

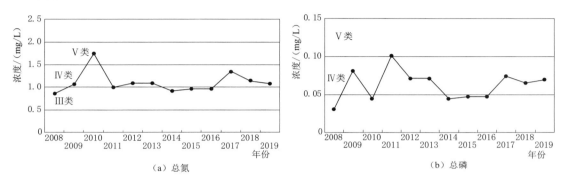

（a）总氮　　　　　　　　　　　　　　（b）总磷

图 8.5　2008—2019 年邵伯湖全湖区主要水质指标变化图

8.3.2　营养状态评价

1. 洪泽湖

洪泽湖 2008—2019 年营养状态指数均值为 57.0，介于 53.3～63.9，除 2010 年、2011 年高出 60，营养状态属于中度富营养外，其他年份均处于轻度富营养。从历年变化趋势上看，自 2010 年开始，洪泽湖营养状态指数有下降趋势，即营养状况有转好态势。2008—2019 年洪泽湖营养状态指数变化如图 8.6 所示。

2. 白马湖

白马湖 2008—2019 年营养状态指数均值为 54.7，介于 53.2～58.2，所有年份营养状态均处于轻度富营养。从历年变化趋势上看，自 2010 年白马湖营养状态指数略有下降后趋于稳定，均处于轻度富营养状态。2008—2019 年白马湖营养状态指数变化如图 8.7 所示。

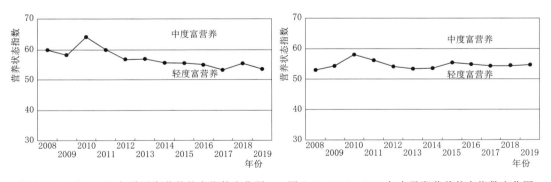

图 8.6　2008—2019 年洪泽湖营养状态指数变化图　　图 8.7　2008—2019 年白马湖营养状态指数变化图

3. 宝应湖

宝应湖 2008—2019 年营养状态指数均值为 52.6，介于 49.7～54.9，除 2013 年营养

状态指数低于 50，营养状态属于中营养外，其他年份均处于轻度富营养。从历年变化趋势上看，2010—2013 年宝应湖营养状态指数有一个比较明显的连续下降过程，2013—2015 年则有一个比较明显的连续上升过程，2015 年后营养状态指数在总体保持稳定的基础上略有下降。2008—2019 年宝应湖营养状态指数变化如图 8.8 所示。

4. 高邮湖

高邮湖 2008—2019 年营养状态指数均值为 55.6，介于 53.4～58.1，2008—2019 年均处于轻度富营养。从历年变化趋势上看，2010 年营养状态指数最高，之后便有所下降，从 2015 年开始有小幅回升，总体波动较小。2008—2019 年高邮湖营养状态指数变化如图 8.9 所示。

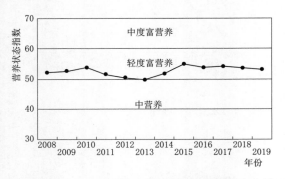

图 8.8　2008—2019 年宝应湖营养状态指数变化图

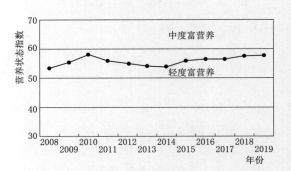

图 8.9　2008—2019 年高邮湖营养状态指数变化图

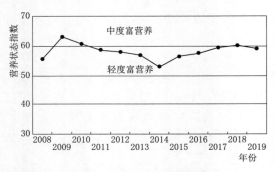

图 8.10　2008—2019 年邵伯湖营养状态指数变化图

5. 邵伯湖

邵伯湖 2008—2019 年营养状态指数均值为 58.2，介于 52.9～63.2，除 2009 年、2010 年及 2018 年高出 60.0，营养状况属于中度富营养外，其他年份均处于轻度富营养。从历年变化趋势上看，总体呈先升后降然后又上升的趋势，2008—2009 年邵伯湖营养状态指数有所上升，随后至 2014 年营养状况指数逐渐下降，2015—2019 年大体上升并趋于稳定。2008—2019 年邵伯湖营养状态指数变化如图 8.10 所示。

8.4　水生态特征

8.4.1　浮游植物

淮河干流区藻类共计 8 门 143 属 170 种。其中绿藻门 65 属 71 种，硅藻门 35 属 34 种，蓝藻门 26 属 39 种，金藻门 4 属 3 种，裸藻门 6 属 15 种，黄藻门 2 属 2 种，甲藻门 3 属 3 种，隐藻门 2 属 3 种。其中常见种分别为裂面藻、蓝纤维藻、色球藻、角甲藻、双菱藻、小环藻、直链藻、丝藻和小球藻、鱼腥藻、硅藻、金藻、四尾栅藻、席藻、依沙束丝藻、舟形藻、啮蚀隐藻、链状假鱼腥藻、柔细束丝藻、中华小尖头藻、小型月牙藻等。该流域的浮游植物细胞丰度在 $2.0×10^6$ ～ $7.0×10^7$ 个/L 范围内波动。浮游植物 Shannon - Wiener 指数在 1.13～1.99 范围内波动。

8.4.2　浮游动物

淮河干流区浮游动物共 65 属 93 种。其中原生动物 18 属 21 种，轮虫类 26 属 39 种，枝角类 10 属 19 种，桡足类 11 属 14 种。原生动物常见种有侠盗虫、尖顶砂壳虫、圆体砂壳虫、钟形虫、聚缩虫、累枝虫等；轮虫常见种有萼花臂尾轮虫、角突臂尾轮虫、剪形臂尾轮虫、矩形臂尾轮虫、针簇多肢轮虫、长肢多肢轮虫、奇异六腕轮虫、长刺异尾轮虫、刺盖异尾轮虫、晶囊轮虫、无柄轮虫、螺形龟甲轮虫、曲腿龟甲轮虫等；枝角类常见种有长肢秀体溞、短尾秀体溞、僧帽溞、角突网纹溞、微型裸腹溞、长额象鼻溞和圆形盘肠溞等；桡足类常见种有汤匙华哲水蚤、指状许水蚤、中华窄腹剑水蚤和广布中剑水蚤等。全域浮游动物密度在 1500～7500 个/L 范围内波动，生物量在 2.0～6.5mg/L 范围内波动。该流域浮游动物的 $Q_{B/T}$ 指数 [$B/T = B$（臂尾轮虫属的种数）$/T$（异尾轮虫属的种数）] 在 1～3 之间波动。

8.4.3　底栖动物

淮河干流区底栖动物 53 种，其中环节动物 7 种，软体动物 37 种，节肢动物 9 种，其中软体动物为优势种，其次为节肢动物，再次为环节动物。常见种有苏氏尾鳃蚓、霍甫水丝蚓、颤蚓、中华河蚓、中国长足摇蚊、羽摇蚊、梨形环棱螺、中华圆田螺、长角涵螺、拉氏蚬、河蚬、淡水壳菜、扁舌蛭、日本沼虾、异钩虾以及多毛类沙蚕等。全域底栖动物的 Shannon - Wiener 指数在 1～3 范围内波动。

8.4.4　水生高等植物

淮河干流区水生高等植物共 83 种，隶属于 36 科 61 属。其中以单子叶植物最多，有 45 种；双子叶植物次之，有 34 种；蕨类植物最少，仅 4 种。按生态类型分，有沉水植物 14 种、浮叶植物 7 种、漂浮植物 10 种、挺水植物和湿生植物 52 种。常见种有芦苇、蒲草、菰、莲、李氏木、水蓼、喜旱莲子草、苦菜、菱、马来眼子菜、金鱼藻、聚草、黑藻、苦草和水鳖等。

8.4.5　鱼类

淮河干流区鱼类有 73 种，分别隶属于 9 目 16 科 50 属。其中鲤科 43 种、鳅科 7 种、银鱼科 6 种、鳝科 3 种、其他科 14 种。其中常见种有鲚鱼、鲫鱼、鲤鱼、银鱼、鳊鱼、鲂鱼、四大家鱼、鳜鱼等。

8.5　资源与开发利用

8.5.1　水资源开发利用情况

　1. 洪泽湖

洪泽湖是江苏北部黄淮平原地区的主要水源地，随着我省"淮水北调、分淮入沂"和"引江济淮、江水北调"跨流域调水规划的实现，洪泽湖又成为江、淮水调度的中心。在非汛期，湖水位达 12.81（13.00）m，由于湖面高于东部平原 4.00～10.00m 不等，因此

许多农田具备了得天独厚的自流灌溉条件。供水口门主要有高良涧闸和二河闸，通过苏北灌溉总渠和淮沭新河等输水干线调用湖水灌溉，使灌溉效益大大提高，有力促进了湖区农业生产的发展。洪泽湖水可供淮阴、宿迁、徐州、连云港和扬州等市的农业和城镇用水；安徽省淮北部分地区和沿淮河两岸的农田、城镇也通过河湖上的翻水站来引水。

洪泽湖沿湖周边工业和生活取水工程分布较广。洪泽湖周边取水淮阴区境内取水口共有两个：①连云港碱厂原料结构调整工程淮安采输卤工程取水口，位于洪泽湖大堤 19＋480K 处，设计取水流量 0.186m³/s，设计取水规模 600 万 t/a；②淮阴盐矿输卤取水口，位于洪泽湖大堤 19＋080K，设计取水流量 0.274m³/s，设计取水规模 800 万 t/a。洪泽县引用洪泽湖主要是用于县城居民生活用水，取水口 1 处，位于二河闸上游、钱码岛处，设计取水流量 0.57m³/s，设计取水规模 860 万 t/a；盱眙县取水口共有 9 处，设计取水规模为 806.6t/a，实际取水量为 255t/a，其中直接从洪泽湖取水口有 2 处，分别在维桥乡和三河农场境内，淮河的取水口有 7 处，分别位于官滩、盱城及河桥乡境内。

2. 宝应湖

新中国成立至 1970 年期间，宝应湖因承接淮河洪水，成为淮河入江水道的洪水走廊。据《宝应县志》记载，原水面面积达 192.1km²，主要功能是行、蓄洪水，兼航运和渔业捕捞。20 世纪 60 年代，在三河河北围垦建设了宝应湖农场，当时规模较小，后逐步扩大至现规模；1970 年，大汕子隔堤和三河拦河坝建成以后，宝应湖不再承接淮河洪水而成为内湖。20 世纪 70 年代，政府鼓励放垦，由此放垦高程 6.33（6.50）m 以上的湖荡洼地 133.33km²，围垦种植，所剩湖面从渔业捕捞逐步向围网养殖过渡。

3. 高邮湖、邵伯湖

高邮湖正常蓄水位 5.33（5.50）m，最低蓄水位 4.83（5.00）m，主要供高邮市菱塘、郭集、天山、宋桥四乡镇农业灌溉，耕地面积为 75.33km²（安徽境内灌溉面积没有统计）；邵伯湖正常蓄水位 4.33（4.50）m，最低蓄水位为 3.63（3.80）m，主要供邗江全区和仪征部分地区农业用水，灌溉面积 758.6km²。

饮用湖水的主要是沿湖居民，新民滩庄台保安圩内居民也饮用湖水，杨庄闸附近建有郭集镇自来水厂取水口，向郭集镇 9000 人供水，岗板头附近新建菱塘自来水厂取水口，近期日供水 15000 人，远期日供水 25000 人。在菱塘自来水厂取水口和郭集自来水厂取水口，分别暂定半径为 0.5km 的饮用水取水口保护范围。

8.5.2 渔业养殖

1. 白马湖

围网面积 59.2km² 当中，低埂高网面积为 2.9km²、高埂低网面积为 13.5km²，主要分布于湖区东南部区域，以养蟹为主，高埂顶高程达 6.93～7.53（7.10～7.70）m；水面网养面积为 35.2km²，主要分布于湖区的北洼和南洼，以养鱼养蟹为主；还有 7.6km² 水面为网养区公共通道。埂围面积 51.0km² 当中，养殖面积为 31.0km²，以养鱼养蟹为主，主要分布于湖区的四周及北洼、南洼之间区域；种植面积为 20.0km²，以种植荷藕为主，主要分布于湖区的南部区域。围垦面积为 3.2km²，以种植为主，有村庄、农田、鱼塘等。埂围、围垦区堤顶高程达 7.33～10.03（7.50～10.20）m。

2．宝应湖

宝应湖除防洪除涝、供水、生态等公益性功能外，湖面大量围网养殖，湖（河）面中心仅留出 30m 左右的通道，最窄处仅几米，使行水等公益性功能的通道受到挤占。正常蓄水位 5.53（5.70）m 相应围网养殖面积为 33.23km²，占相应面积的 85％，正常蓄水位至防洪设计水位之间的滩地，绝大部分被开发为低围高网，整个湖区围网、低围高网密布，主要经济鱼类有鲤、鲫、鳊、鲂、银鱼、翘嘴红鲌、草鱼、青鱼、鲢、鲶、赤眼鳟等。除网体本身使过水面积减小外，行洪挂淤则让阻水进一步加剧。

3．高邮湖、邵伯湖

20 世纪 80 年代后，高邮湖养殖面积 249.25km²，其中高埂低网（即埂围养殖，下同）79.76km²，网围养殖 169.49km²（低埂高网 7.56km²、围网 161.93km²），主要分布在大汕子隔堤南高邮湖死水区内和宝应湖退水闸排涝通道内及淮河入湖口行洪通道内；此外尚有围垦面积 20.92km²，主要为淮南圩的横桥联圩。

邵伯湖养殖面积 20.48km²，其中高埂低网 4.47km²，网养 16.01km²（低埂高网 0.10km²、围网 15.91km²），主要分布在邵伯湖行洪通道内；此外围垦面积 0.32km²，主要位于西兴圩上。

8.5.3 旅游资源开发情况

根据《淮安市旅游发展总体规划（2002—2020 年）》，全市 48 个主要旅游景区分为三个等级，其中与洪泽湖相关的 8 个旅游景区现均已开发，其中一级旅游景区为明祖陵，二级旅游景区有洪泽湖大堤、洪泽湖浴场、三河闸，三级旅游景区为洪泽湖度假村、老子山温泉度假村、钱码岛生态旅游度假村、大敦岛等。

得益于优越的地理条件，洪泽湖旅游资源十分丰富，且以自然资源尤为突出，表现在湖泊河流等水域特色上。洪泽湖中有百座湖心岛、千亩荷花塘、万亩芦苇荡等自然景观，周边有洪泽湖碑、乾隆御碑、陈毅渡湖碑、三河闸等旅游景点。环洪泽湖周围有镇水铁牛、老子炼丹台、龟山巫支祁井等诸多历史名胜。洪泽湖大堤是世界上最长最宽的古堰，被誉为"水上长城"，全长 67km，是国家重点文物保护单位[19]。

依托老子山古镇、龟山遗址、水下泗州城遗址、明祖陵景区、第一山石刻等历史文化资源，在完善基础设施、改善生态景观环境的基础上，对已有历史文化节点进行串联和提升，并重点打造一批淮河文化、泗州古城文化、明文化、渔文化等主题文化展馆，形成体系丰富、文化彰显、环境优美、服务设施完善的淮河—洪泽湖历史遗产文化带[20]。

8.6 典型湖泊

8.6.1 洪泽湖

积水空明浸太虚，轻舠闲泛进徐徐。

菰芦绝岸柴门小，终岁生涯业捕鱼。

——清·康熙《泛洪泽湖偶咏》

8.6.1.1 基本情况

1. 地理位置及地质地貌

洪泽湖（图 8.11）是淮河流域最大的湖泊型水库，是中国五大淡水湖之一，地处苏北平原中部偏西，位于淮河中下游结合部、

图 8.11 洪泽湖风光

江苏省的西北部，其地理位置在东经 118°10′～118°52′、北纬 33°6′～33°40′之间，湖区西北部、西部和西南部有宽窄不等、高低相的岗陇和洼地，东部地势低平，临近京杭大运河里运河段，北枕废黄河和中运河。洪泽湖西纳淮河，南注长江，东通黄海，北连沂沭，湖面分属淮安市盱眙、洪泽、淮阴和宿迁市泗阳、宿城、泗洪六县（区）。洪泽湖西北部为成子湖湾，西部为安河洼、溧河洼，港汊众多，西南部为

淮河入湖口，洲滩发育，东部为洪泽湖大堤，史称高家堰。

洪泽湖区地处苏北凹陷区的西部边缘，地形受郯庐断裂带和淮阴断裂带（嘉山—响水断裂）的影响，形成地质构造上的"洪泽凹陷"。淮阴断裂是华北、扬子两大地台的地质分界。湖盆的演化与新构造运动紧密联系，西、南部表现为继承性上升，湖中、北部则以沉降运动为主。在地貌上，形成了湖西、湖南的低山岗阜，湖西岗陇和洼地宽窄不等、"三洼四岗"高低相间，洼地高程为 12.0m 左右，成子湖洼高程为 10.0m，岗地高程为 15.0～21.0m；湖南区蒋坝至盱眙县城是连绵的低山，湖东、湖北由河湖冲刷堆积而成的平原，地势低下，呈簸箕口形，地势最低处高程仅 8.0～10.0m。洪泽湖湖盆呈西北高、东南低的形态。

2. 形成及发育

当今淮湖汇一、烟波浩瀚的洪泽湖形成于 16 世纪末至 17 世纪，是黄河夺淮和明清时期长期奉行"蓄清刷黄济运"之策，筑堰束水攻沙共同造就的，其北侧的黄河故道和东侧的京杭运河里运河段，对洪泽湖的形成曾发挥决定性作用。按其湖盆成因，洪泽湖属河迹洼地型湖泊，成湖前沿淮本有许多小型湖泊，一般情况下，淮湖互不相连，12 世纪末，黄河夺泗、夺淮以后，淮阴码头镇附近的清口以上泗水河床和清口以下淮河河床逐渐受到黄河泥沙淤垫，明中叶黄河全流夺淮以后，淮河泄流日益不畅，逐在洪泽洼地大量潴积，湖面逐渐扩大。至明隆庆年（1567—1572 年）间，黄河洪水经常由清口附近倒灌洪泽湖，洪泽湖频繁决溢，给里下河地区造成严重灾患。万历六年（1578 年），潘季驯实行"束水攻沙""蓄清刷黄"方针，即在洪泽洼地的东侧，加筑土坝石堤，拦蓄淮河之水，用高水位的淮河水冲刷清口以下黄淮共用河床泥沙，并不使清口以上河床淤垫，同时，以淮河水及时补给运河水，确保漕运畅通。经明清不断地对洪泽湖大堤进行修筑，到清乾隆十六年（1751 年），历时 171 年，终于完成了洪泽湖石工大堤。由于洪泽湖大堤的修筑，在洪水期洪水位迅速上升，淮河与原洪泽洼地的诸湖塘合而为一，汪洋巨浸，使数万顷良田成为泽国。清康熙十九年（1680 年），黄淮持续并涨，黄河决归仁堤，洪水直泻洪泽湖，泗

洲城被淹没，东部平原之上的"悬湖"亦随之形成。

3. 湖泊形态

依据湖泊的形态特征，洪泽湖属浅水湖，湖盆呈浅碟形，岸坡平缓，由湖岸向湖心呈缓慢倾斜，湖底较平坦，湖底高程一般在 9.81～10.81（10.00～11.00）m（1985 国家高程基准，括号内为废黄河口高程基准，下同）之间，最低处高程在 7.31（7.50）m 左右，北部湖底一般在 9.81～10.81（10.00～11.00）m 之间，南部一般在 7.31～8.81（7.50～9.00）m 之间，西中部一般在 10.81（11.00）m 以上，东部一般在 8.81～9.81（9.00～10.00）m 之间，形成西北高而东南低的形势。洪泽湖主要形态特征见表 8.1。

表 8.1   洪泽湖主要形态特征

特征	水位/m	面积/km²	容积/亿 m³	湖底高程/m	最大水深/m	平均水深/m	长度/km	最大宽度/km
参数	12.81	1780.00	29.05	9.81～10.81	4.75	2.22	60.00	58.00

4. 湖泊功能

洪泽湖具有防洪调蓄、水资源供给、生态保护，航运、渔业养殖、旅游等功能。

洪泽湖是淮河流域最大的调蓄湖泊，淮河及淮北各支流的来水经其调蓄后入江、入海。洪泽湖在多年运行中，一直承担着挡洪、调蓄洪水的任务。

洪泽湖历来就是苏北地区的水源地，随着区域的治理，供水范围有所调整，起初只向里下河、通南地区供水，在淮水北调、江水北调工程实施后，洪泽湖的供水范围逐步扩大至整个苏北地区。南水北调东线工程实施后，洪泽湖又成为其输水干线上的重要调蓄湖泊，是东线工程的水源地之一。

洪泽湖水系四通八达，水运资源丰富，是沟通淮河、运河、长江和黄海的重要枢纽，随着高良涧船闸、复线船闸、蒋坝船闸的兴建，航运更为发达。湖区干线航道主要有洪泽湖南线航道、西线航道、徐洪河航道、张福河航道、新汴河线、金宝航线等。

洪泽湖是我国五大淡水湖之一，渔业资源十分丰富，历来是江苏淡水渔业的重要生产基地，经济水生动植物的重要种质资源库，素有"日出斗金"的美誉，是发展水产业的宝地。

洪泽湖区历史文化积淀深厚，风光优美，自然和人文景观融为一体，旅游资源丰富。

8.6.1.2 水文特征

1. 周边水系

洪泽湖承泄淮河上中游 15.8 万 km² 的来水。洪泽湖涉湖河道有 104 条，入湖河流主要在湖西，有淮河干流、怀洪新河、新汴河、老濉河、徐洪河、池河和濉河等，在湖北侧和南侧有古山河、五河、肖河、马化河、朱陈洼河、成子河、颜勒沟、官沟、高松河、黄码河、淮泗交界沟、赵公河、张福河、维桥河、高桥河等入湖河道，淮干入湖水量占入湖总量的 70%；主要出湖河道有淮河入江水道、二河、入海水道和苏北灌溉总渠，湖水的 60%～70% 经三河闸通过淮河入江水道流入长江。

出湖控制建筑物主要是高良涧进水闸、三河闸和二河闸。洪泽湖同时是江水北调、南水北调等工程的重要调蓄水库。入湖泵站为洪泽站、淮阴站，分别利用淮河入江水道三

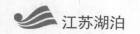

河、里运河、苏北灌溉总渠输水，出湖泵站为泗阳站、泗洪站，输水河道为二河、中运河以及徐洪河，远期南水北调规划利用成子新河输水，新建泗阳西站。

2. 气候气象

洪泽湖地处暖温带黄淮海平原区与北亚热带长江中、下游区的过渡带，受海洋、大气环流等因子的影响，具有冬寒、夏热、春温、秋暖四季分明和年降水量丰富等气候特点。

湖区多年平均太阳辐射总量为 455780J/cm²，辐射月总量的分布随季节变化稍有差异，年平均日照为 2296.7h，年平均日照百分率为 52％。湖区多年平均气温为 16.3℃，比邻近的淮安、宝应、金湖各站高 1.7～2.2℃，湖区极端最高气温达 44.4℃，最低气温值－22.9℃。湖区多年日平均气温大于 0℃ 的积温为 5293.4℃，大于 10℃ 的积温为 4730.9℃，热量资源对湖区的农业生产十分有利。

受季风气候影响，洪泽湖降水量较为丰沛，降雨时空分布不均。年平均降水量 925.5mm，最大年降水量 1240.9mm，最小年降水量 532.9mm。年内分布极不均匀，一般集中在汛期，多年平均 6—9 月份降水量为 605.9mm，占年总量的 65.5％，集中程度从南向北递增。年降水量的空间分布从北向南、自西向东逐渐增多。洪泽湖区多年平均年蒸发量为 1592.2mm。

3. 特征水位

洪泽湖死水位 11.11（11.30）m（蒋坝水位站，下同），汛限水位 12.31（12.50）m，现状正常蓄水位 12.81（13.00）m，南水北调东线一期工程实施后规划蓄水位 13.31（13.50）m，相应水面积为 1793km²，库容为 37.3 亿 m³；设计洪水位 15.81（16.00）m，相应水面积为 3200km²，库容为 107.6 亿 m³。洪泽湖多年平均水位为 12.18（12.37）m，多年平均最高水位为 13.21（13.40）m，三河闸建设前最高洪水位 16.06（16.25）m（1931 年 8 月 8 日），三河闸建设后最高洪水位 15.04（15.23）m（1954 年 8 月 16 日），历史最低水位 9.49（9.68）m（1966 年 11 月 11 日），建闸后历年最高水位超过 12.81（13.00）m 的年份占 88.6％。

4. 泥沙特征

随径流挟带入湖的泥沙是洪泽湖泥沙的主要来源，同时在风和潮流的动力作用下，湖岸和湖底的黏土、沙质土和粉质沙土随风浪、水流掀起，使湖水中泥沙含量增加。湖体中部泥沙含量较大，为 0.25kg/m³，成子湖区的泥沙含量为 0.124kg/m³，淮干入湖区的泥沙含量达 0.178kg/m³，自高良涧至二河闸沿岸区的泥沙含量较小，一般为 0.022kg/m³；湖西部水生植物茂密区的泥沙含量是全湖最小，一般为 0.0055kg/m³。泥沙的年内变化情况是：泥沙含量 6—7 月最多，最大月平均含量为 0.4～0.5kg/m³，汛后明显减少。10 月至次年汛前悬移质泥沙含量为 0.15～0.30kg/m³。湖区多年平均年入湖沙量为 1168 万 m³，出湖沙量 688 万 m³，年淤积量为 480 万 m³。

洪泽湖泥沙淤积最显著的区域是淮河等河流的入湖河口区和湖泊沿岸带的水草区。老子山附近的水域形成众多的心滩，并有扩展增多的趋势。汛期，河口一带洲滩会影响淮干洪水的宣泄速度。在溧河洼、临淮头和穆墩一带，茂密的水生植物阻挡了风浪的作用，不仅促使湖水中泥沙沉积，也较好地防止湖底泥沙被掀起和搅动，导致这里的沿岸地带水深都较小。

8.6.1.3 水质现状

1. 水质

洪泽湖各站点综合水质类别为Ⅲ～劣Ⅴ类，评价结果详见表8.2。经分析，现状评价的主要超标项目为总磷、总氮。为便于湖泊管理和保护工作的开展，在此分别对全湖区和各生态功能分区进行评价，重点分析主要超标项目水质变化情况。具体如下：

表8.2　　　　　　　　　　　　洪泽湖水质监测成果及评价表

序号	测站名称	监测月份	综合水质类别	pH值	溶解氧/(mg/L)	高锰酸盐指数/(mg/L)	化学需氧量/(mg/L)	五日生化需氧量/(mg/L)	总磷/(mg/L)	总氮/(mg/L)
1	成河	1	V	8.29	10.86	3.1	<15.0	1.8	0.072	1.53
				I	I	II	I	I	IV	V
2		2	V	8.40	10.63	4.4	<15.0	1.8	0.081	1.80
				I	I	III	I	I	IV	V
3		3	V	8.24	8.75	3.4	16.4	2.5	0.088	1.76
				I	I	II	III	I	IV	V
4		4	IV	8.34	9.13	3.5	17.1	2.8	0.074	1.25
				I	I	II	III	I	IV	IV
5		5	III	8.39	9.04	3.7	<15.0	1.5	0.031	0.99
				I	I	II	I	I	III	III
6		6	IV	8.38	8.79	4.2	<15.0	2.5	0.082	0.70
				I	I	III	I	I	IV	III
7		7	IV	8.42	7.52	3.9	18.9	2.1	0.071	0.46
				I	I	II	III	I	IV	II
8		8	劣Ⅴ	8.29	8.14	5.4	15.6	2.2	0.127	2.86
				I	I	III	III	I	V	劣Ⅴ
9		9	劣Ⅴ	8.37	9.04	3.4	<15.0	2.3	0.436	0.84
				I	I	II	I	I	劣Ⅴ	III
10		10	IV	8.30	9.21	4.8	<15.0	2.2	0.097	0.64
				I	I	III	I	I	IV	III
11		11	IV	8.48	8.26	3.6	<15.0	1.3	0.064	0.48
				I	I	II	I	I	IV	II
12		12	IV	8.44	10.96	2.8	<15.0	2.4	0.068	0.91
				I	I	II	I	I	IV	III
13	高湖	1	V	8.38	10.82	2.9	18.0	1.9	0.067	1.44
				I	I	II	III	I	IV	IV
14		2	V	8.35	10.30	4.2	<15.0	1.7	0.072	1.79
				I	I	III	I	I	IV	V

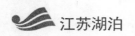 江苏湖泊

 续表

序号	测站名称	监测月份	综合水质类别	pH 值	溶解氧/(mg/L)	高锰酸盐指数/(mg/L)	化学需氧量/(mg/L)	五日生化需氧量/(mg/L)	总磷/(mg/L)	总氮/(mg/L)
15	高湖	3	劣V	8.18	8.75	3.2	16.2	2.2	0.107	2.28
				I	I	II	III	I	V	劣V
16		4	IV	8.35	9.17	2.9	<15.0	2.3	0.068	1.21
				I	I	II	I	I	IV	IV
17		5	III	8.43	8.96	3.3	15.0	1.4	0.035	0.99
				I	I	II	I	I	III	III
18		6	IV	8.43	9.24	4.8	16.6	2.7	0.096	0.88
				I	I	III	III	I	IV	III
19		7	IV	8.43	7.36	3.7	<15.0	2.0	0.065	0.63
				I	II	II	I	I	IV	III
20		8	劣V	8.36	7.72	4.4	<15.0	2.1	0.116	2.82
				I	I	III	I	I	V	劣V
21		9	V	8.17	7.40	3.1	<15.0	2.3	0.128	1.10
				I	II	II	I	I	V	IV
22		10	IV	8.31	9.09	3.5	<15	2.7	0.051	0.76
				I	I	II	I	I	IV	III
23		11	III	8.40	9.13	3.3	16.1	1.3	0.047	0.60
				I	I	II	III	I	III	III
24		12	IV	8.45	10.84	2.7	<15.0	2.1	0.059	0.75
				I	I	II	I	I	IV	III
25	韩桥	1	V	8.00	12.90	4.1	<15.0	2.7	0.066	1.83
				I	I	III	I	I	IV	V
26		2	V	7.91	12.60	4.1	<15.0	3.0	0.046	1.97
				I	I	III	I	I	III	V
27		3	V	7.82	9.50	4.2	17.3	2.0	0.036	1.70
				I	I	III	III	I	III	V
28		4	劣V	7.92	8.90	4.0	18.1	0.8	0.042	2.21
				I	I	II	III	I	III	劣V
29		5	IV	8.13	7.20	5.2	<15.0	0.6	0.054	0.96
				I	II	III	I	I	IV	III
30		6	IV	7.82	7.40	5.0	19.1	0.5	0.064	0.73
				I	II	III	III	I	IV	III
31		7	V	7.93	7.70	4.9	25.1	0.6	0.109	1.83
				I	I	III	IV	I	V	V

续表

序号	测站名称	监测月份	综合水质类别	pH值	溶解氧/(mg/L)	高锰酸盐指数/(mg/L)	化学需氧量/(mg/L)	五日生化需氧量/(mg/L)	总磷/(mg/L)	总氮/(mg/L)
32	韩桥	8	V	7.78	7.50	4.2	<15.0	0.6	0.104	0.66
				I	I	III	I	I	V	III
33		9	IV	7.80	8.60	4.8	25.8	0.7	0.057	0.49
				I	I	III	IV	I	IV	II
34		10	V	7.81	8.90	5.3	16.4	0.7	0.128	0.29
				I	I	III	III	I	V	II
35		11	III	7.87	8.50	6.0	18.8	0.7	0.043	0.35
				I	I	III	III	I	III	II
36		12	III	7.76	11.30	4.0	<15.0	0.7	0.050	0.40
				I	I	II	I	I	III	II
37	洪泽湖区(淮安北)	1	劣V	7.95	13.00	3.7	<15.0	2.3	0.086	2.16
				I	I	II	I	I	IV	劣V
38		2	V	7.83	12.60	4.3	<15.0	3.6	0.050	1.62
				I	I	III	I	III	III	V
39		3	劣V	7.82	9.40	3.9	<15.0	1.8	0.032	2.27
				I	I	II	I	I	III	劣V
40		4	劣V	7.99	8.70	3.5	15.5	0.6	0.065	2.08
				I	I	II	III	I	IV	劣V
41		5	V	8.10	7.50	4.8	19.4	0.5	0.057	1.83
				I	I	III	III	I	IV	V
42		6	V	7.74	7.30	4.4	19.4	0.5	0.053	1.88
				I	II	III	III	I	IV	V
43		7	V	7.90	8.00	5.0	<15.0	0.5	0.109	1.51
				I	I	III	I	I	V	V
44		8	IV	7.76	7.50	4.4	<15.0	0.6	0.096	0.57
				I	I	III	I	I	IV	III
45		9	IV	7.88	8.50	4.6	17.4	0.7	0.057	0.44
				I	I	III	III	I	IV	II
46		10	IV	7.74	9.10	5.6	19.8	0.6	0.086	0.66
				I	I	III	III	I	IV	III
47		11	IV	7.80	8.50	5.7	19.4	0.6	0.067	0.29
				I	I	III	III	I	IV	II
48		12	IV	7.87	11.30	2.8	<15.0	0.5	0.063	1.36
				I	I	II	I	I	IV	IV

序号	测站名称	监测月份	综合水质类别	pH值	溶解氧/(mg/L)	高锰酸盐指数/(mg/L)	化学需氧量/(mg/L)	五日生化需氧量/(mg/L)	总磷/(mg/L)	总氮/(mg/L)
49		1	劣V	7.91	12.60	3.6	<15.0	2.1	0.072	2.30
				I	I	II	I	I	IV	劣V
50		2	劣V	7.81	12.90	3.5	15.4	3.1	0.050	2.56
				I	I	II	III	III	III	劣V
51		3	劣V	7.80	9.30	3.9	18.6	2.2	0.047	2.61
				I	I	II	III	I	III	劣V
52		4	劣V	8.01	8.60	3.8	16.1	0.6	0.068	2.53
				I	I	II	III	I	IV	劣V
53		5	劣V	8.12	7.50	4.9	<15.0	0.5	0.090	2.12
				I	I	III	I	I	IV	劣V
54	洪泽湖区（淮安东）	6	IV	7.81	7.50	3.9	19.7	0.6	0.075	1.27
				I	I	II	III	I	IV	IV
55		7	V	7.87	7.90	5.2	15.8	0.6	0.138	1.67
				I	I	III	III	I	V	V
56		8	IV	7.76	7.50	5.2	<15.0	1.1	0.100	0.67
				I	I	III	I	I	IV	III
57		9	IV	7.89	8.50	5.1	18.1	0.5	0.097	0.68
				I	I	III	III	I	IV	III
58		10	V	7.73	8.80	5.6	18.4	0.6	0.102	0.32
				I	I	III	III	I	V	II
59		11	IV	7.83	8.40	5.1	16.8	0.6	0.085	0.51
				I	I	III	III	I	IV	III
60		12	IV	7.85	11.50	2.5	18.1	0.6	0.070	1.45
				I	I	II	III	I	IV	IV
61		1	劣V	7.92	12.60	4.0	<15.0	2.4	0.086	2.96
				I	I	II	I	I	IV	劣V
62		2	劣V	7.70	12.80	3.1	19.9	2.4	0.066	2.38
				I	I	II	III	I	IV	劣V
63	洪泽湖区（淮安南）	3	劣V	7.81	9.70	4.2	19.0	2.5	0.032	2.25
				I	I	III	III	I	III	劣V
64		4	劣V	8.15	9.00	3.2	15.1	0.7	0.058	2.90
				I	I	II	III	I	IV	劣V
65		5	劣V	8.17	7.60	4.5	18.4	0.6	0.073	2.41
				I	I	III	III	I	IV	劣V

续表

序号	测站名称	监测月份	综合水质类别	pH 值	溶解氧/(mg/L)	高锰酸盐指数/(mg/L)	化学需氧量/(mg/L)	五日生化需氧量/(mg/L)	总磷/(mg/L)	总氮/(mg/L)
66	洪泽湖区(淮安南)	6	IV	7.87	8.20	4.2	21.7	0.6	0.076	1.30
				I	I	III	IV	I	IV	IV
67		7	劣V	7.88	7.90	5.4	<15.0	0.6	0.146	2.01
				I	I	III	I	I	V	劣V
68		8	V	7.73	7.50	4.6	<15.0	0.5	0.131	1.37
				I	I	III	I	I	V	IV
69		9	V	7.83	8.30	6.3	19.1	0.5	0.145	0.44
				I	I	IV	III	I	V	II
70		10	V	7.25	8.80	5.5	15.1	0.6	0.152	0.36
				I	I	III	III	I	V	II
71		11	IV	7.89	8.50	5.8	19.8	0.6	0.093	0.50
				I	I	III	III	I	IV	II
72		12	IV	7.87	11.40	3.3	<15.0	0.6	0.070	1.17
				I	I	II	I	I	IV	IV
73	洪泽湖区(淮安西)	1	劣V	7.94	12.70	3.6	<15.0	2.0	0.066	2.40
				I	I	II	I	I	IV	劣V
74		2	劣V	7.76	12.60	3.4	17.3	1.8	0.065	3.12
				I	I	II	III	I	IV	劣V
75		3	劣V	7.84	9.40	3.9	18.0	2.2	0.030	2.26
				I	I	II	III	I	III	劣V
76		4	V	8.05	8.70	3.8	16.8	0.8	0.060	1.60
				I	I	II	III	I	IV	V
77		5	劣V	8.15	7.10	4.3	15.5	0.7	0.057	2.33
				I	II	III	III	I	IV	劣V
78		6	劣V	7.77	7.90	4.3	<15.0	0.5	0.083	2.58
				I	I	III	I	I	IV	劣V
79		7	V	7.99	7.90	6.7	22.1	0.5	0.134	1.77
				I	I	IV	IV	I	V	V
80		8	V	7.72	7.50	5.2	<15.0	1.0	0.104	0.78
				I	I	III	I	I	V	III
81		9	V	7.87	8.40	5.8	25.1	0.6	0.126	0.49
				I	I	III	IV	I	V	II
82		10	V	7.77	9.10	5.8	15.8	0.7	0.164	0.54
				I	I	III	III	I	V	III

序号	测站名称	监测月份	综合水质类别	pH值	溶解氧 /(mg/L)	高锰酸盐指数 /(mg/L)	化学需氧量 /(mg/L)	五日生化需氧量 /(mg/L)	总磷 /(mg/L)	总氮 /(mg/L)
83	洪泽湖区（淮安西）	11	IV	7.80	8.20	5.8	<15.0	0.7	0.100	0.29
				I	I	III	I	I	IV	II
84		12	IV	7.87	11.40	5.0	17.8	0.6	0.077	1.33
				I	I	III	III	I	IV	IV
85	洪泽湖区（宿迁北）	1	IV	8.39	10.82	3.3	<15.0	2.1	0.076	1.48
				I	I	II	I	I	IV	IV
86		2	V	8.39	10.47	4.2	<15.0	1.4	0.091	1.86
				I	I	III	I	I	IV	V
87		3	V	8.28	9.09	3.3	19.2	1.5	0.076	1.86
				I	I	II	III	I	IV	V
88		4	IV	8.30	8.75	3.1	<15.0	2.2	0.072	1.21
				I	I	II	I	I	IV	IV
89		5	IV	8.40	9.00	3.3	16.4	1.3	0.035	1.03
				I	I	II	III	I	III	IV
90		6	IV	8.43	9.20	4.5	<15.0	2.7	0.093	0.82
				I	I	III	I	I	IV	III
91		7	IV	8.38	7.77	3.8	19.2	2.0	0.061	0.65
				I	I	II	III	I	IV	III
92		8	劣V	8.36	9.09	4.6	<15.0	2.6	0.114	2.79
				I	I	III	I	I	V	劣V
93		9	劣V	8.41	8.79	3.3	19.5	2.4	0.333	1.12
				I	I	II	III	I	劣V	IV
94		10	IV	8.33	9.17	3.9	<15.0	2.2	0.097	0.82
				I	I	II	I	I	IV	III
95		11	III	8.47	9.37	3.5	<15.0	1.5	0.044	0.40
				I	I	II	I	I	III	II
96		12	IV	8.43	10.80	3.1	<15.0	1.9	0.093	0.97
				I	I	II	I	I	IV	III
97	洪泽湖区（宿迁南）	1	V	8.41	10.86	3.0	<15.0	1.6	0.071	1.53
				I	I	II	I	I	IV	V
98		2	V	8.40	10.43	4.4	15.3	2.0	0.065	1.70
				I	I	III	III	I	IV	V
99		3	V	8.26	8.88	3.3	17.2	1.8	0.073	1.84
				I	I	II	III	I	IV	V

续表

序号	测站名称	监测月份	综合水质类别	pH 值	溶解氧/(mg/L)	高锰酸盐指数/(mg/L)	化学需氧量/(mg/L)	五日生化需氧量/(mg/L)	总磷/(mg/L)	总氮/(mg/L)
100		4	IV	8.28	9.54	3.2	19.1	2.8	0.069	1.25
				I	I	II	III	I	IV	IV
101		5	IV	8.39	9.04	3.4	15.9	1.7	0.039	1.11
				I	I	II	III	I	III	IV
102		6	IV	8.46	8.75	5.0	19.1	2.5	0.098	0.84
				I	I	III	III	I	IV	III
103		7	IV	8.41	8.14	3.9	<15.0	2.6	0.057	0.70
				I	I	II	I	I	IV	III
104	洪泽湖区(宿迁南)	8	劣V	8.26	7.76	4.8	18.1	2.0	0.143	3.07
				I	I	III	III	I	V	劣V
105		9	劣V	8.24	8.83	3.6	<15.0	2.2	0.291	1.10
				I	I	II	I	I	劣V	IV
106		10	V	8.29	8.92	4.6	19.0	2.4	0.137	0.70
				I	I	III	III	I	V	III
107		11	IV	8.48	9.09	3.7	<15.0	1.1	0.093	0.40
				I	I	II	I	I	IV	II
108		12	IV	8.45	11.20	2.7	<15.0	2.8	0.083	1.39
				I	I	II	I	I	IV	IV
109		1	劣V	8.07	12.50	4.1	<15.0	2.3	0.049	2.84
				I	I	III	I	I	III	劣V
110		2	劣V	7.72	12.70	3.4	16.4	2.5	0.055	2.40
				I	I	II	III	I	IV	劣V
111		3	劣V	7.89	9.40	3.7	17.0	1.8	0.030	2.58
				I	I	II	III	I	III	劣V
112	蒋坝	4	劣V	7.96	9.70	3.4	18.4	0.9	0.039	2.17
				I	I	II	III	I	III	劣V
113		5	劣V	8.13	7.40	5.0	17.4	0.5	0.060	2.08
				I	II	III	III	I	IV	劣V
114		6	V	7.73	8.10	4.5	<15.0	0.9	0.045	1.74
				I	I	III	I	I	III	V
115		7	V	7.97	7.80	5.4	21.8	0.6	0.118	1.90
				I	I	III	IV	I	V	V
116		8	劣V	7.77	8.20	6.5	19.8	1.8	0.091	2.89
				I	I	IV	III	I	IV	劣V

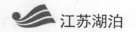
序号	测站名称	监测月份	综合水质类别	pH值	溶解氧/(mg/L)	高锰酸盐指数/(mg/L)	化学需氧量/(mg/L)	五日生化需氧量/(mg/L)	总磷/(mg/L)	总氮/(mg/L)
117		9	IV	7.73	8.20	4.9	16.6	0.7	0.076	1.12
				I	I	III	III	I	IV	IV
118		10	V	7.85	8.80	5.1	15.4	0.6	0.129	0.48
	蒋坝			I	I	III	III	I	V	II
119		11	IV	7.87	8.80	3.7	<15.0	0.7	0.044	1.39
				I	I	II	I	I	III	IV
120		12	V	7.76	11.10	2.9	<15.0	0.6	0.050	1.55
				I	I	II	I	I	III	V
121		1	劣V	7.93	11.80	3.6	<15.0	1.6	0.088	3.92
				I	I	II	I	I	IV	劣V
122		2	劣V	7.80	12.50	3.5	16.4	2.2	0.067	3.32
				I	I	II	III	I	IV	劣V
123		3	劣V	7.86	9.80	4.2	<15	1.9	0.032	2.62
				I	I	III	I	I	III	劣V
124		4	劣V	8.06	9.20	3.4	<15	0.8	0.045	3.20
				I	I	II	I	I	III	劣V
125		5	劣V	8.17	7.90	4.2	15.1	0.6	0.058	2.71
				I	I	III	III	I	IV	劣V
126		6	劣V	7.79	7.80	5.0	18.7	0.6	0.050	2.42
	老子山			I	I	III	III	I	III	劣V
127		7	V	7.91	7.90	5.4	18.4	0.6	0.139	1.96
				I	I	III	III	I	V	V
128		8	V	7.71	7.30	4.6	<15.0	0.6	0.089	1.64
				I	II	III	I	I	IV	V
129		9	IV	7.77	8.40	4.9	16.1	0.6	0.095	0.64
				I	I	III	III	I	IV	III
130		10	V	7.81	8.90	5.9	19.4	0.6	0.119	0.54
				I	I	III	III	I	V	III
131		11	IV	7.80	8.80	5.8	18.1	0.6	0.089	0.52
				I	I	III	III	I	IV	III
132		12	IV	7.77	11.30	4.9	18.8	0.5	0.054	1.40
				I	I	III	III	I	IV	IV
133	溧河洼	1	IV	8.35	10.70	3.3	<15.0	1.9	0.071	1.40
				I	I	II	I	I	IV	IV

续表

序号	测站名称	监测月份	综合水质类别	pH值	溶解氧/(mg/L)	高锰酸盐指数/(mg/L)	化学需氧量/(mg/L)	五日生化需氧量/(mg/L)	总磷/(mg/L)	总氮/(mg/L)
134		2	V	8.30	10.55	3.9	<15.0	1.6	0.076	1.85
				I	I	II	I	I	IV	V
135		3	劣V	8.18	8.75	3.7	16.9	2.4	0.111	2.48
				I	I	II	III	I	V	劣V
136		4	IV	8.37	9.46	3.2	<15.0	2.2	0.077	1.13
				I	I	II	I	I	IV	IV
137		5	IV	8.43	8.96	3.9	19.5	2.2	0.044	1.08
				I	I	II	III	I	III	IV
138		6	IV	8.34	8.01	4.2	<15.0	2.9	0.089	0.91
				I	I	III	I	I	IV	III
139	溧河洼	7	IV	8.42	7.69	4.0	<15.0	1.9	0.073	0.84
				I	I	II	I	I	IV	III
140		8	劣V	8.37	9.13	5.3	<15.0	2.6	0.114	2.96
				I	I	III	I	I	V	劣V
141		9	劣V	8.40	8.62	3.8	18.5	2.8	0.215	1.03
				I	I	II	III	I	劣V	IV
142		10	V	8.29	8.05	5.1	<15.0	2.9	0.161	1.13
				I	I	III	I	I	V	IV
143		11	IV	8.36	8.96	3.9	18.3	1.1	0.079	0.93
				I	I	II	III	I	IV	III
144		12	IV	8.40	11.16	2.6	<15.0	2.8	0.080	1.41
				I	I	II	I	I	IV	IV
145		1	V	8.38	10.82	3.3	15.0	2.1	0.081	1.57
				I	I	II	I	I	IV	V
146		2	V	8.41	10.43	4.0	<15.0	1.9	0.080	1.67
				I	I	II	I	I	IV	V
147		3	V	8.20	8.88	3.5	17.9	1.8	0.067	1.95
				I	I	II	III	I	IV	V
148	临淮	4	IV	8.24	9.29	2.6	<15.0	2.4	0.077	1.04
				I	I	II	I	I	IV	IV
149		5	III	8.40	9.16	3.6	16.7	2.2	0.040	0.96
				I	I	II	III	I	III	III
150		6	IV	8.40	8.91	4.2	19.1	2.6	0.097	0.81
				I	I	III	III	I	IV	III

序号	测站名称	监测月份	综合水质类别	pH 值	溶解氧/(mg/L)	高锰酸盐指数/(mg/L)	化学需氧量/(mg/L)	五日生化需氧量/(mg/L)	总磷/(mg/L)	总氮/(mg/L)
151	临淮	7	Ⅳ	8.40	7.73	4.2	17.5	2.9	0.096	0.54
				Ⅰ	Ⅰ	Ⅲ	Ⅲ	Ⅰ	Ⅳ	Ⅲ
152		8	劣Ⅴ	8.18	8.30	5.2	19.4	1.7	0.158	3.04
				Ⅰ	Ⅰ	Ⅲ	Ⅲ	Ⅰ	Ⅴ	劣Ⅴ
153		9	劣Ⅴ	8.22	9.16	3.8	<15.0	2.4	0.249	1.00
				Ⅰ	Ⅰ	Ⅱ	Ⅰ	Ⅰ	劣Ⅴ	Ⅲ
154		10	Ⅴ	8.30	8.30	5.6	19.6	2.9	0.104	1.07
				Ⅰ	Ⅰ	Ⅲ	Ⅲ	Ⅰ	Ⅴ	Ⅳ
155		11	Ⅳ	8.40	8.88	3.9	<15.0	1.2	0.055	0.78
				Ⅰ	Ⅰ	Ⅱ	Ⅰ	Ⅰ	Ⅳ	Ⅲ
156		12	Ⅳ	8.44	11.12	2.9	<15.0	2.7	0.060	1.24
				Ⅰ	Ⅰ	Ⅱ	Ⅰ	Ⅰ	Ⅳ	Ⅳ
157	西顺河	1	劣Ⅴ	7.96	12.90	4.0	<15.0	2.3	0.080	2.22
				Ⅰ	Ⅰ	Ⅱ	Ⅰ	Ⅰ	Ⅳ	劣Ⅴ
158		2	Ⅴ	7.83	12.60	4.4	<15.0	3.4	0.051	1.63
				Ⅰ	Ⅰ	Ⅲ	Ⅰ	Ⅲ	Ⅳ	Ⅴ
159		3	劣Ⅴ	7.83	9.00	3.8	<15.0	1.9	0.031	2.26
				Ⅰ	Ⅰ	Ⅱ	Ⅰ	Ⅰ	Ⅲ	劣Ⅴ
160		4	劣Ⅴ	7.88	8.40	3.3	<15.0	0.6	0.056	2.21
				Ⅰ	Ⅰ	Ⅱ	Ⅰ	Ⅰ	Ⅳ	劣Ⅴ
161		5	Ⅴ	8.11	7.80	4.5	18.4	0.6	0.048	1.89
				Ⅰ	Ⅰ	Ⅲ	Ⅲ	Ⅰ	Ⅲ	Ⅴ
162		6	Ⅴ	7.88	7.40	4.4	18.1	0.6	0.048	1.89
				Ⅰ	Ⅱ	Ⅲ	Ⅲ	Ⅰ	Ⅲ	Ⅴ
163		7	Ⅴ	7.92	7.70	4.8	<15.0	0.6	0.124	1.65
				Ⅰ	Ⅰ	Ⅲ	Ⅰ	Ⅰ	Ⅴ	Ⅴ
164		8	Ⅴ	7.78	7.50	3.9	<15.0	0.9	0.132	1.22
				Ⅰ	Ⅰ	Ⅱ	Ⅰ	Ⅰ	Ⅴ	Ⅳ
165		9	Ⅳ	7.79	8.50	5.6	16.4	0.7	0.061	0.41
				Ⅰ	Ⅰ	Ⅲ	Ⅲ	Ⅰ	Ⅳ	Ⅱ
166		10	Ⅴ	7.89	9.10	5.5	16.4	0.6	0.112	0.32
				Ⅰ	Ⅰ	Ⅲ	Ⅲ	Ⅰ	Ⅴ	Ⅱ
167		11	Ⅲ	7.82	8.50	5.9	18.8	0.6	0.043	0.36
				Ⅰ	Ⅰ	Ⅲ	Ⅲ	Ⅰ	Ⅲ	Ⅱ

序号	测站名称	监测月份	综合水质类别	pH值	溶解氧/(mg/L)	高锰酸盐指数/(mg/L)	化学需氧量/(mg/L)	五日生化需氧量/(mg/L)	总磷/(mg/L)	总氮/(mg/L)
168	西顺河	12	IV	7.78	11.10	2.9	<15.0	0.5	0.058	1.36
				I	I	II	I	I	IV	IV
169		1	IV	8.42	10.98	3.4	15.0	2.3	0.043	1.37
				I	I	II	I	I	III	IV
170		2	V	8.40	10.55	4.3	<15.0	1.8	0.075	1.85
				I	I	III	I	I	IV	V
171		3	V	8.27	8.88	3.4	<15.0	1.4	0.069	1.82
				I	I	II	I	I	IV	V
172		4	IV	8.26	8.84	3.3	<15.0	2.4	0.064	1.32
				I	I	II	I	I	IV	IV
173		5	III	8.35	9.00	3.5	17.8	1.7	0.029	0.94
				I	I	II	III	I	III	III
174	颜圩	6	IV	8.30	9.04	4.4	18.8	2.9	0.069	0.75
				I	I	III	III	I	IV	III
175		7	IV	8.44	7.77	4.3	17.2	2.5	0.077	0.76
				I	I	III	III	I	IV	III
176		8	劣V	8.34	8.01	5.1	16.2	2.6	0.124	2.85
				I	I	III	III	I	V	劣V
177		9	V	8.23	8.30	3.8	<15.0	2.6	0.131	1.19
				I	I	II	I	I	V	IV
178		10	III	8.35	9.17	3.2	<15.0	2.1	0.047	0.81
				I	I	II	I	I	III	III
179		11	IV	8.47	8.96	3.7	18.3	1.4	0.064	0.69
				I	I	II	III	I	IV	III
180		12	III	8.43	10.84	3.4	<15.0	1.8	0.043	0.79
				I	I	II	I	I	III	III
181		1	IV	8.42	11.11	3.1	<15.0	2.3	0.044	1.36
				I	I	II	I	I	III	IV
182	渔沟	2	V	8.40	10.55	3.4	15.3	1.6	0.071	1.91
				I	I	II	III	I	IV	V
183		3	V	8.28	8.88	3.4	19.0	1.9	0.075	1.89
				I	I	II	III	I	IV	V
184		4	IV	8.30	9.29	3.4	<15.0	2.5	0.070	1.20
				I	I	II	I	I	IV	IV

续表

序号	测站名称	监测月份	综合水质类别	pH值	溶解氧/(mg/L)	高锰酸盐指数/(mg/L)	化学需氧量/(mg/L)	五日生化需氧量/(mg/L)	总磷/(mg/L)	总氮/(mg/L)
185		5	IV	8.37	9.16	3.5	18.7	1.3	0.035	1.14
			I	I	II	III	I	III	IV	
186		6	IV	8.40	8.30	4.4	17.2	2.8	0.097	0.85
			I	I	III	III	I	IV	III	
187		7	IV	8.41	7.93	3.6	18.6	2.8	0.082	0.81
			I	I	II	III	I	IV	III	
188	渔沟	8	V	8.32	8.35	4.9	<15.0	2.9	0.138	1.66
			I	I	III	I	I	V	V	
189		9	V	8.39	8.34	3.4	16.0	2.2	0.198	1.21
			I	I	II	III	I	V	IV	
190		10	V	8.36	9.04	4.0	<15.0	2.2	0.105	1.08
			I	I	II	I	I	V	IV	
191		11	IV	8.50	9.21	3.6	<15.0	1.1	0.060	0.49
			I	I	II	I	I	IV	II	
192		12	IV	8.44	11.08	3.3	<15.0	2.1	0.060	1.25
			I	I	II	I	I	IV	IV	

　　（1）全湖区。全湖区总磷浓度总体呈先平稳后上升再下降趋势，全年水质类别第1、2、4季度为Ⅳ类，第3季度为Ⅴ类。总氮浓度呈逐渐下降趋势，全年水质类别第1季度为劣Ⅴ类，第2季度为Ⅴ类，第3季度为Ⅳ类，第4季度为Ⅲ类。洪泽湖全湖区主要超标项目浓度变化如图8.12所示。

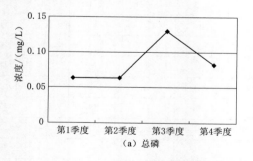

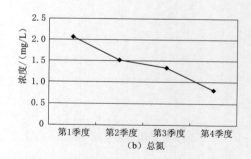

图8.12　洪泽湖全湖区主要超标项目浓度变化图

　　（2）核心区。核心区总磷浓度呈先平稳后上升再下降趋势，全年水质类别第1、2、4季度为Ⅳ类，第3季度为Ⅴ类。总氮浓度总体呈下降趋势，第1季度水质类别为劣Ⅴ类，第2、3季度水质类别为Ⅳ类，第4季度为Ⅲ类。洪泽湖核心区主要超标项目浓度变化如图8.13所示。

　　（3）缓冲区。缓冲区总磷浓度呈平稳趋势，全年水质类别第1～4季度均为Ⅳ类。总

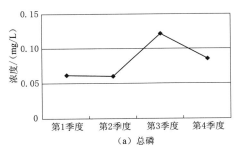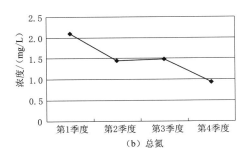

（a）总磷　　　　　　　　　　　　　（b）总氮

图 8.13　洪泽湖核心区主要超标项目浓度变化图

氮浓度呈缓慢下降趋势，全年水质类别第 1、2、3 季度为劣 V 类，第 4 季度为 V 类。洪泽湖缓冲区主要超标项目浓度变化如图 8.14 所示。

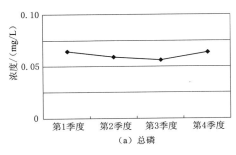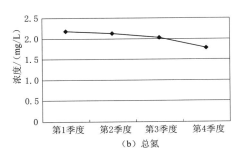

（a）总磷　　　　　　　　　　　　　（b）总氮

图 8.14　洪泽湖缓冲区主要超标项目浓度变化图

（4）开发控制利用区。开发控制利用区总磷浓度呈先平稳后上升再下降趋势，全年水质类别第 1、2、4 季度为 IV 类，第 3 季度为 V 类。总氮浓度整体呈下降趋势，第 1 季度水质类别为 V 类，第 2、3 季度水质类别为 IV 类，第 4 季度为 III 类。洪泽湖开发控制利用区主要超标项目浓度变化如图 8.15 所示。

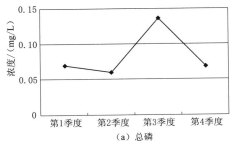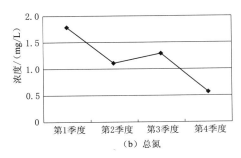

（a）总磷　　　　　　　　　　　　　（b）总氮

图 8.15　洪泽湖开发控制利用区主要超标项目浓度变化图

2. 营养状态评价

全湖及各生态分区营养状态指数基本稳定，介于 50～60 之间，营养状态均为轻度富营养，评价结果详见表 8.3。洪泽湖全湖及各生态功能分区营养状态指数变化如图 8.16所示。

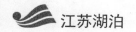
表 8.3 　　　　　　　　　洪泽湖营养状态指数（EI）评价表

序号	测站名称	月份	总磷		总氮		叶绿素 a		高锰酸盐指数		透明度		总评分值	评价结果
			浓度/(mg/L)	En分值	浓度/(mg/L)	En分值	浓度/(mg/L)	En分值	浓度/(mg/L)	En分值	数值/m	En分值		
1	颜圩	1	0.043	47.2	1.37	63.7	0.0015	25.0	3.4	47.00	0.50	60	48.6	中营养
2		2	0.075	55.0	1.85	68.5	0.0016	26.0	4.3	50.70	0.75	55	51.0	轻度富营养
3		3	0.069	53.8	1.82	68.2	0.0016	26.0	3.4	47.00	0.75	55	50.0	中营养
4		4	0.064	52.8	1.32	63.2	0.0019	29.0	3.3	46.50	0.70	56	49.5	中营养
5		5	0.029	41.6	0.94	58.8	0.0016	26.0	3.5	47.50	0.60	58	46.4	中营养
6		6	0.069	53.8	0.75	55.0	0.0018	28.0	4.4	51.00	0.70	56	48.8	中营养
7		7	0.077	55.4	0.76	55.2	0.0021	30.5	4.3	50.70	0.65	57	49.8	中营养
8		8	0.124	62.4	2.85	72.1	0.0026	33.0	5.1	52.70	0.65	57	55.4	轻度富营养
9		9	0.131	63.1	1.19	61.9	0.0022	31.0	3.8	49.00	0.50	60	53.0	轻度富营养
10		10	0.047	48.8	0.81	56.2	0.0023	31.5	3.2	46.00	0.45	65	49.5	中营养
11		11	0.064	52.8	0.69	53.8	0.0019	29.0	3.7	48.50	0.65	57	48.2	中营养
12		12	0.043	47.2	0.79	55.8	0.0018	28.0	3.4	47.00	0.45	65	48.6	中营养
13	渔沟	1	0.044	47.6	1.36	63.6	0.0015	25.0	3.1	45.50	0.55	59	48.1	中营养
14		2	0.071	54.2	1.91	69.1	0.0017	27.0	3.4	47.00	0.65	57	50.9	轻度富营养
15		3	0.075	55.0	1.89	68.9	0.0015	25.0	3.4	47.00	0.65	57	50.6	轻度富营养
16		4	0.070	54.0	1.20	62.0	0.0020	30.0	3.4	47.00	0.60	58	50.2	轻度富营养
17		5	0.035	44.0	1.14	61.4	0.0017	27.0	3.5	47.50	0.70	56	47.2	中营养
18		6	0.097	59.4	0.85	57.0	0.0020	30.0	4.4	51.00	0.70	56	50.7	轻度富营养
19		7	0.082	56.4	0.81	56.2	0.0019	29.0	3.6	48.00	0.65	57	49.3	中营养
20		8	0.138	63.8	1.66	66.6	0.0026	33.0	4.9	52.30	0.55	59	54.9	轻度富营养
21		9	0.198	69.8	1.21	62.1	0.0027	33.5	3.4	47.00	0.40	70	56.5	轻度富营养
22		10	0.105	60.5	1.08	60.8	0.0022	31.0	4.0	50.00	0.45	65	53.5	轻度富营养
23		11	0.060	52.0	0.49	49.5	0.0024	32.0	3.6	48.00	0.55	59	48.1	中营养
24		12	0.060	52.0	1.25	62.5	0.0021	30.5	3.3	46.50	0.45	65	51.3	轻度富营养
25	高湖	1	0.067	53.4	1.44	64.4	0.0021	30.5	2.9	44.50	0.70	56	49.8	中营养
26		2	0.072	54.4	1.79	67.9	0.0018	28.0	4.2	50.50	0.80	54	51.0	轻度富营养
27		3	0.107	60.7	2.28	70.7	0.0015	25.0	3.2	46.00	0.75	55	51.5	轻度富营养
28		4	0.068	53.6	1.21	62.1	0.0015	25.0	2.9	44.50	0.80	54	47.8	中营养
29		5	0.035	44.0	0.99	59.8	0.0019	29.0	3.3	46.50	0.85	53	46.5	中营养
30		6	0.096	59.2	0.88	57.6	0.0016	26.0	4.8	52.00	0.80	54	49.8	中营养
31		7	0.065	53.0	0.63	52.6	0.0019	29.0	3.7	48.50	0.65	57	48.0	中营养
32		8	0.116	61.6	2.82	72.0	0.0024	32.0	4.4	51.00	0.65	57	54.7	轻度富营养
33		9	0.128	62.8	1.10	61.0	0.0029	34.5	3.1	45.50	0.50	60	52.8	轻度富营养
34		10	0.051	50.2	0.76	55.2	0.0026	33.0	3.5	47.50	0.60	58	48.8	中营养

续表

序号	测站名称	月份	总磷		总氮		叶绿素a		高锰酸盐指数		透明度		总评分值	评价结果
			浓度/(mg/L)	En分值	浓度/(mg/L)	En分值	浓度/(mg/L)	En分值	浓度/(mg/L)	En分值	数值/m	En分值		
35	高湖	11	0.047	48.8	0.60	52.0	0.0022	31.0	3.3	46.50	0.65	57	47.1	中营养
36		12	0.059	51.8	0.75	55.0	0.0019	29.0	2.7	43.50	0.50	60	47.9	中营养
37		1	0.076	55.2	1.48	64.8	0.0014	24.0	3.3	46.50	0.60	58	49.7	中营养
38		2	0.091	58.2	1.86	68.6	0.0017	27.0	4.2	50.50	0.70	56	52.1	轻度富营养
39		3	0.076	55.2	1.86	68.6	0.0016	26.0	3.3	46.50	0.70	56	50.5	轻度富营养
40		4	0.072	54.4	1.21	62.1	0.0019	29.0	3.1	45.50	0.70	56	49.4	中营养
41	洪泽湖区(宿迁北)	5	0.035	44.0	1.03	60.3	0.0023	31.5	3.3	46.50	0.65	57	47.9	中营养
42		6	0.093	58.6	0.82	56.4	0.0018	28.0	4.5	51.20	0.70	56	50.0	中营养
43		7	0.061	52.2	0.65	53.0	0.0028	34.0	3.8	49.00	0.60	58	49.2	中营养
44		8	0.114	61.4	2.79	72.0	0.0033	36.5	4.6	51.50	0.55	59	56.1	轻度富营养
45		9	0.333	73.3	1.12	61.2	0.0030	35.0	3.3	46.50	0.45	65	56.2	轻度富营养
46		10	0.097	59.4	0.82	56.4	0.0017	27.0	3.9	49.50	0.55	59	50.3	轻度富营养
47		11	0.044	47.6	0.40	45.0	0.0017	27.0	3.5	47.50	0.60	58	45.4	中营养
48		12	0.093	58.6	0.97	59.4	0.0019	29.0	3.1	45.50	0.50	60	50.5	轻度富营养
49		1	0.072	54.4	1.53	65.3	0.0015	25.0	3.1	45.50	0.55	59	49.8	中营养
50		2	0.081	56.2	1.80	68.0	0.0022	31.0	4.4	51.00	0.75	55	52.2	轻度富营养
51		3	0.088	57.6	1.76	67.6	0.0013	23.0	3.4	47.00	0.58	58	50.6	轻度富营养
52		4	0.074	54.8	1.25	62.5	0.0016	26.0	3.5	47.50	0.70	56	49.4	中营养
53		5	0.031	42.4	0.99	59.8	0.0034	37.0	3.7	48.50	0.60	58	49.1	中营养
54	成河	6	0.082	56.4	0.70	54.0	0.0017	27.0	4.2	50.50	0.70	56	48.8	中营养
55		7	0.071	54.2	0.46	48.0	0.0017	27.0	3.9	49.50	0.60	58	47.3	中营养
56		8	0.127	62.7	2.86	72.1	0.0031	35.5	5.4	53.50	0.60	58	56.4	轻度富营养
57		9	0.436	75.9	0.84	56.8	0.0024	32.0	3.4	47.00	0.40	70	56.3	轻度富营养
58		10	0.097	59.4	0.64	52.8	0.0026	33.0	4.8	52.00	0.50	60	51.4	轻度富营养
59		11	0.064	52.8	0.48	49.0	0.0013	23.0	3.6	48.00	0.55	59	46.4	中营养
60		12	0.068	53.6	0.91	58.2	0.0023	31.5	2.8	44.00	0.45	65	50.5	轻度富营养
61		1	0.071	54.2	1.53	65.3	0.0015	25.0	3.0	45.00	0.59	59	49.7	中营养
62		2	0.065	53.0	1.70	67.0	0.0020	30.0	4.4	51.00	0.75	55	51.2	轻度富营养
63		3	0.073	54.6	1.84	68.4	0.0014	24.0	3.3	46.50	0.55	59	50.5	轻度富营养
64	洪泽湖区(宿迁南)	4	0.069	53.8	1.25	62.5	0.0019	29.0	3.2	46.00	0.70	56	49.5	中营养
65		5	0.039	45.6	1.11	61.1	0.0018	28.0	3.4	47.00	0.65	57	47.7	中营养
66		6	0.098	59.6	0.84	56.8	0.0017	27.0	5.0	52.50	0.60	58	50.8	轻度富营养
67		7	0.057	51.4	0.70	54.0	0.0019	29.0	3.9	49.50	0.60	58	48.4	中营养
68		8	0.143	64.3	3.07	72.7	0.0024	32.0	4.8	52.00	0.60	58	55.8	轻度富营养

序号	测站名称	月份	总磷		总氮		叶绿素 a		高锰酸盐指数		透明度		总评分值	评价结果
			浓度/(mg/L)	En分值	浓度/(mg/L)	En分值	浓度/(mg/L)	En分值	浓度/(mg/L)	En分值	数值/m	En分值		
69	洪泽湖区（宿迁南）	9	0.291	72.3	1.10	61.0	0.0023	31.5	3.6	48.00	0.45	65	55.6	轻度富营养
70		10	0.137	63.7	0.70	54.0	0.0018	28.0	4.6	51.50	0.55	59	51.2	轻度富营养
71		11	0.093	58.6	0.40	45.0	0.0021	30.5	3.7	48.50	0.60	58	48.1	中营养
72		12	0.083	56.6	1.39	63.9	0.0019	29.0	2.7	43.50	0.40	70	52.6	轻度富营养
73	临淮	1	0.081	56.2	1.57	65.7	0.0023	31.5	3.3	46.50	0.50	60	52.0	轻度富营养
74		2	0.080	56.0	1.67	66.7	0.0019	29.0	4.0	50.00	0.70	56	51.5	轻度富营养
75		3	0.067	53.4	1.95	69.5	0.0014	24.0	3.5	47.50	0.50	60	50.9	轻度富营养
76		4	0.077	55.4	1.04	60.4	0.0015	25.0	2.6	43.00	0.70	56	48.0	中营养
77		5	0.040	46.0	0.96	59.2	0.0015	25.0	3.6	48.00	0.60	58	47.2	中营养
78		6	0.097	59.4	0.81	56.2	0.0020	30.0	4.2	50.50	0.70	56	50.4	轻度富营养
79		7	0.096	59.2	0.54	50.8	0.0014	24.0	4.2	50.50	0.60	58	48.5	中营养
80		8	0.158	65.8	3.04	72.6	0.0024	32.0	5.2	53.00	0.55	59	56.5	轻度富营养
81		9	0.249	71.2	1.00	60.0	0.0020	30.0	3.8	49.00	0.40	70	56.0	轻度富营养
82		10	0.104	60.4	1.07	60.7	0.0021	30.5	5.6	54.00	0.50	60	53.1	轻度富营养
83		11	0.055	51.0	0.78	55.6	0.0017	27.0	3.9	49.50	0.55	59	48.4	中营养
84		12	0.060	52.0	1.24	62.4	0.0014	24.0	2.9	44.50	0.35	75	51.6	轻度富营养
85	溧河洼	1	0.071	54.2	1.40	64.0	0.0015	25.0	3.3	46.50	0.40	70	51.9	轻度富营养
86		2	0.076	55.2	1.85	68.5	0.0017	27.0	3.9	49.50	0.60	58	51.6	轻度富营养
87		3	0.111	61.1	2.48	71.2	0.0014	24.0	3.7	48.50	0.60	58	52.6	轻度富营养
88		4	0.077	55.4	1.13	61.3	0.0014	24.0	3.2	46.00	0.70	56	48.5	中营养
89		5	0.044	47.6	1.08	60.8	0.0017	27.0	3.9	49.50	0.65	57	48.4	中营养
90		6	0.089	57.8	0.91	58.2	0.0015	25.0	4.2	50.50	0.70	56	49.5	中营养
91		7	0.073	54.6	0.84	56.8	0.0021	30.5	4.0	50.00	0.65	57	49.8	中营养
92		8	0.114	61.4	2.96	72.4	0.0028	34.0	5.3	53.20	0.50	60	56.2	轻度富营养
93		9	0.215	70.4	1.03	60.3	0.0028	34.0	3.8	49.00	0.35	75	57.7	轻度富营养
94		10	0.161	66.1	1.13	61.3	0.0025	32.5	5.1	52.70	0.55	59	54.3	轻度富营养
95		11	0.079	55.8	0.93	58.6	0.0019	29.0	3.9	49.50	0.60	60	50.6	轻度富营养
96		12	0.080	56.0	1.41	64.1	0.0017	27.0	2.6	43.00	0.35	75	53.0	轻度富营养
97	韩桥	1	0.066	53.2	1.83	68.3	0.0105	50.3	4.1	50.20	0.35	75	59.4	轻度富营养
98		2	0.046	48.4	1.97	69.7	0.0110	50.6	4.1	50.20	0.25	85	60.8	中度富营养
99		3	0.036	44.4	1.70	67.0	0.0023	31.5	4.2	50.50	0.35	75	53.7	轻度富营养
100		4	0.042	46.8	2.21	70.5	0.0023	31.5	4.0	50.00	0.45	65	52.8	轻度富营养
101		5	0.054	50.8	0.96	59.2	0.0094	49.0	5.2	53.00	0.45	65	55.4	轻度富营养
102		6	0.064	52.8	0.73	54.6	0.0021	30.5	5.0	52.50	0.30	80	54.1	轻度富营养

序号	测站名称	月份	总磷		总氮		叶绿素 a		高锰酸盐指数		透明度		总评分值	评价结果
			浓度/(mg/L)	En分值	浓度/(mg/L)	En分值	浓度/(mg/L)	En分值	浓度/(mg/L)	En分值	数值/m	En分值		
103	韩桥	7	0.109	60.9	1.83	68.3	0.0094	49.0	4.9	52.30	0.20	90	64.1	中度富营养
104		8	0.104	60.4	0.66	53.2	0.0145	52.8	4.2	50.50	0.20	90	61.4	中度富营养
105		9	0.057	51.4	0.49	49.5	0.0249	59.3	4.8	52.00	0.40	70	56.4	轻度富营养
106		10	0.128	62.8	0.29	39.5	0.0083	47.2	5.3	53.20	0.25	85	57.5	轻度富营养
107		11	0.043	47.2	0.35	42.5	0.0026	33.0	6.0	55.00	0.35	75	50.5	轻度富营养
108		12	0.050	50.0	0.40	45.0	0.0043	40.5	4.0	50.00	0.15	96.3	56.4	轻度富营养
109	西顺河	1	0.080	56.0	2.22	70.6	0.0063	43.8	4.0	50.00	0.35	75	59.1	轻度富营养
110		2	0.051	50.2	1.63	66.3	0.0074	45.7	4.4	51.00	0.25	85	59.6	轻度富营养
111		3	0.031	42.4	2.26	70.6	0.0037	38.5	3.8	49.00	0.35	75	55.1	轻度富营养
112		4	0.056	51.2	2.21	70.5	0.0012	22.0	3.3	46.50	0.45	65	51.0	轻度富营养
113		5	0.048	49.2	1.89	68.9	0.0015	25.0	4.5	51.20	0.45	65	51.9	轻度富营养
114		6	0.048	49.2	1.89	68.9	0.0030	35.0	4.4	51.00	0.30	80	56.8	轻度富营养
115		7	0.124	62.4	1.65	66.5	0.0015	25.0	4.8	52.00	0.20	90	59.2	轻度富营养
116		8	0.132	63.2	1.22	62.2	0.0072	45.3	3.9	49.50	0.25	85	61.0	中度富营养
117		9	0.061	52.2	0.41	45.5	0.0072	45.3	5.6	54.00	0.35	75	54.4	轻度富营养
118		10	0.112	61.2	0.32	41.0	0.0057	42.8	5.5	53.80	0.25	85	56.8	轻度富营养
119		11	0.043	47.2	0.36	43.0	0.0037	38.5	5.9	54.50	0.35	75	51.7	轻度富营养
120		12	0.058	51.6	1.36	63.6	0.0036	38.0	2.9	44.50	0.20	90	57.5	轻度富营养
121	洪泽湖区(淮安北)	1	0.086	57.2	2.16	70.4	0.0072	45.3	3.7	48.50	0.35	75	59.3	轻度富营养
122		2	0.050	50.0	1.62	66.2	0.0078	46.3	4.3	50.70	0.30	80	58.6	轻度富营养
123		3	0.032	42.8	2.27	70.7	0.0033	36.5	3.9	49.50	0.40	70	53.9	轻度富营养
124		4	0.065	53.0	2.08	70.2	0.0012	22.0	3.5	47.50	0.50	60	50.5	轻度富营养
125		5	0.057	51.4	1.83	68.3	0.0023	31.5	4.8	52.00	0.40	70	54.6	轻度富营养
126		6	0.053	50.6	1.88	68.8	0.0037	38.5	4.4	51.00	0.35	75	56.8	轻度富营养
127		7	0.109	60.9	1.51	65.1	0.0023	31.5	5.0	52.50	0.20	90	60.0	轻度富营养
128		8	0.096	59.2	0.57	51.4	0.0064	44.0	4.4	51.00	0.25	85	58.1	轻度富营养
129		9	0.057	51.4	0.44	47.0	0.0344	62.2	4.6	51.50	0.35	75	57.4	轻度富营养
130		10	0.086	57.2	0.66	53.2	0.0162	53.9	5.6	54.00	0.25	85	60.7	中度富营养
131		11	0.067	53.4	0.29	39.5	0.0037	38.5	5.7	54.30	0.35	75	52.1	轻度富营养
132		12	0.063	52.6	1.36	63.6	0.0082	47.0	2.8	44.00	0.20	90	59.4	轻度富营养
133	蒋坝	1	0.049	49.6	2.84	72.1	0.0258	59.9	4.1	50.20	0.40	70	60.4	中度富营养
134		2	0.055	51.0	2.40	71.0	0.0271	60.3	3.4	47.00	0.35	75	60.9	中度富营养
135		3	0.030	42.0	2.58	71.5	0.0018	28.0	3.7	48.50	0.45	65	51.0	轻度富营养
136		4	0.039	45.6	2.17	70.4	0.0011	21.0	3.4	47.00	0.60	58	48.4	中营养

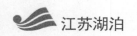
序号	测站名称	月份	总磷		总氮		叶绿素 a		高锰酸盐指数		透明度		总评分值	评价结果
			浓度/(mg/L)	En分值	浓度/(mg/L)	En分值	浓度/(mg/L)	En分值	浓度/(mg/L)	En分值	数值/m	En分值		
137	蒋坝	5	0.060	52.0	2.08	70.2	0.0041	40.2	5.0	52.50	0.50	60	55.0	轻度富营养
138		6	0.045	48.0	1.74	67.4	0.0071	45.2	4.5	51.20	0.45	65	55.4	轻度富营养
139		7	0.118	61.8	1.90	69.0	0.0041	40.2	5.4	53.50	0.30	80	60.9	中度富营养
140		8	0.091	58.2	2.89	72.2	0.0692	70.5	6.5	56.20	0.25	85	68.4	中度富营养
141		9	0.076	55.2	1.12	61.2	0.0159	53.7	4.9	52.30	0.40	70	58.5	轻度富营养
142		10	0.129	62.9	0.48	49.0	0.0140	52.5	5.1	52.70	0.25	85	60.4	中度富营养
143		11	0.044	47.6	1.39	63.9	0.0041	40.2	3.7	48.50	0.45	65	53.0	轻度富营养
144		12	0.050	50.0	1.55	65.5	0.0061	43.5	2.9	44.50	0.40	70	54.7	轻度富营养
145	洪泽湖区（淮安东）	1	0.072	54.4	2.30	70.7	0.0000	0.0	3.6	48.00	0.40	70	48.6	中营养
146		2	0.050	50.0	2.56	71.4	0.0035	37.5	3.5	47.50	0.40	70	55.3	轻度富营养
147		3	0.047	48.8	2.61	71.5	0.0025	32.5	3.9	49.50	0.40	70	54.5	轻度富营养
148		4	0.068	53.6	2.53	71.3	0.0005	10.0	3.8	49.00	0.45	65	49.8	中营养
149		5	0.090	58.0	2.12	70.3	0.0023	31.5	4.9	52.30	0.40	70	56.4	轻度富营养
150		6	0.075	55.0	1.27	62.7	0.0015	25.0	3.9	49.50	0.35	75	53.4	轻度富营养
151		7	0.138	63.8	1.67	66.7	0.0019	29.0	5.2	53.00	0.20	90	60.5	中度富营养
152		8	0.100	60.0	0.67	53.4	0.0023	31.5	5.2	53.00	0.20	90	57.6	轻度富营养
153		9	0.097	59.4	0.68	53.6	0.0223	57.7	5.1	52.70	0.35	75	59.7	轻度富营养
154		10	0.102	60.2	0.32	41.0	0.0155	53.4	5.6	54.00	0.25	85	58.7	轻度富营养
155		11	0.085	57.0	0.51	50.2	0.0027	33.5	5.1	52.70	0.35	75	53.7	轻度富营养
156		12	0.070	54.0	1.45	64.5	0.0066	44.3	2.5	42.50	0.25	85	58.1	轻度富营养
157	老子山	1	0.088	57.6	3.92	74.8	0.0092	48.7	3.6	48.00	0.50	60	57.8	轻度富营养
158		2	0.067	53.4	3.32	73.3	0.0134	52.1	3.5	47.50	0.35	75	60.3	中度富营养
159		3	0.032	42.8	2.62	71.6	0.0032	36.0	4.2	50.50	0.40	70	54.2	轻度富营养
160		4	0.045	48.0	3.20	73.0	0.0008	16.0	3.4	47.00	0.50	60	48.8	中营养
161		5	0.058	51.6	2.71	71.8	0.0038	39.0	4.2	50.50	0.40	70	56.6	轻度富营养
162		6	0.050	50.0	2.42	71.0	0.0008	16.0	5.0	52.50	0.35	75	52.9	轻度富营养
163		7	0.139	63.9	1.96	69.6	0.0038	39.0	5.4	53.50	0.30	80	61.2	中度富营养
164		8	0.089	57.8	1.64	66.4	0.0334	61.9	4.6	51.50	0.45	65	60.5	中度富营养
165		9	0.095	59.0	0.64	52.8	0.0065	44.2	4.9	52.30	0.30	80	57.7	轻度富营养
166		10	0.119	61.9	0.54	50.8	0.0054	42.3	5.9	54.80	0.25	85	59.0	轻度富营养
167		11	0.089	57.8	0.52	50.4	0.0015	25.0	5.8	54.50	0.50	60	49.5	中营养
168		12	0.054	50.8	1.40	64.0	0.0037	38.5	4.9	52.30	0.25	85	58.1	轻度富营养

续表

序号	测站名称	月份	总磷		总氮		叶绿素 a		高锰酸盐指数		透明度		总评分值	评价结果
			浓度/(mg/L)	En分值	浓度/(mg/L)	En分值	浓度/(mg/L)	En分值	浓度/(mg/L)	En分值	数值/m	En分值		
169	洪泽湖区（淮安南）	1	0.086	57.2	2.96	72.4	0.0338	62.1	4.0	50.00	0.40	70	62.3	中度富营养
170		2	0.066	53.2	2.38	70.9	0.0351	62.4	3.1	45.50	0.40	70	60.4	中度富营养
171		3	0.032	42.8	2.25	70.6	0.0059	43.2	4.2	50.50	0.40	70	55.4	轻度富营养
172		4	0.058	51.6	2.90	72.2	0.0005	10.0	3.2	46.00	0.45	65	49.0	中营养
173		5	0.073	54.6	2.41	71.0	0.0015	25.0	4.5	51.20	0.55	59	52.2	轻度富营养
174		6	0.076	55.2	1.30	63.0	0.0019	29.0	4.2	50.50	0.35	75	54.5	轻度富营养
175		7	0.146	64.6	2.01	70.0	0.0015	25.0	5.4	53.50	0.25	85	59.6	轻度富营养
176		8	0.131	63.1	1.37	63.7	0.0137	52.3	4.6	51.50	0.20	90	64.1	中度富营养
177		9	0.145	64.5	0.44	47.0	0.0391	63.4	6.3	55.70	0.45	65	59.1	轻度富营养
178		10	0.152	65.2	0.36	43.0	0.0064	44.0	5.5	53.80	0.25	85	58.2	轻度富营养
179		11	0.093	58.6	0.50	50.0	0.0026	33.0	5.4	54.50	0.35	75	54.2	轻度富营养
180		12	0.070	54.0	1.17	61.7	0.0032	36.0	3.3	46.50	0.25	85	56.6	轻度富营养
181	洪泽湖区（淮安西）	1	0.066	53.2	2.40	71.0	0.0077	46.2	3.6	48.00	0.40	70	57.7	轻度富营养
182		2	0.065	53.0	3.12	72.8	0.0088	48.0	3.4	47.00	0.35	75	59.2	轻度富营养
183		3	0.030	42.0	2.26	70.6	0.0041	40.2	3.9	49.50	0.45	65	53.5	轻度富营养
184		4	0.060	52.0	1.60	66.0	0.0008	16.0	3.8	49.00	0.55	59	48.4	中营养
185		5	0.057	51.4	2.33	70.8	0.0057	42.8	4.3	50.70	0.45	65	56.1	轻度富营养
186		6	0.083	56.6	2.58	71.5	0.0048	41.3	4.3	50.70	0.35	75	59.0	轻度富营养
187		7	0.134	63.4	1.77	67.7	0.0057	42.8	6.7	56.80	0.20	90	64.1	中度富营养
188		8	0.104	60.4	0.78	55.6	0.0186	55.4	5.2	53.00	0.20	90	62.9	中度富营养
189		9	0.126	62.6	0.49	49.5	0.0172	54.5	5.8	54.50	0.40	70	58.2	轻度富营养
190		10	0.164	66.4	0.54	50.8	0.0042	40.3	5.8	54.50	0.25	85	59.4	轻度富营养
191		11	0.100	60.0	0.29	39.5	0.0066	44.3	5.8	54.50	0.35	75	54.7	轻度富营养
192		12	0.077	55.4	1.33	63.3	0.0034	37.0	5.0	52.50	0.20	90	59.6	轻度富营养

8.6.1.4 水生态特征

1. 水生高等植物

洪泽湖水生高等植物有物种81个，隶属于36科61属。其中以单子叶植物最多，有43种；双子叶植物次之，有34种；蕨类植物最少，仅4种。按生态类型分，有沉水植物13种，浮叶植物7种，漂浮植物10种，挺水植物和湿生植物51种。优势种有芦苇、蒲草、菰、莲、李氏木、水蓼、喜旱莲子草、苦菜、菱、马来眼子菜、金鱼藻、聚草、黑藻、苦草和水鳖等，这些都是鱼类和鸟类的上乘饲料。主要水生经济植物有芦苇、菱草、芡实、菱等。水生高等植物分布区占到全湖总面积的34%，年总生产量达211万 t。洪泽湖西部水较浅，水生植物分布广泛，生长茂密，是湖泊水生植物最重要的分布地区。在临

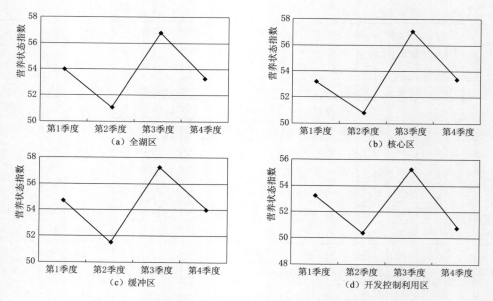

图 8.16　洪泽湖全湖及各生态功能分区营养状态指数变化图

淮头、麦墩一带，由岸边向湖心延伸，可见挺水、浮叶和沉水植物。在淮河入湖河口段，洲滩广为发育，水深一般也在 1m 左右，水生植物丛生茂密，长势旺盛，是水生植物的另一个重要分布区。湖泊的东部水较深，湖面开阔，风浪较大，水生植物极为少见。

2. 浮游植物

洪泽湖藻类共计 8 门 112 属 165 种。其中绿藻门 50 属 68 种，硅藻门 25 属 33 种，蓝藻门 22 属 38 种，金藻门 2 属 3 种，裸藻门 6 属 15 种，黄藻门 2 属 2 种，甲藻门 3 属 3 种，隐藻门 2 属 3 种。洪泽湖终年出现的广温性种类有裂面藻、蓝纤维藻、色球藻、角甲藻、双菱藻、小环藻、直链藻、丝藻和小球藻等。夏季优势种是微囊藻和鱼腥藻，有时在部分湖区形成"水华"；春季硅藻占优势；秋末冬初主要是硅藻类和金藻类。

一年中洪泽湖的藻类数量的高峰出现在春季 5 月，也有可能出现在 9—10 月间。这主要是因为湖中以绿藻占优势，春季水温适合绿藻大量繁殖，数量增多，蓝藻类次之；6 月中旬进入夏季，这时水温不但适合绿藻，更适合蓝藻生长繁殖，主高峰可延续到夏季；秋季水温下降，又适合绿藻生长繁殖，出现次高峰。

3. 浮游动物

洪泽湖湿地有浮游动物 35 科 63 属 91 种。其中原生动物 15 科 18 属 21 种，轮虫类 9 科 24 属 37 种，枝角类 6 科 10 属 19 种，桡足类 5 科 11 属 14 种。常见种类有原生动物的尖顶砂壳虫、圆体砂壳虫、钟形虫、聚缩虫、累枝虫、急游虫和中华似铃壳虫，鞘居虫为局部区域的优势种；轮虫类的萼花臂尾轮虫、台式合甲轮虫、针簇多肢轮虫和奇异六腕轮虫，郝氏皱甲轮虫在局部区域是优势种；枝角类的短尾秀体溞、僧帽溞、角突网纹溞、微型裸腹溞、长额象鼻溞和圆形盘肠溞；桡足类的汤匙华哲水蚤、指状许水蚤、中华窄腹剑水蚤和广布中剑水蚤。浮游动物在湖湾内或沉水维管束植物丰富的湖区最多，这里水体交换不畅，营养物质滞留时间较长，适合浮游生物生长的小生境较多，比较有利于浮游动物生长。从季节变化来看，枝角类 12 月至次年 3 月数量最少，峰值出现在春季（5 月）或夏末秋初（8 月、9 月）。桡足类没有枝角类明显，一般以无节幼体与桡足幼体越冬，冬季到早春时间，桡足类的数量常高于枝角类。

4. 底栖动物

洪泽湖有底栖动物 51 种，其中环节动物 6 种，软体动物 36 种，节肢动物 9 种，其中软体动物为优势种，其次为节肢动物，再次为环节动物。底栖动物密度和生物量最高为冬季，密度最低为夏季，生物量最低为春季。

5. 鱼类资源

洪泽湖鱼类有 66 种，分别隶属于 9 目 16 科 50 属。其中鲤科 40 种，占全湖鱼类 60.60%；鳅科 5 种，占全湖鱼类的 5.20%；银鱼科 4 种，占全湖鱼类的 6.00%；鳡科 3 种，占全湖鱼类的 4.50%；其他科 14 种，占全湖鱼类的 31.30%。洪泽湖鱼类的优势种为鲚鱼、鲫鱼、鲤鱼、银鱼、鳊鱼、鲂鱼、"四大家鱼"、鳜鱼等。洪泽湖建成为由人工控制的大型综合利用水库后，上游回水区维管束植物生长繁茂，致使喜草性的鱼类增多，同时也促进了成子湖区和下游湖区敞水性鱼类银鱼、鲚等的发展。

8.6.1.5 资源开发与利用

洪泽湖湖区自然条件优越，水产、滩地、非金属矿产、水力、旅游资源丰富，开发历史久远。20 世纪 50—70 年代，受"以粮为纲"的影响，出现了"向荒滩要粮"的圈圩高潮，围湖、围滩种植。80—90 年代，受水产养殖及土地开发等经济利益驱动，又造成新一轮的盲目围垦开发。湖泊围占形式从过去的农业种植为主，发展到精细特种养殖并且普遍地进行大面积水面围网养殖，90 年代以后，随着洪泽湖开发利用的深入，湖泊开发呈现多元化态势，开发方式已从单一种植、养殖演变为多元化发展的格局，工业、旅游、城镇建设、房产开发兴起，养殖结构也随着市场发生一些变化。盐矿和芒硝矿的开发是湖区的新兴产业，从 20 世纪 80 年代着手开发，现芒硝开发迅猛发展已成为全国最大的生产基地之一。湖区旅游区虽起步较迟，已呈现蓬勃发展的势头。

8.6.1.6 湖泊保护

根据 2004 年颁布的《江苏省湖泊保护条例》，2006 年省水利厅会同涉湖相关部门及地方政府制订了《江苏省洪泽湖保护规划》，并于 2006 年报经省政府批准实施，该规划是加强洪泽湖保护、管理、开发、利用的专项总体规划。为加强洪泽湖的管理与保护，相关部门还制定了《淮河流域防洪规划》《江苏省洪泽湖流域水污染防治规划》《江苏省洪泽湖渔业养殖规划（2011—2020 年）》等涉湖专项规划。

其中，《江苏省洪泽湖保护规划》明确了洪泽湖保护的总体目标为：维护湖泊健康生命，公益性功能不衰减，管理有秩序，开发利用有控制，湖泊形态稳定，面积不减少；蓄泄自如，与防洪、供水要求相适应；水质良好，生态健康，人湖和谐共处。从事水产养殖、城镇建设、房地产开发、旅游资源开发等涉湖开发利用活动及基础设施建设必须符合本规划要求，各相关部门、有关单位和个人必须落实规划确定的保护措施和管理责任。

2008 年，根据省机构编制委员会办公室《关于江苏省三河闸管理处更名等问题的

批复》精神和省水利厅《关于同意增加工作职责等问题的批复》文件要求，设立江苏省洪泽湖水利工程管理处，为洪泽湖管理的省管机构。在管理处机关增设湖泊管理科，为科级建制，专门从事洪泽湖的保护、开发、利用和管理工作。2009年，省水利厅牵头成立了洪泽湖管理与保护联席会议，建立起一个洪泽湖管理沟通协调的平台，对洪泽湖管理与保护工作起到了一定的促进作用。

2015年，为贯彻落实省委常委会109次会议议定事项，完善湖泊管理与保护体制机制，省政府批复同意成立江苏省洪泽湖管理委员会。管委会主任由省水利厅主要负责人担任，省发展改革委、公安、财政、环保、交通运输、渔业、林业等部门，淮安、宿迁市政府及所辖洪泽、盱眙、淮阴、宿城、泗洪、泗阳县（区）政府分管负责人为成员。洪泽湖管委会成立后，要认真贯彻湖泊管理保护、开发利用、综合治理等方面的法律法规，研究制定加强洪泽湖管理与保护的政策措施，组织编制洪泽湖管理与保护、资源开发利用、综合治理等规划，统筹协调洪泽湖管理、开发、利用、保护、治理等事务，切实强化湖泊监督管理，全面提升洪泽湖管理与保护水平。

8.6.2 高邮湖

远远人烟点树梢，船门一望一魂消。

几行野鸭数声雁，来为湖天破寂寥。

——南宋·杨万里《过新开湖五首 其一》

8.6.2.1 基本情况

1. 地理位置及地质地貌

高邮湖（图8.17）位于东经119°~119°28′，北纬32°30′~33°45′范围内，北接淮河入江水道改道段，南至归江河道，东临里运河西堤，西与安徽省天长市接壤。高邮湖涉及江苏省的高邮、金湖、宝应三县（市）和安徽省的天长市。

图8.17 高邮湖风光

高邮湖沿线场地属扬子地层区，以元古代浅变质岩为基底，震旦纪以来的坳陷地带沉积了一套完整的震旦系到中生界三叠系海陆相交替（海相为主）沉积地层。受印支运动、燕山运动等构造活动的影响，全区发生褶皱和断裂，沉积了碎屑岩层，并伴随岩浆活动。全区无基岩出露，均为巨厚的第四系所覆盖。晚更新世晚期和全新世的两次海侵几乎影响整个地区。上更新统陆相地层多为冲洪积的灰黄、棕黄、黄褐杂青灰色亚黏土、亚砂土，富含钙质结核，海相地层多为灰黑色淤泥质亚黏土、亚砂土与粉砂、细砂层，见海相贝壳，局部富集。全新世沉积物，早期是以冲湖积为主的亚黏土、亚砂土沉积，中、后期以湖相、海相、冲海相沉积为主。高邮湖附近场地浅层均有淤泥质土分布。

高邮湖沿线全部为堆积地貌，根据其成因、形态及区域性组合特征，地貌分区皆属里下河浅洼平原。

高邮湖与邵伯湖之间的新民滩南北长约 9km，东西宽约 5～7km，滩面高程 5.33～5.83（5.50～6.00）m（1985 国家高程基准，括号内为废黄河高程，下同）左右，主要为柴草，后局部开展以耕代清，经多年努力，王港以东柴滩大部分变成了麦田，糙率有很大下降；但王港以西草滩逐步发展成柴滩，其糙率有较大增加。行洪时新民滩阻水严重，行洪不畅，是淮河洪水入江的主要障碍之一。

2. 形成及发育

高邮湖属于河迹洼地型湖泊，系由河流演变而来。高邮湖在成湖以前，有许多湖荡。自宋光宗绍熙五年（1194 年）黄河南泛，夺取了淮河的故道，淮河水向东既无出路，而洪泽湖又不能容纳全部来水，惟有循地势向南涌流，泛滥于高邮湖地区，使过去的一些小湖荡成为巨浸，形成高邮湖。明清时期，高邮、邵伯湖与北部的白马湖、宝应湖相互贯通，与里下河水系和长江水系相连。明万历二十四年（1596 年），为治理黄河水患，总河杨一魁分黄导淮，建武家墩闸、高良涧闸、周家桥闸，分水由宝应湖入高邮 5 荡 12 湖，经茅塘港入邵伯湖入江。由于宣泄不畅，洪水每每停滞在 5 荡 12 湖，形成一个大的高邮湖。《重修高邮州志》（清雍正二年，1724 年）记载，"宋秦少游诗云：高邮西北多巨湖，累累相连如串珠。三十六湖水所潴，尤其大者为五湖。"清嘉庆十八年（1813 年），《高邮州志》中也描绘了高邮湖多湖的景象，记述了当时在高邮湖地区原有 36 个大小不等的湖沼。1855 年黄河北徙后，高邮、邵伯湖水量渐减，民众于湖中筑圩垦殖，湖面逐渐缩小。

1962 年 11 月—1972 年 11 月，建成高邮湖控制线，将高邮湖与邵伯湖蓄水分开；1969 年大汕子隔堤建成后，高邮湖和宝应湖分开。

3. 湖泊形态

高邮湖为天然永久性淡水湖，为苏、皖两省界湖，跨高邮、金湖、宝应、天长四市县，湖区底高程一般为 3.83（4.00）m，最低湖底高程为 3.33（3.50）m。湖盆高出东部里下河平原 1.00～2.50m，有"悬湖"之称。湖区面积 674.7km²，最大宽 30.0km，平均宽 17.3km，最大水深 2.40m，平均水深 1.44m，蓄水量 9.716 亿 m³。

4. 湖泊功能

高邮湖的主要公益性功能为分泄流域洪水、区域涝水和水资源供给，保障里下河地区及沿湖圩区防洪安全，满足南水北调供水及湖周边地区农业、城市用水和保护湖泊生态等；主要开发利用性功能为渔业、石油开采及航运、旅游休闲等。

8.6.2.2 水文特征

1. 周边水系

高邮湖入湖水系主要为淮河入江水道改道段下泄的淮河洪水，此外，宝应湖退水闸相机分泄白马、宝应湖涝水，及沿湖排水入湖河道利农河、苏皖河（苏皖界河）、铜龙河（安徽）、白塔河（安徽）、秦栏河（苏皖界河）、状元沟等；出湖水系主要为新民滩高邮湖控制线上的杨庄河、毛港河、新港河、王港河、庄台河、深泓河，这些河道也是邵伯湖的主要入湖水系，沿邵伯湖西岸还有向阳河、太平引水河、顾家涧、公道引水河、三里撇洪沟、先进引水河等排涝入湖河道；出邵伯湖水系主要为归江河道运盐河、金湾河、太

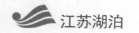

平河、凤凰河、新河、壁虎河及京杭大运河施桥段。

2. 气候气象

高邮湖、邵伯湖地属淮河流域，位于南北气候过渡地带，气候温和，日照充足，雨量充沛，流域内气候主要受季风环流影响，具有寒暑变化显著、四季分明、雨热同季的气候特征，春季气温上升快，秋季天高气爽，昼夜温差大。冬季盛行来自高纬度大陆内部的偏北风，寒冷干燥；夏季盛行来自低纬度的太平洋偏南风，炎热多雨。

区内光照充足，多年平均日照时数 2244h，最低 1907h，最高 2587h；平均日照率51%，10 月为 59%。

区内年平均水面蒸发量 1533mm，除 7 月外，全年各月蒸发量均大于月降水量。夏季蒸发量最大，冬季蒸发量最小，春季大于秋季。年内 5—8 月蒸发量最大，分别为194mm、207mm、179mm、180mm；1 月蒸发量最小，多年平均蒸发量 29.2mm。

多年平均气温 14.0℃，年最高平均气温 15.0℃，最低气温 13.0℃；7 月、8 月最高，平均气温 26.7～26.9℃，极端最高气温 39.5℃；1 月、2 月最低，平均气温 0.1～1.9℃，最低气温−21.5℃，12 月至次年 2 月平均气温小于 3℃，其余各月平均气温均在 5℃以上。

由于受季风影响，降水量季节性变化显著，冬季雨水稀少，夏季雨水集中（占全年的65%左右），春、秋两季雨水量基本相当，仅占全年降水量的 20%。据统计，年平均降水量约 941mm，其中汛期（6—9 月）的降水量为 615mm；春季（3—5 月）的降水量为174mm；10 月至次年 2 月的降水量为 152mm。最大年雨量 1361mm，其中 6—9 月953mm。最大日雨量 290mm，最大三日雨量 291mm。

据多年统计资料，该地区春夏季以东南风为主，秋季多东风和东南风，冬季多西北偏北—东北偏东风，全年最多的风向为东南和东风。多年平均风速一般为 2.9～4.3m/s，平均风速为 3.5m/s，因台风或剧烈不稳定天气引起的最大风力可达 10～12 级。历年各月风大于 8 级的多年平均天数为 13 天，多年平均最大风速为 16.7m/s。汛期多年平均最大风速为 13.9（NE）～14.9m/s（ESE）。

多年平均地面温度 15.9℃，7—9 月平均最高地面温度 29.5℃，1 月最低，平均地面温度 0.8℃。全年各月地温变化为：夏季高，冬季低，秋季高于春季。冻土一般从头年 11月开始，第二年 3 月结束，最大冻土深度 23cm。多年平均气压 110.5kPa，其中 6—9 月气压较低，平均气压为 100.1～101.1kPa。区内平均无霜期 210 天，初霜期平均出现在 11月 1 日，终霜期平均出现在 4 月 4 日；初霜期最早出现在 10 月 15 日，最迟出现在 11 月22 日，终霜期最早出现在 3 月 13 日，最迟出现在 4 月 22 日；多年平均降雪 11 天，最多是 1956—1957 年，为 39 天，最少是 1974—1975 年，未降雪。

多年平均雾日为 30 天，最多达 70 天左右，最少 15 天。

水温和气温在年内有着相近的变化趋势，最高水温多出现在最热的 7—8 月，最低水温常出现在最冷的 1 月，湖泊的表层、底层水温差别不大，大多在 2℃以内，一般不会出现温跃层。

3. 特征水位

高邮湖蓄水面积 649.13km²，正常蓄水位 5.33～5.53（5.50～5.70)m，相应容积

9.30 亿 m³；设计洪水位 9.33（9.50）m，相应容积 37.7 亿 m³。高邮湖水文特征见表 8.4。

表 8.4 高 邮 湖 水 文 特 征 表

项 目	单 位	水 准 基 面	
		1985 国家高程	废黄河基面
蓄水面积	km²	649.13	649.13
一般湖底高程	m	3.83	4.00
最低湖底高程	m	3.33	3.50
死水位	m	4.83	5.00
对应死水位相应容积	亿 m³	5.30	5.30
正常蓄水位	m	5.33～5.53	5.50～5.70
对应正常蓄水位容积	亿 m³	9.30	9.30
设计洪水位	m	9.33	9.50
对应设计洪水位容积	亿 m³	37.70	37.70
最高洪水位	m	9.35（2003 年）	9.52
历史最低水位	m	3.83（1961 年）	4.00

8.6.2.3 水质现状

1. 水质

高邮湖各站点综合水质类别为Ⅲ～劣Ⅴ类，监测成果及评价结果详见表 8.5、表 8.6。经分析，现状评价的主要超标项目为总磷、总氮。为便于湖泊管理和水资源保护工作的开展，下面分别对全湖区和各生态功能分区进行评价，重点分析主要超标项目水质变化情况。具体如下：

表 8.5 高 邮 湖 水 质 监 测 成 果 表

测站名称	监测月份	pH 值	溶解氧/(mg/L)	高锰酸盐指数/(mg/L)	化学需氧量/(mg/L)	五日生化需氧量/(mg/L)	总磷/(mg/L)	总氮/(mg/L)
高邮湖区（中）	1	8.02	12.7	4.6	<15.0	2.4	0.058	0.49
	2	7.78	12.6	4.1	16.7	2.3	0.039	0.60
	3	7.85	9.5	3.9	15.1	1.9	0.031	1.01
	4	7.90	8.8	4.0	18.1	0.7	0.048	0.45
	5	8.13	7.5	6.7	25.3	0.6	0.065	1.19
	6	7.80	7.7	6.6	<15.0	0.6	0.065	0.85
	7	7.76	7.3	6.5	29.8	1.1	0.162	1.47
	8	7.90	6.0	6.5	16.1	1.8	0.097	1.01
	9	7.77	8.3	5.7	18.8	0.6	0.134	0.42

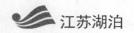

测站名称	监测月份	pH 值	溶解氧/(mg/L)	高锰酸盐指数/(mg/L)	化学需氧量/(mg/L)	五日生化需氧量/(mg/L)	总磷/(mg/L)	总氮/(mg/L)
高邮湖区（中）	10	7.72	8.9	6.0	21.3	0.6	0.135	0.40
	11	7.77	8.5	5.9	19.8	0.7	0.074	0.33
	12	7.77	11.4	5.8	15.8	0.6	0.085	0.58
高邮湖区（北）	1	8.00	12.1	4.4	16.1	2.0	0.034	0.71
	2	7.77	12.9	4.1	<15.0	2.3	0.024	0.72
	3	7.95	9.5	4.8	<15.0	1.7	0.042	0.59
	4	7.98	8.8	4.4	19.7	1.0	0.072	0.70
	5	8.15	8.3	6.7	24.0	1.0	0.058	0.75
	6	7.84	7.4	6.6	19.4	0.6	0.079	0.55
	7	7.74	7.2	5.9	28.5	1.4	0.182	1.26
	8	7.99	8.3	6.1	20.8	1.8	0.127	1.12
	9	7.80	8.2	5.1	19.4	0.6	0.118	0.52
	10	7.96	8.7	6.0	19.4	0.6	0.135	0.51
	11	7.77	8.6	6.0	25.1	0.7	0.055	0.44
	12	7.72	11.3	5.8	19.4	0.5	0.055	0.79
高邮湖区（南）	1	7.99	12.6	4.8	<15.0	2.3	0.051	0.85
	2	7.74	12.5	4.0	<15.0	2.2	0.059	0.65
	3	7.82	9.3	4.6	18.0	1.6	0.032	0.69
	4	7.92	8.6	4.0	16.4	0.6	0.053	0.58
	5	8.00	7.4	5.7	19.1	0.6	0.061	0.75
	6	7.83	7.2	8.0	18.1	0.7	0.080	1.04
	7	7.77	7.8	5.4	24.8	0.6	0.159	1.48
	8	7.91	7.7	5.5	15.4	1.5	0.096	0.84
	9	7.72	8.4	5.0	19.1	0.5	0.082	0.36
	10	7.73	8.8	5.9	20.4	0.6	0.159	0.43
	11	7.72	8.5	5.9	19.1	0.6	0.077	0.41
	12	7.78	11.4	5.4	16.4	0.6	0.063	0.53
高邮湖水位站	1	7.95	13.0	4.0	<15.0	3.0	0.095	1.12
	2	8.11	13.2	4.0	<15.0	2.8	0.077	1.25
	3	8.25	11.8	4.0	<15.0	2.0	0.045	2.31
	4	8.10	10.0	3.8	<15.0	2.7	0.029	1.35
	5	9.04	8.8	4.0	<15.0	1.7	0.062	0.89
	6	8.56	6.2	5.3	16.6	1.8	0.069	1.18
	7	8.25	7.5	5.9	18.8	3.0	0.099	1.47

测站名称	监测月份	pH 值	溶解氧/(mg/L)	高锰酸盐指数/(mg/L)	化学需氧量/(mg/L)	五日生化需氧量/(mg/L)	总磷/(mg/L)	总氮/(mg/L)
高邮湖水位站	8	7.96	6.5	5.1	17.4	1.9	0.088	1.36
	9	8.01	7.7	4.0	<15.0	2.6	0.096	1.58
	10	7.86	8.3	3.5	<15.0	1.2	0.051	1.62
	11	8.16	9.0	4.0	<15.0	1.8	0.091	1.25
	12	7.96	10.7	3.8	<15.0	1.5	0.116	1.89
马棚	2	8.29	13.4	3.9	<15.0	2.8	0.038	0.75
	5	7.97	9.0	4.0	<15.0	1.2	0.051	0.83
	8	7.98	2.7	5.2	16.1	1.3	0.048	1.06
	11	8.07	8.5	5.3	17.9	2.2	0.074	1.04
高邮湖（郭集）	1	8.12	11.1	3.9	<15.0	2.5	0.090	0.70
	2	8.24	12.8	3.9	<15.0	2.9	0.064	1.00
	3	8.10	11.4	4.3	15.9	2.8	0.074	2.27
	4	8.12	9.2	3.8	<15.0	2.8	0.028	1.19
	5	8.60	8.7	3.9	<15.0	1.9	0.054	0.81
	6	8.02	7.1	3.9	<15.0	1.1	0.043	0.70
	7	8.26	7.4	3.5	<15.0	2.8	0.056	0.75
	8	8.12	6.4	3.0	<15.0	1.3	0.074	1.27
	9	8.07	8.1	3.9	<15.0	1.6	0.097	1.16
	10	8.13	7.0	3.9	<15.0	2.3	0.049	0.71
	11	8.20	8.2	3.5	<15.0	1.6	0.069	1.04
	12	8.10	8.0	4.0	<15.0	1.4	0.096	0.83
界首	2	8.34	13.5	3.9	<15.0	2.5	0.041	0.85
	5	8.65	9.0	3.9	<15.0	1.4	0.058	0.68
	8	8.36	5.9	4.0	<15.0	2.7	0.086	0.72
	11	8.23	8.8	5.1	17.1	1.6	0.068	0.84

表 8.6　　　　　　　　　　　　　高邮湖水质类别评价表

测站名称	监测月份	综合评价	pH 值	溶解氧	高锰酸盐指数	化学需氧量	五日生化需氧量	总磷	总氮
高邮湖区（中）	1	IV	I	I	III	I	I	IV	II
	2	III	I	I	III	III	I	III	III
	3	IV	I	I	II	III	I	III	IV
	4	III	I	I	II	III	I	III	II
	5	IV	I	I	IV	IV	I	IV	IV
	6	IV	I	I	IV	I	I	IV	III

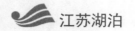

测站名称	监测月份	综合评价	pH 值	溶解氧	高锰酸盐指数	化学需氧量	五日生化需氧量	总磷	总氮
高邮湖区（中）	7	V	I	II	IV	IV	I	V	IV
	8	IV	I	I	III	III	I	IV	IV
	9	V	I	I	III	III	I	V	II
	10	V	I	I	III	IV	I	V	II
	11	IV	I	I	III	III	I	IV	II
	12	IV	I	I	III	III	I	IV	III
高邮湖区（北）	1	III	I	I	III	III	I	III	III
	2	III	I	I	III	I	I	II	III
	3	III	I	I	III	I	I	III	III
	4	IV	I	I	III	III	I	IV	III
	5	IV	I	I	IV	IV	I	IV	III
	6	IV	I	II	IV	III	I	IV	III
	7	V	I	II	III	IV	I	V	IV
	8	V	I	I	IV	IV	I	V	IV
	9	V	I	I	III	III	I	V	III
	10	V	I	I	III	III	I	V	III
	11	IV	I	I	III	IV	I	IV	II
	12	IV	I	I	III	III	I	IV	III
高邮湖区（南）	1	IV	I	I	III	I	I	IV	III
	2	IV	I	I	II	I	I	IV	III
	3	III	I	I	III	III	I	III	III
	4	IV	I	I	II	III	I	IV	III
	5	IV	I	II	III	III	I	IV	III
	6	IV	I	II	IV	III	I	IV	IV
	7	V	I	I	III	IV	I	V	IV
	8	IV	I	I	III	III	I	IV	III
	9	IV	I	I	III	III	I	IV	II
	10	V	I	I	III	IV	I	V	II
	11	IV	I	I	III	III	I	IV	II
	12	IV	I	I	III	III	I	IV	III
高邮湖水位站	1	IV	I	I	II	I	I	IV	IV
	2	IV	I	I	II	I	I	IV	IV
	3	劣V	I	I	II	I	I	III	劣V
	4	IV	I	I	II	I	I	III	IV
	5	劣V	劣V	I	II	I	I	IV	III

续表

测站名称	监测月份	综合评价	pH值	溶解氧	高锰酸盐指数	化学需氧量	五日生化需氧量	总磷	总氮
高邮湖水位站	6	IV	I	II	III	III	I	IV	IV
	7	IV	I	I	III	III	I	IV	IV
	8	IV	I	II	III	III	I	IV	IV
	9	V	I	I	II	I	I	IV	V
	10	V	I	I	II	I	I	IV	V
	11	IV	I	I	II	I	I	IV	IV
	12	V	I	I	II	I	I	V	V
马棚	2	III	I	I	II	I	I	III	III
	5	IV	I	I	II	I	I	IV	III
	8	V	I	V	II	III	I	III	IV
	11	IV	I	I	II	III	I	IV	IV
高邮湖（郭集）	1	IV	I	I	II	I	I	IV	III
	2	IV	I	I	II	I	I	IV	IV
	3	劣V	I	I	III	III	I	IV	劣V
	4	IV	I	I	II	I	I	III	III
	5	IV	I	I	II	I	I	IV	III
	6	III	I	II	II	I	I	IV	III
	7	IV	I	II	II	I	I	IV	III
	8	IV	I	II	II	I	I	IV	IV
	9	IV	I	I	II	I	I	IV	IV
	10	III	I	I	II	I	I	III	III
	11	IV	I	I	II	I	I	IV	IV
	12	IV	I	I	II	I	I	IV	IV
界首	2	III	I	I	II	I	I	III	III
	5	IV	I	I	II	I	I	IV	III
	8	IV	I	III	II	I	I	IV	III
	11	IV	I	I	II	III	I	IV	III

（1）全湖区。总磷浓度总体呈上升趋势，第 1 季度水质类别为Ⅲ类，第 2、4 季度水质类别为Ⅳ类，第 3 季度水质类别为Ⅴ类。总氮浓度相对比较稳定，第 1～4 季度水质类别均为Ⅲ类。高邮湖全湖区主要超标项目浓度变化如图 8.18 所示。

（2）核心区。总磷浓度总体呈上升趋势，第 1 季度水质类别为Ⅲ类，第 2、4 季度水质类别为Ⅳ类，第 3 季度水质为Ⅴ类。总氮浓度第 4 季度最低，水质类别为Ⅱ类，第 1～3 季度水质类别均为Ⅲ类。高邮湖核心区主要超标项目浓度变化如图 8.19 所示。

（3）缓冲区。总磷浓度总体呈上升趋势，第 1～4 季度水质类别均为Ⅳ类。总氮浓度

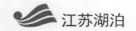
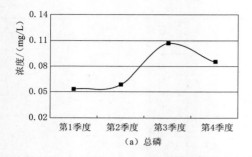

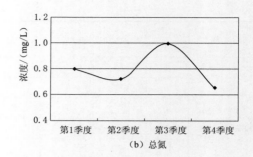

图 8.18　高邮湖全湖区主要超标项目浓度变化图

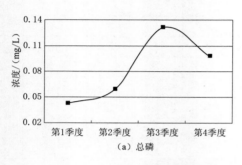

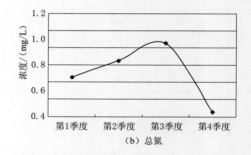

图 8.19　高邮湖核心区主要超标项目浓度变化图

总体下降趋势，第 2、4 季度水质类别为Ⅲ类，第 1、3 季度水质类别为Ⅳ类。高邮湖缓冲区主要超标项目浓度变化如图 8.20 所示。

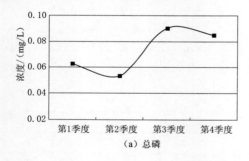

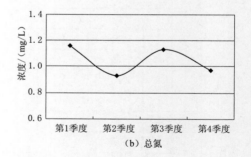

图 8.20　高邮湖缓冲区主要超标项目浓度变化图

（4）开发控制利用区。总磷浓度总体呈上升趋势，第 1 季度水质类别为Ⅲ类，第 2、4 季度水质类别为Ⅳ类，第 3 季度水质类别为Ⅴ类。总氮浓度总体略呈下降趋势，第 1～4 季度水质类别均为Ⅲ类。高邮湖开发控制利用区主要超标项目浓度变化如图 8.21 所示。

2. 营养状态评价

全湖及各生态分区营养状态基本稳定，全湖及各生态分区营养状态均以轻度富营养为主，其营养指数介于 44.8～66.1 之间，变化趋势大体相当，均为第 3 季度富营养分值最高，为中度富营养，其余均为轻度富营养，评价结果详见表 8.7。高邮湖全湖及各生态功能分区营养状态指数变化如图 8.22 所示。

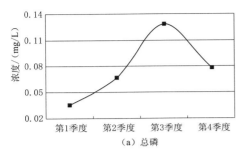 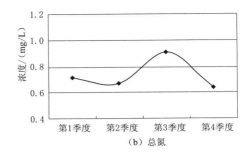

（a）总磷　　　　　　　　　　　（b）总氮

图 8.21　高邮湖开发控制利用区主要超标项目浓度变化图

表 8.7　　　　　　　　　　高邮湖营养状态指数（EI）评价表

序号	测站名称	月份	总磷		总氮		叶绿素 a		高锰酸盐指数		透明度		总评分值	评价结果
			浓度/(mg/L)	En分值	浓度/(mg/L)	En分值	浓度/(mg/L)	En分值	浓度/(mg/L)	En分值	数值/m	En分值		
1		1	0.058	51.6	0.49	49.5	0.0056	42.7	4.6	51.5	0.35	75.0	54.1	轻度富营养
2		2	0.039	45.6	0.60	52.0	0.0058	43.0	4.1	50.2	0.30	80.0	54.2	轻度富营养
3		3	0.031	42.4	1.01	60.1	0.0026	33.0	3.9	49.5	0.40	70.0	51.0	轻度富营养
4		4	0.048	49.2	0.45	47.5	0.0005	10.0	4.0	50.0	0.40	70.0	45.3	中营养
5		5	0.065	53.0	1.19	61.9	0.0068	44.7	6.7	56.8	0.38	72.0	57.7	轻度富营养
6	高邮湖区（中）	6	0.065	53.21	0.85	57.0	0.0057	42.8	6.6	56.5	0.40	70.0	55.9	轻度富营养
7		7	0.162	66.2	1.47	64.7	0.0068	44.7	6.5	56.2	0.35	75.0	61.4	中度富营养
8		8	0.097	59.4	1.01	60.1	0.0269	60.2	6.0	55.0	0.37	73.0	61.5	中度富营养
9		9	0.134	63.4	0.42	46.0	0.0268	60.2	5.7	54.3	0.40	70.0	58.8	轻度富营养
10		10	0.135	63.5	0.40	45.0	0.0050	41.7	6.0	55.0	0.35	75.0	56.0	轻度富营养
11		11	0.074	54.8	0.33	41.5	0.0041	40.2	5.9	54.8	0.42	68.0	51.9	轻度富营养
12		12	0.085	57.0	0.58	51.6	0.0026	33.0	5.8	54.5	0.20	90.0	57.2	轻度富营养
13		1	0.034	43.6	0.71	54.2	0.0054	42.3	4.4	51.0	0.35	75.0	53.2	轻度富营养
14		2	0.024	39.3	0.72	54.4	0.0062	43.7	4.1	50.2	0.32	78.0	53.1	轻度富营养
15		3	0.042	46.8	0.59	51.8	0.0036	38.0	4.8	52.0	0.40	70.0	51.7	轻度富营养
16		4	0.072	54.4	0.70	54.0	0.0016	26.0	4.4	51.0	0.40	70.0	51.1	轻度富营养
17		5	0.058	51.6	0.75	55.0	0.0109	50.6	6.7	56.8	0.35	75.0	57.8	轻度富营养
18	高邮湖区（北）	6	0.079	55.8	0.55	51.0	0.0110	50.6	6.6	56.5	0.40	70.0	56.8	轻度富营养
19		7	0.182	68.2	1.26	62.6	0.0109	50.6	5.9	54.8	0.35	75.0	62.2	中度富营养
20		8	0.127	62.7	1.12	61.2	0.0364	62.7	6.1	55.2	0.35	75.0	63.4	中度富营养
21		9	0.118	61.8	0.52	50.4	0.0234	58.4	5.1	52.7	0.40	70.0	58.7	轻度富营养
22		10	0.135	63.5	0.51	50.2	0.0121	51.3	6.0	55.0	0.35	75.0	59.0	轻度富营养
23		11	0.055	51.0	0.44	47.0	0.0037	38.5	6.0	55.0	0.40	70.0	52.3	轻度富营养
24		12	0.055	51.0	0.79	55.8	0.0044	40.7	5.8	54.5	0.20	90.0	58.4	轻度富营养

序号	测站名称	月份	总磷		总氮		叶绿素a		高锰酸盐指数		透明度		总评分值	评价结果
			浓度/(mg/L)	En分值	浓度/(mg/L)	En分值	浓度/(mg/L)	En分值	浓度/(mg/L)	En分值	数值/m	En分值		
25		1	0.051	50.2	0.85	57.0	0.0056	42.7	4.8	52.0	0.35	75.0	55.4	轻度富营养
26		2	0.059	51.8	0.65	53.0	0.0062	43.7	4.0	50.0	0.30	80.0	55.7	轻度富营养
27		3	0.032	42.8	0.69	53.8	0.0058	43.0	4.6	51.5	0.40	70.0	52.2	轻度富营养
28		4	0.053	50.6	0.58	51.6	0.0001	2.0	4.0	50.0	0.40	70.0	44.8	中营养
29	高邮湖区（南）	5	0.061	52.2	0.75	55.0	0.0216	57.3	5.7	54.3	0.35	75.0	58.8	轻度富营养
30		6	0.080	56.0	1.04	60.4	0.0113	50.8	8.0	60.0	0.40	70.0	59.4	轻度富营养
31		7	0.159	65.9	1.48	64.8	0.0216	57.3	5.4	53.5	0.35	75.0	63.3	中度富营养
32		8	0.096	59.2	0.84	56.8	0.0075	45.8	5.5	53.8	0.35	75.0	58.1	轻度富营养
33		9	0.082	56.4	0.36	43.0	0.0313	61.4	5.0	52.5	0.40	70.0	56.7	轻度富营养
34		10	0.159	65.9	0.43	46.5	0.0053	42.2	5.9	54.8	0.35	75.0	56.9	轻度富营养
35		11	0.077	55.4	0.41	45.5	0.0041	40.2	5.9	54.8	0.37	73.0	53.8	轻度富营养
36		12	0.063	52.6	0.53	50.6	0.0030	35.0	5.4	53.5	0.20	90.0	56.3	轻度富营养
37		1	0.095	59.0	1.12	61.2	0.0226	57.9	4.0	50.0	0.32	78.0	61.2	中度富营养
38		2	0.077	55.5	1.25	62.5	0.0224	57.8	4.0	49.8	0.19	91.3	63.4	中度富营养
39		3	0.045	48.0	2.31	70.8	0.0249	59.3	4.0	50.0	0.30	80.0	61.6	中度富营养
40		4	0.029	41.6	1.35	63.5	0.0239	58.7	3.8	49.0	0.23	87.0	60.0	轻度富营养
41		5	0.062	52.4	0.89	57.7	0.0202	56.3	4.0	50.0	0.30	80.0	59.3	轻度富营养
42	高邮湖水位站	6	0.069	53.8	1.18	61.8	0.0173	54.6	5.3	53.2	0.19	91.3	62.9	中度富营养
43		7	0.099	59.8	1.47	64.7	0.0239	58.7	5.9	54.8	0.21	89.0	65.4	中度富营养
44		8	0.088	57.7	1.36	63.6	0.0206	56.6	5.1	52.7	0.20	90.6	64.2	中度富营养
45		9	0.096	59.2	1.58	65.8	0.0139	52.4	4.0	50.0	0.21	89.0	63.3	中度富营养
46		10	0.051	50.2	1.62	66.2	0.0226	57.9	3.5	47.5	0.22	88.0	62.0	中度富营养
47		11	0.091	58.2	1.25	62.5	0.0296	60.9	4.0	50.0	0.19	91.3	64.6	中度富营养
48		12	0.116	61.6	1.89	68.9	0.0198	56.1	3.8	49.0	0.16	95.0	66.1	中度富营养
49		2	0.038	45.2	0.75	55.0	0.0222	57.6	3.9	49.5	0.15	96.3	60.7	中度富营养
50	马棚	5	0.051	50.2	0.83	56.6	0.0186	55.4	4.0	50.0	0.25	85.0	59.4	轻度富营养
51		8	0.048	49.2	1.06	60.6	0.0221	57.6	5.2	53.0	0.32	78.0	59.7	轻度富营养
52		11	0.074	54.8	1.04	60.4	0.0319	61.6	5.3	53.2	0.25	85.0	63.0	中度富营养
53		1	0.090	58.0	0.70	54.0	0.0195	55.9	3.9	49.5	0.65	57.0	54.9	轻度富营养
54		2	0.064	52.8	1.00	60.0	0.0199	56.2	3.9	49.5	0.39	71.0	57.9	轻度富营养
55	高邮湖（郭集）	3	0.074	54.8	2.27	70.7	0.0212	57.0	4.3	50.7	0.62	57.6	58.2	轻度富营养
56		4	0.028	41.2	1.19	61.9	0.0219	57.4	3.8	49.0	0.67	56.6	53.2	轻度富营养
57		5	0.054	50.8	0.81	56.2	0.0191	55.7	3.9	49.3	0.48	62.0	54.8	轻度富营养
58		6	0.043	47.2	0.70	54.0	0.0158	53.6	3.9	49.5	0.28	82.0	57.3	轻度富营养

续表

序号	测站名称	月份	总磷		总氮		叶绿素a		高锰酸盐指数		透明度		总评分值	评价结果
			浓度/(mg/L)	En分值	浓度/(mg/L)	En分值	浓度/(mg/L)	En分值	浓度/(mg/L)	En分值	数值/m	En分值		
59	高邮湖(郭集)	7	0.056	51.2	0.75	55.0	0.0196	56.0	3.5	47.5	0.65	57.0	53.3	轻度富营养
60		8	0.074	54.9	1.27	62.7	0.0142	52.6	3.0	45.2	0.34	75.5	58.2	轻度富营养
61		9	0.097	59.4	1.16	61.6	0.0138	52.4	3.9	49.5	0.23	87.0	62.0	中度富营养
62		10	0.049	49.6	0.71	54.2	0.0105	50.3	3.9	49.5	0.65	57.0	52.1	轻度富营养
63		11	0.069	53.7	1.04	60.4	0.0303	61.1	3.5	47.5	0.31	79.0	60.3	中度富营养
64		12	0.096	59.2	0.83	56.6	0.0275	60.4	4.0	50.0	0.42	68.0	58.8	轻度富营养
65	界首	2	0.041	46.4	0.85	57.0	0.0209	56.8	3.9	49.5	0.14	97.5	61.4	中度富营养
66		5	0.058	51.6	0.68	53.6	0.0171	54.4	3.9	49.5	0.32	78.0	57.4	轻度富营养
67		8	0.086	57.2	0.72	54.4	0.0194	55.9	4.0	50.0	0.19	91.3	61.8	中度富营养
68		12	0.068	53.6	0.84	56.8	0.0206	56.6	5.1	52.7	0.28	82.0	60.3	中度富营养

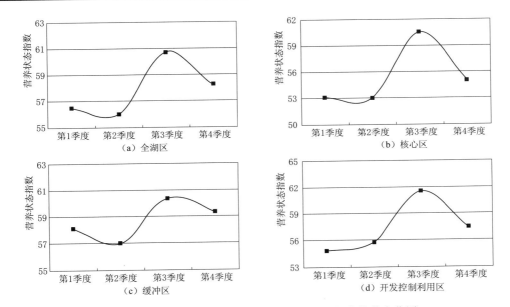

图8.22　高邮湖全湖及各生态功能分区营养状态指数变化图

8.6.2.4　水生态特征

1. 水生高等植物

高邮湖大型水生植物共计20种,分别隶属于12科。按生活型计,挺水植物2种,沉水植物11种,浮叶植物5种,漂浮植物2种,其中绝对优势种为沉水植物菹草、龙须眼子菜竹叶眼子菜以及浮叶植物荇菜。高邮湖大型水生植物共计19种,分别隶属于12科。按生活型计,挺水植物4种,沉水植物9种,浮叶植物5种,漂浮植物1种,其中绝对优势种为沉水植物穗状狐尾藻以及浮叶植物菱、荇菜。

2. 浮游植物

高邮湖共观察到浮游植物 70 属 123 种，其中绿藻门的种类最多，有 30 属 61 种；其次是硅藻门，有 14 属 23 种；蓝藻门 12 属 17 种；裸藻门 4 属 9 种；金藻门 4 属 5 种；隐藻门有 2 属 3 种；甲藻门 3 属 3 种；黄藻门 1 属 2 种。各个采样点浮游植物的优势种基本相同，主要优势种为绿藻门的小球藻属 1 种、四尾栅藻、硅藻门的颗粒直链藻极狭变种和尖针杆藻，蓝藻门的席藻 1 种、依沙束丝藻、隐藻门的蓝隐藻。除此之外，绿藻门的衣藻属 1 种、丝藻属 1 种，硅藻门的梅尼小环藻、舟形藻，隐藻门的啮蚀隐藻，蓝藻门的链状假鱼腥藻、柔细束丝藻、中华小尖头藻在各采样点普遍具有较高的丰度。

3. 浮游动物

根据高邮湖浮游动物的定量水样分析，高邮湖浮游动物种类不少，优势种的数目很多。包括桡足类的无节幼体和桡足幼体，全年浮游动物水样镜检见到浮游动物的种类共有 79 种，其中原生动物 19 种，占总种类的 24.1%；轮虫 44 种，占总种类的 55.7%；枝角类 9 种，占总种类的 11.4%；桡足类 7 种，占总种类的 8.8%。

高邮湖见到的浮游动物大都属寄生性种类。高邮湖中的浮游动物优势种为：原生动物有棘砂壳虫、球形砂壳虫、尖顶砂壳虫、瓶砂壳虫、普通表壳虫、胡梨壳虫、太阳虫、王氏似铃壳虫、薄片漫游虫；轮虫有角突臂尾轮虫、剪形臂尾轮虫、矩形臂尾轮虫、萼花臂尾轮虫、长刺异尾轮虫、刺盖异尾轮虫、晶囊轮虫、无柄轮虫、螺形龟甲轮虫、曲腿龟甲轮虫、长肢多肢轮虫、针族多肢轮虫、长三肢轮虫、独角聚花轮虫；枝角类有长肢秀体溞、角突网纹溞、简弧象鼻溞、微型裸腹溞；桡足类有近邻剑水蚤、汤匙华哲水蚤、广布中剑水蚤。此外还有无节幼体和桡足幼体。高邮湖见到的浮游动物都属普生性种类。

4. 底栖动物

共鉴定出底栖动物 11 种（属），其中摇蚊科幼虫种类最多，共计 5 种；软体动物次之，共 3 种；其次为寡毛类，共 2 种，主要为寡毛类颤蚓科的种类；多毛类 1 种，为沙蚕。

高邮湖底栖动物密度和生物量被少数种类所主导。密度方面，寡毛类的苏氏尾鳃蚓和中华河蚓，摇蚊科幼虫的粗腹摇蚊和羽摇蚊，软体动物的环棱螺优势度较高，分别占总密度的 39.68%、24.99%、16.90%、10.29% 和 1.47%。生物量方面，由于软体动物个体较大，软体动物的拉氏蚬和环棱螺在总生物量上占据绝对优势，达到 41.84% 和 33.15%，苏氏尾鳃蚓、羽摇蚊以及中华河蚓所占比重次之，分别为 19.52%、1.54% 和 1.27%。从 11 个物种的出现频率来看，苏氏尾鳃蚓、中华河蚓、粗腹摇蚊以及羽摇蚊等几个种类是高邮湖最常见的种类，其在大部分采样点均能采集到。综合底栖动物的密度、生物量以及各物种在 13 个采样点的出现频率，利用优势度指数确定优势种类，结果表明高邮湖现阶段的底栖动物优势种主要为苏氏尾鳃蚓、中华河蚓、粗腹摇蚊和环棱螺。

5. 鱼类资源

高邮湖有鱼类 16 科 46 属 63 种，其中鲤科 37 种。主要经济鱼类有鲤、鲫、鳊、鲌、青、草、鲢、鳙、银鱼等 20 种左右。全湖鱼产量 3911.2t，其中鲤、鲫、鳊鱼产量 857t，仅占全湖捕捞产量的 21.9%。近些年由于过度捕捞、水位剧变、泄洪、干枯等人为和自然因素，导致鱼类资源锐减。当前以人工养殖为主，还保持有一定水产量。

8.6.2.5 高邮湖的资源开发与利用

现状高邮湖是金湖、宝应、高邮、江都、邗江等五县（市、区）及安徽省天长市沿湖地区农业、生活用水及扬州城市用水的主要供水水源地，是高邮市菱塘、郭集乡的饮用水水源地。

高邮湖区内现状七级航道，起讫点为江苏高邮至安徽天长。京杭运河苏北段穿邵伯湖南端，穿湖段长度 2.98km，现状为双线二级航道，规划为三线二级航道，规划湖区航道长度及走向与现状航线一致。

20 世纪 80 年代后，高邮湖养殖面积 249.25km²，其中高埂低网（即埂围养殖，下同）79.76km²，网养 169.49km²（低埂高网 7.56km²、围网 161.93km²），主要分布在大汕子隔堤南高邮湖死水区内和宝应湖退水闸排涝通道内及淮河入湖口行洪通道内；此外尚有围垦面积 20.92km²，主要为淮南圩的横桥联圩。

高邮湖中有油井 93 座，其中废油井 22 座，主要分布在新民滩上；两湖还有零星的旅游开发。邵伯湖中有油井 16 座，主要分布在邵伯湖滩群上。

8.6.2.6 高邮湖的湖泊保护

据 2004 年颁布的《江苏省湖泊保护条例》，2006 年省水利厅会同涉湖相关部门及地方政府制订了《江苏省高邮湖、邵伯湖保护规划》，并于 2006 年报经省政府批准实施，该规划是加强高邮湖、邵伯湖保护、管理、开发、利用的专项总体规划。

《江苏省高邮湖、邵伯湖保护规划》总体目标是维护湖泊生命健康，保障公益性功能不衰减，开发利用有控制，即湖泊形态稳定，面积与库容不减少；蓄泄自如，与防洪、供水要求相适应；水质良好，生态稳定；湖泊经济社会功能与自然生态系统协调，人湖和谐共处。

总体要求是：①保护湖泊形态，防止侵占湖域；清除行水障碍，控制养殖容量和面积，有计划地推进退田（渔）还湖。②加强生态保护，控制外源性污染侵入，控制开发利用方式，改善水质，维护湖泊健康生命。③落实各级政府与部门责任，推进湖泊保护进程，制定有关湖泊保护、开发利用等专项规划，加强监测，完善各类调度预案，建立防洪、供水、突发性水污染预警体系。④加强政策研究，制定完善各类规章制度，健全湖泊管理机构，规范湖泊保护、开发、利用和管理行为。⑤加大湖泊保护宣传，鼓励公众参与，提高湖泊保护意识。

2011 年，为深入贯彻《江苏省湖泊保护条例》，推动高邮湖管理与保护工作深入开展，8 月 5 日，省水利厅在江都召开高邮湖邵伯湖管理与保护联席会议成立大会，建立了高邮湖邵伯湖管理与保护联席会议制度，定期通报湖泊管理保护工作情况，以此认真协调解决湖泊管理与保护、资源开发利用等方面的重大问题。

8.6.3 白马湖

> 轻风小寒吹浪花，新柳茸茸啼乳鸦。
>
> 平湖一望几千顷，远水连天飞落霞。
>
> 斜阳忽堕澄波底，白鸟犹明山色里。
>
> 严更何处鼓冬冬，棹歌未断渔灯起。
>
> ——明·郭武《晚渡白马湖》

8.6.3.1 基本情况

1. 地理位置及地质地貌

白马湖（图8.23）古称马濑湖，地处淮河流域下游，是江苏省十大淡水湖之一，位

图 8.23　白马湖风光

于淮安市境东南边缘，分属淮安市金湖县、洪泽县、楚州区和扬州市宝应县，东经119°2′～119°12′，北纬33°09′～33°19′。湖区南为金湖县，北为楚州区，西为洪泽县，东为宝应县。

白马湖的得名，传说是湖形似马。北面镇湖闸附近是马屁股，镇湖闸向西至花河口为强壮的后腿，花河口和往良河口为两只后蹄，西南草泽河口和山阳河口一南一北像马的前腿，头在南面的阮桥附近。

湖中有大小不等的土墩近百个，大者四五百平方米，小者仅数十平方米，是白马湖隔堤未筑之前，湖区农、渔民遗留至今的居民点。同时湖区也存在围垦，有相当规模的村庄数十处，人们在其中围圩种植、养殖、居住。

白马湖地区地层和地质构造形成于元古代，位于盱眙—响水大断裂以南，断裂较为发育，走向多为北东、北东东向，也有一些规模较小而形成时代较新的北西向断裂。区内历史地震频率不高，强度中等。按照国家地震局《中国地震烈度区划图》划分，烈度为Ⅵ度。

流域内下垫面土壤主要是淮河冲积形成的黏土、黄河夺淮以后形成的黄潮土、丘陵地区的黄白土以及长期耕作熟化的砂礓黑土和少量沼泽地，土质肥沃，适宜种植水稻、三麦、油菜等多种作物。农业历史悠久，陆地大多是人工植被，水域养殖。在栽培作物方面有粮、棉、油、麻、丝、糖、烟、菜、果、药等样样俱全；粮食作物中水稻、三麦、玉米、薯类、豆类；林木方面，基本上属暖温带落叶阔叶林区，常见的树木有桑、槐、榆、柳、杨、松、柏，以及引种的水杉、池杉、意杨、泡桐等。自然植被除林木外，灌林杂草有枸杞、杞柳、刺槐、冬青和车前草、蒲公英、狗尾草、鸭舌头、沙棱草等。

2. 形成及发育

白马湖地貌特征为江淮湖洼平原，属古潟湖堆积和黄淮冲积平原。成湖之初与东部的古射阳湖有联系，曾为东汉时邗沟故道。黄河夺淮后，承泄黄淮交汇洪水入海入江，受泥沙的长期淤积和人类活动（运河开凿）的影响，逐渐分化为运西的一个小湖荡。黄河北徙后，上游客水减少，湖水位渐降，当地群众于湖中筑圩兴垦，与水争地，湖面逐渐缩小。新中国成立后，人民政府开展了大规模的水利建设，1952年兴建了三河闸，使淮河洪水初步得到控制，1956年修筑白马湖隔堤将白马湖与宝应湖分离，使白马湖成为一个独立的区域性内湖，不再受淮河洪水浸入，主要滞蓄周边区域涝水和自流灌溉回归水。由于湖水位相对稳定，沿湖周边的浅滩逐渐又被围垦或辟为鱼塘，使得白马湖的湖面进一步缩小，现已成为一个封闭的围湖，已非原来自然面貌。

3. 湖泊形态

白马湖为草型浅水湖泊,南北长 17.8km,东西平均宽度为 6.4km。湖底高程 5.33 (5.50)m(1985 国家高程基准,括号中为废黄河口高程,下同)左右,最低点高程 3.80 (3.97)m。白马湖湖堤顶高程达 8.00 (8.17)～10.50 (10.67)m,高出地面 2.00～5.00m。白马湖正常蓄水位 6.50m,长 18.0km,最大宽 11.0km,平均宽 6.0km,面积 108.0km²,最大水深 2.0m,平均水深 0.97m,蓄水量 1.05 亿 m³。

4. 湖泊功能

白马湖在区域经济社会和生态环境方面发挥着重要作用,具有防洪滞涝、水资源利用、生态、渔业、旅游休闲等多种功能,是宝贵的自然资源。

(1) 防洪滞涝功能。白马湖地区地形特殊,洪涝之时往往四周都有高水包围,区域涝水无法外排,主要靠淮安一、二站抽排。白马湖是区域涝水的汇集之地和调蓄水库,区域面上降雨径流通过排涝河道排泄入湖,沿湖周边洼地涝水通过抽排入湖,经过白马湖调蓄后通过北运西闸排入里运河、新河后抽排入灌溉总渠。白马湖湖堤顶高程 8.00～10.5 (8.17～10.67)m,高出周边地面 2m 以上,历史最高水位 7.99 (8.16)m,湖堤保护着周边 4 县 (区) 的 8 个乡镇、2 个农场的防洪安全。

(2) 水资源功能。白马湖是南水北调的过境湖泊,与南水北调、苏北供水之间关系密切,负责湖区及其周边农业、渔业用水。

(3) 生态功能。白马湖作为一个区域性湖泊,本身就是一个生态系统,在净化水质、提供水生动植物及鸟类栖息地、维护生物多样性、改善区域环境等多方面发挥着无可替代的作用。

(4) 渔业功能。白马湖水生动植物资源丰富,水位、水质相对较为稳定,有利于渔业生产和养殖。多年来,白马湖的渔业开发经济效益显著,为当地的经济社会发展作出了巨大贡献。

(5) 其他功能。白马湖地处洪泽湖下游,靠近人文古迹较多的楚州城区,地理位置优越,气候宜人。旅游、休闲等资源开发有良好前景。

8.6.3.2 水文特征

1. 周边水系

白马湖流域为洪泽湖大堤以东,苏北灌溉总渠以南,里运河以西,白马湖隔堤和洪金北干渠以北的一块封闭区域,集水面积 894km²。地形总的趋势是西北高东南低,北部为楚州渠南运西灌区,地势由西北部高程 7.50 (7.67)m 向东南缓降至 6.00 (6.17)m;东、南部为沿湖洼地圩区,地面高程在 6.0 (6.17)m 左右;西部主要为洪泽县周桥灌区全部及洪金灌区的一部分,地势较为平坦,西高东低,地面高程由洪泽湖边 10.50 (10.67)m 至白马湖边 6.00 (6.17)m 左右。

主要入出湖河道有草泽河、浔河、花河、永济河、温山河、新河、运西河、阮桥河、白马湖引河等。由于白马湖地区地形特殊,每逢洪涝紧张之时,四面都受阻隔,涝水出路不畅,排涝问题十分突出。为扩大排水出路,20 世纪 50 年代在京杭运河上兴建了白马湖穿运涵洞,通过白马湖引河向里下河射阳湖排水,由于存在与里下河地区的排涝矛盾,一直未能充分发挥其效益;60 年代在运西河上兴建北运西闸、阮桥河上兴建阮桥闸,伺机

向里运河和宝应湖排除涝水；70年代在新河上兴建镇湖闸和淮安一、二站，用于供水和该地区排涝。目前，白马湖地区排涝出路主要是利用淮安一、二站抽排入苏北灌溉总渠和北运西闸投机自排入里运河，现状排涝标准不足5年一遇。

新河是白马湖湖北区域主要的排涝河道，流经南闸、林集、三堡乡及省白马湖农场，全长约20km。新河历史上是楚州运西区排涝河道，汇集区域径流通过老镇湖闸排入白马湖，20世纪70年代兴建淮安抽水一、二站，新河拓浚后成为以引为主、引排结合的两用河道。现在新河又成为南水北调东线工程淮安四站的输水河道，淮安四站建成后将进一步增加白马湖地区排涝能力。

浔河起于洪泽区城区浔河套闸，流经朱坝、岔河等乡镇，全长24.3km，是白马湖湖西区域主要的排涝河道，也是洪泽县城区及沿线乡镇工业废水、生活污水的排泄通道。

运西河（北运西闸引河）东起里运河西岸北运西闸，西通白马湖，是沟通里运河与白马湖的一条综合利用河道。涝时，湖水可伺机由运西河排入里运河；旱时，可从里运河通过运西河向白马湖补水；南水北调，江水由里运河入运西河经白马湖、新河至淮安抽水站。

2. 气候气象

白马湖所在区域属北亚热带湿润季风气候区，具有四季分明，冬夏长，春秋短，雨热同季，日照充足，雨量充沛，霜期不长，灾害性天气较多等特点。春季气温变幅大，冷暖多变，阴湿多雨；秋季天高气爽，气候温和，雨量渐少，昼夜温差大，偶有台风影响；冬季频繁受北方冷空气影响盛行北到西北风，气候寒冷干燥；夏季多受副热带高压控制盛行东到东南风，气候炎热多雨。

淮河流域暴雨天气系统大概可归纳为台风（包括台风倒槽）、涡切变、南北向切变和冷式切变线，以前两种居多。在雨季前期，主要是涡切变型，后期则有台风参与。大范围持久性降水多由切变线和低涡接连出现而形成。每年夏初的6月、7月，南方的暖空气与北方的冷空气交锋于江淮中下游地区，形成持久性大范围的降雨天气称为梅雨，梅雨期长短、雨量多少，基本上决定了当年全区的旱涝情势。梅雨期结束后转入盛夏，淮河流域常有台风影响，并伴随暴雨，易造成洪涝灾害。

区域内多年平均气温14.8℃，极端最高气温39.8℃，极端最低气温-17.5℃，0℃以上积温5333℃。年平均无霜期298天，最多无霜期322天，最少无霜期269天。年平均日照2297h，最多日照2845h，最少日照2078h。

3. 特征水位

白马湖死水位5.53（5.70）m，正常蓄水位6.33（6.50）m，相应蓄水面积42.8km²；排涝水位7.33（7.50）m，相应蓄水面积58.4km²；防洪水位7.83（8.00）m，相应蓄水面积101.9km²。

白马湖多年平均水位为6.39（6.56）m，历史最高水位7.99（8.16）m，历史最低水位5.25（5.42）m。白马湖地区设计排涝能力为610.7m³/s，实际排涝能力不足250m³/s，以淮安一、二站抽排为主。

白马湖径流主要源自区域降雨，与外水联系不大，少量灌溉回归水来自洪泽湖和苏北灌溉总渠，还有枯水期从里运河补水，湖水置换率相对较低。换水方式主要为涝时外排和枯时补水。

白马湖地区降水量年内分配极不均匀，暴雨主要集中发生在 6—9 月，特别是 7 月、8 月。年降水量多年平均 956mm，最大降水量为 1558.4mm，最小降水量为 504.7mm。汛期（6—9 月）降水量多年平均 605.3mm，最大降水量为 1095.0mm，最小降水量为 213.6mm。

白马湖地区多年平均水面蒸发量约 810mm。月最大蒸发量一般出现在 8 月，约占年蒸发量的 12.5%，月最小蒸发量一般出现在 1 月，约占年蒸发量的 3%，连续最大 4 个月蒸发量一般在 5—8 月，约占年蒸发量的 50%。

8.6.3.3 水质现状

1. 水质

白马湖各站点综合水质类别为Ⅲ～劣Ⅴ类，监测成果及评价结果详见表 8.8 和表 8.9。经分析，现状评价的主要超标项目为总磷、总氮。为便于湖泊管理和水资源保护工作的开展，分别对全湖区和各生态功能分区进行评价，重点分析主要超标项目水质变化情况。具体如下：

表 8.8 白马湖水质监测成果表

测站名称	监测月份	pH 值	溶解氧/(mg/L)	高锰酸盐指数/(mg/L)	化学需氧量/(mg/L)	五日生化需氧量/(mg/L)	总磷/(mg/L)	总氮/(mg/L)
张大门	1	8.01	11.7	4.2	15.7	1.8	0.027	1.19
	2	7.80	12.0	4.5	15.7	2.1	0.027	1.57
	3	8.10	9.8	4.6	16.1	1.8	0.022	1.23
	4	8.21	8.6	4.2	17.4	0.6	0.049	0.78
	5	8.19	8.7	6.7	16.8	0.7	0.072	0.89
	6	7.87	8.4	6.9	23.7	0.6	0.072	0.92
	7	7.77	8.0	5.7	0.0	0.6	0.066	1.30
	8	7.94	7.7	4.0	0.0	1.1	0.062	0.96
	9	7.72	5.4	6.4	15.8	0.6	0.109	0.76
	10	7.98	8.7	3.8	17.4	0.7	0.077	1.86
	11	7.78	8.5	5.0	18.1	0.7	0.047	1.07
	12	7.74	11.0	2.8	17.1	0.6	0.075	1.67
白马湖区（中）	1	8.02	12.2	4.4	15.1	2.2	0.034	1.20
	2	7.85	12.4	4.3	19.6	2.5	0.030	2.11
	3	8.13	9.9	4.6	17.3	1.8	0.023	1.58
	4	8.23	8.7	4.6	19.1	0.7	0.033	1.00
	5	8.07	8.2	6.8	22.4	0.8	0.060	1.17
	6	7.87	8.2	7.8	27.6	0.9	0.065	1.25
	7	7.78	7.7	8.2	23.8	0.6	0.092	2.02
	8	8.06	8.7	7.3	20.5	2.1	0.054	1.55

测站名称	监测月份	pH值	溶解氧/(mg/L)	高锰酸盐指数/(mg/L)	化学需氧量/(mg/L)	五日生化需氧量/(mg/L)	总磷/(mg/L)	总氮/(mg/L)
白马湖区（中）	9	7.76	8.5	6.9	23.5	0.5	0.061	0.55
	10	7.82	9.1	6.5	22.1	0.7	0.069	0.77
	11	7.73	8.1	7.8	22.8	0.9	0.035	0.38
	12	7.76	11.5	4.3	0.0	1.9	0.024	0.84
东堆	1	8.01	12.4	4.4	15.1	2.0	0.031	1.22
	2	7.84	12.3	4.3	19.6	2.8	0.031	2.12
	3	8.07	9.7	5.0	18.0	1.9	0.020	1.70
	4	8.31	9.0	4.6	19.1	1.0	0.038	0.52
	5	8.08	8.2	6.7	22.7	0.9	0.086	0.74
	6	7.85	8.1	7.9	32.9	0.5	0.062	0.87
	7	7.80	7.9	8.2	29.2	0.6	0.088	1.81
	8	7.90	8.4	7.6	24.1	2.2	0.059	1.32
	9	7.87	8.8	6.4	19.4	0.6	0.061	0.58
	10	7.88	8.9	6.8	21.8	0.6	0.065	0.82
	11	7.76	8.1	7.7	22.8	0.7	0.034	0.36
	12	7.84	11.5	4.2	0.0	1.8	0.030	0.92
郑家大庄	1	8.02	11.7	4.1	15.1	1.4	0.023	0.88
	2	7.86	12.4	4.5	16.1	2.4	0.016	0.74
	3	7.93	9.3	5.0	18.3	1.8	0.023	0.90
	4	7.90	8.9	6.0	18.1	0.8	0.068	1.06
	5	8.07	7.3	6.4	22.4	0.6	0.062	0.95
	6	7.82	8.0	7.4	24.0	0.9	0.043	0.96
	7	7.88	7.9	8.8	26.2	1.1	0.057	1.65
	8	7.92	8.1	7.3	22.1	1.7	0.050	2.63
	9	7.93	5.5	7.2	25.8	0.9	0.085	0.67
	10	7.87	8.5	7.2	25.8	0.6	0.044	0.51
	11	7.80	8.5	8.4	23.8	0.7	0.022	0.31
	12	7.86	10.7	6.0	0.0	1.2	0.023	0.84
唐圩	1	8.00	11.8	4.2	25.1	2.2	0.050	2.73
	2	7.84	11.6	4.5	0.0	2.0	0.039	2.63
	3	8.04	9.8	5.0	0.0	1.4	0.043	2.64
	4	7.92	8.7	3.9	18.7	0.9	0.053	1.96
	5	7.70	6.9	5.5	15.8	0.8	0.195	2.04
	6	7.86	8.5	8.0	34.9	0.7	0.087	0.93

续表

测站名称	监测月份	pH 值	溶解氧/(mg/L)	高锰酸盐指数/(mg/L)	化学需氧量/(mg/L)	五日生化需氧量/(mg/L)	总磷/(mg/L)	总氮/(mg/L)
唐圩	7	7.75	6.0	8.7	29.2	0.6	0.095	1.78
	8	8.05	7.9	7.3	17.4	1.5	0.076	2.53
	9	7.69	8.4	6.0	24.1	0.6	0.126	1.23
	10	7.79	5.5	6.5	21.5	1.1	0.141	1.08
	11	7.74	7.8	7.9	22.5	0.8	0.042	0.31
	12	7.87	11.5	4.8	18.1	1.9	0.043	1.50
山阳镇杨大圩	1	8.02	12.6	4.5	18.5	3.5	0.128	0.99
	2	7.99	10.4	5.5	18.8	3.1	0.057	0.85
	3	7.81	10.1	4.6	16.9	2.6	0.038	0.99
	4	7.57	8.2	6.8	25.7	4.6	0.093	1.02
	5	7.71	6.5	5.0	19.2	1.5	0.076	0.65
	6	8.09	8.7	8.6	32.9	3.8	0.137	1.27
	7	7.73	7.3	9.1	28.4	3.1	0.172	1.71
	8	7.83	6.2	9.4	29.2	3.7	0.278	2.04
	9	7.68	3.1	7.6	25.7	4.0	0.182	1.72
	10	7.61	3.2	5.8	19.1	1.9	0.090	1.08
	11	7.67	5.1	5.8	19.4	1.9	0.058	1.13
	12	7.76	7.4	6.7	24.1	1.8	0.097	1.02
顺沿河口	2	8.24	11.2	4.2	16.7	2.8	0.040	1.24
	5	7.98	8.3	4.9	16.3	1.3	0.051	1.10
	8	8.40	7.1	8.1	25.9	3.2	0.076	1.24
	11	8.28	8.4	5.7	18.9	3.8	0.065	1.19

表 8.9　　　　　　　　　　　　　**2019 年白马湖水质类别评价表**

测站名称	监测月份	综合评价	pH 值	溶解氧	高锰酸盐指数	化学需氧量	五日生化需氧量	总磷	总氮
张大门	1	IV	I	I	III	III	I	III	IV
	2	V	I	I	III	III	I	III	V
	3	IV	I	I	III	III	I	II	IV
	4	III	I	I	III	III	I	III	III
	5	IV	I	I	IV	III	I	IV	III
	6	IV	I	I	IV	IV	I	IV	III
	7	IV	I	I	III	I	I	IV	IV
	8	IV	I	I	II	I	I	IV	III
	9	V	I	III	IV	III	I	V	III

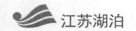

测站名称	监测月份	综合评价	pH 值	溶解氧	高锰酸盐指数	化学需氧量	五日生化需氧量	总磷	总氮
张大门	10	V	Ⅰ	Ⅰ	Ⅱ	Ⅲ	Ⅰ	Ⅳ	V
	11	Ⅳ	Ⅰ	Ⅰ	Ⅲ	Ⅲ	Ⅰ	Ⅲ	Ⅳ
	12	V	Ⅰ	Ⅰ	Ⅱ	Ⅲ	Ⅰ	Ⅳ	V
白马湖区（中）	1	Ⅳ	Ⅰ	Ⅰ	Ⅲ	Ⅲ	Ⅰ	Ⅲ	Ⅳ
	2	劣V	Ⅰ	Ⅰ	Ⅲ	Ⅲ	Ⅰ	Ⅲ	劣V
	3	V	Ⅰ	Ⅰ	Ⅲ	Ⅲ	Ⅰ	Ⅱ	V
	4	Ⅲ	Ⅰ	Ⅰ	Ⅲ	Ⅲ	Ⅰ	Ⅲ	Ⅲ
	5	Ⅳ	Ⅰ	Ⅰ	Ⅳ	Ⅳ	Ⅰ	Ⅳ	Ⅳ
	6	Ⅳ	Ⅰ	Ⅰ	Ⅳ	Ⅳ	Ⅰ	Ⅳ	Ⅳ
	7	劣V	Ⅰ	Ⅰ	Ⅳ	Ⅳ	Ⅰ	Ⅳ	劣V
	8	V	Ⅰ	Ⅰ	Ⅳ	Ⅳ	Ⅰ	Ⅳ	V
	9	Ⅳ	Ⅰ	Ⅰ	Ⅳ	Ⅳ	Ⅰ	Ⅳ	Ⅲ
	10	Ⅳ	Ⅰ	Ⅰ	Ⅳ	Ⅳ	Ⅰ	Ⅳ	Ⅲ
	11	Ⅳ	Ⅰ	Ⅰ	Ⅳ	Ⅳ	Ⅰ	Ⅲ	Ⅱ
	12	Ⅲ	Ⅰ	Ⅰ	Ⅲ	Ⅰ	Ⅰ	Ⅱ	Ⅲ
东堆	1	Ⅳ	Ⅰ	Ⅰ	Ⅲ	Ⅲ	Ⅰ	Ⅲ	Ⅳ
	2	劣V	Ⅰ	Ⅰ	Ⅲ	Ⅲ	Ⅰ	Ⅲ	劣V
	3	V	Ⅰ	Ⅰ	Ⅲ	Ⅲ	Ⅰ	Ⅱ	V
	4	Ⅲ	Ⅰ	Ⅰ	Ⅲ	Ⅲ	Ⅰ	Ⅲ	Ⅲ
	5	Ⅳ	Ⅰ	Ⅰ	Ⅳ	Ⅳ	Ⅰ	Ⅳ	Ⅲ
	6	V	Ⅰ	Ⅰ	Ⅳ	V	Ⅰ	Ⅳ	Ⅲ
	7	V	Ⅰ	Ⅰ	Ⅳ	Ⅳ	Ⅰ	Ⅳ	V
	8	Ⅳ	Ⅰ	Ⅰ	Ⅳ	Ⅳ	Ⅰ	Ⅳ	Ⅳ
	9	Ⅳ	Ⅰ	Ⅰ	Ⅳ	Ⅲ	Ⅰ	Ⅳ	Ⅲ
	10	Ⅳ	Ⅰ	Ⅰ	Ⅳ	Ⅳ	Ⅰ	Ⅳ	Ⅲ
	11	Ⅳ	Ⅰ	Ⅰ	Ⅳ	Ⅳ	Ⅰ	Ⅲ	Ⅱ
	12	Ⅲ	Ⅰ	Ⅰ	Ⅲ	Ⅰ	Ⅰ	Ⅲ	Ⅲ
郑家大庄	1	Ⅲ	Ⅰ	Ⅰ	Ⅲ	Ⅲ	Ⅰ	Ⅱ	Ⅲ
	2	Ⅲ	Ⅰ	Ⅰ	Ⅲ	Ⅲ	Ⅰ	Ⅲ	Ⅲ
	3	Ⅲ	Ⅰ	Ⅰ	Ⅲ	Ⅲ	Ⅰ	Ⅱ	Ⅲ
	4	Ⅳ	Ⅰ	Ⅰ	Ⅲ	Ⅲ	Ⅰ	Ⅳ	Ⅳ
	5	Ⅳ	Ⅰ	Ⅱ	Ⅳ	Ⅳ	Ⅰ	Ⅳ	Ⅲ
	6	Ⅳ	Ⅰ	Ⅰ	Ⅳ	Ⅳ	Ⅰ	Ⅲ	Ⅲ
	7	V	Ⅰ	Ⅰ	Ⅳ	Ⅳ	Ⅰ	Ⅳ	V
	8	劣V	Ⅰ	Ⅰ	Ⅳ	Ⅳ	Ⅰ	Ⅲ	劣V

续表

测站名称	监测月份	综合评价	pH值	溶解氧	高锰酸盐指数	化学需氧量	五日生化需氧量	总磷	总氮
郑家大庄	9	IV	I	III	IV	IV	I	IV	III
	10	IV	I	I	IV	IV	I	III	III
	11	IV	I	I	IV	IV	I	II	II
	12	III	I	I	III	I	I	II	III
唐圩	1	劣V	I	I	III	IV	I	III	劣V
	2	劣V	I	I	III	I	I	III	劣V
	3	劣V	I	I	III	I	I	III	劣V
	4	V	I	I	II	III	I	IV	V
	5	劣V	I	II	III	III	I	V	劣V
	6	V	I	I	IV	V	I	IV	III
	7	V	I	II	IV	IV	I	IV	IV
	8	劣V	I	I	IV	III	I	IV	劣V
	9	V	I	I	III	IV	I	V	IV
	10	V	I	III	IV	IV	I	III	IV
	11	IV	I	I	IV	IV	I	III	III
	12	IV	I	I	III	III	I	III	IV
山阳镇杨大圩	1	V	I	I	III	III	III	III	III
	2	IV	I	I	III	III	III	IV	III
	3	III	I	I	III	III	I	III	III
	4	IV	I	I	IV	IV	IV	IV	IV
	5	IV	I	II	III	III	III	IV	III
	6	V	I	I	IV	V	III	V	IV
	7	V	I	I	IV	IV	III	V	IV
	8	劣V	I	II	IV	IV	III	劣V	劣V
	9	V	I	IV	IV	IV	I	IV	IV
	10	IV	I	IV	III	III	I	IV	IV
	11	IV	I	III	IV	III	I	IV	IV
	12	IV	I	II	IV	IV	I	IV	IV
顺沿河口	2	III	I	I	II	I	III	III	III
	5	IV	I	I	III	III	I	III	IV
	8	IV	I	I	IV	IV	III	IV	IV
	11	IV	I	II	III	III	I	IV	IV

（1）全湖区。总磷4个季度水质类别为Ⅲ～Ⅳ类，第1季度水质为Ⅲ类，其余3个季度水质均为Ⅳ类，第3季度浓度较高；总氮4个季度水质类别为Ⅲ～Ⅳ类，第1～3季度

浓度较高，为Ⅳ类，第4季度水质类别为Ⅲ类。白马湖全湖区主要超标项目浓度变化如图8.24所示。

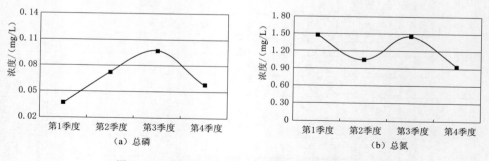

图8.24 白马湖全湖区主要超标项目浓度变化图

（2）核心区。总磷4个季度水质类别为Ⅲ～Ⅳ类，第1季度水质类别为Ⅲ类，第2～4季度均为Ⅳ类。总氮4个季度水质类别均为Ⅳ类。白马湖核心区主要超标项目浓度变化如图8.25所示。

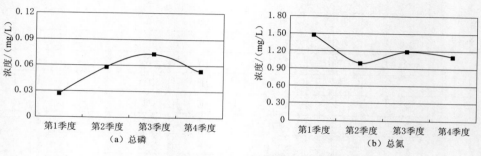

图8.25 白马湖核心区主要超标项目浓度变化图

（3）缓冲区。总磷4个季度水质类别为Ⅲ～Ⅳ类，第1季度水质类别为Ⅲ类，第2～4季度均为Ⅳ类。总氮水质类别为Ⅳ～劣Ⅴ类，第1季度水质类别为劣Ⅴ类，第2、4季度水质类别为Ⅳ类，第3季度水质类别为Ⅴ类。白马湖缓冲区主要超标项目浓度变化如图8.26所示。

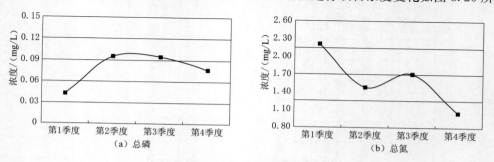

图8.26 白马湖缓冲区主要超标项目浓度变化图

（4）开发控制利用区。总磷4个季度水质类别为Ⅲ～Ⅴ类，第1季度水质类别为Ⅲ类，第2、4季度水质类别均为Ⅳ类，第3季度为Ⅴ类。总氮浓度4个季度水质类别为

Ⅲ～Ⅴ类，第 2、4 季度水质类别为Ⅲ类，第 1 季度水质类别均为Ⅳ类，第 3 季度水质类别为Ⅴ类。白马湖开发控制利用区主要超标项目浓度变化如图 8.27 所示。

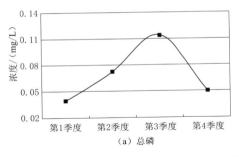

（a）总磷

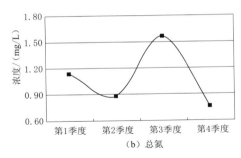

（b）总氮

图 8.27　白马湖开发控制利用区主要超标项目浓度变化图

2. 营养状态评价

全湖及各生态分区营养状态均以轻度富营养为主，其营养状态指数介于 50.7～61.0 之间，变化趋势大体相当，全湖及各生态分区均为第 3 季度富营养分值最高，评价结果详见表 8.10。白马湖全湖及各生态功能分区营养状态指数变化如图 8.28 所示。

表 8.10　　　　　　　　　　　　　白马湖营养状态指数（EI）评价表

序号	测站名称	采样月份	总磷		总氮		叶绿素 a		高锰酸盐指数		透明度		总评分值	评价结果
			浓度/(mg/L)	En分值	浓度/(mg/L)	En分值	浓度/(mg/L)	En分值	浓度/(mg/L)	En分值	数值/m	En分值		
1		1	0.027	40.8	1.19	61.9	0.0013	23.0	4.2	50.5	0.45	65	48.2	中营养
2		2	0.027	40.8	1.57	65.7	0.0033	36.5	4.5	51.2	0.50	60	50.8	轻度富营养
3		3	0.022	38.0	1.23	62.3	0.0026	33.0	4.6	51.5	0.45	65	50.0	中营养
4		4	0.049	49.6	0.78	55.6	0.0004	8.0	4.2	50.5	0.40	70	46.7	中营养
5		5	0.072	54.4	0.89	57.8	0.0023	31.5	6.7	56.8	0.40	70	54.1	轻度富营养
6	张大门	6	0.072	54.4	0.92	58.4	0.0057	42.8	6.9	57.3	0.35	75	57.6	轻度富营养
7		7	0.066	53.2	1.30	63.0	0.0023	31.5	5.7	54.3	0.40	70	54.4	轻度富营养
8		8	0.062	52.4	0.96	59.2	0.0205	56.6	4.0	50.0	0.30	80	59.6	轻度富营养
9		9	0.109	60.9	0.76	55.2	0.0215	57.2	6.4	56.0	0.40	70	59.9	轻度富营养
10		10	0.077	55.4	1.86	68.6	0.0041	40.2	3.8	49.0	0.50	60	54.6	轻度富营养
11		11	0.047	48.8	1.07	60.7	0.0046	41.0	5.0	52.5	0.40	70	54.6	轻度富营养
12		12	0.075	55.0	1.67	66.7	0.0052	42.0	2.8	44.0	0.50	60	54.5	轻度富营养
13		1	0.034	43.6	1.20	62.0	0.0011	21.0	4.4	51.0	0.45	65	48.5	中营养
14		2	0.030	42.0	2.11	70.3	0.0051	41.8	4.3	50.7	0.40	70	55.0	轻度富营养
15	白马湖区（中）	3	0.023	38.7	1.58	65.8	0.0033	36.5	4.6	51.5	0.45	65	51.5	轻度富营养
16		4	0.033	43.2	1.00	60.0	0.0011	21.0	4.6	51.5	0.50	60	47.1	中营养
17		5	0.060	52.0	1.17	61.7	0.0019	29.0	6.8	57.0	0.40	70	53.9	轻度富营养
18		6	0.065	53.0	1.25	62.5	0.008	46.7	7.8	59.5	0.37	73	58.9	轻度富营养

序号	测站名称	采样月份	总磷 浓度/(mg/L)	En分值	总氮 浓度/(mg/L)	En分值	叶绿素a 浓度/(mg/L)	En分值	高锰酸盐指数 浓度/(mg/L)	En分值	透明度 数值/m	En分值	总评分值	评价结果
19	白马湖区（中）	7	0.092	58.4	2.02	70.1	0.0019	29.0	8.2	61.0	0.50	60	55.7	轻度富营养
20		8	0.054	50.8	1.55	65.5	0.038	63.2	7.3	58.2	0.40	70	61.5	中度富营养
21		9	0.061	52.2	0.55	51.0	0.0346	62.3	6.9	57.3	0.50	60	56.6	轻度富营养
22		10	0.069	53.8	0.77	55.4	0.0058	43.0	6.5	56.2	0.45	65	54.7	轻度富营养
23		11	0.035	44.0	0.38	44.0	0.003	35.0	7.8	59.5	0.40	70	50.5	轻度富营养
24		12	0.024	39.3	0.84	56.8	0.0041	40.2	4.3	50.7	0.45	65	50.4	轻度富营养
25	东堆	1	0.031	42.4	1.22	62.2	0.0011	21.0	4.4	51.0	0.45	65	48.3	中营养
26		2	0.031	42.4	2.12	70.3	0.0051	41.8	4.3	50.7	0.40	70	55.0	轻度富营养
27		3	0.020	36.7	1.70	67.0	0.0033	36.5	5.0	52.5	0.45	65	51.5	轻度富营养
28		4	0.038	45.2	0.52	50.4	0.0015	25.0	4.6	51.5	0.50	60	46.4	中营养
29		5	0.086	57.2	0.74	54.8	0.0022	31.0	6.7	56.8	0.40	70	54.0	轻度富营养
30		6	0.062	52.4	0.87	57.4	0.008	46.7	7.9	59.8	0.39	71	57.5	轻度富营养
31		7	0.088	57.6	1.81	68.1	0.0022	31.0	8.2	61.0	0.50	60	55.5	轻度富营养
32		8	0.059	51.8	1.32	63.2	0.0383	63.2	7.6	59.0	0.40	70	61.4	中度富营养
33		9	0.061	52.2	0.58	51.6	0.044	64.7	6.4	56.0	0.50	60	56.9	轻度富营养
34		10	0.065	53.0	0.82	56.4	0.0057	42.8	6.8	57.0	0.45	65	54.8	轻度富营养
35		11	0.034	43.6	0.36	43.0	0.0034	37.0	7.7	59.3	0.40	70	50.6	轻度富营养
36		12	0.030	42.0	0.92	58.4	0.0034	37.0	4.2	50.5	0.45	65	50.6	轻度富营养
37	郑家大庄	1	0.023	38.7	0.88	57.6	0.0019	29.0	4.1	50.2	0.45	65	48.1	中营养
38		2	0.016	34.0	0.74	54.8	0.0059	43.2	4.5	51.2	0.40	70	50.6	轻度富营养
39		3	0.023	38.7	0.90	58.0	0.0014	24.0	5.0	52.5	0.45	65	47.6	中营养
40		4	0.068	53.6	1.06	60.6	0.0008	16.0	6.0	55.0	0.50	60	49.0	中营养
41		5	0.062	52.4	0.95	59.0	0.0019	29.0	6.4	56.0	0.40	70	53.3	轻度富营养
42		6	0.043	47.2	0.96	59.2	0.0023	31.5	7.4	58.5	0.50	60	51.3	轻度富营养
43		7	0.057	51.4	1.65	66.5	0.0019	29.0	8.8	64.0	0.50	60	54.2	轻度富营养
44		8	0.050	50.0	2.63	71.6	0.0343	62.2	7.3	58.2	0.50	60	60.4	中度富营养
45		9	0.085	57.0	0.67	53.4	0.0067	44.5	7.2	58.0	0.50	60	54.6	轻度富营养
46		10	0.044	47.6	0.51	50.2	0.0068	44.7	7.2	58.0	0.45	65	53.1	轻度富营养
47		11	0.022	38.0	0.31	40.5	0.0016	26.0	8.4	62.0	0.45	65	46.3	中营养
48		12	0.023	38.7	0.84	56.8	0.0031	35.5	6.0	55.0	0.45	65	50.2	轻度富营养
49	唐圩	1	0.050	50.0	2.73	71.8	0.0012	22.0	4.2	50.5	0.45	65	51.9	轻度富营养
50		2	0.039	45.6	2.63	71.6	0.0034	37.0	4.5	51.2	0.50	60	53.1	轻度富营养
51		3	0.043	47.2	2.64	71.6	0.0025	32.5	5.0	52.5	0.45	65	53.8	轻度富营养
52		4	0.053	50.6	1.96	69.6	0.0015	25.0	3.9	49.5	0.35	75	53.9	轻度富营养

序号	测站名称	采样月份	总磷		总氮		叶绿素a		高锰酸盐指数		透明度		总评分值	评价结果
			浓度/(mg/L)	En分值	浓度/(mg/L)	En分值	浓度/(mg/L)	En分值	浓度/(mg/L)	En分值	数值/m	En分值		
53	唐圩	5	0.195	69.5	2.04	70.1	0.0023	31.5	5.5	53.8	0.40	70	59.0	轻度富营养
54		6	0.087	57.4	0.93	58.6	0.0083	47.2	8.0	60.0	0.35	75	59.6	轻度富营养
55		7	0.095	59.0	1.78	67.8	0.0023	31.5	8.7	63.5	0.45	65	57.4	轻度富营养
56		8	0.076	55.2	2.53	71.3	0.0312	61.4	7.3	58.2	0.30	80	65.2	中度富营养
57		9	0.126	62.6	1.23	62.3	0.0222	57.6	6.0	55.0	0.40	70	61.5	中度富营养
58		10	0.141	64.1	1.08	60.8	0.0049	41.5	6.5	56.2	0.50	60	56.5	轻度富营养
59		11	0.042	46.8	0.31	40.5	0.0042	40.3	7.9	59.8	0.40	70	51.5	轻度富营养
60		12	0.043	47.2	1.50	65.0	0.0037	38.5	4.8	52.0	0.45	65	53.5	轻度富营养
61	山阳镇杨大圩	1	0.128	62.8	0.99	59.8	0.0236	58.5	4.5	51.2	0.81	54	57.2	轻度富营养
62		2	0.057	51.3	0.85	57.1	0.0214	57.1	5.5	53.9	0.81	54	54.7	轻度富营养
63		3	0.038	45.2	0.99	59.8	0.0211	56.9	4.6	51.5	0.89	52	53.1	轻度富营养
64		4	0.093	58.6	1.02	60.2	0.0213	57.1	6.8	57.0	0.50	60	58.6	轻度富营养
65		5	0.076	55.3	0.65	52.9	0.023	58.1	6.0	52.5	0.50	61	56.0	轻度富营养
66		6	0.137	63.7	1.27	62.7	0.0718	70.8	8.6	63.0	0.61	58	63.6	中度富营养
67		7	0.172	67.2	1.71	67.1	0.0418	64.2	9.1	65.5	0.35	75	67.8	中度富营养
68		8	0.278	72.0	2.04	70.1	0.0244	59.0	9.4	67.0	0.55	59	65.4	中度富营养
69		9	0.182	68.2	1.72	67.2	0.0207	56.7	7.6	59.0	0.83	53	60.9	中度富营养
70		10	0.090	58.0	1.08	60.8	0.0137	52.3	5.8	54.5	1.20	46	54.3	轻度富营养
71		11	0.058	51.6	1.13	61.2	0.0225	57.8	5.8	54.6	0.52	60	57.0	轻度富营养
72		12	0.097	59.4	1.02	60.2	0.0428	64.4	6.7	56.8	0.55	59	60.0	轻度富营养
73	顺沿河口	2	0.038	45.2	0.92	58.4	0.0198	56.1	3.9	49.5	0.58	58	53.5	轻度富营养
74		5	0.046	48.4	1.04	60.4	0.0174	54.6	4.7	51.8	0.38	72	57.4	轻度富营养
75		8	0.082	56.4	1.30	63.0	0.0345	62.2	8.0	60.0	0.66	57	59.7	轻度富营养
76		11	0.083	56.6	1.24	62.4	0.0108	50.5	4.4	51.0	0.41	69	57.9	轻度富营养

8.6.3.4 水生态特征

1. 水生高等植物

调查显示白马湖大型水生植物共计30种,分别隶属于16科。按生活型计,挺水植物11种,沉水植物11种,浮叶植物5种,漂浮植物3种,其中绝对优势种为沉水植物金鱼藻以及浮叶植物菱。

2. 浮游植物

根据调查资料表明,白马湖共观察到浮游植物69属119种,其中绿藻门的种类最多,有29属56种;其次是硅藻门,有16属29种;蓝藻门11属15种;裸藻门5属10种;金藻门3属3种;隐藻门2属3种;甲藻门2属2种;黄藻门1属1种。主要优势种为绿

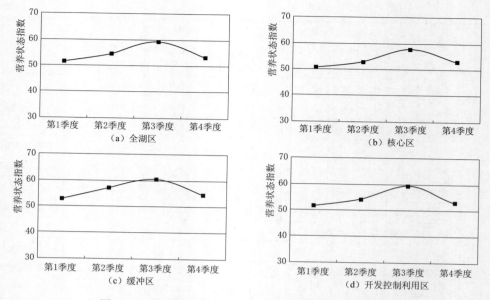

图 8.28　白马湖及各生态功能分区营养状态指数变化图

藻门的小球藻属 1 种和四尾栅藻，硅藻门的小环藻属 1 种、颗粒直链藻极狭变种和尖针杆藻，蓝藻门的席藻属 1 种，隐藻门的蓝隐藻。除此之外，绿藻门的衣藻属 1 种、小型月牙藻，硅藻门的梅尼小环藻、舟形藻，隐藻门的蓝隐藻、啮蚀隐藻，蓝藻门的链状假鱼腥藻在各采样点普遍具有较高的丰度。

3. 浮游动物

根据白马湖浮游动物的定量水样分析，白马湖浮游动物种类不少，优势种的数目很多。包括桡足类的无节幼体和桡足幼体，全年浮游动物水样镜检见到浮游动物的种类共有62 种，其中原生动物 14 种，占总种类的 22.6%；轮虫 34 种，占总种类的 54.8%；枝角类 7 种，占总种类的 11.3%；桡足类 7 种，占总种类的 11.3%。

白马湖见到的浮游动物大都属季生性种类。白马湖中的浮游动物优势种为：原生动物有棘砂壳虫、褐砂壳虫、球形砂壳虫、尖顶砂壳虫、太阳虫、王氏似铃壳虫、薄片漫游虫；轮虫有角突臂尾轮虫、剪形臂尾轮虫、萼花臂尾轮虫、长刺异尾轮虫、晶囊轮虫、无柄轮虫、螺形龟甲轮虫、曲腿龟甲轮虫、长肢多肢轮虫、针族多肢轮虫、长三肢轮虫、独角聚花轮虫；枝角类有长肢秀体溞、短尾秀体溞、简弧象鼻溞、微型裸腹溞；桡足类有近邻剑水蚤、汤匙华哲水蚤、广布中剑水蚤。此外还有无节幼体和桡足幼体。白马湖见到的浮游动物都属普生性种类。

4. 底栖动物

白马湖共鉴定出底栖动物 15 种（属），其中摇蚊科幼虫种类最多，共计 7 种；软体动物次之，共 4 种；其次为寡毛类，共 3 种，主要为寡毛纲颤蚓科的种类；蛭类 1 种，为扁舌蛭。

白马湖底栖动物密度和生物量被少数种类所主导。密度方面，寡毛类的苏氏尾鳃蚓和中华河蚓，摇蚊科幼虫的粗腹摇蚊和红裸须摇蚊，软体动物的环棱螺优势度较高，分别占总密度的 11.25％、18.12％、21.56％、22.19％ 和 9.53％。生物量方面，由于软体动物个体较大，软体动物的环棱螺在总生物量上占据绝对优势，达到 75.45％，拉氏蚬、长角涵螺、苏氏尾鳃蚓以及红裸须摇蚊所占比重次之，分别为 7.77％、5.84％、4.37％ 和 3.70％。从 15 个物种的出现频率来看，苏氏尾鳃蚓等共 6 个种类是白马湖最常见的种类，其在大部分采样点均能采集到。综合底栖动物的密度、生物量以及各物种在 11 个采样点的出现频率，利用优势度指数确定优势种类，结果表明白马湖现阶段的底栖动物优势种主要为苏氏尾鳃蚓、中华河蚓、粗腹摇蚊、红裸须摇蚊和环棱螺。

5. 鱼类资源

白马湖湖内鱼类资源丰富，有鱼类 50 多种，主要经济鱼类有鲤鱼、鲫鱼、白鱼、黑鱼、黄鳝、黄颡鱼、鳊鱼、草鱼、鲢鱼、鳙鱼、塘鳢鱼以及青虾、白虾等；水生植物 30 多种，主要有挺水植物芦、蒲、菰等，经济水生植物莲、芡实、菱等，沉水植物有轮叶黑藻、聚草、马来眼子菜、苦草等。

8.6.3.5 资源开发与利用

新中国成立初期，白马湖地区主要为农业围垦，沿湖周边圩区密布，并不断向湖区扩展。1956 年白马湖隔堤修筑，使白马湖成为区域性内湖，不再受外洪侵扰，湖区滩地进一步受到围垦，面积不断缩小。仅洪泽县范围 20 世纪 70 年代围湖造田，扩大种粮面积和发展渔业养殖，在老圩外面匡新圩，由小到大，由少到多，先后共匡出大小不等新圩区 19 个。据调查，新中国成立初期白马湖湖面面积约为 150km²，20 世纪 60 年代末约为 130km²（1969 年 1/5 万地形图），到 80 年代初形成现状大堤，面积为 113.4km²。

20 世纪 80 年代以前，白马湖渔业主要以捕捞为主，一片原生态湿地景象。全湖捕捞产量 3250t，其中螃蟹产量达 621t，位居全省大中型湖泊单产之首。进入 80 年代后期，沿湖县区实施渔业大开发，大面积发展围网养殖。目前白马湖的网围已遍布整个湖区水域，基本上没有单纯的自然水面。

8.6.3.6 湖泊保护

根据 2004 年颁布的《江苏省湖泊保护条例》，2006 年省水利厅会同涉湖相关部门及地方政府制订了《江苏省白马湖保护规划》，并于 2006 年报经省政府批准实施，该规划是加强白马湖保护、管理、开发、利用的专项总体规划。为加强白马湖的管理与保护，相关部门还制定了《白马湖渔业养殖规划》《淮安市白马湖退圩（围）还湖专项规划》等涉湖专项规划。

2011 年，为深入贯彻《江苏省湖泊保护条例》，推动白马湖、宝应湖管理与保护工作深入开展；8 月 5 日，省水利厅在江都召开白马湖宝应湖管理与保护联席会议成立大会，建立了白马湖宝应湖管理与保护联席会议制度，定期通报湖泊管理保护工作情况，认真协调解决湖泊管理与保护、资源开发利用等方面的重大问题。

2013 年，为认真贯彻落实生态市建设战略部署，切实保护和改善白马湖生态环境。根据《中华人民共和国环境保护法》《水法》《防洪法》《渔业法》《城乡规划法》和《江苏省湖泊保护条例》等法律法规，江苏淮安市人大常委会对加强白马湖生态环境保护特做如下决定：

（1）切实统一思想认识。白马湖是江苏省十大湖泊之一，是国家南水北调东线上游重要的过境湖泊,也是市中心城区第二饮用水源地。多年来,由于农渔业对湖泊过度开发利用,上游城镇生活污水处理尾水排放等原因,致湖区水质指标不能稳定达到地表水Ⅲ类标准,湖泊生态环境面临严重的威胁。保护和改善白马湖生态环境,是全面贯彻落实党的十八大关于加强生态文明建设的具体体现,是加快生态市建设的重要载体,也是促进美丽和谐淮安建设的重要内容。必须要统一思想认识,切实采取有力措施,全面加强白马湖生态环境建设与保护。要强化"保护第一、合理利用"理念,认真贯彻落实科学发展观,坚持全面保护、综合治理、多措并举,有效改善白马湖生态功能,维护生物多样性和湖泊生态景观,提升水质标准,保障淮安市第二水源地和南水北调过境节点水质安全,将白马湖打造成全国淡水湖泊生态环境保护的典范。

(2)提升规划管理水平。将白马湖保护工作纳入国民经济和社会发展计划,组织专门力量,开展科学论证,依法编制白马湖保护总体规划和详细规划,明确白马湖保护范围、水功能区划分和水质保护目标,防洪、除涝、水土流失防治和种植、养殖控制要求,水域纳污能力和限制排污总量意见,以及截污治污、生态修复等内容,提高规划的科学性、全面性、长远性。积极依据白马湖保护规划进行勘界,划定湖泊保护区、环湖保护区、上游集水区,设立保护标志,实行环境管制,确定保护责任单位和责任人,并向社会公示。任何组织或个人不得随意更改规划或干扰破坏规划实施,保持规划的严肃性和稳定性,充分发挥规划的指导和约束作用。

(3)大力开展综合治理。水资源保护、水污染防治和水生态修复是湖泊的生命工程,也是湖泊综合治理的关键工程。要着眼长远、长短结合、统筹推进、分步实施,全面加强白马湖综合治理。坚持陆水同治。集水区根据生态市建设要求,全面完善污水处理、垃圾清运设施建设并规范运行。彻底封堵环湖污水直排口,改造截流式合流制排水管网,按照"一次规划、分期实施"的原则推进雨污分流工程建设,实现清水入湖。对白马湖水生态系统以及主要入湖河道加大治理力度,加强沿岸水源涵养林工程和护岸建设,科学引导推进周边农业面源污染防治,逐步恢复白马湖水生态环境,实现人与自然的和谐相处。

(4)积极构建长效工作机制。市政府要切实加强对白马湖保护工作的组织领导,迅速制定保护工作实施方案,依法出台切实可行的保护办法。进一步理顺白马湖的管理体制和工作机制,明确责任主体。要将白马湖保护工作纳入相关职能部门年度考核目标,建立健全部门联动机制和联席会议制度,督促相关部门各司其职、各负其责。建立完善白马湖保护投入机制和生态补偿机制,积极鼓励社会力量投入白马湖生态环境保护和建设工作。坚决制止和查处各类破坏白马湖生态环境的违法行为,加强宣传教育,大力营造全社会爱护白马湖、保护白马湖的良好氛围。

9 沂沭泗流域

9.1 基本情况

9.1.1 地理位置及地质地貌

沂沭泗水系是淮河流域内一个相对独立的水系，系沂、沭、泗（运）三条水系的总称，位于淮河流域东北部，北起沂蒙山，东临黄海，西至黄河右堤，南以废黄河与淮河水系为界。全流域介于东经 114°45′～120°20′，北纬 33°30′～36°20′之间，东西方向平均长约 400km，南北方向平均宽不足 200km。流域面积 7.96 万 km²，占淮河流域面积的 29%，包括江苏、山东、河南、安徽 4 省 15 个地（市），共 79 县（市、区），人口 5128 万人，耕地 5706 万亩[21]。

沂沭泗流域地形是西高东低、北高南低，大致由北向西向南逐渐降低，由低山丘陵逐渐过渡为倾斜冲积平原、滨海平原。区域内地貌可分为平原区、中高山区、低山丘陵和岗地四大类。山地丘陵区面积占 31%，平原区面积占 67%，湖泊面积占 2%。

平原区主要由黄泛平原、沂沭河冲积平原、滨海沉积平原组成。黄泛平原分布于本区南部，地势高仰，延伸于黄河故道两侧，由于黄河多次决口、改道，黄泛平原微地貌发育，地势起伏、高低相间。沂沭河冲积平原分布于黄泛平原和低山丘陵、岗地之间，由黄河泥沙和沂沭河冲积物填积原来的湖荡形成，地势低平。滨海沉积平原分布东部沿海一带，系由黄河和淮河及其支流携带的泥沙受海水波浪作用沉积而成，地势低平。平原区近代沉积物甚厚，南四湖湖西平原的第四纪沉积物在 100m 以上。

北中部的中高山区，是沂、沭、泗河的发源地，有海拔 800 多 m 的高山（沂河上游最高峰龟蒙顶海拔高达 1156m），也有低山丘陵。长期以来，地壳较为稳定或略有上升，地面以剥蚀作用为主，形成广阔、平坦和向东南微微倾斜的山麓面，加之流水侵蚀破坏而支离破碎，形成波状起伏高差不大的丘岗和洼地。

岗地分布在赣榆中部、东海西部、新沂东部、灌云西部陡沟一带和宿迁的东北部及沭阳西部等。岗地多在低山丘陵之外围，是古夷平面经长期侵蚀、剥蚀，再经流水切割形成的岗、谷相间排列的地貌形态，其平面呈波浪起伏状。

山丘区主要是地壳垂直升降运动造成的。根据其断裂褶皱构造在平面上排列形式及延伸方向，沂河东为新华夏构造区，其河流、山脉及海岸地形曲折与延伸方向均受这一构造

体影响；沂河以西为鲁西旋转构造与新华夏构造复合构造区。沂沭河大断裂带是一条延展长、规模大、切割深、时间长的复杂断裂带，纵贯鲁东、鲁西。鲁西南断陷区以近南北和东西向的两组断裂为主，形成近似网格的构造。山区除马陵山为中生代红色砂砾岩和页岩外，其余主要为古老的寒武纪深度变质岩和花岗岩。

沂沭泗区域为强震区，根据 1990 年中国地震烈度区划图，南四湖湖西地区最高烈度为Ⅵ度，湖东至黄海大致为Ⅶ度地震区，其中睢宁至郯城为Ⅷ度地震区，宿迁一带为Ⅸ度地震区。

9.1.2　形成及发育

1. 微山湖

微山湖是南四湖四大湖泊之一，位于东经 $116°34'\sim117°21'$，北纬 $34°27'\sim35°20'$，位于山东、江苏之间，行政隶属于江苏省徐州市沛县、铜山区以及山东省微山县等。

南四湖的成因既受大地构造控制，即鲁西平原长期下降形成了凹陷的地质条件，也受鲁中山区自然地貌的阻挡及泗河等东部山水的影响，更由于黄河长期泛滥夺泗夺淮故道淤积，泗河失去出路，水流滞积，加之运河的开发和人们的生产活动，使济宁至徐州间长达 120km 长的地带，逐渐演变成河流堰塞型浅水湖泊——南四湖，四湖相连一片，无明显湖界，中部最窄处称为湖腰。1960 年，山东省在南四湖的昭阳湖东西建成了二级坝工程，将南四湖分为上、下两级湖。上级湖包括南阳湖、独山湖和昭阳湖的大部分，下级湖包括微山湖的全部和昭阳湖的小部分。

2. 骆马湖

骆马湖的原始基底是地堑式的陷落盆地，其中有两组以上的断裂构造穿过湖盆。著名的郯庐深大断裂即沿湖的东岸贯穿南北，且历史上活动频繁，曾发生过数次灾害性地震。湖西岸还有一组南北向断裂构造与郯庐深大断裂并列。所以，以湖盆成因而论，骆马湖确属典型的构造湖。但是，由于历史上黄河多次南泛夺淮以及沂河和中运河的行洪，致使原始湖盆淤积成一个浅洼地。整个湖盆由西北向东南倾斜，湖底高程一般为 $18.50\sim22.00$（$18.67\sim22.17$）m（1985 国家高程基准，括号内为废黄河高程基准，下同），当蓄水位为 22.83（23.00）m 时，平均水深 3.32m。骆马湖于 1958 年经水利部批准改建加固成防洪、灌溉等综合利用的常年蓄水湖泊，形成两道控制线，第一道皂河控制由骆马湖一线南堤和皂河枢纽、洋河滩闸等组成，第二道宿迁大控制由中运河西岸堤防、宿迁枢纽和井儿头大堤等组成。第一道皂河控制主要是正常蓄水和挡 24.33（24.50）m 洪水位，第二道宿迁大控制是挡 24.83（25.00）m 设计洪水位。骆马湖承泄上游 5.8 万 km^2 的来水。

9.1.3　湖泊形态

微山湖和骆马湖均属浅水型湖泊。微山湖一般湖底高程为 30.83（31.00）m，20 年一遇设计洪水位 35.83（36.00）m 时，湖面面积 $671.0km^2$，蓄水量 35.43 亿 m^3，正常蓄水位 32.33（32.50）m 时，蓄水量 7.78 亿 m^3，死水位 31.33（31.50）m，蓄水量 3.06 亿 m^3。

骆马湖周高中洼，湖底由西北向东南倾斜，湖底高程一般在 $21.00\sim23.00$（$21.17\sim23.17$）m，平均水深 2.73m，长 27km，最大宽度 20km。骆马湖死水位 20.33（20.50）m，相应水面积 $200km^2$，库容 2.55 亿 m^3；正常蓄水位 22.83（23.00）m，相应水面积 $287km^2$，

库容 9.18 亿 m³；设计洪水位 24.83（25.00）m，相应水面积 320km²，库容 15.95 亿 m³。

9.1.4 湖泊功能

微山湖为苏鲁两省共有的天然大水库。骆马湖位于江苏省，跨宿迁徐州二市。微山湖和骆马湖都是集防洪调蓄、饮用水源、航运养殖、生态、旅游等功能于一体的平原综合性湖泊。

9.2 水文特征

9.2.1 湖泊流域面积

沂沭泗水系是沂、沭、泗（运）三条水系的总称，位于淮河流域东北部，河网密布，主要河道相通互联，水系极其复杂。流域面积 7.96 万 km²，约占淮河流域面积的 29%。沂沭泗流域内干流均发源于沂蒙山区，有干、支河流 510 余条，其中流域面积超过 500km² 的河流 47 条，超过 1000km² 的河流 26 条。平均河网密度为 0.25km/km²。

沂河水系由沂河、骆马湖、新沂河等组成，流域面积约 1.48 万 km²。沭河流域面积约 9260km²。泗运河水系由泗河、南四湖、韩庄运河、伊家河、中运河等组成，流域面积约 4 万 km²。

骆马湖流域面积为 51000 多 km²，骆马湖水系包括沂河水系、南四湖及邳苍地区。北面以沂蒙山脉为分水岭，西接黄河，南以废黄河为界。

9.2.2 湖泊进、出湖河道

沂河通彭道口闸控制分沂入沭水道使沂河洪水进入沭河；通过江风口闸控制邳苍分洪道使洪水入中运河。沂河下游是骆马湖，其上承沂河并接纳泗运水系和邳苍地区来水，由嶂山闸、皂河闸及宿迁闸控制下泄。

沭河与沂河平行南下，经大官庄枢纽分为两支，分别南下入新沂河和向东入新沭河，东调洪水经石梁河水库调蓄后入海。

骆马湖的入湖流有 3 条：沂河，主要承纳新沂市工业和生活污水；中运河（京杭大运河徐州—淮安段），为"南水北调（东线）"工程调水水道；房亭河，在邳州境内汇入京杭大运河。

9.2.3 降雨、蒸发及出入湖径流

沂沭泗流域属暖温带半湿润季风气候区，具有大陆性气候特征。夏热多雨，冬寒干燥，春旱多风，秋旱少雨，冷暖和旱涝较为突出。气候特征介于黄淮之间，而较接近于黄河流域。

沂沭泗流域多年平均降水为 830mm，最大年降水为 1098mm（1964 年），最小年降水为 562mm（1966 年）。多年平均年内分配春季（3—5 月）为 131mm，占总降雨量的 15.8%；夏季汛期（6—9 月）平均为 592mm，占总降雨量的 71.3%；秋季（10—12 月）平均为 77mm，占总降雨量的 9.3%；冬季平均为 30mm，占总降雨量的 3.6%。

流域南部小，北部大，自南向北，多年平均水面蒸发量为 1180~1320mm。历年最高为 1755mm（韩庄闸站），历年最低 903mm（响水口站）。

全流域多年平均径流深为 232mm，年径流系数为 0.28。年径流分布与降水分布相

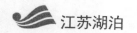

似，南大北小，山区大平原小。泰沂山丘区年径流深达 348mm，年径流系数为 0.40；南四湖湖西年径流深达 97.2mm，年径流系数为 0.14。

9.2.4 泥沙特征

骆马湖泥沙主要来自入湖河流所携带的悬沙，其中以沂河为主，占年入湖沙量的 60%～70%；其次来自房亭河、湖区以北区间以及风浪所掀起的湖底泥沙。入湖的输沙量集中在汛期，特别是在 7 月、8 月。沂河上游为山区，多花岗片麻岩和石藏岩，风化严重，土壤为沙质，受暴雨洪水的冲刷，大量泥沙顺流而下。汛期入湖地表径流大，湖泊含沙量亦高，历年最大含沙量为 0.93kg/m³，出现于 1964 年 7 月 5 日，6—9 月悬移质输沙量占年输沙总量的 90% 以上。汛后为蓄水季节，流域来水少，含沙量亦低，一般为 0.01～0.03kg/m³，其输沙总量还不到全年总量的 10%。同时，由于各湖区的水动力特性和植被条件等情况不一，所以泥沙在湖里是不会以均匀的方式进行沉积的。一般是入湖河口段淤积速度快，泥沙的颗粒也粗。在中运河入口的三湾至小新河口、陆渡口一带的河槽中，也同样有淤塞的现象。

9.3 水质特征

9.3.1 水质状况评价

1. 微山湖

2006—2016 年微山湖水质监测成果见表 9.1。

表 9.1　2006—2016 年微山湖水质监测成果表

监测年份	溶解氧/(mg/L)			化学需氧量/(mg/L)			总氮/(mg/L)			总磷/(mg/L)		
	最大值	最小值	平均值	最大值	最小值	平均值	最大值	最小值	平均值	最大值	最小值	平均值
2006	8.64	5.32	7.46	42.31	22.29	29.74	3.67	0.39	0.78	0.88	0.03	0.09
2007	8.64	5.97	7.89	37.18	18.40	28.64	2.34	0.41	0.68	0.29	0.04	0.11
2009	9.52	6.27	9.03	30.16	11.57	18.32	0.95	0.32	0.48	0.24	0.01	0.11
2010	9.26	4.97	7.94	25.87	6.19	13.87	0.97	0.31	0.46	0.18	0.01	0.12
2012	12.13	5.75	8.58	23.98	8.44	13.35	1.12	0.49	0.69	0.21	0.08	0.12
2014	12.24	7.52	9.23	19.86	11.29	15.17	1.01	0.56	0.72	0.18	0.01	0.12
2016	14.16	8.20	10.97	16.35	10.26	12.07	0.78	0.54	0.59	0.06	0.01	0.03

微山湖 2006—2016 年间溶解氧浓度平均值整体呈明显上升趋势，溶解氧浓度在 7.46～10.97mg/L，增长率达 32%。其中，在 2009—2010 年溶解氧含量有小幅下降，水质情况有所反复。微山湖总氮基本持续较低浓度水平，变化幅度不大。微山湖总磷平均浓度波动较大，仅在 2016 年有明显下降。

2. 骆马湖

根据骆马湖 2008—2019 年水质监测资料，2008—2019 年总氮浓度介于 1.06～3.49mg/L，从 2010—2012 年有一个缓慢上升趋势，随后至 2015 年又逐渐降低，2016—2019 年又有所升高，单项水质类别为Ⅳ～劣Ⅴ类。2008—2019 年总磷浓度介于 0.033～

0.099mg/L，从 2008—2017 年间波动较小，且有逐年递减，2010—2016 年水质类别均为Ⅲ类，2008 年、2009 年及近三年总磷单项水质类均为Ⅳ类。2008—2019 年骆马湖全湖区主要水质指标变化如图 9.1 所示。

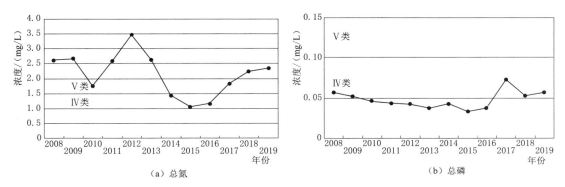

（a）总氮 （b）总磷

图 9.1 2008—2019 年骆马湖全湖区主要水质指标变化图

9.3.2 营养状态评价

骆马湖 2008—2019 年营养状态指数均值为 51.7，介于 47.8～56.8，均未超出60，营养状态属于中度富营养到轻度富营养。从历年变化趋势上看，自 2008—2015年间波动较小，且有逐年递减，2016—2018 年略有小幅上升，骆马湖营养状态指数总体围绕轻度富营养化最低线上下小幅度浮动。2008—2019 年骆马湖营养状态指数变化如图 9.2 所示。

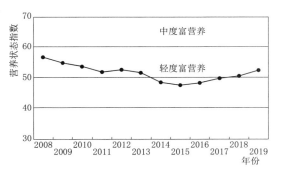

图 9.2 2008—2019 年骆马湖营养状态指数变化图

9.4 水生态特征

9.4.1 浮游植物

沂沭泗流域共记录到浮游植物 59 属 170 种，其中蓝藻门 13 属 32 种、硅藻门 14 属 45种、绿藻门 24 属 73 种、裸藻门 3 属 11 种、甲藻门 2 属 3 种、隐藻门 2 属 3 种和金藻门 1属 3 种。常见种有小颤藻、伪鱼腥藻、微小平裂藻、微小色球藻、颗粒直链藻、尖针杆藻、变异直链藻和钝脆杆藻、以四尾栅藻等。全域的 Shannon - Wiener 指数在 0.5～5 范围内波动。

9.4.2 浮游动物

沂沭泗流域共采集到浮游动物 90 种，其中原生动物 20 种、轮虫 34 种、枝角类 16种、桡足类 20 种。原生动物常见种有王氏拟铃壳虫、小筒壳虫、泡抱球虫、小口钟虫、侠盗虫、尖顶砂壳虫、褐砂壳虫、圆体砂壳虫、累枝虫等；轮虫常见种有萼花臂尾轮虫、角突臂尾轮虫、剪形臂尾轮虫、矩形臂尾轮虫、针簇多肢轮虫、长肢多肢轮虫、奇异六腕

轮虫、长刺异尾轮虫、刺盖异尾轮虫、晶囊轮虫、螺形龟甲轮虫、曲腿龟甲轮虫等；枝角类常见种有长肢秀体溞、短尾秀体溞、僧帽溞、角突网纹溞、微型裸腹溞、长额象鼻溞和圆形盘肠溞等；桡足类常见种有汤匙华哲水蚤、指状许水蚤、中华窄腹剑水蚤和广布中剑水蚤等。全流域浮游动物的 Shannon－Wiener 指数在 1.0～4.0 范围内波动。

9.4.3 底栖动物

沂沭泗流域底栖动物 54 种，其中环节动物 7 种、软体动物 38 种、节肢动物 9 种，其中软体动物为优势种，其次为节肢动物，再次为环节动物。常见种有苏氏尾鳃蚓、霍甫水丝蚓、颤蚓、中华河蚓、中国长足摇蚊、羽摇蚊、梨形环棱螺、中华圆田螺、长角涵螺、拉氏蚬、河蚬、淡水壳菜、扁舌蛭、日本沼虾、异钩虾以及多毛类沙蚕等。

9.4.4 水生高等植物

沂沭泗流域水生高等植物共 63 种，隶属于 36 科 61 属。其中以单子叶植物最多，有35 种；双子叶植物次之，有 24 种；蕨类植物最少，仅 4 种。常见种有芦苇、蒲草、菰、莲、李氏木、水蓼、喜旱莲子草、苦菜、菱、马来眼子菜、金鱼藻、聚草、黑藻、苦草和水鳖等。

9.4.5 鱼类

沂沭泗流域鱼类有 83 种，分别隶属于 9 目 16 科 50 属。其中多以鲤科种类鱼类为主，共有 65 种，占总种类的 78%。

9.5 资源与开发利用

9.5.1 渔业养殖

骆马湖自 1958 年建成常年蓄水湖泊以来，湖区养殖业的发展经历了几个阶段。20 世纪 80 年代中期以前，主要采用天然捕捞方式获取天然渔业资源，平均每年的天然水产品捕获量为 3000t 左右；80 年代中期以后，大力推广人工养殖方式，渔业养殖主要形式为网围和网箱。

9.5.2 旅游资源开发情况

微山湖风景优美，湖区有微山岛风景区和南阳古镇风景区两大风景区。景区内文化古迹、风景名胜众多，包括汉画像石、古碑刻石、殷周微子墓、春秋目夷墓、汉初张良墓、伏羲陵（庙）、圣母泉、郗公墓、古木兰寺、泰山庙、仲子路庙、六合泉以及大量的庙宇亭台等古迹。除此之外，还有铁道游击队纪念碑供人缅怀，具有较高的考古与观赏价值。

微山湖风景名胜区是国家级湿地公园、国家级生态示范区、国家重点红色旅游区、国家级风景名胜区。2002 年 7 月，微山湖旅游区被文化和旅游部评为国家 5A 级旅游景区。2007 年，微山湖风景区被国家旅游局评为"中国重点红色旅游区"及"中国最佳旅游目的地"。2010 年，微山市被评为"中国低碳旅游示范市"及"中国精品文化旅游市"。2011 年 12 月，微山湖国家湿地公园正式被批准为"国家级湿地公园"。

中国农业科学院受宿迁市政府委托完成《骆马湖现代生态农业示范区总体规划》，农业部批复宿迁市人民政府的申请，同意建立骆马湖"农业部生态农业示范园区"，该园区包括现代生态农业示范区、骆马湖生态旅游风景区和嶂山森林公园保护区三个部分。新沂市组织编制了《徐州新沂骆马湖湿地自然保护区总体规划（2018—2030）》，提出在保护骆马湖湿地同时，利用湖泊资源合理开发旅游，以休闲度假、运动健身为主的生态旅游。目前，骆马湖的旅游业正逐步有序、健康地发展。

9.6　典型湖泊——骆马湖

济运输天瘦，防霖安地行。

相机资蓄泄，惟谨度亏盈。

洲渚江乡趣，凫鸥春水情。

六塘东达海，切切念民生。

——清·乾隆《骆马湖》

9.6.1　基本情况

1. 地理位置及地质地貌

骆马湖古称乐马湖（图9.3），又名落马湖，地处沂沭泗流域下游的中心，是江苏淮北腹地唯一的平原水库；湖泊面积仅次于洪泽湖和南四湖，是淮河流域的第三大淡水湖，江苏省的第四大淡水湖泊；位于东经118°5′～118°19′，北纬34°～34°14′范围内，北临新沂，西连邳州，南接宿豫，东连马陵山，与宿迁市相距仅6km，距邳州及新沂市约35km；分属于江苏省徐州市和宿迁市。

图9.3　骆马湖风光

骆马湖地貌属冲积平原的河滩及河谷平原，骆马湖西堤、北堤、东堤为沂河、老沂河、中运河入湖口冲击区、湖积区，地形开阔，地势低平，湖底高程一般在21.00～23.00（21.17～23.17）m（1985国家高程基准，括号内为废黄河高程，下同），为浅水型湖泊。湖底由西北向东南倾斜，北部湖盆有洲滩发育，湖岛广布，北部、西北部湖底多为软黏土质，南部为水较深的敞水区，湖底沉积物较为板结。

骆马湖属于典型的构造湖，位于华北地台东南部，原始湖盆基底是地堑式的陷落盆地，系由地壳构造运动所形成，属于郯庐断裂强烈上升区，在燕山运动影响下断裂带内堆积了厚层的白垩纪火山碎屑岩和第三纪红色砂岩，山左口—泗洪断裂在场地东侧穿过。

区域内地震主要受郯庐地震带构造活动控制，地震活动具有强度大而频度低的特点。场地地震动峰值加速度为0.3g，地震动反应谱特征周期0.35s，相应的地震基本烈度为Ⅷ度。

2. 形成及发育

骆马湖最早出现在宋代，《宋史·高祖本纪》中称"乐马湖"。南宋绍熙五年（1194年），黄河南支夺泗夺淮之后，泗水出路受阻。到明中叶以后，黄河河床日益淤高，沂水南下受阻，洪水在此潴积，加上黄河屡次决口漫溢，东面受马陵山阻隔，水流不畅，形成

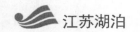

沂河和中运河临时滞洪洼地，后逐渐形成湖泊。为给骆马湖创造洪水出路，1860年河道总督靳辅在原明末开凿的拦马河上修建水坝6座，并改称六塘河，使骆马湖洪水得以排泄，经宿迁县城东侍邱湖，东行入盐河，至灌河口入海。

直到1949年前骆马湖仍是季节性湖泊，汛期蓄水，冬涸种麦，1949—1953年先后完成了湖堤加固和兴建了一系列的闸坝，1958年在原已淤涸的湖盆基础上，经筑堤建闸拦洪蓄水，开始成为一个大型的人工控制湖。

3. 湖泊形态

由于受到黄河多次迁徙改道夺淮的影响，泥沙沉积于废黄河故道两侧，骆马湖形成周高中洼的湖区地形特点，湖底由西北向东南倾斜，湖底高程一般在21.00～23.00（21.17～23.17）m，为浅水型湖泊。骆马湖正常蓄水位22.83（23.00）m，蓄水面积287km²，最低湖底高程18.00（18.17）m，平均水深2.73m。骆马湖主要形态特征见表9.2。

表9.2 骆马湖主要形态特征

特征	水位/m	面积/km²	容积/亿m³	湖底高程/m	最大水深/m	平均水深/m	长度/km	最大宽度/km
参数	22.83	287.00	9.18	21.00～23.00	4.67	2.73	27.00	20.00

4. 湖泊功能

骆马湖是沂沭泗流域下游重要的防洪调蓄湖泊和沿湖圩区的排涝承泄区，还是南水北调东线工程的重要调蓄湖泊，徐州市重要供水水源地，宿迁市、新沂市饮用水水源保护区，宿迁市补充供水水源地。骆马湖是江苏省重点湿地自然保护区（内陆湿地型），承担着保护生物多样性、维持生态平衡、调节湖区气候、生物净化等生态功能。骆马湖湿地生态系统保存比较完好，野生动植物资源丰富，是一个名副其实的生物基因库。骆马湖作为连接京杭大运河的重要水上通道，近几十年来，由于区域和地方经济的快速发展，促进水上航运业的发展，航运能力迅速提高，运输业成为当地经济的重要产业。骆马湖渔业资源丰富，湖区养殖业发达。骆马湖周边地区分布着景色各异的自然景观和人文景观，数量多，类型全，旅游开发价值较高。

9.6.2 水文特征

1. 周边水系

骆马湖位于沂沭泗流域下游，承泄上游沂沭泗河流域5.8万km²的洪水，骆马湖主要入湖河流为沂河、老沂河和中运河。出湖河道为新沂河、二干渠和皂河闸下中运河，上游来水经骆马湖调蓄后分别由嶂山闸经新沂河下泄入海、由皂河闸及宿迁闸入骆南中运河。涉湖水工建筑物有涵闸、船闸30个，泵站15个。

（1）沂河。沂河发源于沂蒙山区，经山东省临沂在刘家道口辟有分沂入沭水道，分沂河洪水由新沭河直接入海；在江风口辟有邳苍分洪道，分部分沂河洪水入中运河；沂河继续由北向南在邳州市齐村西进入江苏省境内，在新沂市苗圩进入骆马湖，全长约333km，其中江苏境内长45.5km。现状防洪标准为20年一遇，设计行洪标准为7000m³/s，50年一遇设计行洪标准为8000m³/s。

（2）中运河。骆马湖上游中运河承泄南四湖、邳苍分洪道以及区间 6800km^2 来水。江苏省境内中运河自省界陶沟河口起，南至新沂境内的二湾（右岸为宿迁境内的三湾）入骆马湖，全长约 54.0km；中运河亦是京杭运河的一部分，同时也是南水北调东线输水干线，是一条兼有防洪、通航、送水、排涝、引水等综合利用河道。中运河现状防洪标准为 20 年一遇，设计行洪 5500～5700m^3/s，50 年一遇设计行洪标准为 6500～6700m^3/s。

（3）新沂河。新沂河是骆马湖排洪的主要出路，是沂沭泗河洪水主要入海通道之一。新沂河现已达到 20 年一遇行洪 7000m^3/s 的标准。目前正按东调南下 50 年一遇行洪 7500～7800m^3/s 防洪标准设计。

（4）骆南中运河。宿迁闸下骆南中运河是京杭运河的一部分，骆马湖泄洪通道之一，设计行洪流量 500m^3/s，同时承担黄墩湖和邳洪河地区以及两岸农田的涝水。骆南中运河是南水北调的主要输水干线，一期工程设计输水流量 230～175m^3/s。

新中国成立初期，骆马湖主要排洪出路之一为总六塘河，由洋河滩闸控制泄量。1958 年骆马湖正式确定为常年蓄水湖泊，兴建了六塘河节制闸，当骆马湖退守宿迁大控制后，洋河滩闸不再控制，由六塘河闸控制下泄。为了利用骆马湖水源，1959 年兴建六塘河壅水闸，引水灌溉骆马湖灌区。1964 年省水利厅决定六塘河不再泄洪，主要提供灌溉用水。

2. 气候气象

骆马湖地区属于暖温带季风气候区，夏季高温多雨，冬季寒冷干燥，四季分明。

骆马湖多年平均降水量 919.8mm，分布规律是东南部多，向西北部逐渐减少。多年平均水面蒸发量为 946.3mm。降水量年内分配很不均匀，汛期（6—9 月）东南部各地雨量占全年的 65%～70%，西部、北部各地达到 70%～75%。在地区分布上，汛期降水量地区差值最大可达 160mm，秋季各地降水量比较均匀，差值一般为 20～30mm，其他各季节一般为 40～60mm。降水量的年际变化也比较大，变差系数一般为 0.25～0.30。骆马湖区域在汛期多发生暴雨，雨季一般始于 7 月中下旬。暴雨主要由黄淮气旋切边线、台风低压和台风倒槽等天气系统所造成。

区域内多年平均年降水量 919.8mm，降水量年内分布不均，6—8 月降水量占全年水量的 60% 以上。1963 年年降水量最大，为 1647.1mm；1978 年年降水量最小，为 573.9mm。8—9 月，容易受台风的袭击，有时会带来灾害性的台风雨，如 1974 年 8 月第 12 号台风雨，中心地点在宿迁市小王庄，8 月 12 日最大降水量为 374.6mm。年平均水面蒸发量为 946.3mm。

年平均气温 14.1℃，最高气温 40.3℃，最低气温 −23.3℃，因而在严冬季节会发生全湖封冻，但出现的概率较小，冬季湖面有冰凌出现。骆马湖水体表层最高水温为 33℃，最低水温为 0℃。

骆马湖地区冬季多偏北风，夏季多偏东风，风向主要为 NNE、WNW，年最大风速平均值为 14.9m/s。年平均湿度 75%，冬季月平均湿度 71%，最高湿度月均值为 84%。该地的无霜期在 200 天左右，平均初霜日在 10 月下旬，平均终霜日在 3 月中、下旬。

3. 特征水位

骆马湖死水位 20.33（20.50）m，水面面积 200km^2，库容 2.55 亿 m^3；汛限水位

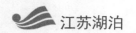

22.33（22.50）m，水面面积 282km²，库容 7.73 亿 m³；正常蓄水位 22.83（23.00）m，水面面积 287km²，库容 9.18 亿 m³；规划蓄水位 23.33（23.50）m，水面面积 290km²，库容 10.65 亿 m³；设计洪水位 24.83（25.00）m，水面面积 320km²，库容 15.95 亿 m³；校核洪水位 25.83（26.00）m，水面面积 322km²，库容 19.23 亿 m³（表9.3）。多年平均水位 22.27（22.44）m，历史最高水位 25.30（25.47）m（1974 年 8 月 16 日），相应容积为 16.92 亿 m³，历史最低水位 17.68（17.85）m（1978 年 7 月 1 日）。骆马湖多年平均年换水次数约 10 次。

表 9.3　　　　　　　　　　骆马湖特征水位—面积—容积表

水位名称	水位/m	水面面积/km²	容积/亿 m³
死水位	20.33	200	2.55
汛限水位	22.33	282	7.73
正常蓄水位	22.83	287	9.18
规划蓄水位	23.33	290	10.65
设计洪水位	24.83	320	15.95
校核洪水位	25.83	322	19.23

4. 泥沙特征

骆马湖泥沙主要来自入湖河道所携带的悬沙，其中以沂河为主，占年入湖沙量的 60%～70%；其次来自中运河。入湖的泥沙量集中在汛期，特别是在 7 月、8 月。沂河上游为山区，多花岗片麻岩和石藏岩，风化严重，土壤为砂质，受暴雨洪水的冲刷，大量泥沙顺流而下进入骆马湖。年平均入库沙量为 493 万 t，出库沙量为 171 万 t，泥沙淤积量为 322 万 t。一般汛期入湖地表径流量大，含沙量亦高，历史最大含沙量为 0.93kg/m³，出现于 1964 年 7 月 5 日。6—9 月悬移质输沙量占年输沙总量的 90% 以上。汛后为蓄水季节，流域来水少，含沙量亦低，一般为 0.01～0.03kg/m³，其输沙总量还不到年总量的 10%。同时，由于各湖区的水动力特性和植被条件等情况不一，所以泥沙在湖里是不会以均匀的方式进行沉积的。一般是入湖河口段淤积速度快，泥沙的颗粒也粗。

9.6.3　水质现状

1. 水质

骆马湖水质监测成果见表 9.4。骆马湖各站点综合水质类别为Ⅲ～劣Ⅴ类，评价结果详见表 9.5。经分析，现状评价的主要超标项目为总氮、总磷。为便于湖泊管理和保护工作的开展，分别对全湖区和各生态功能分区进行评价，重点分析主要超标项目水质变化情况。具体如下：

（1）全湖区。总磷浓度总体变化较小，总磷单项水质为Ⅲ～Ⅳ类；总氮单项水质类别为Ⅴ～劣Ⅴ类。骆马湖全湖区主要超标项目浓度变化如图 9.4 所示。

（2）核心区。总磷浓度总体变化较小，水质类别为Ⅲ～Ⅴ类；总氮单项水质类别为Ⅴ～劣Ⅴ类。骆马湖核心区主要超标项目浓度变化如图 9.5 所示。

表 9.4 骆马湖水质监测成果表

序号	测站名称	监测月份	pH值	溶解氧/(mg/L)	高锰酸盐指数/(mg/L)	化学需氧量/(mg/L)	五日生化需氧量/(mg/L)	总磷/(mg/L)	总氮/(mg/L)
1	骆马湖（A1北）	1	7.98	12.7	5.3	18.3	1.8	0.024	2.32
2		2	7.85	12.4	3.8	15.4	2.4	0.046	2.61
3		3	7.85	12.3	5.7	18.0	2.5	0.028	3.23
4		4	8.12	10.8	7.1	20.8	2.9	0.041	2.60
5		5	8.21	9.6	3.3	16.4	2.0	0.029	2.33
6		6	8.14	9.2	4.2	17.4	2.4	0.032	1.41
7		7	8.04	10.1	3.9	17.1	2.6	0.064	1.13
8		8	8.06	7.7	5.5	17.1	2.5	0.078	0.95
9		9	8.08	6.7	4.9	17.4	2.3	0.256	5.56
10		10	7.96	7.8	4.1	16.6	2.4	0.053	4.63
11		11	8.03	7.6	4.1	15.9	2.3	0.039	3.11
12		12	8.12	7.1	4.2	18.8	2.7	0.048	3.23
13	骆马湖（B1东）	1	8.02	12.6	5.6	19.2	2.1	0.023	2.23
14		2	8.01	11.9	4.5	17.2	2.7	0.023	2.63
15		3	8.06	12.1	5.8	18.6	2.4	0.023	3.72
16		4	8.15	10.7	7.1	22.4	3.2	0.055	2.20
17		5	8.22	9.7	3.2	17.4	2.2	0.028	2.42
18		6	8.15	8.9	4.2	16.7	2.5	0.032	1.26
19		7	8.13	9.5	3.8	16.4	2.8	0.083	1.20
20		8	8.12	7.8	5.5	15.2	2.6	0.078	1.67
21		9	8.14	7.6	4.7	19.9	2.5	0.071	5.76
22		10	8.12	7.8	4.2	17.8	2.5	0.046	3.29
23		11	8.06	7.9	4.2	17.8	2.2	0.057	2.34
24		12	8.06	7.1	4.7	18.5	2.5	0.056	2.74
25	骆马湖（C2北）	1	8.14	12.5	4.4	18.3	2.0	0.026	3.34
26		2	8.10	12.3	4.4	17.7	2.6	0.058	2.74
27		3	8.23	13.1	5.7	18.9	3.2	0.044	3.35
28		4	8.26	11.9	7.5	22.7	3.0	0.041	1.83
29		5	8.24	10.0	2.6	19.9	1.8	0.029	2.52
30		6	8.10	9.3	4.2	16.1	2.7	0.037	1.66
31		7	8.13	10.5	4.0	18.3	2.5	0.082	1.00
32		8	8.15	7.9	3.9	15.8	3.3	0.067	0.92
33		9	8.16	6.4	5.7	18.6	2.8	0.060	5.50
34		10	8.10	6.7	5.2	18.5	2.7	0.037	4.01

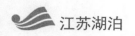

序号	测站名称	监测月份	pH 值	溶解氧/(mg/L)	高锰酸盐指数/(mg/L)	化学需氧量/(mg/L)	五日生化需氧量/(mg/L)	总磷/(mg/L)	总氮/(mg/L)
35	骆马湖（C2 北）	11	8.02	7.9	4.9	17.5	3.3	0.077	2.40
36		12	8.13	7.0	4.9	16.9	2.4	0.031	2.48
37	骆马湖（C1 北）	1	8.00	12.4	4.9	18.9	2.0	0.041	2.95
38		2	7.96	12.1	4.3	17.6	2.5	0.029	2.86
39		3	7.92	12.2	6.0	23.4	3.2	0.030	3.45
40		4	7.95	10.9	6.9	26.5	2.9	0.037	2.92
41		5	8.15	9.8	5.5	15.8	3.0	0.036	2.46
42		6	8.14	9.9	3.9	18.0	2.4	0.028	1.90
43		7	8.04	9.3	4.2	16.8	2.3	0.055	1.38
44		8	8.08	8.2	4.6	18.3	2.4	0.115	0.90
45		9	8.10	6.3	5.0	31.6	3.0	0.158	5.94
46		10	8.15	6.5	3.9	16.2	2.5	0.074	4.67
47		11	7.96	7.1	3.6	16.2	3.1	0.067	3.63
48		12	8.12	7.2	4.9	19.1	2.7	0.047	2.89
49	骆马湖区（西）	1	8.06	12.7	4.3	19.9	1.9	0.034	3.24
50		2	7.87	12.3	4.2	16.0	2.4	0.026	2.77
51		3	7.96	12.3	4.4	18.9	2.4	0.037	3.10
52		4	8.06	11.3	7.2	21.2	2.8	0.028	2.80
53		5	8.15	10.0	3.3	16.7	2.5	0.041	2.17
54		6	8.15	8.5	5.2	15.8	3.0	0.052	1.80
55		7	7.86	10.0	4.2	18.0	2.2	0.068	1.37
56		8	8.03	8.3	3.8	16.8	2.5	0.173	1.15
57		9	8.05	5.2	3.9	16.8	2.4	0.198	6.65
58		10	8.01	7.2	3.6	16.9	2.2	0.096	4.30
59		11	8.03	7.5	4.7	15.3	2.6	0.052	4.03
60		12	8.02	7.1	4.9	18.5	2.2	0.045	3.10
61	骆马湖区（北）	1	8.12	11.6	4.7	19.2	2.1	0.057	2.67
62		2	8.04	11.5	4.3	17.0	2.3	0.091	2.48
62		3	8.14	13.1	4.9	19.9	2.9	0.030	4.80
64		4	8.14	11.5	7.0	23.7	3.0	0.032	3.59
65		5	8.06	9.8	3.4	17.0	2.4	0.039	2.34
66		6	8.02	9.1	4.7	18.6	2.3	0.054	1.41
67		7	8.03	9.9	5.6	17.4	2.3	0.079	1.19
68		8	8.03	8.1	3.8	17.7	2.4	0.106	1.02

序号	测站名称	监测月份	pH值	溶解氧/(mg/L)	高锰酸盐指数/(mg/L)	化学需氧量/(mg/L)	五日生化需氧量/(mg/L)	总磷/(mg/L)	总氮/(mg/L)
69	骆马湖区（北）	9	8.05	5.9	3.8	17.4	2.3	0.082	6.19
70		10	8.01	7.4	3.6	16.6	2.3	0.098	5.25
71		11	8.02	6.7	3.6	15.6	2.3	0.075	3.61
72		12	7.93	7.2	5.5	18.8	2.7	0.033	2.64
73	皂河乡	1	8.35	10.6	3.3	<15.0	1.5	0.021	1.94
74		2	8.43	11.3	3.7	<15.0	1.7	0.063	2.22
75		3	8.18	9.4	3.4	15.4	1.2	0.051	1.91
76		4	8.28	10.6	2.1	<15.0	2.5	0.058	1.70
77		5	8.24	9.2	3.5	16.4	2.3	0.029	1.66
78		6	8.43	8.6	3.6	16.3	2.8	0.043	0.96
79		7	8.39	7.8	3.7	19.2	2.8	0.067	0.49
80		8	8.31	8.9	3.4	<15.0	2.0	0.106	2.68
81		9	8.50	8.6	3.6	19.5	2.3	0.108	1.17
82		10	8.29	10.1	3.5	<15.0	2.9	0.041	1.97
83		11	8.44	8.9	3.8	15.2	1.2	0.065	1.10
84		12	8.50	11.9	3.3	<15.0	2.1	0.039	2.30
85	骆马湖区（南）	1	8.36	10.7	2.9	<15.0	1.5	0.019	2.08
86		2	8.40	11.3	3.5	<15.0	1.8	0.045	2.02
87		3	8.18	9.4	3.1	17.3	1.0	0.053	1.68
88		4	8.34	10.5	2.4	<15.0	2.3	0.041	1.85
89		5	8.23	9.3	3.4	<15.0	1.9	0.021	1.60
90		6	8.43	8.7	3.9	19.1	2.7	0.039	1.00
91		7	8.25	8.0	3.5	15.2	2.4	0.061	0.99
92		8	8.40	9.0	3.4	<15.0	2.4	0.092	2.10
93		9	8.26	8.9	3.4	<15.0	2.5	0.130	1.04
94		10	8.39	10.3	3.1	<15.0	3.0	0.043	2.42
95		11	8.64	9.3	3.5	<15.0	1.9	0.040	1.07
96		12	8.54	12.2	3.0	<15.0	2.5	0.029	2.28
97	杨河滩	1	8.35	10.5	2.9	<15.0	1.4	0.029	1.99
98		2	8.44	11.3	3.4	<15.0	1.8	0.044	2.02
99		3	8.16	9.3	3.1	17.2	1.0	0.065	1.98
100		4	8.23	10.5	2.5	<15.0	2.6	0.054	1.76
101		5	8.33	9.1	3.4	17.8	2.3	0.025	1.83
102		6	8.40	8.7	3.7	17.2	2.6	0.039	0.90

序号	测站名称	监测月份	pH值	溶解氧/(mg/L)	高锰酸盐指数/(mg/L)	化学需氧量/(mg/L)	五日生化需氧量/(mg/L)	总磷/(mg/L)	总氮/(mg/L)
103	杨河滩	7	8.43	7.9	3.5	<15.0	2.6	0.076	0.65
104		8	8.42	9.2	3.6	<15.0	2.3	0.096	2.22
105		9	8.30	8.5	3.7	<15.0	2.6	0.096	2.74
106		10	8.34	9.8	3.2	<15.0	2.9	0.047	2.89
107		11	8.55	9.4	3.5	<15.0	1.6	0.032	1.09
108		12	8.45	11.8	3.1	<15.0	2.1	0.033	2.19
109	新站	1	8.33	10.5	2.9	18.4	1.9	0.043	2.16
110		2	8.35	11.2	3.9	<15.0	1.9	0.044	2.08
111		3	8.21	9.2	3.3	18.2	1.6	0.049	1.86
112		4	8.29	9.9	2.7	<15.0	1.6	0.046	1.77
113		5	8.29	9.1	3.4	17.0	1.8	0.020	1.54
114		6	8.32	8.8	3.6	16.3	2.7	0.040	0.82
115		7	8.41	7.8	3.6	<15.0	2.0	0.075	0.64
116		8	8.40	8.7	3.8	<15.0	2.1	0.095	2.15
117		9	8.25	8.4	3.9	<15.0	2.3	0.102	2.79
118		10	8.36	9.8	3.4	<15.0	2.7	0.040	2.91
119		11	8.53	9.2	3.5	<15.0	1.6	0.036	0.92
120		12	8.47	11.7	3.0	<15.0	2.2	0.032	2.17
121	骆马湖区（东）	1	8.37	10.6	3.0	<15.0	1.5	0.032	2.06
122		2	8.40	11.2	3.7	<15.0	1.5	0.045	2.12
123		3	8.19	9.3	3.0	16.7	1.0	0.064	1.96
124		4	8.33	10.0	2.6	<15.0	1.8	0.076	1.85
125		5	8.26	9.1	3.3	15.6	1.7	0.019	1.77
126		6	8.42	8.6	3.5	15.7	2.3	0.035	1.05
127		7	8.28	7.8	3.6	16.9	2.6	0.072	1.02
128		8	8.40	9.0	3.2	<15.0	2.3	0.098	2.32
129		9	8.38	8.6	3.4	19.0	2.8	0.115	1.03
130		10	8.34	10.2	3.0	<15.0	3.0	0.041	2.53
131		11	8.56	9.1	3.4	<15.0	1.9	0.051	1.15
132		12	8.51	12.1	2.9	<15.0	2.3	0.035	2.23

（3）缓冲区。总磷单项水质类别为Ⅲ～Ⅴ类，第3季度含量最高；总氮单项水质类别为Ⅴ～劣Ⅴ类。骆马湖缓冲区主要超标项目浓度变化如图9.6所示。

（4）开发控制利用区。总磷单项水质类别为Ⅲ～Ⅳ类；总氮单项水质类别为Ⅴ～劣Ⅴ类。骆马湖开发控制利用区主要超标项目浓度变化如图9.7所示。

表 9.5 　　　　　　　　　　　　骆马湖水质监测成果评价表

序号	测站名称	监测月份	综合评价	pH值	溶解氧	高锰酸盐指数	化学需氧量	五日生化需氧量	总磷	总氮
1	骆马湖（A1北）	1	劣V	I	I	III	III	I	II	劣V
2		2	劣V	I	I	II	III	I	III	劣V
3		3	劣V	I	I	III	III	I	III	劣V
4		4	劣V	I	I	IV	IV	I	III	劣V
5		5	劣V	I	I	II	III	I	III	劣V
6		6	IV	I	I	III	III	I	III	IV
7		7	IV	I	I	II	III	I	IV	IV
8		8	IV	I	I	III	III	I	IV	III
9		9	劣V	I	II	III	III	I	劣V	劣V
10		10	劣V	I	I	III	III	I	III	劣V
11		11	劣V	I	I	III	III	I	III	劣V
12		12	劣V	I	II	III	III	I	III	劣V
13	骆马湖（B1东）	1	劣V	I	I	III	III	I	II	劣V
14		2	劣V	I	I	III	III	I	II	劣V
15		3	劣V	I	I	III	III	I	II	劣V
16		4	劣V	I	I	IV	IV	III	IV	劣V
17		5	劣V	I	I	II	III	I	III	劣V
18		6	IV	I	I	III	III	I	III	IV
19		7	IV	I	I	II	III	I	IV	IV
20		8	V	I	I	III	III	I	IV	V
21		9	劣V	I	I	III	III	I	IV	劣V
22		10	劣V	I	I	III	III	I	III	劣V
23		11	劣V	I	I	III	III	I	IV	劣V
24		12	劣V	I	II	III	III	I	IV	劣V
25	骆马湖（C2北）	1	劣V	I	I	III	III	I	IV	劣V
26		2	劣V	I	III	III	III	I	IV	劣V
27		3	劣V	I	I	III	III	III	III	劣V
28		4	V	I	I	IV	IV	I	III	V
29		5	劣V	I	I	II	III	I	III	劣V
30		6	V	I	I	III	III	I	III	V
31		7	IV	I	I	III	III	I	IV	III
32		8	IV	I	I	II	III	III	IV	III
33		9	劣V	I	II	III	III	I	IV	劣V
34		10	劣V	I	II	III	III	I	III	劣V
35		11	劣V	I	I	III	III	III	IV	劣V
36		12	劣V	I	II	III	III	I	III	劣V

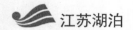
序号	测站名称	监测月份	综合评价	pH值	溶解氧	高锰酸盐指数	化学需氧量	五日生化需氧量	总磷	总氮
37		1	劣Ⅴ	Ⅰ	Ⅰ	Ⅲ	Ⅲ	Ⅰ	Ⅲ	劣Ⅴ
38		2	劣Ⅴ	Ⅰ	Ⅰ	Ⅲ	Ⅲ	Ⅰ	Ⅲ	劣Ⅴ
39		3	劣Ⅴ	Ⅰ	Ⅰ	Ⅲ	Ⅳ	Ⅲ	Ⅲ	劣Ⅴ
40		4	劣Ⅴ	Ⅰ	Ⅰ	Ⅳ	Ⅳ	Ⅰ	Ⅲ	劣Ⅴ
41		5	劣Ⅴ	Ⅰ	Ⅰ	Ⅲ	Ⅲ	Ⅰ	Ⅲ	劣Ⅴ
42	骆马湖	6	Ⅴ	Ⅰ	Ⅰ	Ⅱ	Ⅲ	Ⅰ	Ⅲ	Ⅴ
43	(C1北)	7	Ⅳ	Ⅰ	Ⅰ	Ⅲ	Ⅲ	Ⅰ	Ⅳ	Ⅳ
44		8	Ⅴ	Ⅰ	Ⅰ	Ⅲ	Ⅲ	Ⅰ	Ⅴ	Ⅲ
45		9	劣Ⅴ	Ⅰ	Ⅱ	Ⅲ	Ⅴ	Ⅰ	Ⅴ	劣Ⅴ
46		10	劣Ⅴ	Ⅰ	Ⅱ	Ⅱ	Ⅲ	Ⅰ	Ⅳ	劣Ⅴ
47		11	劣Ⅴ	Ⅰ	Ⅰ	Ⅲ	Ⅲ	Ⅲ	Ⅳ	劣Ⅴ
48		12	劣Ⅴ	Ⅰ	Ⅱ	Ⅲ	Ⅲ	Ⅰ	Ⅲ	劣Ⅴ
49		1	劣Ⅴ	Ⅰ	Ⅰ	Ⅲ	Ⅲ	Ⅰ	Ⅲ	劣Ⅴ
50		2	劣Ⅴ	Ⅰ	Ⅰ	Ⅲ	Ⅲ	Ⅰ	Ⅲ	劣Ⅴ
51		3	劣Ⅴ	Ⅰ	Ⅰ	Ⅲ	Ⅲ	Ⅰ	Ⅲ	劣Ⅴ
52		4	劣Ⅴ	Ⅰ	Ⅰ	Ⅳ	Ⅳ	Ⅰ	Ⅲ	劣Ⅴ
53		5	劣Ⅴ	Ⅰ	Ⅰ	Ⅱ	Ⅲ	Ⅰ	Ⅲ	劣Ⅴ
54	骆马湖区	6	Ⅴ	Ⅰ	Ⅰ	Ⅲ	Ⅲ	Ⅰ	Ⅳ	Ⅴ
55	(西)	7	Ⅳ	Ⅰ	Ⅰ	Ⅲ	Ⅲ	Ⅰ	Ⅳ	Ⅳ
56		8	Ⅴ	Ⅰ	Ⅰ	Ⅱ	Ⅲ	Ⅰ	Ⅴ	Ⅳ
57		9	劣Ⅴ	Ⅰ	Ⅲ	Ⅱ	Ⅲ	Ⅰ	Ⅴ	劣Ⅴ
58		10	劣Ⅴ	Ⅰ	Ⅱ	Ⅱ	Ⅲ	Ⅰ	Ⅳ	劣Ⅴ
59		11	劣Ⅴ	Ⅰ	Ⅰ	Ⅲ	Ⅲ	Ⅰ	Ⅳ	劣Ⅴ
60		12	劣Ⅴ	Ⅰ	Ⅱ	Ⅲ	Ⅲ	Ⅰ	Ⅲ	劣Ⅴ
61		1	劣Ⅴ	Ⅰ	Ⅰ	Ⅲ	Ⅲ	Ⅰ	Ⅳ	劣Ⅴ
62		2	劣Ⅴ	Ⅰ	Ⅰ	Ⅲ	Ⅲ	Ⅰ	Ⅳ	劣Ⅴ
63		3	劣Ⅴ	Ⅰ	Ⅰ	Ⅲ	Ⅲ	Ⅰ	Ⅲ	劣Ⅴ
64		4	劣Ⅴ	Ⅰ	Ⅰ	Ⅳ	Ⅳ	Ⅰ	Ⅲ	劣Ⅴ
65		5	劣Ⅴ	Ⅰ	Ⅰ	Ⅱ	Ⅲ	Ⅰ	Ⅲ	劣Ⅴ
66	骆马湖区	6	Ⅳ	Ⅰ	Ⅰ	Ⅲ	Ⅲ	Ⅰ	Ⅳ	Ⅳ
67	(北)	7	Ⅳ	Ⅰ	Ⅰ	Ⅲ	Ⅲ	Ⅰ	Ⅳ	Ⅳ
68		8	Ⅴ	Ⅰ	Ⅰ	Ⅱ	Ⅲ	Ⅰ	Ⅴ	Ⅳ
69		9	劣Ⅴ	Ⅰ	Ⅲ	Ⅱ	Ⅲ	Ⅰ	Ⅳ	劣Ⅴ
70		10	劣Ⅴ	Ⅰ	Ⅱ	Ⅱ	Ⅲ	Ⅰ	Ⅳ	劣Ⅴ
71		11	劣Ⅴ	Ⅰ	Ⅱ	Ⅱ	Ⅲ	Ⅰ	Ⅳ	劣Ⅴ
72		12	劣Ⅴ	Ⅰ	Ⅱ	Ⅲ	Ⅲ	Ⅰ	Ⅲ	劣Ⅴ

续表

序号	测站名称	监测月份	综合评价	pH值	溶解氧	高锰酸盐指数	化学需氧量	五日生化需氧量	总磷	总氮
73	皂河乡	1	V	I	I	II	I	I	II	V
74		2	劣V	I	I	II	I	I	IV	劣V
75		3	V	I	I	II	III	I	IV	V
76		4	V	I	I	II	I	I	IV	V
77		5	V	I	I	II	III	I	III	V
78		6	III	I	I	II	III	I	III	III
79		7	IV	I	I	II	III	I	IV	II
80		8	劣V	I	I	II	I	I	V	劣V
81		9	V	I	I	II	III	I	V	IV
82		10	V	I	I	II	I	I	III	V
83		11	IV	I	I	II	III	I	IV	IV
84		12	劣V	I	I	II	I	I	III	劣V
85	骆马湖区（南）	1	劣V	I	I	II	I	I	II	劣V
86		2	劣V	I	I	II	I	I	III	劣V
87		3	V	I	I	II	III	I	IV	V
88		4	V	I	I	II	I	I	III	V
89		5	V	I	I	II	I	I	III	V
90		6	III	I	I	II	III	I	III	III
91		7	IV	I	I	II	III	I	IV	III
92		8	劣V	I	I	II	I	I	IV	劣V
93		9	V	I	I	II	I	I	V	IV
94		10	劣V	I	I	II	I	I	III	劣V
95		11	IV	I	I	II	I	I	III	IV
96		12	劣V	I	I	II	I	I	III	劣V
97	杨河滩	1	V	I	I	II	I	I	III	V
98		2	劣V	I	I	II	I	I	III	劣V
99		3	V	I	I	II	III	I	IV	V
100		4	V	I	I	II	I	I	IV	V
101		5	V	I	I	II	III	I	II	V
102		6	III	I	I	II	III	I	III	III
103		7	IV	I	I	II	I	I	IV	III
104		8	劣V	I	I	II	I	I	IV	劣V
105		9	劣V	I	I	II	I	I	IV	劣V
106		10	劣V	I	I	II	I	I	III	劣V
107		11	IV	I	I	II	I	I	III	IV
108		12	劣V	I	I	II	I	I	III	劣V

序号	测站名称	监测月份	综合评价	pH值	溶解氧	高锰酸盐指数	化学需氧量	五日生化需氧量	总磷	总氮
109		1	劣V	I	I	II	III	I	III	劣V
110		2	劣V	I	I	II	I	I	III	劣V
111		3	V	I	I	II	III	I	III	V
112		4	V	I	I	II	I	I	III	V
113		5	V	I	I	II	I	I	II	V
114	新站	6	III	I	I	II	III	I	III	III
115		7	IV	I	I	II	I	I	IV	III
116		8	劣V	I	I	II	I	I	IV	劣V
117		9	劣V	I	I	II	I	I	V	劣V
118		10	劣V	I	I	II	I	I	III	劣V
119		11	III	I	I	II	I	I	III	III
120		12	劣V	I	I	II	I	I	III	劣V
121		1	劣V	I	I	II	I	I	III	劣V
122		2	劣V	I	I	II	I	I	III	劣V
123		3	V	I	I	II	III	I	IV	V
124		4	V	I	I	II	I	I	IV	V
125		5	V	I	I	II	III	I	II	V
126	骆马湖区（东）	6	IV	I	I	II	III	I	III	IV
127		7	IV	I	I	II	III	I	IV	IV
128		8	劣V	I	I	II	I	I	IV	劣V
129		9	V	I	I	II	III	I	V	IV
130		10	劣V	I	I	II	I	I	III	劣V
131		11	IV	I	I	II	I	I	IV	IV
132		12	劣V	I	I	II	I	I	III	劣V

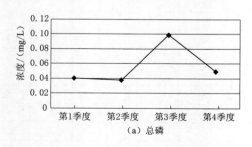

（a）总磷

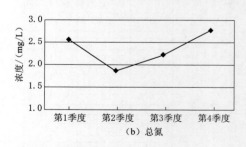

（b）总氮

图 9.4　骆马湖全湖区主要超标项目浓度变化图

2. 营养状态指数

全湖及各生态分区营养状态指数基本稳定，介于 50.5～55.4 之间，营养状态为轻度

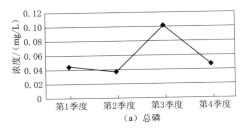

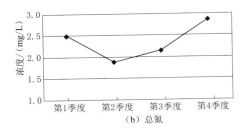

（a）总磷   （b）总氮

图 9.5 骆马湖核心区主要超标项目浓度变化图

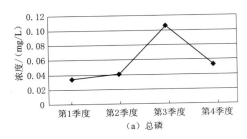

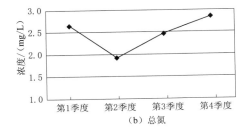

（a）总磷   （b）总氮

图 9.6 骆马湖缓冲区主要超标项目浓度变化图

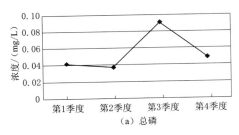

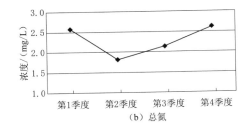

（a）总磷   （b）总氮

图 9.7 骆马湖开发控制利用区主要超标项目浓度变化图

富营养，评价结果详见表 9.6。骆马湖全湖及各生态功能分区的营养状态指数变化如图 9.8 所示。

表 9.6   骆马湖营养状态指数（EI）评价表

序号	测站名称	月份	总磷		总氮		叶绿素a		高锰酸盐指数		透明度		总评分值	评价结果
			浓度/(mg/L)	En分值	浓度/(mg/L)	En分值	浓度/(mg/L)	En分值	浓度/(mg/L)	En分值	数值/m	En分值		
1	骆马湖（A1北）	1	0.024	39.3	2.32	70.8	0.0126	51.6	5.3	53.2	1.10	48.0	52.6	轻度富营养
2		2	0.046	48.4	2.61	71.5	0.0127	51.7	3.8	49.0	0.91	51.8	54.5	轻度富营养
3		3	0.028	41.2	3.23	73.1	0.0127	51.7	5.7	54.3	0.78	54.4	54.9	轻度富营养
4		4	0.041	46.4	2.60	71.5	0.0140	52.5	7.1	57.7	0.77	54.6	56.5	轻度富营养
5		5	0.029	41.6	2.33	70.8	0.0131	51.9	3.3	46.5	1.10	48.0	51.8	轻度富营养
6		6	0.032	42.8	1.41	64.1	0.0134	52.1	4.2	50.5	1.40	42.0	50.3	轻度富营养
7		7	0.064	52.8	1.13	61.3	0.0133	52.1	3.9	49.5	0.52	59.6	55.1	轻度富营养

序号	测站名称	月份	总磷		总氮		叶绿素a		高锰酸盐指数		透明度		总评分值	评价结果
			浓度/(mg/L)	En分值	浓度/(mg/L)	En分值	浓度/(mg/L)	En分值	浓度/(mg/L)	En分值	数值/m	En分值		
8	骆马湖(A1 北)	8	0.078	55.6	0.95	59.0	0.0134	52.1	5.5	53.8	0.85	53.0	54.7	轻度富营养
9		9	0.256	71.4	5.56	78.9	0.0127	51.7	4.9	52.3	0.86	52.8	61.4	中度富营养
10		10	0.053	50.6	4.63	76.6	0.0123	51.4	4.1	50.2	0.85	53.0	56.4	轻度富营养
11		11	0.039	45.6	3.11	72.8	0.0121	51.3	4.1	50.2	0.73	55.4	55.1	轻度富营养
12		12	0.048	49.2	3.23	73.1	0.0137	52.3	4.2	50.5	0.81	53.8	55.8	轻度富营养
13	骆马湖(B1 东)	1	0.023	38.7	2.23	70.6	0.0133	52.1	5.6	54.0	1.00	50.0	53.1	轻度富营养
14		2	0.023	38.7	2.63	71.6	0.0137	52.3	4.5	51.2	0.83	53.4	53.4	轻度富营养
15		3	0.023	38.7	3.72	74.3	0.0122	51.4	5.8	54.5	0.81	53.8	54.5	轻度富营养
16		4	0.055	51.0	2.20	70.5	0.0126	51.6	7.9	59.8	0.54	59.2	58.4	轻度富营养
17		5	0.028	41.2	2.42	71.0	0.0137	52.3	3.2	46.0	1.00	50.0	52.1	轻度富营养
18		6	0.032	42.8	1.26	62.6	0.0126	51.6	4.2	50.5	0.96	50.8	51.7	轻度富营养
19		7	0.083	56.6	1.20	62.0	0.0143	52.7	3.8	49.0	0.26	84.0	60.9	中度富营养
20		8	0.078	55.6	1.67	66.7	0.0125	51.6	5.5	53.8	0.82	53.6	56.3	轻度富营养
21		9	0.071	54.2	5.76	79.4	0.0134	52.1	4.7	51.8	0.95	51.0	57.7	轻度富营养
22		10	0.046	48.4	3.29	73.2	0.0133	52.1	4.2	50.5	0.53	59.4	56.7	轻度富营养
23		11	0.057	51.4	2.34	70.8	0.0133	52.1	4.2	50.5	0.59	58.2	56.6	轻度富营养
24		12	0.056	51.2	2.74	71.9	0.0123	51.4	4.7	51.8	0.75	55.0	56.3	轻度富营养
25	骆马湖(C2 北)	1	0.026	40.4	3.34	73.3	0.0128	51.8	4.4	51.0	1.10	48.0	52.9	轻度富营养
26		2	0.058	51.6	2.74	71.9	0.0126	51.6	4.4	51.0	0.90	52.0	55.6	轻度富营养
27		3	0.044	47.6	3.35	73.4	0.0131	51.9	5.7	54.3	0.87	52.6	56.0	轻度富营养
28		4	0.041	46.4	1.83	68.3	0.0129	51.8	7.5	58.8	0.60	58.0	56.7	轻度富营养
29		5	0.029	41.6	2.52	71.3	0.0127	51.7	2.6	43.0	0.96	50.8	51.7	轻度富营养
30		6	0.037	44.8	1.66	66.6	0.0138	52.4	4.2	50.5	0.83	53.4	53.5	轻度富营养
31		7	0.082	56.4	1.00	60.0	0.0140	52.5	4.0	50.0	0.30	80.0	59.8	轻度富营养
32		8	0.067	53.4	0.92	58.4	0.0126	51.6	3.9	49.5	0.90	52.0	53.0	轻度富营养
33		9	0.060	52.0	5.50	78.1	0.0147	52.9	5.7	54.3	0.92	51.6	57.9	轻度富营养
34		10	0.037	44.8	4.01	75.0	0.0126	51.6	5.2	53.0	0.47	63.0	57.5	轻度富营养
35		11	0.077	55.4	2.40	71.0	0.0126	51.6	4.9	52.3	0.44	66.0	59.3	轻度富营养
36		12	0.031	42.4	2.48	71.2	0.0126	51.6	4.9	52.3	0.85	53.0	54.1	轻度富营养
37	骆马湖(C1 北)	1	0.041	46.4	2.95	72.4	0.0127	51.7	4.9	52.3	1.10	48.0	54.2	轻度富营养
38		2	0.029	41.6	2.86	72.1	0.0137	52.3	4.3	50.7	0.88	52.4	53.8	轻度富营养
39		3	0.030	42.0	3.45	73.6	0.0136	52.2	6.0	55.0	0.86	52.8	55.1	轻度富营养
40		4	0.037	44.8	2.92	72.3	0.0128	51.8	6.9	57.3	0.81	53.8	56.0	轻度富营养
41		5	0.036	44.4	2.46	71.1	0.0136	52.2	5.5	53.8	1.00	50.0	54.3	轻度富营养

序号	测站名称	月份	总磷 浓度/(mg/L)	总磷 En分值	总氮 浓度/(mg/L)	总氮 En分值	叶绿素a 浓度/(mg/L)	叶绿素a En分值	高锰酸盐指数 浓度/(mg/L)	高锰酸盐指数 En分值	透明度 数值/m	透明度 En分值	总评分值	评价结果
42		6	0.028	41.2	1.90	69.0	0.0130	51.9	3.9	49.5	1.20	46.0	51.5	轻度富营养
43		7	0.055	51.0	1.38	63.8	0.0124	51.5	4.2	50.5	0.75	55.0	54.4	轻度富营养
44	骆马湖(C1北)	8	0.115	61.5	0.90	58.0	0.0140	52.5	4.6	51.5	0.67	56.6	56.0	轻度富营养
45		9	0.158	65.8	5.94	79.9	0.0138	52.4	5.0	52.5	1.17	46.6	59.4	轻度富营养
46		10	0.074	54.8	4.67	76.7	0.0129	51.8	3.9	49.5	0.82	53.6	57.3	轻度富营养
47		11	0.067	53.4	3.63	74.1	0.0137	52.3	3.6	48.0	0.67	56.6	56.9	轻度富营养
48		12	0.047	48.8	2.89	72.2	0.0147	52.9	4.9	52.3	1.00	50.0	55.2	轻度富营养
49		1	0.034	43.6	3.24	73.1	0.0129	51.8	4.3	50.7	1.10	48.0	53.4	轻度富营养
50		2	0.026	40.4	2.77	71.9	0.0121	51.3	4.2	50.5	0.95	51.0	53.0	轻度富营养
51		3	0.037	44.8	3.10	72.8	0.0128	51.8	4.4	51.0	1.10	48.0	53.7	轻度富营养
52		4	0.028	41.2	2.80	72.0	0.0133	52.1	7.2	58.0	1.50	40.0	52.7	轻度富营养
53		5	0.041	46.4	2.17	70.4	0.0125	51.6	3.3	46.5	0.85	53.0	53.6	轻度富营养
54	骆马湖区(西)	6	0.052	50.4	1.80	68.0	0.0125	51.6	5.2	53.0	1.00	50.0	54.6	轻度富营养
55		7	0.068	53.6	1.37	63.7	0.0140	52.5	4.2	50.5	0.85	53.0	54.7	轻度富营养
56		8	0.173	67.3	1.15	61.5	0.0138	52.4	3.8	49.0	0.90	52.0	56.4	轻度富营养
57		9	0.198	69.8	6.65	82.2	0.0129	51.8	3.9	49.5	1.38	42.4	59.1	轻度富营养
58		10	0.096	59.2	4.30	75.7	0.0128	51.8	3.6	48.0	1.10	48.0	56.5	轻度富营养
59		11	0.052	50.4	4.03	75.1	0.0147	52.9	4.7	51.8	0.62	57.6	57.6	轻度富营养
60		12	0.045	48.0	3.10	72.8	0.0140	52.5	4.9	52.3	0.96	50.8	55.3	轻度富营养
61		1	0.057	51.4	2.67	71.7	0.0120	51.3	4.7	51.8	1.00	50.0	55.2	轻度富营养
62		2	0.091	58.2	2.48	71.2	0.0126	51.6	4.3	50.7	1.10	48.0	55.9	轻度富营养
63		3	0.030	42.0	4.80	77.0	0.0125	51.6	4.9	52.3	1.30	44.0	53.4	轻度富营养
64		4	0.032	42.8	3.59	74.0	0.0136	52.2	7.0	57.5	1.30	44.0	54.1	轻度富营养
65		5	0.039	45.6	2.34	70.8	0.0129	51.8	3.4	47.0	0.92	51.6	53.4	轻度富营养
66	骆马湖区(北)	6	0.054	50.8	1.41	64.1	0.0137	52.3	4.7	51.8	0.90	52.0	54.2	轻度富营养
67		7	0.079	55.8	1.19	61.9	0.0124	51.5	5.6	54.0	0.55	59.0	56.4	轻度富营养
68		8	0.106	60.6	1.02	60.2	0.0133	52.1	3.8	49.0	0.96	50.8	54.5	轻度富营养
69		9	0.082	56.4	6.19	80.6	0.0137	52.3	3.8	49.0	0.87	52.6	58.2	轻度富营养
70		10	0.098	59.6	5.25	78.1	0.0140	52.5	3.6	48.0	0.55	59.0	59.0	轻度富营养
71		11	0.075	55.0	3.61	74.0	0.0139	52.4	3.6	48.0	0.67	56.6	57.2	轻度富营养
72		12	0.033	43.2	2.64	71.6	0.0129	51.8	5.5	53.8	1.20	46.0	53.3	轻度富营养
73		1	0.021	37.3	1.94	69.4	0.0016	26.0	3.3	46.5	0.80	54.0	46.6	中营养
74	皂河乡	2	0.063	52.6	2.22	70.6	0.0017	27.0	3.7	48.5	0.90	52.0	50.1	轻度富营养
75		3	0.051	50.2	1.91	69.1	0.0014	24.0	3.4	47.0	0.80	54.0	48.9	中营养

江苏湖泊

序号	测站名称	月份	总磷		总氮		叶绿素 a		高锰酸盐指数		透明度		总评分值	评价结果
			浓度/(mg/L)	En分值	浓度/(mg/L)	En分值	浓度/(mg/L)	En分值	浓度/(mg/L)	En分值	数值/m	En分值		
76		4	0.058	51.6	1.70	67.0	0.0018	28.0	2.1	40.5	0.80	54.0	48.2	中营养
77		5	0.029	41.6	1.66	66.6	0.0019	29.0	3.5	47.5	0.92	51.6	47.3	中营养
78		6	0.043	47.2	0.96	59.2	0.0020	30.0	3.6	48.0	0.77	54.6	47.8	中营养
79		7	0.067	53.4	0.49	49.5	0.0028	34.0	3.7	48.5	0.75	55.0	48.1	中营养
80	皂河乡	8	0.106	60.6	2.68	71.7	0.0032	36.0	3.4	47.0	0.90	52.0	53.5	轻度富营养
81		9	0.108	60.8	1.17	61.7	0.0025	32.5	3.6	48.0	0.85	53.0	51.2	轻度富营养
82		10	0.041	46.4	1.97	69.7	0.0029	34.5	3.5	47.5	0.55	59.0	51.4	轻度富营养
83		11	0.065	53.0	1.10	61.0	0.0016	26.0	3.8	49.0	0.75	55.0	48.8	中营养
84		12	0.039	45.6	2.30	70.7	0.0015	25.0	3.3	46.5	0.50	60.0	49.6	中营养
85		1	0.019	36.0	2.08	70.2	0.0016	26.0	2.9	44.5	0.95	51.0	45.5	中营养
86		2	0.045	48.0	2.02	70.1	0.0017	27.0	3.5	47.5	0.90	52.0	48.9	中营养
87		3	0.053	50.6	1.68	66.8	0.0019	29.0	3.1	45.5	0.80	54.0	49.2	中营养
88		4	0.041	46.4	1.85	68.5	0.0015	25.0	2.4	42.0	0.90	52.0	46.8	中营养
89		5	0.021	37.3	1.60	66.0	0.0022	31.0	3.4	47.0	0.80	54.0	47.1	中营养
90	骆马湖区（南）	6	0.039	45.6	1.00	60.0	0.0019	29.0	3.9	49.5	0.82	53.6	47.5	中营养
91		7	0.061	52.2	0.99	59.8	0.0021	30.5	3.5	47.5	0.75	55.0	49.0	中营养
92		8	0.092	58.4	2.10	70.3	0.0033	36.5	3.4	47.0	0.95	51.0	52.6	轻度富营养
93		9	0.130	63.0	1.04	60.4	0.0027	33.5	3.4	47.0	1.00	50.0	50.8	轻度富营养
94		10	0.043	47.2	2.42	71.0	0.0022	31.0	3.1	45.5	0.60	58.0	50.5	轻度富营养
95		11	0.040	46.0	1.07	60.7	0.0023	31.5	3.5	47.5	0.70	56.0	48.3	中营养
96		12	0.029	41.6	2.28	70.7	0.0017	27.0	3.0	45.0	0.65	57.0	48.3	中营养
97		1	0.029	41.6	1.99	69.9	0.0015	25.0	2.9	44.5	0.80	54.0	47.0	中营养
98		2	0.044	47.6	2.02	70.1	0.0020	30.0	3.4	47.0	0.80	54.0	49.7	中营养
99		3	0.065	53.0	1.98	69.8	0.0017	27.0	3.1	45.5	0.75	55.0	50.1	轻度富营养
100		4	0.054	50.8	1.76	67.6	0.0016	26.0	2.5	42.5	0.85	53.0	48.0	中营养
101		5	0.025	40.0	1.83	68.3	0.0029	34.5	3.4	47.0	0.71	55.8	49.1	中营养
102	杨河滩	6	0.039	45.6	0.90	58.0	0.0016	26.0	3.7	48.5	0.72	55.6	46.7	中营养
103		7	0.076	55.2	0.65	53.0	0.0022	31.0	3.5	47.5	0.80	54.0	48.1	中营养
104		8	0.096	59.2	2.22	70.6	0.0025	32.5	3.6	48.0	0.90	52.0	52.5	轻度富营养
105		9	0.096	59.2	2.74	71.9	0.0020	30.0	3.7	48.5	0.75	55.0	52.9	轻度富营养
106		10	0.047	48.8	2.89	72.2	0.0023	31.5	3.2	46.0	0.65	57.0	51.1	轻度富营养
107		11	0.032	42.8	1.09	60.9	0.0019	29.0	3.5	47.5	0.60	58.0	47.6	中营养
108		12	0.033	43.2	2.19	70.5	0.0016	26.0	3.1	45.5	0.55	59.0	48.8	中营养

序号	测站名称	月份	总磷		总氮		叶绿素a		高锰酸盐指数		透明度		总评分值	评价结果
			浓度/(mg/L)	En分值	浓度/(mg/L)	En分值	浓度/(mg/L)	En分值	浓度/(mg/L)	En分值	数值/m	En分值		
109	新站	1	0.043	47.2	2.16	70.4	0.0016	26.0	2.9	44.5	0.85	53.0	48.2	中营养
110		2	0.044	47.6	2.08	70.2	0.0017	27.0	3.9	49.5	0.85	53.0	49.5	中营养
111		3	0.049	49.6	1.86	68.6	0.0015	25.0	3.3	46.5	0.85	53.0	48.5	中营养
112		4	0.046	48.4	1.77	67.7	0.0019	29.0	2.7	43.5	0.90	52.0	48.1	中营养
113		5	0.020	36.7	1.54	65.4	0.0052	42.0	3.4	47.0	0.77	54.6	49.1	中营养
114		6	0.040	46.0	0.82	56.4	0.0017	27.0	3.6	48.0	0.80	54.0	46.3	中营养
115		7	0.075	55.0	0.64	52.8	0.0027	33.5	3.6	48.0	0.65	57.0	49.3	中营养
116		8	0.095	59.0	2.15	70.4	0.0026	33.0	3.8	49.0	0.85	53.0	52.9	轻度富营养
117		9	0.102	60.2	2.79	72.0	0.0026	33.0	3.9	49.5	0.90	52.0	53.3	轻度富营养
118		10	0.040	46.0	2.91	72.3	0.0022	31.0	3.4	47.0	0.60	58.0	50.9	轻度富营养
119		11	0.036	44.4	0.92	58.4	0.0017	27.0	3.5	47.5	0.65	57.0	46.9	中营养
120		12	0.032	42.8	2.17	70.4	0.0019	29.0	3.0	45.0	0.55	59.0	49.2	中营养
121	骆马湖区（东）	1	0.032	42.8	2.06	70.2	0.0015	25.0	3.0	45.0	0.90	52.0	47.0	中营养
122		2	0.045	48.0	2.12	70.3	0.0024	32.0	3.7	48.5	0.95	51.0	50.0	中营养
123		3	0.064	52.8	1.96	69.6	0.0018	28.0	3.0	45.0	0.75	55.0	50.1	轻度富营养
124		4	0.076	55.2	1.85	68.5	0.0019	29.0	2.6	43.0	0.85	53.0	49.7	中营养
125		5	0.019	36.0	1.77	67.7	0.0016	26.0	3.3	46.5	0.64	57.2	46.7	中营养
126		6	0.035	44.0	1.05	60.5	0.0019	29.0	3.5	47.5	0.67	56.6	47.5	中营养
127		7	0.072	54.4	1.02	60.2	0.0017	27.0	3.6	48.0	0.70	56.0	49.1	中营养
128		8	0.098	59.6	2.32	70.8	0.0031	35.5	3.2	46.0	0.90	52.0	52.8	轻度富营养
129		9	0.115	61.5	1.03	60.3	0.0027	33.5	3.4	47.0	0.80	54.0	51.3	轻度富营养
130		10	0.041	46.4	2.53	71.3	0.0026	33.0	3.0	45.0	0.65	57.0	50.5	轻度富营养
131		11	0.051	50.2	1.15	61.5	0.0028	34.0	3.4	47.0	0.70	56.0	49.7	中营养
132		12	0.035	44.0	2.23	70.6	0.0019	29.0	2.9	44.5	0.60	58.0	49.2	中营养

9.6.4 水生态特征

1. 水生高等植物

骆马湖湖区共采集到水生大型植物16科28种，其中挺水植物9种、沉水植物11种、浮叶植物4种、漂浮植物4种。

2. 浮游植物

骆马湖湖区共记录到浮游植物59属113种，其中蓝藻门13属18种、硅藻门14属26种、绿藻门24属53种、裸藻门3属7种、甲藻门2属3种、隐藻门2属3种和金藻门1属3种，绿藻门、硅藻门和蓝藻门是出现种类数最多的门类。生物量呈现由南向北、由西向东逐渐递减趋势，夏秋季生物量普遍高于冬春季。

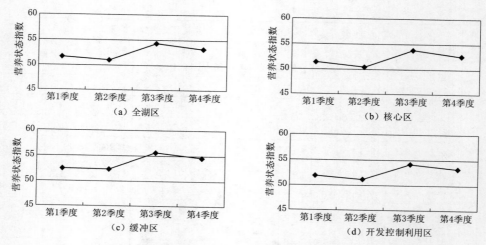

图 9.8　骆马湖全湖及各生态功能分区营养状态指数变化图

3. 浮游动物

骆马湖共采集到浮游动物 80 种，其中原生动物 20 种、轮虫 24 种、枝角类 16 种、桡足类 20 种。密度高值出现在湖心敞水区，最低出现在骆马湖北部水域，生物量最高出现在骆马湖运河沿岸带，最低出现在新沂河附近水域和骆马湖北部水域。

4. 底栖动物

骆马湖湖区共采集到底栖动物 27 种，其中节肢动物种门 15 种，包括昆虫纲摇蚊幼虫 12 种和甲壳类 3 种；环节动物门 7 种，其中寡毛纲 3 种，多毛纲和轻纲各 2 种；软体动物门 5 种，包括腹足纲 3 种和双壳纲 2 种。密度高值出现在西南水域，而湖心敞水区密度最低，生物量最高值出现在东部出湖水域，其次是西南水域，低值出现在北部历史采砂区。

5. 鱼类资源

骆马湖鱼类共计有 11 目 49 科 80 种，其中多以鲤科种类鱼类为主，共计 64 种，占总种类的 80%，渔业捕捞量从 1970 年的 1400t 增加到近期约 5454t，增加了 3 倍多。

9.6.5　水资源开发与利用

骆马湖位于江苏北部沂河与中运河交汇处，介于徐州与宿迁两市之间，北起新沂市埝头和窑湾，南到宿豫区皂河，东濒马陵山脉，西临中运河，是集防洪、灌溉、航运、水产养殖、南水北调调蓄以及生态环境等综合利用的水库型湖泊。

骆马湖是南水北调东线工程的重要调蓄湖泊，徐州市重要供水水源地，宿迁市、新沂市饮用水水源保护区，宿迁市补充供水水源地。周边取水口较多：宿迁市范围内现有取水口两处，一处位于洋河滩月堤村 14＋800～14＋900 的中心城市饮用水工程，年设计取水规模 2920 万 t，年实际取水量 2160 万 t，为宿迁市中心城区供水，主要用于生产生活；另一处位于晓店镇 55＋000（界桩）的湖滨新城新源自来水公司，年设计取水规模 800 万 t，年实际取水量 300 万 t，供水范围为湖滨新城开发区，主要用途为工业用水。徐州新沂市境内未设置取水口。

　　骆马湖是作为连接京杭大运河的重要水上通道，是京杭运河航道的重要组成部分。骆马湖保护范围内京杭运河航道全线长34.0km，航道规划等级为二级，有宿迁三线船闸和皂河三线船闸。近几十年来，由于区域和地方经济的快速发展，骆马湖水上航运业得到快速发展，航运能力迅速提高，运输业成为当地经济的重要产业。

9.6.6　湖泊保护

　　1981年，经国务院批准成立沂沭泗水利管理局，隶属于淮河水利委员会，对骆马湖实行统一管理。多年以来，在地方各级政府及有关部门大力支持下，在水利部和淮委的正确领导下，沂沭泗水利管理局认真履行流域管理职能，依法行使水行政管理职责，加强与地方政府和相关部门的沟通联系，加大对骆马湖及其周边水利工程的治理力度和对骆马湖的管理与保护力度，有力地保障了骆马湖周边地区经济社会又好又快发展。

　　根据2004年颁布的《江苏省湖泊保护条例》，2006年省水利厅会同涉湖相关部门及地方政府制订了《江苏省骆马湖保护规划》，并于2006年报经省政府批准实施，该规划是加强骆马湖保护、管理、开发、利用的专项总体规划。为加强骆马湖的管理与保护，相关部门还制定了《江苏省省属五大湖泊渔业养殖规划》《徐州新沂骆马湖湿地自然保护区总体规划（2018—2030）》《江苏省自然保护区发展规划》以及《骆马湖现代生态农业示范区核心区总体规划》等涉湖专项规划。

　　2010年，江苏省政府建立骆马湖管理与保护联席会议制度，以此提出骆马湖管理与保护政策措施的规范及标准；对骆马湖管理与保护进行技术指导和服务；协调各地区、各行业编制并落实骆马湖规划；建立骆马湖管理与保护效果评估机制；处理解决骆马湖管理与保护工作中涉及跨地区重要问题；开展骆马湖管理与保护联合行动和重大建设项目及重要开发利用项目建设；处理骆马湖保护范围内重大以上级别污染事件等。

　　2015年8月28日，为认真贯彻落实水利部、国土资源部、交通运输部、江苏省人民政府、山东省人民政府联合下发的《关于在南水北调东线输水干线洪泽湖骆马湖至南四湖段全面禁止采砂活动的通知》（水建管〔2015〕316号）精神，根据省政府领导批示要求，省水利厅召集省公安厅、财政厅、国土资源厅、交通运输厅、海洋与渔业局有关部门负责人，在南京召开洪泽湖、骆马湖禁采工作协调会。

10 湖泊管理与保护

10.1 湖泊的依法管理

　　江苏是我国淡水湖泊分布集中的省份之一，湖泊面积 0.68 万 km²，湖泊率为 6%，居全国之首。湖泊作为江苏省独特的自然资源，在调蓄洪水、供水、养殖、航运、旅游、维护生物多样性、降解污染，促进区域经济社会发展和维持区域生态平衡中发挥着重要作用。但一段时期里，在经济发展、开发利用过程中，忽视了对湖泊的有效管理与保护，湖泊萎缩、水质恶化、生态退化等问题突出。江苏省人大高度重视湖泊管理与保护工作，及时组织开展立法工作，2004 年 8 月 20 日，省第十届人大常委会第十一次会议审议通过了《江苏省湖泊保护条例》（以下简称《条例》），于 2005 年 3 月 1 日起正式施行。

　　《条例》确定了湖泊保护应当遵循统筹兼顾、科学利用、保护优先、协调发展的原则，提出了制定湖泊保护规划和划定湖泊保护范围，对湖泊生态环境、防洪调蓄、水资源保护等提出保护措施，对科学利用湖泊资源指明了方向，明确了非法侵湖行为的法律责任。与其他法规不同，《条例》中规定了两个时间节点：一是要求省政府 2005 年前发布《江苏省湖泊保护名录》；二是要求 2006 年完成湖泊保护规划的编制。《条例》颁布实施以来，全省各级水行政主管部门认真贯彻落实，大力推进湖泊管理与保护工作，取得明显成效。

　　根据《条例》第二条规定，省政府应当将面积在 0.5km² 以上的湖泊、城市市区内的湖泊、作为城市饮用水水源的湖泊列入《江苏省湖泊保护名录》。省水利厅及时开展湖泊保护名录统计工作，对全省范围内符合上述条件的湖泊进行了全面调查，反复核实，最终确定将洪泽湖等 137 个湖泊列入《江苏省湖泊保护名录》，并上报省政府。2005 年 2 月 26 日，省政府办公厅向社会公开发布了《江苏省湖泊保护名录》，进一步明确了湖泊保护对象。

　　根据《条例》要求，列入保护名录的湖泊，应当按照防洪和水资源配置的总体安排，分别编制湖泊保护规划。2005 年，省水利厅会同地方政府和有关部门，投入 3000 万元，在全面勘测、普查基础上，编制完成了《江苏省省管湖泊保护规划》，并于 2006 年 12 月经省人民政府批复实施。全省各地按照管理权限，相继开展了辖区内湖泊保护规划编制工作，并报请同级人民政府审批。目前，全省 137 个湖泊中有 121 个已完成了保护规划的编制工作，其中有 38 个获得相关政府部门的批复。获得政府批复的 38 个规划湖泊中，省管湖泊 12 个，市际边界湖泊 3 个，市县管理的湖泊 23 个。

2021 年，为规范湖泊管理和保护，经省人民政府同意，对湖泊保护名录作出了调整，调整后纳入湖泊名录管理的湖泊达到 154 个，其中包括 150 个湖泊和 4 个湖泊群。

10.2　湖泊管护工作开展情况

10.2.1　组织体系

按照江苏省政府明确的省管湖泊实行统一管理与分级管理相结合的管理体制及属地管理的原则，省水利厅会同省编办明确增加厅直有关管理处协助做好湖泊管理与保护的工作职责，相关管理处均按要求成立了湖泊管理机构；全省有省管湖泊管理任务的 10 个市及 32 个县（市、区）水利局，基本落实了省管湖泊的管理单位和责任人，全省省管湖泊管理组织体系已基本建立。常州市河道湖泊管理处、扬州市宝应县湖泊湖荡河道管理处等单位的湖泊管理职能得到了同级编办的批复。

在此基础上，江苏省进一步创新湖泊管理机制。根据 109 次省委常委会议研究的意见，省政府建立了省级层面的全省湖泊管理与保护工作联席会议，负责研究确定湖泊管理与保护方面的重大事项。自 2009 年起建立了洪泽湖、滆湖长荡湖、石固湖、里下河湖区、高邮湖、白宝湖、骆马湖等 7 个省管湖泊联席会议制度，初步建立了由省水利部门牵头，地方政府及发展改革、财政、水利、国土、环境保护、林业和海洋渔业等相关涉湖部门参与的湖泊管理会商机制。

10.2.2　勘界设桩

为将省管湖泊保护规划划定的范围线落到实处，2008 年 1 月起，省水利厅编制了《省管湖泊保护范围界线勘界测绘技术大纲》《省管湖泊保护范围勘界设桩工作意见》，会同相关市县，运用遥感和网络 RTK 技术，通过 GPS 定位界桩位置，对太湖等 12 个省管湖泊及 3 个市际湖泊进行了保护范围线勘界设桩工作，累计埋设界桩 3717 座，为湖泊管理、保护、开发利用等工作提供重要依据。同时，开展了洪泽湖、高邮湖、邵伯湖等省管湖泊湖区核心功能区投标试点工作，不断深化湖泊功能区管理。

10.2.3　巡查执法

定期开展河湖水域岸线巡查执法检查，依法查处非法侵占河湖水域、取水排污、取土采砂、开发岸线等活动，及时发现和制止人为非法侵害湖泊的行为。进一步量化湖泊巡查执法，自 2012 年 6 月起，改版《江苏省省管湖泊巡查月报》（以下简称《月报》），采用图表结合的方式，动态、直观反映违法行为的发现和查处情况。《月报》寄送涉湖各级党委、政府领导及相关部门，起到了较好的效果。

2015 年，省水利厅作为洪泽湖管理与保护联席会议召集单位，牵头组织召开了洪泽湖联席会议专题会议，全面部署 2010 年以来洪泽湖非法圈圩养殖清除工作。洪泽湖清障工作启动以来，省水利厅将其列为全厅重点工作，由厅领导带队先后四次，深入湖区现场督查，两次召集由联席会议有关成员单位参加的推进会，明确提出"咬定目标不动摇、不达目的不收兵、强化管护不放松"的清障要求。沿湖各级党委、政府加强领导、周密部

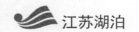

署、强化督查，各级水利部门和沿湖乡镇克服困难、通力协作、狠抓落实，洪泽湖非法圈圩清除工作取得重要成果，2012年以来历时3年的两轮洪泽湖清障行动已累计清除非法圈圩372处、面积7.88万亩，共恢复洪泽湖调蓄库容1亿多 m^3，切实维护了洪泽湖健康生态。

10.2.4 能力建设

省水利厅积极采取多种措施和方法，逐步加强湖泊管理和保护能力建设。主要内容包括：①加强湖泊管理规划和制度建设。2008年以来，编制完成了《淮河流域重要河道岸线保护与利用规划》《太湖流域河湖岸线管理利用规划》等规划，为湖泊开发利用提供管理依据。相继制定印发了《关于加强湖泊管理与保护工作的意见》《江苏省湖泊巡查指导意见》和《江苏省省管湖泊管理与保护工作考核办法》等一系列文件，建立起巡查、考核等湖泊管理制度体系。②加强湖泊管理装备建设。省水利厅会同财政厅逐年加大对湖泊管理的投入，几年来分批次地为各级湖泊管理单位配备了巡查船、GPS、测距仪、图形工作站等管理设备。目前，已累计购置巡查艇60艘，实现一县（市、区）一湖一艇。启动省管湖泊管理与执法能力建设规划编制工作，从政策和资金两方面对湖泊管理站、湖泊巡查艇停靠码头建设予以支持；完成了洪泽湖、里下河地理信息系统及GPS巡查管理系统建设和运用。③运用遥感监测技术开展湖泊监测。在加强河湖水域岸线巡查执法的基础上，自2008年起，省水利厅采用高分辨率卫星遥感影像和无人机遥测系统等新技术对重点湖泊开展监测。据初步统计，已累计监测到省管湖泊保护范围内变化1140处，其中核定为违法建设行为的135项，目前已有86项处置完毕。④建立湖泊科学监测体系。对洪泽湖、长荡湖等省管湖泊全面开展湖泊水文、水质和富营养化监测和分析，建立了一套相对完善的湖泊科学监测体系，开展了湖泊健康评价，为湖泊管理与保护决策提供支撑。

10.2.5 退圩还湖

根据《条例》中明确的退圩还湖相关治理要求，近几年来，省水利厅积极支持和鼓励地方政府开展湖泊退圩（渔）还湖工作。主要措施包括：①加强宣传引导。充分利用涉湖开发利用审批办理等机会，向地方政府宣传退圩（渔）还湖的重要意义，引导地方政府逐步转变观念，由被动到主动地去开展退圩（渔）还湖工作。②加强规划指导。全程介入政府退圩（渔）还湖规划编制，根据政府批复的《湖泊保护规划》中明确的退圩（渔）还湖相关规定，确定了有利于扩大湖泊水域、有利于河湖连通和生态保护、有利于地方经济社会发展和群众生产生活的规划编制原则，提出了兼顾水利效益、资源环境效益和经济开发效益多赢的思路，确保规划科学合理。③强化实施监管。认真履行政府赋予的监管职责，实现退圩（渔）还湖实施过程的全程有效监管。定期利用遥感监测以及无人机等先进技术手段，动态掌控退圩（渔）还湖实施情况，督促工程实施严格按照政府批准的规划执行。④加大政策扶持。将退圩（渔）还湖纳入水利现代化规划的目标任务，对退圩（渔）还湖规划编制以及涉及的水利设施，予以一定的财政经费补助引导，有效调动地方政府的积极性。

江苏省已有18个省管湖泊退圩还湖专项规划获省政府批复，规划新增湖泊自由水面累计达921km^2。退圩（渔）还湖工程的实施，改变了过去掠夺式的湖泊资源开发模式，逐步有效恢复湖泊调蓄能力，改善湖泊水质，修复湖泊水生态环境，向实现人与湖泊和谐共处迈进。

10.2.6 遥感监测

湖泊往往尺度较大，在微观管理上工作难度较大，如何将宏观管理和微观管理相结合是面临的一大难题，而高分辨率卫星遥感技术为这样的管理提供了技术支撑。目前，江苏在湖泊管理上利用高分辨率卫星影像和飞机航拍影像来对湖泊岸线资源开发利用情况进行年度监测，实现湖泊开发利用的定量化管理。

已经采用的江苏省高分辨率卫星影像库，包括了印度2.5m P5影像、德国5m Rapid-Eye影像、日本 ALOS 2.5m 与 10m 的全省融合影像、2.36m 与 20m 资源卫星影像、0.3～0.5m 高清航片。现场核实人员根据湖泊分幅图进行野外实地调查，详细记录项目名称、建成时间、审批情况、项目建设规模及主要内容等信息，并拍摄现场照片，最终形成年度湖泊开发利用监测图。

10.2.7 开发利用管理

对照省政府批准的湖泊保护规划、生态红线区域保护等规划，加强涉湖开发项目依法审批与监管，落实建设项目水域占补制度，促进河湖资源的合理利用。在一些重大项目审批上，注重发挥联席会议平台作用，沟通协商听取意见。利用卫星遥感、高分辨航拍影像、无人机航测等技术，结合现场核查，对省管湖泊岸线、水域利用情况进行量化分析，作为湖泊资源利用情况。编制完成了以洪泽湖及入湖淮河干流等骨干河道为主的《淮河流域重要河道岸线保护与利用规划》和以太湖及入湖望虞河、太浦河为主的《太湖流域河湖岸线管理利用规划》。

10.2.8 太湖治理

2007年太湖蓝藻暴发后，水利部门按照省里统一部署积极应对，大力推进太湖治理。一是科学实施调水引流，增加水环境容量。江苏省在总结多年引江济太实践经验的基础上，持续开展调水引流工作，2007年来以来累计引江调水 145 亿 m^3，入太湖 67 亿 m^3。为了改善太湖水体结构，促进湖区水体交换，增强水环境容量，保障水源地水质，调水引流取得了显著的资源环境效益。二是强化生态清淤，治理湖体内源污染。为有效治理太湖底泥中积累的大量污染，从2008年以来，在底泥污染比较严重的梅梁湖、竺山湖湖湾区持续实施了 $110km^2$、约 3400 万 m^3 的清淤工程，清除了大量湖体内源污染物质。据测算，直接减少内源污染物有机质 9.2 万 t，总氮 2.3 万 t、总磷 2 万 t。同时割断了湖泛发生的生物链，降低了蓝藻发生强度，明显改善了湖体水质和底栖生物生态环境。三是加强蓝藻打捞和处置，保障供水安全。蓝藻治理是应对太湖水污染危害的有效措施。2007年以来，江苏省从开始"人工打捞，勺舀泵吸"的原始方式发展到现在的"专业化队伍、机械化打捞、工厂化处理、资源化利用"的产业形态，大大提高了打捞效率和资源化利用水平。几年来共打捞蓝藻 540 万 t，相当于直接从湖内去除了 2700t 氮、540t 磷。四是强化监测预警，严密防控湖泛。从2009年起，按照《江苏省太湖湖泛应急预案》的要求，建立了太湖湖泛巡查监测预警工作机制，每年从4月10日起组织对太湖湖泛易发区以及所有饮用水源地进行逐日巡查监测，年平均巡查水域 10 万 km^2，巡查线路 4 万 km，及时报送巡查监测及预警信息，不断提高对湖泛的预警防控和应急处理能力。

10.3 湖泊管理与保护面临的问题及对策

10.3.1 湖泊管理面临的问题

湖泊既是水资源的重要载体，也是防洪安全的主要屏障，又是生态环境的控制性要素。这几年，省水利厅贯彻落实《条例》规定，在加强河湖管理、修复河湖生态方面做了大量工作，也取得了明显成效。但是，对照《条例》的具体规定，还有落实不够到位的地方，当前江苏省湖泊管理正处于粗放管理向规范化、科学化管理转变的过程中，湖泊管理的矛盾和困难依然突出。

1. 湖泊管理体制机制有待进一步强化

尽管已建立起省管湖泊联席会议制度，但洪泽湖、骆马湖等问题比较突出湖泊，联席会议制度组织结构形式相对松散，各地各部门管理力量仍不能形成有效合力。相关厅直属管理处虽然省编办明确了协助省水利厅开展湖泊管理与保护职责，并承担了联席会议办公室职责，但由于法规没有授权，在日常管理和执法过程中面临法律依据不足的窘境。

2. 湖泊资源开发利用有待进一步规范

经济社会发展对湖泊的开发利用由来已久，尤其是随着经济社会的快速发展，人类对湖泊资源的利用达到了相当高的程度，目前湖泊水域养殖过度，非法采砂、非法圈圩、违法建设等人为侵害湖泊的行为依然是当前湖泊管理与保护面临的主要问题。

3. 湖泊综合治理扶持力度有待进一步加强

按照《条例》要求，近年来各地积极推进湖泊生态修复、流域治理、退圩还湖等综合治理工作，取得很好的效果。但长期以来，公共财政投资以及政策扶持方面还十分不足，难以有效调动地方政府积极性。

4. 市县湖泊管理工作有待进一步加强

按照《条例》要求，列入省湖泊保护名录的137个湖泊中，有121个应由市县负责管理与保护。几年来，省水利厅作为全省湖泊管理行业指导部门，积极致力于湖泊管理水平的提高，但由于经费投入有限、管控手段不到位等因素，目前面上湖泊管理工作明显滞后于省管湖泊。部分湖泊还存在管理机构尚未落实到位、保护规划尚未编制、开发利用监管不到位等方面的问题。

10.3.2 新时期湖泊管理与保护的对策

1. 进一步完善湖泊管理体制机制

发挥省湖泊管理与保护联席会议，洪泽湖管理委员会以及滆湖长荡湖、石固湖、里下河湖区、高邮湖、白宝湖、骆马湖等6个省管湖泊联席会议的沟通协调作用，进一步完善联席会议制度章程，强化联席会议对涉湖重大事项协调管理和有效监督的职责。进一步发挥联席会议的平台作用，协同各方面力量，加大联合执法、联合巡查和管理会商的力度。

2. 积极开展湖泊综合治理

按照经济社会与湖区资源环境协调发展的要求，按照统一规划、分步实施的原则，坚持预防保护、综合治理、生态修复相结合，协调各方面的力量，整合各部门的资源，积极落实产业结构调整、控源治污、退圩还湖、清淤疏浚、生态修复等综合治理措施，落实铁腕治污，科学治水，汇聚各方力量着力维护湖泊的生态平衡和环境质量。

3. 加强湖泊资源开发利用管理

在湖泊保护规划基础上，会同沿湖地方政府和相关部门编制河湖资源综合管理规划，进一步明确河湖资源可持续利用和科学保护综合治理措施，切实维护湖泊健康。整合涉湖各部门涉湖执法力量，加大湖泊执法管理力度，依法打击违法设障、非法圈围行为，依法取缔非法占用的湖泊水域、岸线、滩地的建设项目，依法查处擅自取水排污行为。正确把握严格保护与合理利用的关系、依法管理与科学利用的关系、湖泊资源生态属性与经济属性的关系，严格涉湖建设项目的行政审批管理，加强审批的后续管理，实现湖泊管理防洪调蓄效益、资源环境效益和经济开发效益的多赢。

4. 切实加强湖泊管理与保护能力建设

编制《江苏省省管湖泊管理能力建设规划》，坚持以信息化引领湖泊管理现代化建设，继续开展重点湖泊管理系统、GIS巡查管理系统建设，完善水质、水文、水生态、遥感等监测手段。加强湖泊管理队伍建设，完善湖泊管理与保护的各项制度，提高湖泊管理与保护的装备水平。充分利用现代化手段，加快建立对湖泊水域、水量、水质、取水排水、污染物入湖、水域与岸线开发利用等湖泊重要指标的自动化监测，建立涉湖突发性事件应急管理机制，加快提高湖泊管理与保护的现代化水平。

10.4 新时期湖泊管理发展趋势

10.4.1 提升湖泊精细化管理

多年来，我国高度重视湖泊管理与保护工作，综合治理持续开展、管理体制机制不断完善，湖泊公益性功能得到恢复提升。但是非法圈圩、非法采砂、非法建设、水生态退化、水质恶化、开发无序等问题仍未得到根本解决。党的十八大报告要求加强对生态空间管控、建设生态文明，让湖泊休养生息，对我国湖泊保护意义重大、影响深远。笔者长期从事湖泊管理保护工作，近年来针对湖泊人为侵害、开发无序、管理薄弱等问题，创新性地提出了湖泊网格化管理体制，并在洪泽湖管理保护实践中取得较好效果，在江苏全面推广。湖泊动态管护是在湖泊管理与保护过程中，通过对湖泊水生态环境面临的重点问题进行分析、预测，对湖泊管护手段及能力进行适时调整的一种管理模式。我国当前的湖泊管理与保护，需根据内外部管护需求的变化及时调整湖泊管护的方式手段，在管护上要求适应环境不断变化。

湖泊的网格化管理是一种管理机制和手段，通过定格、定人、定责，及时发现、分析和预测湖泊管理与保护中出现的问题，并对湖泊管护手段及能力进行适时调整。在过去的10年中，湖泊的网格化管理广泛应用于海事、城市管理、国土资源管理、社区管理等领域。在网格化管理模式下，网格管理主体在所分管的网格内进行管理，把发现的问题运用移动信息技术及时反馈及时处理。将网格化管理引入湖泊管理与保护，提供了新的湖泊管护理念，本书以网格化管理为基础，构建一个将湖泊管理范围进行网格化细分和整合的动态管护模式。

目前，江苏省洪泽湖率先开展网格化管理探索，在洪泽湖网格化管理中，管理体制的

制定是保障湖泊长效管护的基础。按照统一管理与分级管理要求，设立三级网格。依据事权划分和管理现状，分别明确三级网格的主要职责。

（1）一级网格：以洪泽湖全湖为单元划分一级网格，具体范围由洪泽湖管理委员会办公室会同沿湖地方政府研究划定。责任主体为洪泽湖管理委员会，日常事务由委员会办公室负责，网格化管理中重大事务须提交委员会研究决策。

（2）二级网格：在一级网格范围内，沿湖洪泽县、盱眙县、淮阴区、泗洪县、泗阳县、宿城区和省洪泽湖水利工程管理处按照行政辖区和管理范围划定，二级网格可根据乡镇区划细化片区。二级网格设湖长1名、副湖长若干名，湖长由各县（区）政府领导和省洪泽湖水利工程管理处领导担任，副湖长由相关乡镇（街道、林场、农场、湿地）和省洪泽湖水利工程管理处所辖管理所主要负责同志担任。为做好网格化管理的衔接，每个县（区）设立湖长办公室，办公室设在水利（务）局。

（3）三级网格：沿湖洪泽县、盱眙县、淮阴区、泗洪县、泗阳县、宿城区和省洪泽湖水利工程管理处在各自二级网格范围内，按照行政区划、便于管理等要求进一步细化网格。三级网格可分水域网格和圩区、陆域网格，洪泽湖网格化管理范围内共设置309个网格，其中敞水区187个网格，圩网区共122个网格。

其中圩区、陆域网格需落实网格长1名，网格长由各县（区）水行政主管部门下属事业单位、省洪泽湖水利工程管理处所辖管理所中在编在职的公职人员担任。

各级网格都要建立健全网格化管理工作考核制度，细化考核指标，制定考核办法。加强考核力度，上级网格要定期组织对下级网格日常运行管理情况和重大活动开展情况进行检查评价，通报检查督查结果。

新背景下，湖泊管理从粗放式管理逐渐向精细化管理过渡，网格化管理无疑是精细化管理中创新的一种新模式，代表着今后湖泊精细化管理的发展方向。

10.4.2　提升湖泊监测与评价能力

监测评价体系建设目标是建立湖泊监测站网，充分利用现代科学技术，建立水质、水生态监测实验室，全面提升湖泊水生态监测能力，应急机动监测能力，给湖泊公共服务提供基础保障。

湖泊监测站网是湖泊管理部门开展监测、分析、评价、服务等各项管理工作的基础。为了满足省管湖泊的管理需求及经济社会发展对湖泊的要求，根据科学的布站原则，对省管湖泊的监测站网进行总体布局，按照不同的监测需求规划站网，使之互相协调配套，形成整体的省管湖泊监测站网。

目前，湖泊的水文、水质监测站网已经较为成熟，考虑到湖泊水生态退化日益严重，水生态研究的日益紧迫，亟须在湖区设置水生态监测站网，对湖泊水生态进行全面的监测、评价、研究。根据水生态监测要求布设监测断面，进行湖泊水生态巡测。

在此基础上，开展江苏湖泊管理评价指标体系建设，针对我省湖泊生态环境特点，围绕湖泊生态完整性和服务功能保护目标，建立适用于江苏省的湖泊健康评估方法和湖泊管理评价指标体系，内容包括：①确定江苏省健康湖泊的内涵及湖泊健康评估基准情景，综合考虑江苏省湖泊的健康现状、各湖泊历史资料的掌握情况，选取适用于江苏省的湖泊健康评估基准情景；确定评估指标阈值确定方法，确定湖泊健康等级的计算方法。②湖泊管理评价指标体系的确定，针对组织管理、巡查管理、湖泊利用开发管理、水事违法事件查处、安全运行管理、经济管理、湖泊健康状态管理等内容的评估，构建湖泊管理评估指标体系。科学合理地评估河湖生态状况和管理效率。

10.4.3 加强湖泊管理信息化建设

加强湖泊管理信息化能力，一是要加强湖泊数据传输能力，二是要强化湖泊数据中心建设，通过大数据的传输、存储、提取、分析等功能达到湖泊管理现代化。

1. 湖泊数据传输网络

（1）主要功能。建立湖泊通信网络结构、建设高速局域网络与高清视频会议系统，建立省级网络管理与监控平台，提高湖泊监测信息传输时效。构建安全的湖泊信息安全体系，开展网络安全风险评估，确保湖泊网络和信息系统安全。

（2）建设内容。

1）建立湖泊网络结构。建立湖泊骨干通信网络，使之覆盖省、市、县三级湖泊管理机构、管控站网，广域网络传输带宽满足各类湖泊业务需要，数据传输满足高清视频会议及其他业务的正常应用。建立省级网络管理与监控平台。建设高速局域网络系统，根据业务需要设置网络功能区域，局域网核心交换带宽满足正常业务开展需要，实现系统间数据高效交换传输和各业务网、办公网与互联网的有效隔离。

2）构建完善的湖泊信息安全体系。按照网络等级保护要求，制定湖泊网络安全管理规范，加强网络安全技术设施建设，着力构建以安全基础设施为基础，包括边界防护、授权控制、病毒防治、备份恢复、应急响应、系统管理、安全认证、安全评估、安全监控、日志审计、信息保密等模块的湖泊信息安全体系，开展网络安全风险评估，实现湖泊信息系统安全等级保护，确保湖泊网络和信息系统安全。

2. 湖泊数据中心建设

（1）主要功能。依托江苏省水利信息库平台，建立省级湖泊数据信息中心，进行计算机机房设施设备达标建设，建立各类湖泊业务数据库、统一的湖泊基础业务系统以及分布式湖泊数据存储与共享系统，实现湖泊信息实施传输与交换、安全存储与高效共享。数据并入江苏省水利网络数据中心进行存储。

（2）建设内容。

1）建成分布式湖泊信息存储系统。各级湖泊管理机构严格按照国家现有的技术规范和标准进行湖泊信息中心计算机机房设施设备达标建设。建立与完善湖泊数据存储管理系统，实现各类湖泊数据统一存储管理。建立异地存储备份系统，实现省中心湖泊数据实时备份到异地存储备份中心，提高湖泊数据库的防灾和故障恢复能力。

2）整合各类信息传输和交换系统。建立全省统一标准、统一传输规约的各类湖泊信息传输和交换系统，实现省市县等部门湖泊信息可靠传输及在线会商。实现人工巡查数据、瞭望塔监测影像数据、自动监测数据等在规定时间内到达省级中心站。严格控制数据质量，实现湖泊资料准确调用和共享，提高湖泊信息管理、服务时效性和准确性。

3）建立湖泊基础数据库。制定湖泊数据库建设规划，建设空间信息、管控站网、监测站网、湖泊特征、开发利用情况等信息的基础数据库；建立湖泊违法情况、处理情况等应用管理数据库，提高湖泊信息存储和共享能力。

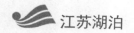

4）建立湖泊应用支撑平台。在各类数据源和各类应用系统之间提供一个支持信心访问、传递以及协作的统一的集成化环境，实现对业务应用的高效开发、集成、部署与管理；提供相应的二次开发接口，对相互关联的数据，进行有效的事务处理。

5）建立湖泊信息与共享平台。建立面向社会公众的湖泊信息与共享平台，为用户提供应用的统一入口，实现对各种应用资源、数据资源的方向和服务，提供湖泊信息，保障数据传输的可靠准确，提高湖泊信息服务水平。

6）建立实验室信息管理系统。根据现代实验室综合管理理念，在建立健全的湖泊实验室网络后，引入数据库基础，结合计量认证，将各湖泊实验室工作程序化、网络化，开发并应用实验室信息管理系统，提高实验室工作效率，更有效地为水环境监测和分析评价服务。

参 考 文 献

[1] 施成熙. 湖泊科学研究三十年与展望 [J]. 地理学报，1979，34（3）：213－224.
[2] 李威，李吉平，张银龙，等. 双碳目标背景下湖泊湿地的生态修复技术 [J]. 南京林业大学学报（自然科学版），2022（6）：157－166.
[3] 胡志新. 不同生态类型湖泊生物多样性和湖泊分类方法研究 [D]. 南京：南京大学，2014.
[4] 王苏民，窦鸿身. 中国湖泊志 [M]. 北京：科学出版社，1998.
[5] 《江苏重点水利工程》编委会. 江苏重点水利工程 [M]. 南京：河海大学出版社，2023.
[6] 胡庆芳，朱荣进，王银堂，等. 太湖流域典型洪水的降水和水位要素解析 [J]. 水利水运工程学报，2022（5）：40－49.
[7] 汪院生，柳子豪，展永兴，等. 环太湖出入湖水量变化探析 [J]. 江苏水利，2022（4）：14－17，56.
[8] 龚李莉，蔡梅，王元元，等. 太湖水位变化及其影响因素识别 [J]. 水文，2022，42（5）：1－6.
[9] 杨明楠. 城市化背景下太湖流域典型河网区水文过程与水环境变化研究 [D]. 南京：南京大学. 2015.
[10] 梁庆华，李灿灿. 江苏省阳澄淀泖区水资源调度最低目标水位研究 [J]. 水资源保护，2012，28（5）：90－94.
[11] 李灿灿，展永兴，岳晓红，等. 太湖流域阳澄淀泖区河网有序流动调度方案研究 [J]. 人民长江，2017，48（16）：25－30.
[12] 杨金艳，白瑞泉，蔡晓钰，等. 阳澄淀泖区水体有序流动对水环境影响分析 [J]. 水利规划与设计，2018（1）：84－87.
[13] 展永兴. 太湖流域武澄锡虞区防洪规划 [D]. 南京：河海大学，2005.
[14] 纪海婷，张喜，汪姗，等. 常州市备用水源地水量保障与水质安全研究 [J]. 资源节约与环保，2021（4）：13－15.
[15] 张舒羽，李星南，朱勇. 调水情况下滆湖及周边河网水网水量水质调控方案研究 [J]. 陕西水利，2020（12）：47－49，52.
[16] 祝亚楠. 滆湖微生物多样性与环境因子相关性研究 [D]. 哈尔滨：哈尔滨师范大学，2018.
[17] 李经纬，徐东坡，李巍，等. 滆湖鱼类群落时空分布及其与环境因子的关系 [J]. 水产学报，2022，46（4）：546－556.
[18] 王启明，李俊，曹勇. 江苏句容赤山湖水利风景区水文化建设研究 [J]. 水资源开发与管理，2019（1）：73－78.
[19] 张丽. 洪泽湖休闲旅游发展研究 [J]. 合作经济与科技，2015（23）：79－80.
[20] 江苏省水利勘测设计研究院有限公司. 江苏省洪泽湖保护规划 [R]. 南京，2020.
[21] 黄渝桂，曾桂菊，李燕. 沂沭泗河洪水东调南下工程成就与展望 [J]. 规划，2020（12）：19－22.